U0371061

图解 博弈论

连山⊙编著

中国華僑出版社

图书在版编目（CIP）数据

图解博弈论 / 连山编著 . — 北京 : 中国华侨出版社 , 2014.7
ISBN 978-7-5113-4752-7

Ⅰ . ①图… Ⅱ . ①连… Ⅲ . ①博弈论 – 图解 Ⅳ . ① O225-64

中国版本图书馆 CIP 数据核字 (2014) 第 133751 号

图解博弈论

编　　著：连　山
出 版 人：方　鸣
责任编辑：王亚丹
封面设计：王明贵
插画绘制：张良科
文字编辑：邹　蒙　胡宝林
美术编辑：解　允　李丹丹
开　　本：720mm×1020mm　1/16　印张：28　字数：500 千字
印　　刷：北京德富泰印务有限公司
版　　次：2015 年 7 月第 1 版　2021 年 2 月第 6 次印刷
书　　号：ISBN 978-7-5113-4752-7
定　　价：29.80 元

中国华侨出版社　北京市朝阳区西坝河东里 77 号楼底商 5 号　邮编：100028
法律顾问：陈鹰律师事务所
发 行 部：（010）58815874　　传　　真：（010）58815857
网　　址：www.oveaschin.com　　E-mail：oveaschin@sina.com

前言

无论小孩子之间的游戏，还是大人们之间的谋略，生活中的一切，都可以从博弈论的角度来分析、解释。博弈论，又称对策论，是使用严谨的数学模型研究冲突对抗条件下最优决策问题的理论。作为一门正式学科，博弈论是在20世纪40年代形成并发展起来的。它原是数学运筹中的一个支系，用来处理博弈各方参与者最理想的决策和行为的均衡，或帮助具有理性的竞赛者找到他们应采用的最佳策略。在博弈中，每个参与者都在特定条件下争取其最大利益。博弈的结果，不仅取决于某个参与者的行动，还取决于其他参与者的行动。

古今中外人们都在不知不觉中运用着博弈论，因此无论大人少年，懂得必要的策略知识将在方方面面更胜一筹。当下社会，人际交往日趋频繁，人们越来越相互依赖又相互制约，彼此的关系日益博弈化了。不管懂不懂博弈论，你都处在这世事的弈局之中，都在不断地博弈着。

其实，我们日常的工作和生活就是不停地博弈决策的过程。我们每天都必须面对各种各样的选择，在各种选择中进行适当的决策。在单位工作，关注领导、同事，据此自己采取适当的对策。平日生活里，结交哪些人当朋友，选择谁做伴侣，其实都在博弈之中。这样看来，仿佛人生很累，但事实就是如此，博弈就是无处不在的真实策略“游戏”。古语有云，世事如棋。生活中每个人如同棋手，其每一个行为如同在一张看不见的棋盘上布一个子儿，精明慎重的棋手们相互揣摩、相互牵制，人人争赢，下出诸多精彩纷呈、变化多端的棋局。在社会人生的博弈中，人与人之间的对立与斗争会淋漓尽致地呈现出来。博弈论的伟大之处正在于其通过规则、身份、信息、行动、效用、平衡等各种量化概念对人情世事进行了精妙的分析，清晰地揭示了当下社会中人们的各种互动行为、互动关系，为人们正确决策提供了指导。如果将博弈论与下围棋联系在一起，那么博弈论就是研究棋手们出棋时理性化、逻辑化的部分，并将其系统化为一门科学。

目前，博弈论在经济学中占据越来越重要的地位，在商战中被频繁地运用。此外，它在国际关系、政治学、军事战略和其他各个方面也都得到了广泛的应用。甚至人际关系的互动、夫妻关系的协调、职场关系的争夺、商场关系的出招、股市基金的投资，等等，都可以用博弈论的思维加以解决。总之，博弈无处不在，自古至今，从战场到商场、从政治到管理、从恋爱到婚姻、从生活到工作……几乎每一个人类行为都离不开博弈。在今天的现实生活中，如果你能够掌握博弈智慧，就会发现身边的每一件让你头痛的小事，从夫妻吵架到要求加薪都能够借用博弈智慧达到自己的目的。而一旦你能够在生活和工作的各个方面把博弈智慧运用得游刃有余，成功也就在不远处向你招手了。

著名经济学家保罗·萨缪尔森说："要想在现代社会做一个有文化的人，你必须对博弈论有一个大致了解。"真正全面学通悟透博弈论固然困难，但掌握博弈论的精髓，理解其深刻主旨，具备博弈的意识，无疑对人们适应当今社会的激烈竞争具有重要意义。在这个激烈竞争的社会中，在人与人的博弈中，应该意识到你的对手是聪明且有主见的主体，是关心自己利益的活生生的主体，而不是被动的和中立的角色。他们的目标往往会与你的目标发生冲突，但他们与你也包含着潜在的合作的因素。你作出抉择之时，应当考虑这些冲突的因素，更应当注意发挥合作因素的作用。在现代社会，一个人不懂得博弈论，就像夜晚走在陌生的道路上，永远不知道前方哪里有障碍、有沟壑，只能一路靠自己摸索下去，将成功、不跌倒、不受挫的希望寄托在幸运、猜测上。而懂得博弈论并能将这种理论娴熟运用的人，就仿佛同时获得了一盏明灯和一张地图，能够同时看清脚下和未来的路，必定畅行无阻。

博弈是智慧的较量，互为攻守但却又相互制约。有人的地方就有竞争，有竞争的地方就有博弈。人生充满博弈，若想在现代社会做一个强者，就必须懂得博弈的运用。

博弈论的理论虽然深邃，但是表现形式还是浅显易懂的，本书致力于让大家都能读懂博弈论，图文并茂地对博弈论的基本原理进行了深入浅出的探讨，详细介绍了纳什均衡、囚徒困境、智猪博弈、猎鹿博弈、路径依赖博弈等博弈模型的内涵、适用范围、作用形式，将原本深奥的博弈论通俗化、简单化、清晰化。同时对博弈论在政治、管理、营销、信息战及人们日常的工作和生活中的应用作了详尽而深入的剖析。

通过这本图解书，读者可以更加轻松地了解博弈论的来龙去脉，应用右脑图示法快速地掌握博弈论的精义，开阔眼界，提高自己的博弈水平和决策能力，将博弈论的原理和规则运用到自己的人生实践中，面对问题作出理性选择，避免盲目行动，在人生博弈的大棋局中占据优势，获得事业的成功和人生的幸福。

目录

第一章

博弈论入门

什么是博弈论：从“囚徒困境”说起

一天，警局接到报案，一位富翁被杀死在自己的别墅中，家中的财物也被洗劫一空。经过多方调查，警方最终将嫌疑人锁定在杰克和亚当身上，因为事发当晚有人看到他们两个神色慌张地从被害人的家中跑出来。警方到两人的家中进行搜查，结果发现了一部分被害人家中失窃的财物，于是将二人作为谋杀和盗窃嫌疑人拘留。

但是到了拘留所里面，两人都矢口否认自己杀过人，他们辩称自己只是路过那里，想进去偷点东西，结果进去的时候发现主人已经被人杀死了，于是他们便随便拿了点东西就走了。这样的解释不能让人信服，再说，谁都知道在判刑方面杀人要比盗窃严重得多。警察决定将两人隔离审讯。

隔离审讯的时候，警察告诉杰克：“尽管你们不承认，但是我知道人就是你们两个杀的，事情早晚会水落石出的。现在我给你一个坦白的机会，如果你坦白了，亚当拒不承认，那你就是主动自首，同时协助警方破案，你将被立即释放，亚当则要坐10年牢；如果你们都坦白了，每人坐8年牢；都不坦白的话，可能以入室盗窃罪判你们每人1年，如何选择你自己想一想吧。”同样的话，警察也说给了亚当。

一般人可能认为杰克和亚当都会选择不坦白，这样他们只能以入室盗窃的罪名被判刑，每人只需坐1年牢。这对于两人来说是最好的一种结局。可结果会是这样的吗？答案是否定的，两人都选择了招供，结果每人各被判了8年。

事情为什么会这样呢？杰克和亚当为什么会作出这样“不理智”的选择呢？其实这种结果正是两人的理智造成的。我们先看一下两人坦白与否及其结局的矩阵图：

		杰克	
		坦白	不坦白
亚当	坦白	（8，8）	（10，0）
	不坦白	（0，10）	（1，1）

当警察把坦白与否的后果告诉杰克的时候，杰克心中就会开始盘算坦白对自己有利，还是不坦白对自己有利。杰克会想，如果选择坦白，要么当即释放，要么同亚当一起坐8年牢；要是选择不坦白，虽然可能只坐1年牢，但也可能坐10年牢。虽然（1,1）对两人而言是最好的一种结局，但是由于是被分开审讯，信息不通，所以谁也没法保证对方是否会选择坦白。选择坦白的结局是8年或者0年，选择不坦白的结局是10年或者1年，在不知道对方选择的情况下，选择坦白对自己来说是一种优势策略。于是，杰克会选择坦白。同时，亚当也会这样想。最终的结局便是两个人都选择坦白，每人都要坐8年牢。

博弈论的分类

我喜欢的韩剧《人鱼小姐》重播，我要重温一下！
今天是巴西和德国的世界杯争冠之战，不容错过啊！
结果1
既然谁也不肯退让，那就都不看！
负和博弈
负和博弈是指博弈的参与者最后得到的收获都小于付出，都没有占到便宜，是一种两败俱伤的博弈。
结果2
我争不过你，你自己看吧，我去打游戏。
零和博弈
零和博弈是指参与者中一方获益，另一方损失，并且参与者之间获得的利益与损失之和为零。
结果3
好吧，那先陪你看球赛。反正我已经看过那部电视剧了。
正和博弈
正和博弈又被称为双赢博弈、合作博弈，是指参与者都能获益，或者一方的收益增加并不影响其他参与者的利益，这种博弈被认为是结局最好的一种博弈，也就是双赢。
博弈的三大类别

上面这个案例就是著名的“囚徒困境”模式，是博弈论中最出名的一个模式。为什么杰克和亚当每个人都选择了对自己最有利的策略，最后得到的却是最差的结果呢？这其中便蕴涵着博弈论的道理。

博弈论是指双方或者多方在竞争、合作、冲突等情况下，充分了解各方信息，并依此选择一种能为本方争取最大利益的最优决策的理论。博弈论的概念中显示了博弈必须拥有的四个要素，即至少两个参与者、利益、策略和信息。按照博弈的结果来分，博弈分为负和博弈、零和博弈与正和博弈。

“囚徒困境”中杰克和亚当便是参与博弈的双方，也称为博弈参与者。两人之所以陷入困境，是因为他们没有选择对两人来说最优的决策，也就是同时不坦白。而根本原因则是两人被隔离审讯，无法掌握对方的信息。所以，看似每个人都作出了对自己最有利的策略，结果却是两败俱伤。

我们身边的很多事情和典故中也有博弈论的应用，我们就用大家比较熟悉的“田忌赛马”这个故事来解释一下什么是博弈论。

齐国大将田忌，平日里喜欢与贵族赛马赌钱。

当时赛马的规矩是每一方出上等马、中等马、下等马各一匹，共赛三场，三局两胜制。由于田忌的马比贵族们的马略逊一筹，所以十赌九输。当时孙膑在田忌的府中做客，经常见田忌同贵族们赛马，对赛马的比赛规则和双方马的实力差距都比较了解。这天田忌赛马又输了，非常沮丧地回到府中。孙膑见状，便对田忌说：“明天你尽管同那些贵族们下大赌注，我保证让你把以前输的全赢回来。”田忌相信了孙膑，第二天约贵族赛马，并下了千金赌注。

孙膑为什么敢打保证呢？因为他对这场赛马的博弈做了分析，并制定了必胜的策略。赛前孙膑对田忌说：“你用自己的下等马去对阵他的上等马，然后用上等马去对阵他的中等马，最后用中等马去对阵他的下等马。”比赛结束之后，田忌三局两胜，赢得了比赛。田忌从此对孙膑刮目相看，并将他推荐给了齐威王。

一个能争取最大利益的策略，也就是最优策略。所以说，这是一个很典型的博弈论在实际中应用的例子。

在这里还要区分一下博弈与博弈论的概念，以免搞混。它们既有共同点，又有很大的差别。

“博弈”的字面意思是指赌博和下围棋，用来比喻为了利益进行竞争。自从人类存在的那一天开始，博弈便存在，我们身边也无时无刻不在上演着一场场博弈。而博弈论则是一种系统的理论，属于应用数学的一个分支。可以说博弈中体现着博弈论的思想，是博弈论在现实中的体现。

博弈作为一种争取利益的竞争，始终伴随着人类的发展。但是博弈论作为一门科学理论，是1928年由美籍匈牙利数学家约翰·冯·诺依曼建立起来的。他同时也是计算机的发明者，计算机在发明最初不过是庞大、笨重的算数器，但是今天已经深深影响到了我们生活、工作的各个方面。博弈论也是如此，最初冯·诺依曼证明了博弈论基本原理的时候，它只不过是一个数学理论，对现实生活影响甚微，所以没有引起人们的注意。

直到1944年，冯·诺依曼与摩根斯坦合著的《博弈论与经济行为》发行出版。这本书的面世意义重大，先前冯·诺依曼的博弈理论主要研究二人博弈，这本书将研究范围推广到多人博弈；同时，还将博弈论从一种单纯的理论应用于经济领域。在经济领域的应用，奠定了博弈论发展为一门学科的基础和理论体系。

谈到博弈论的发展，就不能不提到约翰·福布斯·纳什。这是一位传奇的人物，他于1950年写出了论文《n人博弈中的均衡点》，当时年仅22岁。第二年他又发表了另外一篇论文《非合作博弈》。这两篇论文将博弈论的研究范围和应用领域大大推广。论文中提出的“纳什均衡”已经成为博弈论中最重要和最基础的理论。他也因此成为一代大师，并于1994年获得诺贝尔经济学奖。后面我们还会详细介绍纳什其人与“纳什均衡”理论。

田忌赛马的制胜策略

田忌赛马出自《史记》卷六十五：《孙子吴起列传第五》，是中国历史上有名的揭示如何善用自己的长处去对付对手的短处，从而在博弈中获胜的事例。

	田忌	贵族
第一次（斗力）	上 中 下	上 中 下
	败	胜
第二次（斗智）	下 上 中	上 中 下
	胜	败

孙膑通过对赛马的博弈分析，为田忌制订了唯一制胜的博弈策略，同样的马，只是调整了不同的出场顺序，便起到了不同的效果。

博弈论的发展历程

博弈论最初主要研究象棋、桥牌、赌博中的胜负问题。发展到今天，博弈论已经成了一门比较完善的学科，并被应用到各个领域。

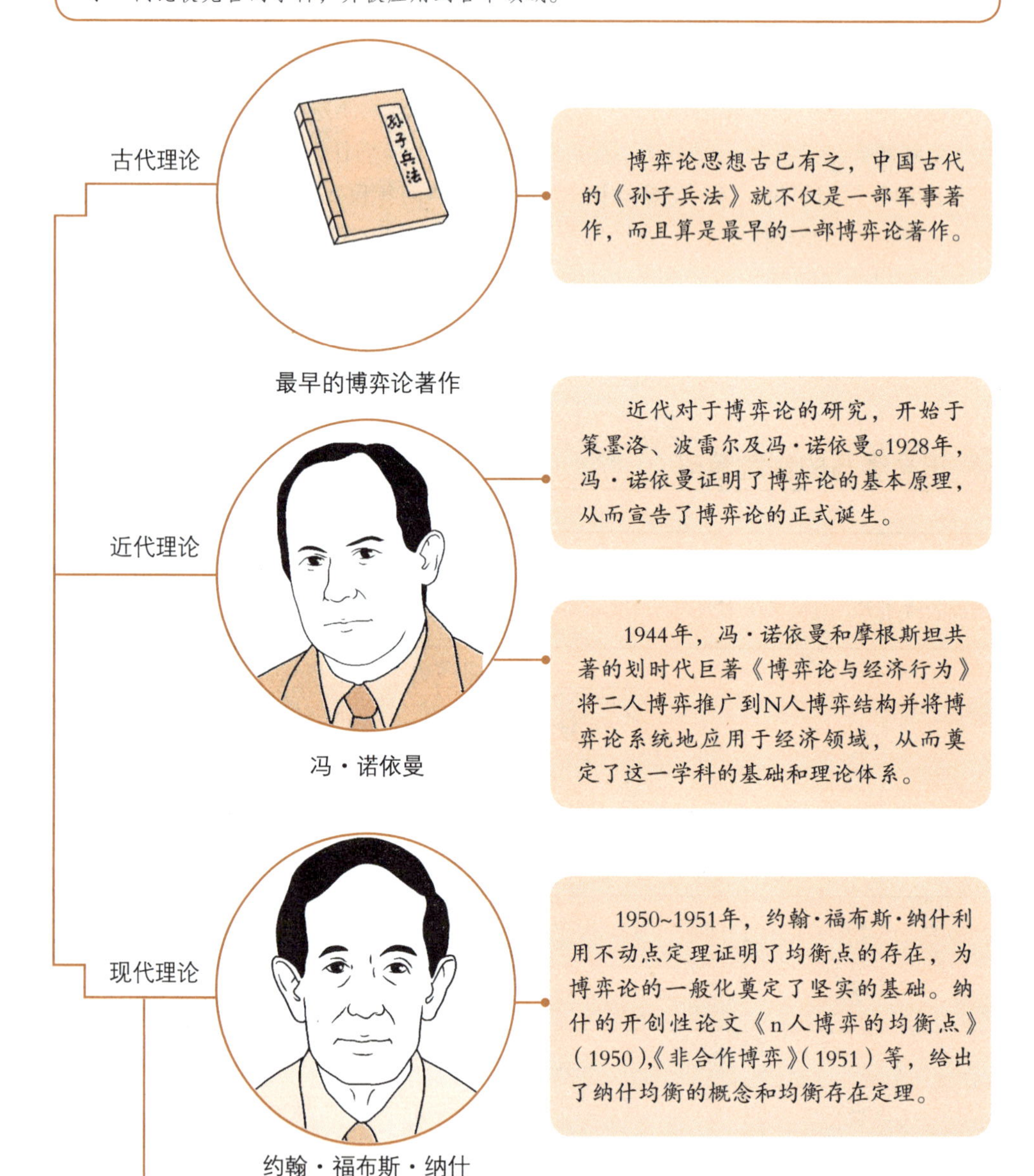

此外，塞尔顿、哈桑尼的研究也对博弈论发展起到推动作用。今天，博弈论已发展成一门较完善的学科。

经济学史上有三次伟大的革命，它们是“边际分析革命”“凯恩斯革命”和“博弈论革命”。博弈论为人们提供了一种解决问题的新方法。

博弈论发展到今天，已经成了一门比较完善的学科，应用范围也涉及各个领域。研究博弈论的经济学家获得诺贝尔经济学奖的比例是最高的，由此也可以看出博弈论的重要性和影响力。2005年的诺贝尔经济学奖又一次颁发给了研究博弈论的经济学家，瑞典皇家科学院给出的授奖理由是“他们对博弈论的分析，加深了我们对合作和冲突的理解”。

那么博弈论对我们个人的生活有什么影响呢？这种影响可以说是无处不在的。

假设，你去酒店参加一个同学的生日聚会，当天晚上他的亲人、朋友、同学、同事去了很多人，大家都玩得很高兴。可就在这时，外面突然失火，并且火势很大，无法扑灭，只能逃生。酒店里面人很多，但是安全出口只有两个。一个安全出口距离较近，但是人特别多，大家都在拥挤；另外一个安全出口人很少，但是距离相对远。如果抛开道德因素来考虑，这时你该如何选择？

这便是一个博弈论的问题。我们知道，博弈论就是在一定情况下，充分了解各方面信息，并作出最优决策的一种理论。在这个例子里，你身处火灾之中，了解到的信息就是远近共有两个安全门，以及这两个门的拥挤程度。在这里，你需要作出最优决策，也就是最有可能逃生的选择。那应该如何选择呢？

你现在要做的事情是尽快从酒店的安全门出去，也就是说，走哪个门出去花费的时间最短，就应该走哪个门。这个时候，你要迅速地估算一下到两个门之间的距离，以及人流通过的速度，算出走哪个门逃生会用更短的时间。估算的这个结果便是你的最优策略。

为什么赌场上输多赢少

零和博弈中一方有收益，另一方肯定有损失，并且各方的收益和损失之和永远为零。赌博是帮助人们理解零和博弈最通俗易懂的例子。

赌场上，有人赢钱就肯定有人输钱，而且赢的钱数和输的钱数相等。就跟质量守恒定律一样，每个赌徒手中的钱在不停地变，但是赌桌上总的钱数是不变的。负和博弈也是如此，博弈双方之间的利益有增有减，但是总的利益是不变的。

我们说的只是理论形式上的赌博，现实中有庄家坐庄的赌博并不是这样。庄家是要赢利的，他们不可能看着钱在赌徒之间流转，他们也要分一杯羹。拿赌球来说，庄家会在胜负赔率上动一点手脚。例如，周末英超上演豪门对决，曼联主场对阵切尔西，庄家开出的赔率是1∶9，曼联让半球。也就是说，如果曼联取胜，你下100元赌注，便会赢取90元。但是如果结局是双方打平，或者曼联输给了切尔西，那么你将输掉100元。曼联赢球和不赢球的比率各占50%，所以赌曼联赢的和赌曼联不赢的人各占一半。假设100个人投注，每人下注100元，50个人赌曼联赢，50个人赌曼联不赢。无论比赛最后结果如何，庄家都将付给赌赢的50个人每人90元，共计4500元；而赌输的50个人则将每人付给庄家100元，共计5000元，庄家赚500元。

由此可知，有庄家的赌博赢得少，输得多，所以有句话叫“赌场上十赌九输”。

其实零和博弈不仅体现在赌场上，期货交易、股票交易、各类智力游戏以及生活中无处不在。

零和博弈的特点在于参与者之间的利益是存在冲突的，那么我们就真的没有什么办法来改变这种结局吗？事实并不是这样，我们来看一下电影《美丽心灵》中的一个情景。

一个炎热的下午，纳什教授到教室去给学生们上课。窗外楼下有工人正在施工，机器产生的噪声传到了教室中。不得已，纳什教授将教室的窗户都关上，以阻止这刺耳的噪声。但是关上窗户之后就面临着一个新的问题，那就是太热了。学生们开始抗议，要求打开窗户。纳什对这个要求断然拒绝，他认为教室的安静比天气热带来的不舒服重要得多。

赌场的零和游戏

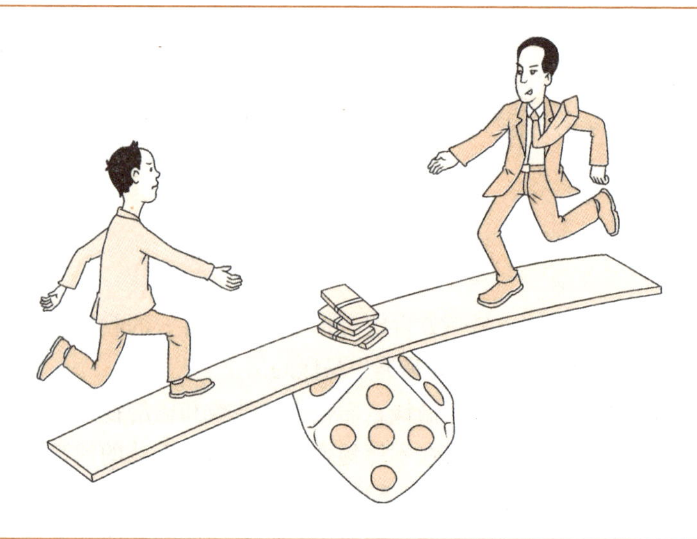

零和博弈犹如跷跷板，一方的得利来自另一方的损失，得与失相抵为零。赌场是标准的零和博弈，对赌双方在作决策时都以自己的最大利益为目标，是利益对抗性最高的游戏，对参赌者来说，有人赢钱就有人输钱，但是赌桌上的总钱数是不变的。赌场中，即使庄家不取抽头，不搞别的花样，赌博也只是毫无益处地把金钱从一个人手里转到另一个手里。赌博并不创造价值，却要耗费时间和资源。其实，赌博是一场必输的游戏！

让我们来看一下这场博弈，假设打开窗户，同学们得到清凉，解除炎热，他们得到的利益为1，但是开窗就不能保证教室安静，纳什得到的利益就是-1；如果关上窗户，学生们会感觉闷热、不舒服，得到的利益为-1，而纳什得到了自己想要的安静，得到的利益为1。总之，无论开窗还是不开窗，双方的利益之和均为0，说明这是一场零和博弈。

难道这个问题就没有解决方法吗？我们继续看剧情。

当大家准备忍受纳什的选择的时候，一个漂亮的女同学站了起来，她走到窗边打开了窗户。纳什显然对此不满，想打断她，这其实是博弈中参与者对自己利益的保护。但是这位女同学打开窗户后对在楼下施工的工人们说："嗨！不好意思，我们现在有点小问题，关上窗子屋里太热，打开窗子又太吵，你们能不能先到别的地方施工，一会儿再回来？大约45分钟。"楼下的工人说没问题，便选择了停止施工。问题解决了，纳什用赞许的眼光看着这位女同学。

让我们再来分析一下，此时外面的工人已经停止了施工，如果选择开窗，大家将既享受到清凉，又不会影响安静；如果选择关窗，大家只能得到安静，得不到清凉。这个时候纳什与学生们都会选择开窗，因为他们此时的利益不再冲突，而是相同，所以他们之间已经不存在博弈。这个故事告诉我们，解决负和博弈的关键在于消除双方之间关于利益的冲突。

最理想的结局：双赢

博弈的三种分类中，正和博弈是最理想的结局。

正和博弈就是参与各方本着相互合作、公平公正、互惠互利的原则来分配利益，让每一个参与者都获得满意的结果。

合作共赢的模式在古代战争期间经常被小国家采用，当他们自己无力抵抗强国时，便联合其他与自己处境相似的国家，结成联盟。其中最典型的例子莫过于春秋战国时期的"合纵"策略。

春秋战国时期，各国之间连年征战，为了抵抗强大的秦国，苏秦凭借自己的三寸不烂之舌游说六国结盟，采取"合纵"策略。一荣俱荣，一损俱损。正是这个结盟使得强大的秦国不敢轻易出兵，换来了几十年的和平。

从古代回到现代，中国与美国是世界上两个大国，我们从两国的经济结构和两国之间的贸易关系来谈一下竞争与合作。

中国经济近些年一直保持着高速增长。但是同美国相比，中国的产业结构调整还有很长的路要走。美国经济中，第三产业的贡献达到GDP总量的75.3%，而中国只有40%多一点。进出口方面，中国经济对进出口贸易的依赖比较大，进出口贸易额已经占到GDP总量的66%。美国随着第三产业占经济总量的比重越来越大，进出口贸易对经济增长的影响逐渐减弱。美国是中国的第二大贸易伙伴，仅次于日本。由于中国现在的很多加工制造业都是劳动密集型产业，所以生产出的产品物美价廉，深受美国人民喜欢。这也是中国对美国贸易顺差不断增加的原因。

中国对进出口贸易过于依赖的缺点是需要看别人脸色，主动权不掌握在自己手中。2008年掀起的全球金融风暴中，中国沿海的制造业便受到重创，很多以出口为主的加工制造企业纷纷倒闭。同时对美国贸易顺差不断增加并不一定是件好事，顺差越多，美国就会制定越多的贸易壁垒，以保护本国的产业。

由此可见，中国首先应该改善本国的产业结构，加大第三产业占经济总量的比重，减少对进出口贸易的依赖，将主动权掌握在自己的手中。同时，根据全球经济一体化的必然趋势，清除贸易壁垒，互惠互利，不能只追求一时的高顺差，要注意可持续发展。也就是竞争的同时不要忘了合作，双赢是当今世界的共同追求。

全局最优的正和博弈

女孩需要橙子果肉，回家做鲜榨橙汁；男孩需要果皮，回家用来做蛋糕。

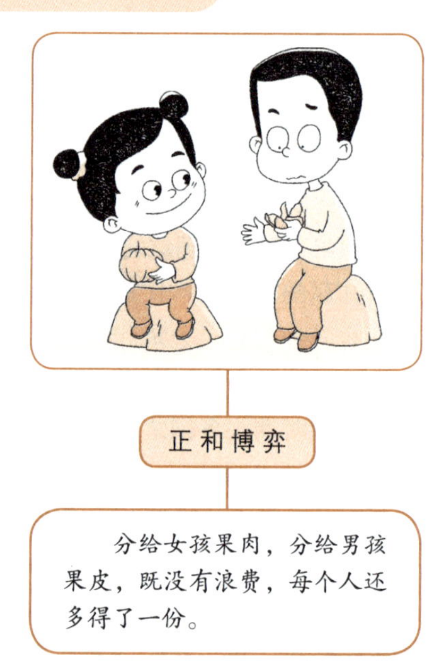

当博弈中发生冲突的时候，如果可以充分了解对方、取长补短、各取所需，往往会使双方走出负和博弈或者零和博弈，实现合作共赢。

经济发展离不开博弈论

博弈论最早的应用领域是经济学,“博弈论革命”被称为经济学史上除了“边际分析革命”“凯恩斯革命”之外的第三次伟大革命，它为人们提供了一种解决经济问题的新方法。由于贡献突出，诺贝尔经济学奖分别于1994年、1996年和2005年颁发给博弈论学者。这也都说明了博弈论已经成为经济学中思考和解决问题的一种有效手段。下面就让我们看一下，博弈论是如何在经济领域发挥作用的。

有市场就少不了竞争，而竞争面临最大的问题是双方都陷入“囚徒困境”，最简单的例子便是同行之间的恶性竞争——价格大战。当一方选择降价的时候，另一方只能选择降价，不降价将失去市场，而降价则会降低收益。这种困境便是“囚徒困境”。这个问题反映在社会中各个方面，不过最多的还是体现在商家之间的竞争中，导致的结果多为两败俱伤。

经过博弈论分析，这个问题的解决途径便是双方进行合作。这也是双方走出恶性竞争最有效的方式。当然，合作即意味着双方都选择让步。因此，合作既能带来收益，又面临着被对方背叛的危险。合作的达成需要考虑到很多方面的因素，个人道德是一方面，法律保障的合约是一方面，最重要的是要有共同利益。此外，合作还需要组织者，世界经济贸易组织（WTO）、石油合作组织（OPEC）等都是这类组织。

凡是事物都有两方面，既然陷入“囚徒困境”是痛苦的，那我们可以将这种痛苦施加到对手身上。假设你的工厂有两个主要供货商，你可以对一方承诺如果他降价，则将订单全部给他;这个时候另外一个供货商便会选择降价，以保住自己的订单。这样，两个对手便陷入了一场价格战中，受益一方则是你。

上面仅是博弈论中“囚徒困境”模式在经济方面的一些体现和应用。除了竞争与合作以外，获得第一手信息、作出正确的决策也是非常重要的问题。

商场如战场，商场上决定博弈胜负的是作出的决策，而制定决策的依据是信息。因此，收集和分析对方信息便显得格外重要。掌握信息越多越全面的人，往往能制定出制胜的决策。这就好比打牌一样，如果你知道了对方手中的牌，即使你手中的牌不如对方的牌好，你照样可以战胜他。商战中也是如此，注意收集对手的信息，注意掌握自己的信息，注意关注市场的信息，做到知彼知己，方可百战不殆。很多商家不惜派出商业间谍去收集情报，以期望能占领信息高地。收集的信息需要分析，并以此制定出策略。信息好比是火药，而策略便是子弹，火药越多，其杀伤力便越大。

信息还可以分为私有信息和公共信息，当你掌握的信息属于私有信息的时候你该作出什么样的决策？当你掌握的信息属于公共信息的时候，又该作出什么样的决策？这都是商战中经常会面临的问题。如果你有一个策略，无论对手选择什么样的策略，这个策略都会给你带来最大收益，那你就应该选择这一策略，不用去考虑对手的选择。这是一种优势策略。如果你的策略需要参照对方的策略来制定的话，你需要推测对方的选择，然后据此制定自己的策略。

上面列举的是博弈论在经济方面的一些体现和应用，这只是其中很少一部分。可以说，经济领域涉及的任何问题都能在博弈论中找到相对应的模式和解答。博弈论的核心是参与者通过制定策略为自己争取最大利益。战争在今天已不是主题，现在世界上也没有大规模的战争在进行。所以纵观政治、经济、文化等领域，当前博弈论应用最广泛的便是经济领域。经济领域中每个人都是在通过自己的努力和策略为自己争取到更多的利益，小到个人的薪水，大到国际间的货币、能源战争，其中的核心思想同博弈论是相通的。因此，掌握好博弈论对于解决经济问题非常有帮助。

博弈论在经济中的应用

一个优秀的经济学家一定是博弈论的高手，因为博弈论会教你如何利用别人的优势来为自己争取最大的利益，中国古代的说法叫“借势”。

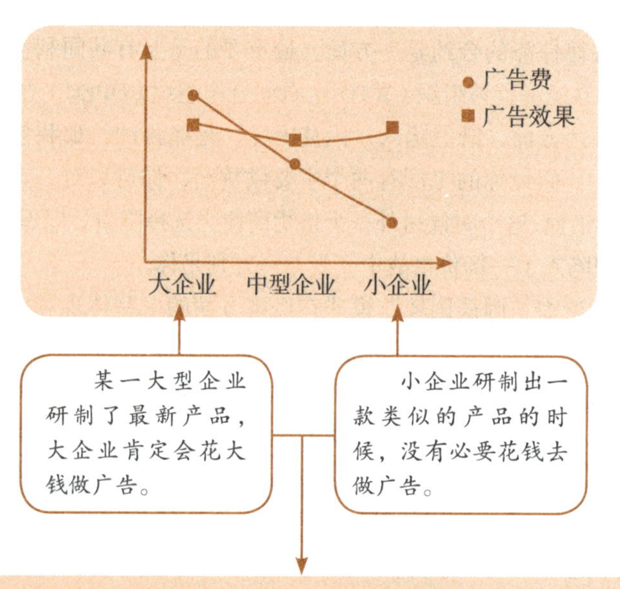

小企业只需要跟在大企业后面走就行。等市场打开了，小企业需要做的只是将同类型产品在商场中和大公司的品牌放到一起。这个时候大企业有品牌优势，小企业有价格优势。因为小企业没有付出广告费，价格里面没有广告成本，所以价格会相对便宜。这便是博弈论中典型的“搭便车”。

博弈论中还会涉及到公平分配、讨价还价等问题，都与经济和市场有很大的关系。所以在市场经济社会里，学些博弈论是尤为重要的。

博弈论能帮助我们解决什么问题

如果你是一名学子，想要追求好的学习成绩，该怎样保持同学之间的关系呢？应该是既要互帮互助，又要有竞争意识；如果你是一名上班族，想要有一份好的待遇，那你应该如何保持同同事和老板之间的关系呢？这都是我们每天要面对的博弈，有时候是同别人，有时候是同自己，既有利益上的，也有思想上的。

博弈论的关键在于最优决策的选择，这种选择时时刻刻存在着：上大学选择哪个职业，毕业后选择哪家企业，如何选择合适的爱人，等等。博弈论对我们的日常生活中的第一个影响便是教会你如何选择。

一个小女孩的房间里有两扇窗户，每天她都会打开窗户看一下外面的风景。这天早上她又打开了窗户，看见邻居家的猫从墙上跳了下去。就在这时，外面一辆疾驰而过的汽车，把猫撞死了。小女孩见到这一幕，发出了一声尖叫。这只猫以前经常陪她玩，没想到眼睁睁地看着它死去。从此之后，每当打开这扇窗户，这个小女孩都会想起这只猫，就会很伤心。有一次在她伤心的时候，她的爷爷走过来关上了这扇窗户，打开了另外一扇窗户。窗外是一个公园，草坪上很多小朋友和小狗跑来跑去，到处都是欢声笑语。看到这些，小女孩笑了。

爷爷对她说："孩子，你不高兴是因为选择错了窗户，以后开这扇窗你就不会伤心了。"

正确与错误、快乐与忧伤、善良与邪恶、振作与颓废，往往只有一个转身的距离。有的人在不经意间作出了一个错误的、被动的选择，这个时候只要转过身去，就会发现自己的路应该怎么走。选择和作出改变，往往是相辅相成的。选择不仅是选这个还是选那个的问题，我们还要明白什么时候作出选择会让我们把事情做得更好，怎样选择会给我们带来更大的利益。

这就是博弈论在生活中给我们的第一个启示:要会选择。

前面我们已经提到了博弈论的分类，按照最后博弈的结果来看，无非是负和、零和和正和三种。其中，负和也就是两败俱伤，是最不可取的，正和也就是双赢，是最优的。无论是想避免两败俱伤，还是想双赢，合作都是最有效，也是最常用的手段。同样的事情，选择不同的策略可能会有不同的结局。

最优策略并不是不让对方占自己一点便宜，而是需要综合眼前和将来的一系列因素，考虑到实际情况。

"一荣俱荣，一损俱损"，是《红楼梦》中对四大家族的评语，四大家族有各自的利益，也有共同的利益。帮助别人的时候看似是在动用自己的人际关系和钱财，但是他们明白这是一种投资，是一种相互利用的关系，因为自己也会有用到别人的那一天。如果其中一家高高挂起，不与其他三家往来，表面上看省去了许多开支，但从总体利益和长远利益来看，是把自己的发展之路变窄了。失去的将比省下的多得多。

这便是博弈论在生活中给我们的第二个启示:合作才能双赢。

公元前203年，楚军和汉军在广武对峙，当时已经是楚汉相争的第三个年头了，项羽粮草储备已经不多，所以他希望这场战争能够速战速决，不希望变成持久战、拉锯战。一天项羽冲着刘邦军中喊话:“天下匈匈数岁者，徒以吾两人耳。愿与汉王挑战，决雌雄，毋徒苦天下之民父子为也。”意思是:天下百姓这些年来饱受战乱之苦，原因就是我们两人相争，我希望能与你决斗，一比高下，不要让天下百姓再跟着受苦了。刘邦是这样回应的，他说:“吾宁斗智，不能斗力！”意思是:我跟你比的是策略，不是力气。

博弈论带给我们的启示

博弈与生活关系密切，它可以解释我们生活的方方面面。如朋友、婚姻、工作等，即使是身边的琐事都是博弈论的应用。

启示1：要会选择

如果选择的机会摆在我们面前，我们要把握住机会，对问题进行细致深入的分析，审慎地运用智慧，作出使自己受益最大的决策。

启示2：合作才能双赢

我们生存在一个充满竞争的时代，生存似乎变得越来越难，然而正是如此，才更需要与别人合作。最能有效地运用合作法则的人生存得最久，而且这个法则适合于任何领域。

启示3：善用策略

有效的策略、策略化的思维不能保证你在每次博弈中都取得胜利，但是会增加你取胜的机会，或者让你在逆境中获得转机。

这里我们要表达对项羽心系天下百姓的敬意，但是刘邦的想法更符合博弈论的策略。我们生活里的冲突和对抗中，有一个好的策略远比有一个好的身体起作用。也就是说“斗智”要比“斗勇”管用。

这便是博弈论在生活中给我们的第三个启示:善用策略。

培养博弈思维

博弈是双方或者多方之间策略的互动，我们时刻处于这种互动之中，制定一个策略往往需要参考对方的策略。

博弈中策略选择的标准是能为我们带来最大利益，这同时也是我们的目标。我们为了实现这个目标，通过理性的分析，分析自己所有策略可能带来的利益，分析对方所有策略可能对自己产生的影响，分析所有策略组合可能被选中的概率，从而选择出一种能帮助自己获取最大利益的策略。这个理性分析和选择的过程就是博弈思维。

博弈思维是一种科学、理性的思维方式，这种思维方式里面有强大的逻辑支撑，认为所有博弈结果均是参与者行动和决策决定的。正如“种瓜得瓜，种豆得豆”，种下什么，如何种便是行动和决策，而“得瓜”和“得豆”便是结果。只有依靠理性和科学的博弈思维，我们才能得到自己想要的结果。

思维方式与一个人的生活态度有很大的关系，有的人是宿命论，相信人的命运是由上天安排的，自己的努力不过是次要因素。这样的人不太喜欢积极进取。而具有博弈思维的人则相信命运就在自己手中，相对于“成事在天”更相信“谋事在人”。他们往往积极进取，不怨天，不放弃，能很清醒地认识自己。有的人没有人生目标，他们大都悲观厌世，没有目标就更不用谈如何制定策略去实现目标了；有的人总是有奋斗目标，他们是积极进取，不信天命的人，他们会不断制定目标，然后选择策略去实现这些目标。在拥有博弈思维的人眼中，机会主义不可行，天下没有免费的午餐，只有通过努力、行动和策略才能得到自己想要的东西。

人类时刻面临着挑战，无论是在政治、战争、商战中，还是在生活、工作中。这种生活状态决定了人们的策略选择和博弈思维时刻在发挥作用。想要在激烈的竞争中获得更大的利益，就需要将博弈思维发挥到极致。

成功与否取决于你是否是一个优秀的策略使用者，能否灵活地运用策略。优秀的策略使用者会在生活中不自觉地运用博弈思维，所以他们往往会取得成功；还有一些人也会使用策略，但是他们不懂博弈思维，选择和使用的很多策略都是不理性，不合理的，这就导致他们的人生是失意和平庸的。

有的人性格中带有先天性的成分，但是博弈思维不是。有人喜欢夸人说“天生就聪明”，这不过是一些奉承的话，后天的积累对一个人的影响远大于先天的遗传。

我们可以通过学习使自己变得更聪明，如何选择策略和如何运用博弈思维都是可以学习的。下面就是关于博弈思维应用时需要注意的三个方面：

第一，做到理性分析，选择正确策略。一个人的感觉有时候会很准，但是真正起作用和有保证的还是理性思维。做到理性思维除了要有逻辑判断能力以外，还要控制自己，切忌冲动，遇事三思而后行。不过遇到紧急情况的时候，还是要当机立

商业中的博弈策略

同行之间为了争取市场，采取恶性的降价竞争，得到的结局只能是两败俱伤。如果无法在与对手的竞争中占得便宜，创新是另外一种有效的手段。

商场是一场博弈，有失败、困难、挫折，这都是成功之前的需要跨过的障碍。只有战胜它们，战胜商场，才能成为命运的主人。

断的，以免延误战机。这种情况在战争和遇到突发事件的时候经常出现。

第二，从对方的角度来想问题。很多时候，在问题找不到突破口的时候，从对方的角度想问题便会找到新的解决方法。比如，我们要求自己要理性的时候，最怕自己出现不理性的行为，对方也是如此，因此，扰乱对方的理性也是一种策略。有时候，战胜对方不一定要把自己变得比对方更强大，只需要把对方变得比自己更弱便可以了。

第三，重视信息。信息是作出决策的依据，往往谁掌握的信息更全面谁的胜算就会更大。也可以将信息作为一种策略来使用，比如“声东击西”、“空城计”都是典型的向对方传达错误信息，以此来迷惑对方，达到自己的目的。信息问题涉及信息的收集、信息的甄别、信息的传递等几个方面。后面会有专门章节来阐述信息的问题。

人人都能成为博弈高手

博弈论属于应用数学的一个分支，最精准的表达方式是用函数和集合的形式来表达。因此，如果你懂数学的话，将更容易理解和掌握博弈论。这样说的话，是不是没有良好的数学基础就无法掌握博弈论呢？是不是学习博弈论之前还要先补习一下数学知识呢？答案是否定的。博弈论并不是数学家和经济学家的专利。不懂编程的人，照样可以熟练地使用计算机，同样，不懂专业的数学知识，我们照样可以成为生活中的博弈高手。就像孙膑一样，他并不是数学家，但他是一位博弈高手，他在田忌赛马中运用的便是博弈论的知识，最优策略的选择。

数学不应该成为我们学习博弈论的障碍。博弈论首先是一套逻辑，是来源于生活，应用于生活，用于解决实际问题的逻辑。其次才是数学，数学是博弈论最严谨的表达方式。博弈论最关键的在于策略化的思维方式和方法，而不在于用何种形式表现。简单地说，博弈论最关键的是教你如何想问题，而不是如何描述这个问题。

赌场中的赌徒不一定懂博弈论，但是他们善于运用博弈论。他们会根据自己手中的牌推测对方手中的牌，会根据对方的一个小动作、说话的语气和表情推测对方下一步出什么样的牌，甚至能推测对方的这些动作是不是用来迷惑自己的假象。当每一次出牌都是经过了思考和计算之后，赢牌的可能性就会增大。

唐朝诗人柳宗元曾经记述了一个故事，主人公虽然只是一个小孩子，但他却运用博弈的智慧，屡屡躲避过坏人的残害，并最终战胜了坏人。

故事是这样的，柳州有一个放牛的小孩名叫区寄，一天他在放牛的时候被两个强盗绑架了。这两个强盗想把他带到远处的市场上卖掉。他们怕区寄在路上哭闹，便将他双手反绑，并用布堵住了他的嘴。区寄心想，我要是哭闹，他们便对我看管更严，我若是装作害怕，他们便会对我放松警惕。于是他假装哭哭啼啼，身体瑟瑟发抖。果然，强盗见他这样，便放松了对他的警惕。这天中午，一个强盗去前面探路，另一个强盗躺在墙边睡着了，他的刀就插在离区寄很近的地上。区寄心想机会来了，便悄悄地将捆手的绳子在刀刃上磨断了。绳子断了，区寄用这把刀把睡熟的强盗杀了，拔腿便跑。

就在这时，去前面探路的那个强盗刚好回来，并看到了这一幕。他将区寄抓了回来，并要将他杀死。区寄连忙说："给两个主子当仆人，哪有伺候一个主子好呢？这个人待我不好，所以我将他杀了，你如果待我好，我什么事情都听你的。"区寄这样说是为了稳住这个强盗的情绪，让他冷静下来。他想这个强盗不可能杀自己，因为他若是杀了自己将两手空空，既损失了一个同伴，也损失了一笔钱财；他若是不杀自己，而是把自己卖了，那样的话他虽然损失了一个伙伴，但是原本两个人分的钱，现在他一个人独享了。不杀自己比杀了自己对这个强盗更有利。果然，强盗也是这么想的。

这个强盗掩埋了同伙的尸体，带着区寄继续上路，并对他看管得更严。这天他们来到了市场上，夜里强盗在专门的藏匿窝点住下了。区寄知道这是自己最后的机会，因为明天一早，强盗就会把自己卖掉。于是他慢慢翻过身，一步步挪向火炉旁，用炉火把自己手上的绳子烧断，又抽出强盗的刀，将熟睡中的强盗杀死。扔下刀他就跑到了大街上，大声啼哭，惊醒了附近的人家。他告诉别人自己名叫区寄，被两个强盗抓到准备卖掉，希望好心人能报告官府。

不一会儿，负责市场治安的小吏就赶来了，他把这件事情报告了太府，太府召见了区寄，并对他的机智勇敢赞赏有加，最后派小吏将他送回了家。

尽管区寄不懂博弈，但是他知道如何运用博弈智慧。这个故事使我们明白，我们身上都有博弈的智慧，只是并不完备，或者不是我们处理困难时首先想到的方法。学习博弈论就是为了一方面学习，一方面挖掘出自身的博弈智慧，遇到困难首先想到要策略性地思考问题，找出解决问题的最优策略。这样，我们都能成为生活中的博弈高手。

很多了解博弈论的人都有这样的感触："中国人学习博弈论有着得天独厚的条件。"为什么会这样说呢？因为中国文化中有很浓的博弈色彩，春秋战国时期群雄争霸，秦始皇灭六国统一中国，魏蜀吴相互讨伐，其中都充满了双方的对抗和博弈。另外，无论是《三国演义》《孙子兵法》，还是近代的《厚黑学》，都在教你与别人的博弈中如何作最优决策，取得最后胜利。只不过其中没有提到"博弈"二字。无论是围魏救赵、暗度陈仓，还是釜底抽薪、欲擒故纵，我们今天用博弈论来分析这些策略的时候就会发现，这些策略都是博弈论在实战中的经典应用。

学习博弈论之后，再用博弈的眼光去审视周围的事情，从夫妻吵架、要求加薪到国际局势，博弈论的身影无处不在。如果你掌握了博弈论的智慧，成为了一个博弈高手，那么成功就离你不远了。

怎样成为博弈高手

做到理性分析，选择正确策略。做到理性思维除了要有逻辑判断能力以外，还要控制自己，切忌冲动，遇事三思而后行。

从对方的角度想问题。很多时候，在问题找不到突破口的时候，从对方的角度想问题便会找到新的解决方法。站在对方的角度思考问题才会作出真正理性的策略。

重视信息。信息是做出决策的依据，往往谁掌握的信息更全面谁的胜算就会更大。“声东击西”、“空城计”都是利用向对方传达错误信息这一策略，以此来迷惑对方，达到自己的目的。

玩好“游戏”不简单

很多人认为博弈论总是给人一种高深莫测的感觉，其实不是这样。“博弈论”的英文名字叫“Game Theory”，直译的话就是“游戏理论”。英语中的Game同汉语中的“游戏”意思有所不同，汉语中的“游戏”参与者一般是抱着消遣和娱乐的目的参与的，有时还会恶搞一下，不是那么正式，更谈不上认真。英语中的Game除了有这一层意思之外，还有“竞争”的意思，例如奥林匹克运动会在英文中的表达为“Olympic Games”，竞争的参与者必须遵守一定的规则。“Game Theory”也可以理解为教你如何在竞争中取胜。

博弈论最早是从游戏中而来。20世纪初，数学家们对国际象棋、扑克、赌博这一类竞技游戏详加观察，试图总结出一套模式，能够对这些竞技游戏的结果进行推测。当他们用超越游戏高度的科学态度去观察和思考这些问题的时候，便产生了高于游戏，适用于众多领域的博弈论。可以说，游戏是抽象的博弈论，也是抽象的人生，游戏可以让我们认识博弈论，认识这个世界。

游戏都有相应的规则，游戏玩家需要遵循游戏规则，采取策略和行动，以争取获胜。这一点上博弈论与竞争游戏有相似之处。博弈论是以为自己争取最大利益为目的，这个过程中会考虑对手的策略，游戏也是如此，自己要出什么牌往往需要考虑对方手中还有什么牌。可以说，智力竞争游戏是一个抽象的模式，这个模式放大后可以适用到经济、政治、军事、管理等各个领域。因此我们可以说，博弈论就是研究怎么玩好游戏的理论。

现实社会错综复杂，人们往往容易被表面现象蒙蔽，只见树木不见森林，抓不住问题的实质。但是游戏是现实的抽象表达，我们可以只考虑问题的关键因素，将容易迷惑自己的干扰因素全部去掉，或者降至最低。这样就能“拨开云雾见青天”，一下子发现问题所在。

博弈、游戏和战争

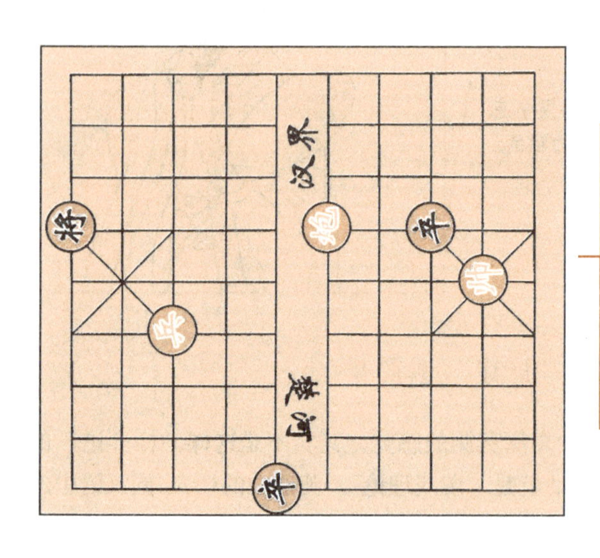

错综复杂的战争到了游戏中就被简化成了一盘棋，象棋的分界线被称为“楚河汉界”，一看便知道其与战争的关系。

方尺棋盘上的较量演绎的其实是战场上作战双方的厮杀。棋盘上每一个棋子往哪放都影响着整盘棋最后的结局，棋手的每一步操作反映到战争中都是一个策略的运用或者一道命令的下达。

错综复杂的战争到了游戏中就被简化成了一盘棋，棋类游戏多是源自战争，围棋、象棋、军棋等，都是如此。围棋是中国最古老的智力游戏之一，最早也是模拟战争形态而来，虽然只有黑白两种棋子，但是其中包含的博弈内涵却非常深厚。下面我们就以围棋模拟战争为例，介绍一下游戏与博弈之间巧妙的关系。

博弈的目的是争取最大利益，围棋也是如此，围棋中“生死为上，夺利为先”说的就是这个意思。获取最大利益是博弈、战争、围棋游戏的共同目的。围棋的游戏规则非常简单，双方分别用黑色和白色的棋子在格状的棋盘上“抢地盘”，最后根据双方地盘大小决定胜负。

有人可能会问，这么古老的游戏能反映当今最为流行的博弈论吗？这也是可能的。我们知道历来战争的作战思想都是如何消耗、破坏、摧毁对方，这种作战思想被称为“重在摧毁”。近些年西方国家提出的最新战争指导思想是“重在效果”，区别于以前的“重在过程”。“重在效果”指导思想是指作战中重在控制住对方的整个作战体系，以解除对方的作战能力为主。包括率先摧毁敌人的机场、电台等交通和信息枢纽。

“基于效果”这种理念强调的是全局的整体利益，不纠缠于局部的蝇头小利。围棋中也有这样的作战思想，那就是摒弃一些虚的棋风、棋道，着眼于全局，让每一步棋子都发挥自己的作用。简单来说就是以赢棋为目标，每一步都扎实可行。这种棋风的棋手往往都很厉害，最好的例子便是韩国棋手李昌镐。

小小的智力游戏可以反映出一个人的逻辑思维能力和制定策略能力，这一点越来越得到人们的认可，很多大公司都将一些智力题作为招聘时的面试考题，以此来考察一个人的逻辑思维能力。我们来看这样一道智力题，它是著名的微软公司招聘时的一道考题：

四个人进城，路上经过一座桥。当他们到达桥头的时候，天已经黑了，他们需要打着手电筒过桥，一次最多只能由两个人过桥，但是他们只有一个手电筒。并且手电的传递只能手手相传，不能抛扔。这四个人的过桥速度各不相同，若两人同时过桥，走得快的要照顾走得慢的，以走得慢的那个人的过桥时间为准。甲过桥需要1分钟，乙过桥需要2分钟，丙过桥需要5分钟，丁过桥需要10分钟。问题是，他们四个人能不能在17分钟之内全部过桥？

这种题目不是简单的加减运算，重在考察一个人的思维能力，从多种可能中找出最优策略。就拿这道题来说，看似非常复杂，其实不然。我们可以这样考虑一下，根据游戏规则，手电只能手手相传，也就是说先过桥的两个人中必须有一个要回来送手电，然后桥这边的三个人中只能过去两个，剩下一个，然后再有一个人回来送手电，最后这两个人一块过桥。这样的话，两个人一组过桥要过三次，而且要回来送手电送两次。过桥时间是以两个人中走得慢的为准，丙和丁分别需要5分钟和10分钟，他们两个搭档最为合算。返回送手电只需要一个人，走得快的人是最优选择，

从博弈论的角度谈高薪养廉

收入多少会影响到一个官员是否贪污，高薪养廉是有一定的理论依据的。

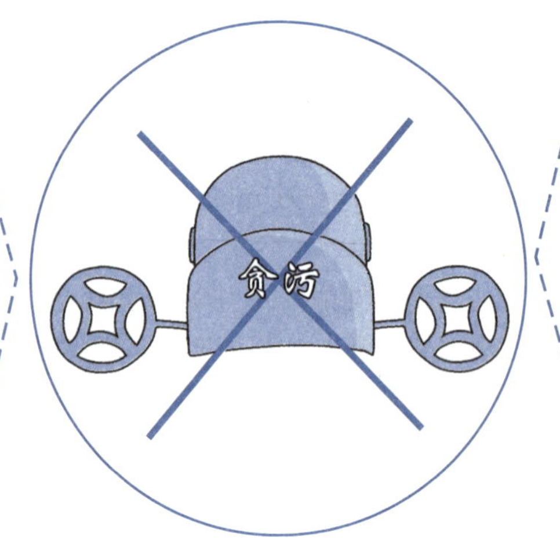

这种做法对降低贪污腐败比率有一定的作用。但单纯靠提高薪酬这一个措施的话，肯定是不够的，必须多管齐下。

预防措施

加强执法力度，使贪污分子被揭发出来的概率变大；

增强处罚力度，对贪腐分子起到震慑作用。

加强道德教育，让官员从内心里打消贪腐的念头。

也就是甲和乙。这样分析的话，这个问题就简单了，丙和丁要一起过桥，而且回来送手电的应该是甲和乙。我们看一下答案：

甲和乙先过桥，共用2分钟，然后甲回来送手电，需要1分钟，丙和丁拿着手电过桥需要10分钟，乙再回来送手电，需要2分钟，最后甲和乙一块过桥需要2分钟。这样算下来，总共需要2+1+10+2+2=17(分钟)。

这其中第一次回来送手电的是甲，第二次是乙，也可以把他们调过来，第一次让乙送，第二次让甲送，结果是一样的。

这种智力游戏同棋类游戏一样，最关键的地方在于决策的选择。在游戏中，博弈论已经简化到只需要选择出最优决策。刚开始学习围棋的小朋友同围棋九段大师之间的区别也只是决策高低的问题。游戏的初级玩家只懂得一些小策略，或者可以称为小技巧，等他们水平高了，便会制定出一些复杂的决策，或者破解对方圈套的同时给对方设置上圈套，这时他们已经成为博弈高手。

游戏中对手之间是相互依存的关系，你作出决策的依据是对方的决策，胜败不仅取决于你的决策是否够好，还取决于对手的策略是否比你技高一筹。这也是博弈论同游戏之间的相似之处。

比的就是策略

秦始皇是中国历史上非常伟大的一个帝王，他在两千多年前第一次统一了中国，并将中国建造成了当时世界上最庞大的帝国。在统一之前，秦国在国内进行了商鞅变法，无论是在经济、政治，还是军事方面，都实力大增。但是与其他六国的实力总和相比，还是有很大的差距。其余六国都已经感受到秦国崛起带来的威胁，怎样处理与秦国的关系，已经成了关乎国家存亡的大事。

在当时的局势下，六国可以采取的策略有两种。第一种是六国结成军事联盟，共同应对秦国崛起带来的威胁。如果秦国侵犯六国中任何一个国家，其他盟国必须要出兵相助，这种策略被称为“合纵”；第二种策略是“连横”，就是六个国家分别同秦国交好，签订互不侵犯、友好往来的协议。

当时六国中，齐国是与秦国实力最接近的一个国家，也是对秦国威胁最大的一个国家。无论是“合纵”，还是“连横”，都将是秦国的主要对手。

在当时的情形下，如果秦国默许六国结盟，那么也就无法完成统一大业。而且，齐国凭借自己的实力，定会成为同盟的核心，势力得以扩张。如果秦国采取“连横”策略，分别同六国签订互不侵犯条约，同时六国之间依旧结盟，那么秦国将同六国形成对峙局面，依然无法完成统一大业。最后一种策略是，秦国同六国“连横”，并设法将六国之间的结盟拆散。那样的话，秦国就有机会将六国一一消灭。最终的历史真相是，秦国与齐国“连横”，从齐国开始下手破坏六国之间的结盟关系。

策略决定成败

秦始皇统一六国，名垂史册，但当时秦国虽强大，却比不上六国共同的实力，倘若六国结盟。秦国必定不是对手。面对六国，秦国有三个策略可以选择，而秦始皇正是选择了最优策略，才完成了统一大业。

策略一：不采取主动措施，任由六国结盟。

结果

六国结盟实力强大，秦国不是对手，无法完成统一大业。

策略二：分别与六国结盟。

结果

虽分散了六国实力，但有盟约在，秦国依然无法攻打其他六国，所以无法完成统一。

从此我国就与贵国结盟了。

策略三：远交近攻、分化离间。

结果

使六国无法统一实力，逐个攻击，一一打败，完成统一。

秦国采取第三种策略，逐个征服，在吞并齐国后，终于取得成功。可见策略的选择十分重要，最优的策略可以帮助人们取得成功。

公元前230年起，秦始皇从邻国开始下手，采取远交近攻、分化离间等手段，拆散六国结盟，并将六国逐个击破。至公元前221年，秦国吞并齐国，终于完成了统一大业，秦始皇得以名垂千古。齐国也承受了策略失败带来的亡国之痛。

首先，这是一场博弈。博弈的参与者是秦国和其余六个国家，秦国的利益是争取更多的领土，统一中国；而其余六国的利益是保卫国土不受侵犯。在这场博弈中，各方的信息都是对等的，胜负的关键在于策略的制定。秦国制定了最优的策略，同时齐国制定了一个失败的策略。最终秦国的策略为他们带来了成功。

既然我们身边充满着博弈，那么，随时都需要对自己身处的博弈制定一个策略。同样的情况下，一个小策略可能就会给自己带来很大的收获。下面便是这样的一个例子。

今天是情人节，晚上男朋友拉着小丽去逛商场，说是要她自己选择一样东西，作为送她的情人节礼物。不过事先已经说好了，这样东西的价格不能超过800元。

两个人高高兴兴地来到了商场，逛了一段时间之后，小丽看中了一款皮包，不过标价是1500元。小丽心想这个价位有点高，如果自己贸然提出来要买的话，男朋友肯定不乐意。于是她先将这个包放下，一边看其他东西，一边想怎样能让男朋友心甘情愿地主动给自己买这个包。

想了一会儿之后，她有了主意。

那天晚上，他们逛遍了整座商厦，一件东西也没看中。男朋友不停地帮她挑衣服挑鞋子，但是哪一件她都看不上；男朋友又带她去看化妆品，试了几种之后，她表示没兴趣;男朋友又带她去看首饰，试来试去，总也找不到自己满意的。不管是什么，她都不去主动看，反而是男朋友越挑越急，帮着她挑这挑那。无论是什么，她都只回复“不好看”、“不喜欢”或者是“不感兴趣”。

就这样，从晚上七点一直逛到九点多，眼看商场都要关门了。今天买不上的话，到了明天就过了情人节了。男朋友此时已经由着急变成了泄气，他细数了一下，衣服不喜欢，鞋子也不喜欢，化妆品也不喜欢，首饰也不喜欢。那买个包怎么样?

这正是小丽心中想要的，便说:“好吧！”

男朋友看到终于找到了女朋友喜欢的礼物，再加上前面费了这么大的力气，已经筋疲力尽，也就不再讨价还价，很高兴地给小丽买了那个1500元的皮包。

这件事情的成功完全得益于她的策略。如果直接提出来买，男朋友可能会不答应，或者即使买了也是很勉强。现在她不断地对男朋友说“不”，对他挑选的礼品进行否决。一个人屡屡被否决之后就会泄气，这个时候，你的一个肯定带给他的满足感会让他不再去考虑那些细枝末节的小问题，从而变得兴奋。

良好的策略能让一个国家完成统一大业，也能让一个女孩子争取到自己想要的礼品，这都说明博弈无处不在。职场中也是如此。

职场是一个没有硝烟的战场，公司与职员之间、领导与下属之间、同事之间，无论是合作还是竞争，都是博弈，都需要策略。

孙阳是一家公司的老总，最近公司人事调动，一名部门经理退休，需要提拔一名新的部门经理。经过筛选，孙阳认为现在公司里符合标准的有两个人：小张和小王。两人都是原先部门经理手下的副经理。小张因为工作时间长一些，业务要比小王熟练，被视为最有可能接替经理职位的人。小王虽然业务熟练程度稍逊一筹，但是办事细心，为人真诚。

选谁呢？孙阳认为业务能力只是工作能力的一部分，只要给予机会和时间，大部分人都能熟练掌握。而对待工作的态度则更重要，这一点上，他更欣赏小王。在任命部门经理的方式上，他有两个选择，也可以说是两个策略：

一是直接宣布任命小王为部门经理，小张继续担任副经理。

二是发布一个虚假消息，假传公司要招聘经理，看看两人的反应，再作决定。

第一个策略是大家常见的方式，这样的方式导致的后果便是小张满腹牢骚，工作积极性下降，甚至与新上司采取不合作的态度。这样的结局对公司和员工个人来说都不利，是一种会导致两败俱伤的决策。

第二个策略可以将两个人对待工作、对待公司的态度展现出来，到时候再宣布任命人选，输的一方就会心服口服。

最终孙阳选择了第二个策略。在公司开会的时候，他故意透漏了公司准备对外招聘经理的信息。果然不出所料，小张得知自己这次升迁的机会泡汤之后，虽然不敢对高层抱怨，在私底下却是满腹牢骚，工作积极性大减，这一切都被公司高层看在眼里。反观小王，他一如既往地工作，办事认真，待人诚恳，丝毫没有受到这个消息的影响，这也更坚定了孙阳任命他为部门经理的决心。

半个月之后，公司宣布不再对外招聘经理，而是内部提升。这个时候，公司高层在对两位人选的综合评定中，考虑了近半个月内两人的表现，最终决定让小王担任部门经理一职。这个结果也在小张的意料之中，他输得心服口服。

同样一件事情，用不同的策略来解决，得到的结果便不同。这就是策略的作用，也是策略的魅力所在。博弈论的核心是寻找解决问题的最优策略，本书中会针对不同类型的问题，分别给出相对应的最优策略。

神奇的“测谎仪”

不仅仅是在经济、政治方面，社会治安中也充斥着大量的冲突，因此博弈论在维护治安中也可以应用。尤其是在审讯犯人的时候，运用博弈论斗智斗勇，往往会收到意想不到的收获。前面讲的“囚徒困境”的案例中，就是博弈论在这方面成功运用的一个例子。

审讯犯人主要运用的是心理战，找到突破口击溃对方的心理防线，罪犯往往就会将犯罪经过和盘托出。用心理干预来破案，这样的事情古代就有。

明朝万历年间，一位知县在路过一家客栈的时候，正巧碰上有一位住店的人盘缠被偷，被偷的人非常焦急。知县问他知不知道是被谁偷走的，这个人肯定自己的盘缠是被住在同一家客栈的人拿走了，但是在这里住宿的人多达十几个，他不能确定是谁。知县了解情况后，让老板把住宿的人全部找齐，然后找来一口大锅、一只公鸡，并将公鸡反扣在锅底下。知县对众人说，这只公鸡十分神奇，只要你用手摸一下锅，它就能感知到你是不是在说谎，如果你在说谎它便会啼叫。说完之后让人将窗帘放下，屋内顿时就黑了下来，每个住宿的客户包括客栈内的伙计、老板都围着锅转了一圈。但奇怪的是，等众人摸了一圈之后，公鸡并没有啼叫。大家都在怀疑可能小偷并不在这里住店，也有人说可能这个人根本就没有丢钱，是想讹诈店主。丢钱的这个人看到自己丢的钱追不回来了，急得号啕大哭。这时县令让人打开窗帘，说不要急，他已经找到偷钱的凶手了。大家都很好奇，一起去看锅底下的那只鸡，但是并没有听见它啼叫。这时县令走到一个人面前，抓住他的手便说，钱就是被这个人偷了。

这时县令解释说："这不过是一只普通的公鸡，并不能识别谎言，但是却能吓退小偷。我让大家摸铁锅只是想看看有没有人做贼心虚，堂堂正正的人是不怕这只公鸡的，只有那些真正的贼才有所顾忌，不敢去摸。现在大家手上都是锅灰，而唯有这个人的手是干净的，一点灰也没有。所以说，他就是偷钱的人。"最后真相果然同县令推测的一样，这个人就是小偷。

在这里，县令设下了一计，用铁锅和鸡制作了一个简易的"测谎仪"，利用了小偷做贼心虚的心理，将偷钱的人从一群人中甄别了出来。

"铁锅扣鸡"作为测谎仪显然是有点不太严谨，真实的测谎仪是通过仪器检测对方在交代供词的时候心理和生理的变化来判断对方是否说谎。

测谎仪的科学依据是什么呢？人在说谎的时候，外表、心理、生理上都会有异于常态的反应，一般是眼神东躲西藏，不敢看别人的眼睛，有时候会下意识地挠头、摸鼻子、抓耳挠腮，有的还会呼吸急促、出急汗、不断地咽唾沫、抖腿，这都是人潜意识中的异常行为，是不经意间流露出来的。除了外部的异常之外，人在说谎的时候生理也有反应，不过这就要靠测谎仪来检测了。脉搏、呼吸频率、皮肤电阻，都是鉴定对方是否说谎的依据。

我们知道，审讯中最重要的是如何让犯人交代问题，再就是辨别犯人交代的是真话还是假话。这就需要选择最好的一种审讯方式，不给犯人说假话的空间。下面这个例子，将会给我们这方面的启示。

从前有两个村庄，村庄离得不远，但是村子里的人却截然不同。其中一个村庄中的人喜欢说谎，这个村庄也被称为"说谎村"；另一个村庄的人非常诚实，从不说谎，这个村庄被人们称为"诚实村"。假设你要去诚实村，但是你之前没有去过，不知道哪个村是诚实村。你在村外的路口上犹豫该往哪边走的时候，从其中一个村庄走出一个人，你该如何利用这个人来帮你找到诚实村呢?

一般人会选择上前问路，但是这个人可能是诚实村的人，也可能是说谎村的人；他走出的这个村庄可能是诚实村，也可能是说谎村。这样，我们上前问他：你走出的这个村子是诚实村吗?我们可能会得到四种回答:

第一种:这是诚实村，这个人是诚实村的人，他会回答“是”。

第二种:这是诚实村，这个人是说谎村的人，他会回答“不是”。

第三种:这是说谎村，这个人是诚实村的人，他会回答“不是”。

第四种:这是说谎村，这个人是说谎村的人，他会回答“是”。

由此可知，我们根据这个人的回答是无法推测出哪个村是诚实村的。这里有一种非常简便的方法，能帮你辨别出诚实村。那就是让这个人带你回他们村，如果这个人是诚实村的人，那你将会到达诚实村，如果这个人是说谎村的人，他会对你撒谎，不带你回他本村，而是去诚实村。这样，无论带路人是哪个村的人，你都将到达诚实村了。

这场博弈中我们假设诚实村的人从不说谎，而说谎村的人永远说谎。但是现实中情况没有这么单纯，人往往是有时说真话，有时说谎话，真真假假，虚虚实实。这就加大了辨别的难度，所以就有很多人容易上当受骗。这也是博弈论在实际运用中要面对的一个问题。

第二章

纳什均衡

纳什：天才还是疯子

《美丽心灵》是一部非常经典的影片，它再现了伟大的数学天才约翰·纳什的传奇经历，影片本身以及背后的人物原型都深深地打动了人们。这部影片上演后接连获得了第59届金球奖的5项大奖，以及2002年第74届奥斯卡奖的4项大奖。纳什是一位数学天才，他提出的“纳什均衡”是博弈论的理论支柱。同时，他还是诺贝尔经济学奖获得者。但这并不是他的全部，而只是他传奇人生中辉煌的一面。我们在讲述“纳什均衡”之前，先来了解这位天才的传奇人生。

纳什于1928年出生在美国西弗吉尼亚州。他的家庭条件非常优越，父亲是工程师，母亲是教师。纳什小时候性格孤僻，不愿意和同龄孩子一起玩耍，喜欢一个人在书中寻找快乐。当时纳什的数学成绩并不好，但还是展现出了一些天赋。比如，老师用一黑板公式才能证明的定理，纳什只需要几步便可完成，这也时常会让老师感到尴尬。

1948年，纳什同时被4所大学录取，其中便包括普林斯顿、哈佛这样的名校，最终纳什选择了普林斯顿。当时的普林斯顿学术风气非常自由，云集了爱因斯坦、冯·诺依曼等一批世界级的大师，并且在数学研究领域一直独占鳌头，是世界的数学中心。纳什在普林斯顿如鱼得水，进步非常大。

1950年，纳什发表博士论文《非合作博弈》，他在对这个问题继续研究之后，同年又发表了一篇论文《n人博弈中的均衡点》。这两篇论文不过是几十页纸，中间还掺杂着一些纳什画的图表。但就是这几十页纸，改变了博弈论的发展，甚至可以说改变了我们的生活。他将博弈论的研究范围从合作博弈扩展到非合作博弈，应用领域也从经济领域拓展到几乎各个领域。可以说“纳什均衡”之后的博弈论变成了一种在各行业各领域通用的工具。

发表博士论文的当年，纳什获得数学博士学位。1957年他同自己的女学生阿丽莎结婚，第二年获得了麻省理工学院的终身学位。此时的纳什意气风发，不到30岁便成为了闻名遐迩的数学家。1958年，《财富》杂志做了一个评选，纳什被评选为当时数学家中最杰出的明星。

上帝喜欢与天才开玩笑，处于事业巅峰时期的纳什遭遇到了命运的无情打击，他得了一种叫做“妄想型精神分裂症”的疾病。这种精神分裂症伴随了他的一生，他常常看到一些虚幻的人物，并且开始衣着怪异，上课时会说一些毫无意义的话，常常在黑板上乱写乱画一些谁都不懂的内容。这使得他无法正常授课，只得辞去了麻省理工大学教授的职位。

辞职后的纳什病情更加严重，他开始给政治人物写一些奇怪的信，并总是幻觉自己身边有许多苏联间谍，而他被安排发掘出这些间谍的情报。精神和思维的分裂已经让这个曾经的天才变成了一个疯子。

他的妻子阿丽莎曾经深深被他的才华折服，但是现在面对着精神日益暴躁和分裂的丈夫，为了保护孩子不受伤害，她不得不选择同他离婚。不过，他们的感情并没有就此结束，她一直在帮他恢复。1970年，纳什的母亲去世，他的姐姐也无力抚养他，当纳什面临着露宿街头的困境时阿丽莎接收了他，他们又住到了一起。阿丽莎不但在生活中细致入微地照顾纳什，还特意把家迁到僻静的普林斯顿，远离大城市的喧嚣，她希望曾经见证纳什辉煌的普林斯顿大学能重新唤起纳什的才情。

妻子坚定的信念和不曾动摇过的爱深深地感动了纳什，他下定决心与病魔作斗争。最终在妻子的照顾和朋友的关怀下，20世纪80年代纳什的病情奇迹般地好转，并

纳什均衡的发展历程及应用范围

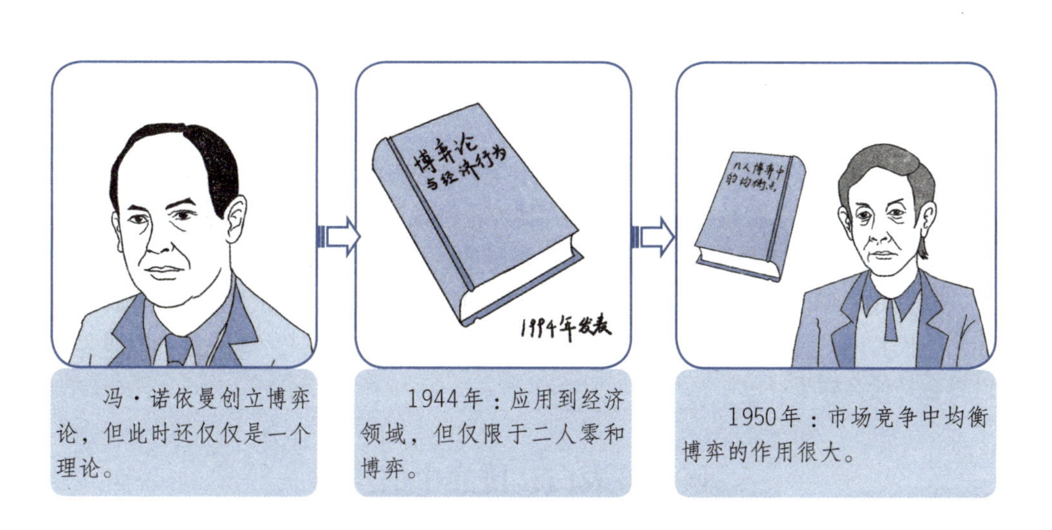

冯·诺依曼创立博弈论，但此时还仅仅是一个理论。

1944年：应用到经济领域，但仅限于二人零和博弈。

1950年：市场竞争中均衡博弈的作用很大。

20世纪：美国应用纳什均衡原理开始举办拍卖会，政府和商家皆大欢喜。

1994年：纳什获诺贝尔经济学奖。博弈论已经深入到生活中的各个场景中。

最终康复。至此，他不但可以与人沟通，还可以继续从事自己喜欢的数学研究。在这场与病魔的斗争中，他的妻子阿丽莎起了关键作用。

走出阴影后的纳什成为1985年诺贝尔经济学奖的候选人，依据是他在博弈论方面的研究对经济的影响。但是最终他并没有获奖，原因有几个方面：一方面当时博弈论的影响和贡献还没有被人们充分认识；另一方面瑞典皇家学院对刚刚病愈的纳什还不放心，毕竟他患精神分裂症已经将近30年了，诺贝尔奖获得者通常要在颁奖典礼上进行一次演说，人们担心纳什的心智没有完全康复。

等到了1994年，博弈论在各领域取得的成就有目共睹，机会又一次靠近了纳什。但是此时的纳什没有头衔，瑞典皇家学院无法将他提名。这时纳什的老同学、普林斯顿大学的数理经济学家库恩出马，他先是向诺贝尔奖评选委员会表明:纳什获得诺贝尔奖是当之无愧的，如果以身体健康为理由将他排除在诺贝尔奖之外的话，那将是非常糟糕的一个决定。同时库恩从普林斯顿大学数学系为纳什争取了一个“访问研究合作者”的身份。这些努力没有白废，最终纳什站在了诺贝尔经济学奖高高的领奖台上。

当年，同时获得诺贝尔经济学奖的还有美国经济学家约翰·海萨尼和德国波恩大学的莱茵哈德·泽尔腾教授。他们都是在博弈论领域做出过突出贡献的学者，这标志着博弈论得到了广泛的认可，已经成为经济学的一个重要组成部分。

经过几十年的发展,“纳什均衡”已经成为博弈论的核心，纳什甚至已经成了博弈论的代名词。看到今天博弈论蓬勃地发展，真的不敢想象没有约翰·纳什的博弈论世界会是什么样子。

该不该表白：博弈中的均衡

在讲“纳什均衡”之前，我们需要了解一下什么是均衡。均衡在英文中为equilibrium，是来自经济学中的一个概念。均衡也就是平衡的意思，在经济学中是指相关因素处在一种稳定的关系中，相关因素的量都是稳定值。举例说，市场上有人买东西，有人卖东西，商家和顾客之间是买卖关系，经过一番讨价还价，最终将商品的价格定在了一个数值上。这个价格既是顾客满意的，也是商家可以接受的，这个时候我们就说商家和客户之间达成了一种均衡。均衡是经济学中一个非常重要的概念，可以说是所有经济行为追求的共同目的。

说完了经济学中的均衡，再来看一下博弈论中的均衡。博弈均衡是指参与者之间经过博弈，最终达成一个稳定的结果。均衡只是博弈的一种结果，但并不是唯一的结果，要不然的话，纳什寻找均衡的努力就没有意义了。博弈的均衡是稳定的，这种稳定点是可以通过计算找到的，就像同一平面内两条不平行的直线必定有一个交点一样，只要我们知道存在这个交点，就一定能把它找出来。

让我们看一下下面这个例子，共同分析一下博弈中的均衡。

男孩甲与女孩乙青梅竹马，对彼此都有好感，但是这份感情一直埋在各自心中，谁也没有跟对方表白过。这些年，不断有其他男孩跟女孩乙表白心意，但是都被女孩乙拒绝了，人家问她理由，她只是说自己心中已经有了人，他总有一天会向自己表白的。

同样，这些年男孩甲也碰到了不少向他表达爱意的女孩，他同样拒绝了她们，

表白VS不表白

很多男女明明彼此喜欢却没有走到一起，分析其原因无非是怕被拒绝，双方都等对方先表白，结果错失机会。

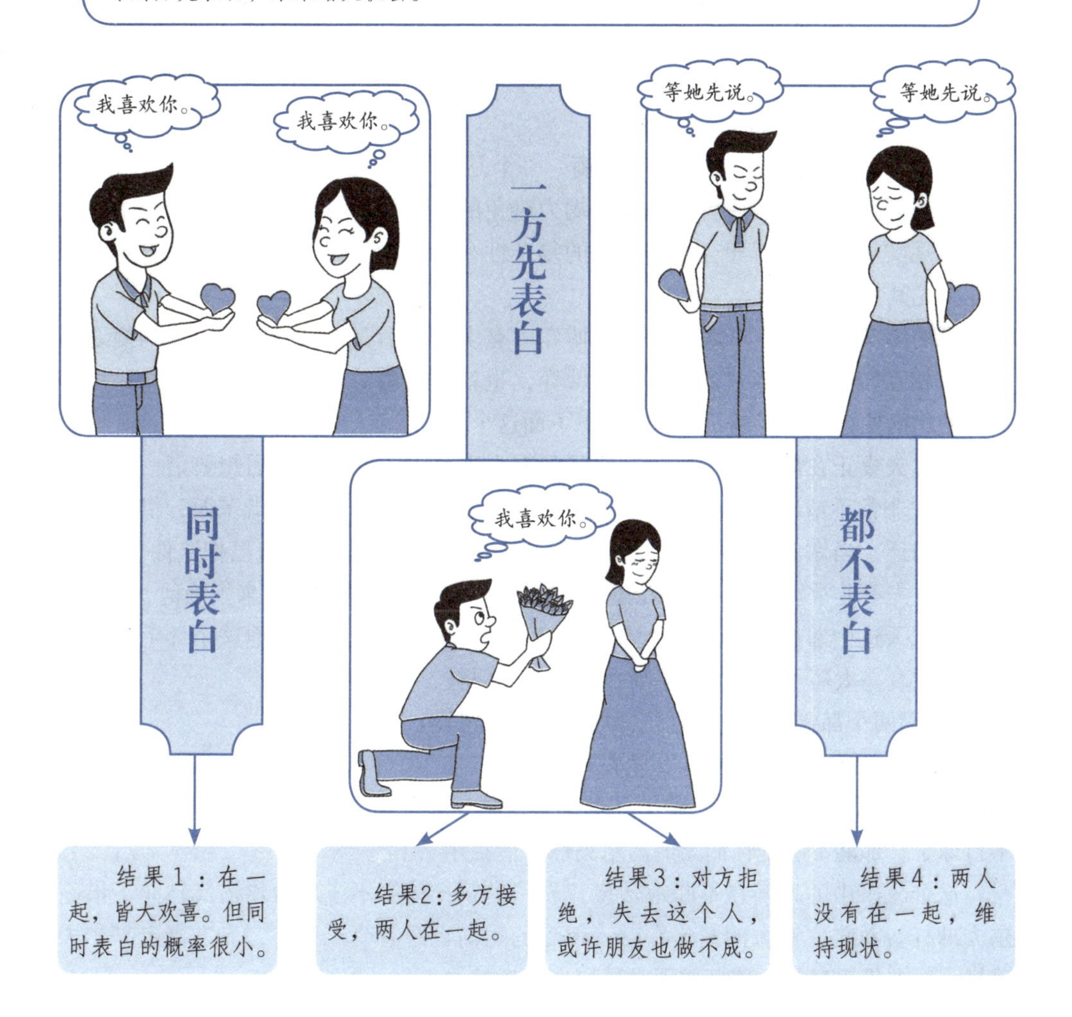

他说自己心里已经有了一个女孩，她会明白自己的心意的。

又过了几年，女孩乙迟迟不见男孩甲表白，有点心灰意冷，她决定试探一下他。这天她对男孩甲说:“我决定到另外一个城市去工作。”

女孩乙希望男孩甲能挽留她，或者向她表白。但是没有，男孩甲心里只有失落，他想难道你不明白我的心意吗？最终他也没有说出口，只是祝对方幸福。女孩乙一气之下真的去了另外一个城市。

一年之后，女孩乙回来了，他见到男孩甲身边已经有了女朋友。原来男孩甲在经历了一段失落之后，又重新振作，找了一个女朋友。现在，男孩甲才明白当初女孩乙只是在试探自己，不过一切都已经晚了。

这是一个让人很失望的故事，原本应该在一起的两个人，最终却落得了这样的结局。

我们作为第三人，知道双方心中都给对方留了位置，其实不需要双方同时表白，只需要一方表白，便会得到皆大欢喜的结局。这样的话，此时要想皆大欢喜不再需要双方同时表白，只需一人表白即可。这时，最好的选择已经不是双方都保持沉默，而是任何一方大胆地说出自己的爱。

总之，这场博弈中存在着两个均衡，一个是皆大欢喜的均衡，一个是悲剧均衡，前者是我们追求的，而后者则是我们竭力避免的。此外，我们分析的只是一个理论模型，现实生活中的博弈会根据情况的复杂性和参与者是否够理智在进行着不断的变化，尤其是爱情方面。

有的博弈中只有一个均衡，有的博弈中有多个均衡，还有的博弈中的均衡之间是可以相互转换的。当双方之间连续博弈，也就是所谓的重复性博弈的时候，博弈之间的均衡便会发生转换。我们看一下下面这个例子：

一对夫妻正在屋子里休息，突然听到有人来敲门，原来是邻居想要借一下锤子用，丈夫非常不情愿地借给了他。原来，这个邻居隔三差五地来借东西，借了往往不主动归还，当你去要回的时候，他便装出一副很抱歉的样子说自己把这件事忘了。这让这对夫妻非常厌恶这个邻居，但是他们又没有什么像样的理由来拒绝他。

第二天这个邻居又来借锯，丈夫一想，我得想个办法治一下他这个坏毛病。于是便说:“真是太巧了，我们下午要用锯去修剪树枝，十分抱歉。”

“你们两个都要去吗？”这位邻居显得非常沮丧。

“是的，我们两个都要去。”丈夫又说。

“那太好了！”这位邻居脸上立刻多云转晴，并说道,“你们去修剪树枝，肯定就不打球了，那能不能把你们家的高尔夫球杆借我用一下？”

这个故事中的均衡在不断地转换，先是借锯，借锯不成之后均衡又转向了借高尔夫球杆。总之，双方的策略在变，得到的均衡也跟着变。最终，一方借走高尔夫球杆，一方借出高尔夫球杆成了这场博弈最后的均衡。

身边的"纳什均衡"

通过上节的两个例子我们已经明白了什么是均衡和博弈均衡，均衡就是一种稳定，而博弈均衡就是博弈参与者之间的一种博弈结果的稳定。关于均衡讲了这么多，下面就来讲本章的主题："纳什均衡"。

商场之间的价格战近些年屡见不鲜，尤其是家电之间的价格大战，无论是冰箱、空调，还是彩电、微波炉，一波未息一波又起，这其中最高兴的就要数消费者了。我们仔细分析一下就可以发现，商场每一次价格战的模式都是一样的，其中都包含着"纳什均衡"。

我们假设某市有甲、乙两家商场，国庆假期将至，正是家电销售的旺季，甲商场决定采取降价手段促销。降价之前，两家的利益均等，假设是（10,10）。甲商场想，我若是降价，虽然单位利润会变小，但是销量肯定会增加，最终仍会增加效益，假设增加为14。而对方的一部分消费者被吸引到了我这边，利润会下降为6。若同时降价的话，两家的销量是不变的，但是单位利润的下降会导致总利润的下降，结果为（8,8）。两个商场降价与否的最终结局如表所示：

		甲	
		降价	不降价
乙	降价	（8，8）	（6，14）
	不降价	（14，6）	（10，10）

从表中可看出，两个商场在价格大战博弈中有两个"纳什均衡"：同时降价、同时不降价，也就是（8,8）和（10,10）。这其中,（10,10）的均衡是好均衡。按理说，其中任何一方没有理由在对方降价之前决定降价，那这里为什么会出现价格大战呢？我们来分析一下。

选择降价之后的甲商场有两种结果:（8,8）和（14,6）。后者是甲商场的优势策略，可以得到高于降价前的利润，即使得不到这种结果，最坏的结果也不过是前者，即（8,8），自己没占便宜，但是也没让对手占便宜。

而乙商场在甲商场做出降价策略之后，自己降价与否将会得到两种结果：（8,8）和（6,14），降价之后虽然利润比之前的10有所减少，但是比不降价的6要多，所以乙也只好选择降价。最终双方博弈的结果停留在（8,8）上。

其实最终博弈的结果是双方都能提前预料到的，那他们为什么还要进行价格战呢？这是因为多年价格大战恶性竞争的原因。往年都要进行价格大战，所以到了今年，他们知道自己不降价也得被对方逼得降价，总之早晚得降，所以晚降不如早降，不至于落于人后。

降价是消费者愿意看到的，但是从商场的角度来看则是一种损失，如果是特别恶性的价格战的话，甚至相互之间会出现连续几轮的降价，那样损失就更惨了。如果理性的话，双方都不降价，得到（10,10）的结果对双方来说是最好的。如果双方不但不降价，反而同时涨价的话，将会得到更大的利润。不过这样做属于垄断行为，是不被允许的。

看完商场价格战中的“纳什均衡”之后，再来看一下污染博弈中的“纳什均衡”。

随着经济的发展，环境污染逐渐成为了一个大问题。一些污染企业为了降低生产成本，并没有安装污水处理设备。站在污染企业的角度来看，其他企业不增加污水处理设备，自己也不会增加。这个时候他们之间是一种均衡，我们假设某市有甲、乙两家造纸厂，没有安装污水处理设备时，利润均为10，污水处理设备的成本为2，这样我们就可以看一下双方在是否安装污水处理设备上的博弈结果：

		甲	
		安装	不安装
乙	安装	（8，8）	（8，10）
	不安装	（10，8）	（10，10）

可以发现，如果站在企业的角度来看的话，最好的情况就是两方都不安装污水处理设备，但是站在保护环境的角度来看的话，这是最坏的一种情况。也就是说（10,10）的结果对于企业利益来说是一种好的“纳什均衡”，对于环境保护来说是一种坏的“纳什均衡”；同样，双方都安装污水处理设备的结果（8,8）对于企业利益来说，是一种坏的均衡，对于环境保护来说则是一种好的均衡。

如果没有政府监督机制的话，（8,8）的结果是很难达到的，（8,10）的结果也很难达到，最有可能的便是（10,10）的结果。这是“纳什均衡”给我们的一个选择，如果选择经济发展为重的话，（10,10）是最好的；如果选择环境第一的话，（8,8）是最好的。发达国家的发展初期往往是先污染后治理，便是先选择（10,10），后选择（8,8）。现在很多发展中国家也在走这条老路，中国便是其中之一。近些年，人们切实感受到了环境污染带来的后果，对环境保护的意识大大提高，所以政府加强了污染监督管理机制，用强制手段达到一种环境与利益之间的均衡。

我们身边的纳什均衡

我们时常会发现自己的电子邮箱中收到一些垃圾邮件，大部分人的做法是看也不看直接删除。或许你不知道，这些令人厌恶的垃圾邮件中也包含着一种“纳什均衡”。只要100万个收到邮件的人中只要有一个人相信了邮件中的内容，并成为其客户，公司就不算亏本。

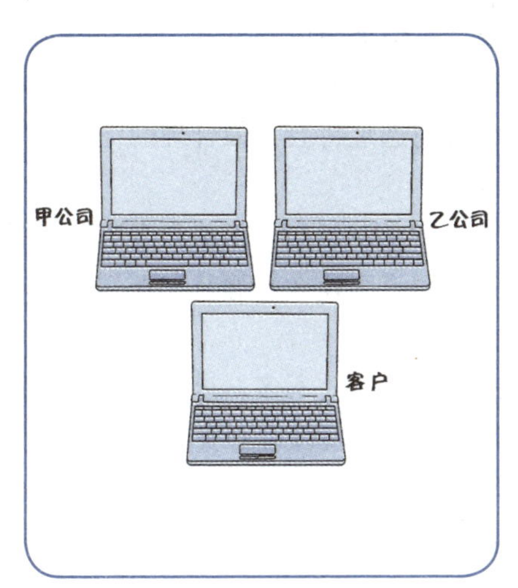

商场在价格大战博弈中也包含着“纳什均衡”。降价是消费者愿意看到的，但是从商场的角度来看则是一种损失，如果是特别恶性的价格战的话，甚至相互之间会出现连续几轮的降价，那样损失就更惨了。如果双方不但不降价，反而同时涨价的话，将会得到更大的利润。不过这样做属于垄断行为，是不被允许的。

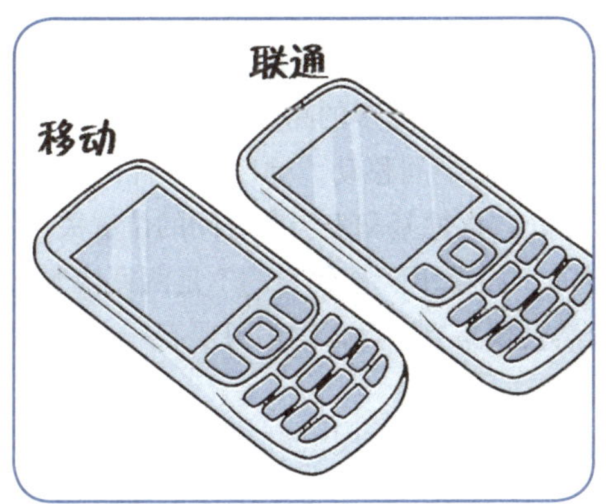

为什么有肯德基的地方就有麦当劳

有这样一个奇怪的现象，凡是有肯德基的地方，不出100米，基本上都能看到麦当劳的身影。在我们看来，肯德基和麦当劳应该是一对死对头，为什么它俩却偏偏喜欢和自己的对手做邻居呢？“纳什均衡”便可以帮助我们来解释这个问题。

为了分析这个问题，我们要建立一个简单的模型：

假设在A地和E地之间有一条笔直的公路，大小车辆川流不息，并且车流在这条公路上是均匀的。同时,A、B、C、D、E 5个点将这段路均匀地分成4段。假设现在有甲、乙两家快餐店想在这条公路上开店，那么如何选址将会是最合理的呢？最终结局又会是怎样的呢？

上面的假设只是一种模型，但是又很有实际意义，当初肯德基和麦当劳便是靠公路快餐起家的。弄明白了这个问题，我们就会知道为什么肯德基和麦当劳喜欢做邻居。

在这个模型中我们还要假设两家快餐店的食物口味差不多，过往司机买快餐主要考虑的是哪一家离自己较近，既然食物口味差不多，就没有必要舍近求远。

根据上面的假设，两家快餐店最合理的布局便是一家设在B处，一家设在D处。这样它们就会各自拥有整条公路上1/2的客流量。从资源配置来看，这是最合理的一种布局，也是路上司机和行人们最喜欢的一种布局，人们总能最快地找到快餐店，节省时间。

不过，这只是理论上的最优，现实情况不一定会如此。要想当个好的生意人，不仅要学会理性，更要精明，在法律允许的范围内想尽一切手段去为自己争取最大利益。也就是说，同行的利益，路上行人和司机是否方便都不是快餐店选址的决定性因素，决定性因素是如何招来更多的顾客，让生意更红火，赚取更多的利益。

如果想要争取更多的客户的话，甲快餐店会想，如果我把店址往中间挪一点，便会从乙快餐店手中争取到一部分客户，左边的客户可能会因此多走一点路，但是他们不可能因此而去另一家快餐店，因为那样的话将走更多的路。

如果甲快餐店往中间移动了，乙快餐店也会往中间移动，原因是一样的。经过双方多轮的互相较量，最终都将店址定在了C处。肯德基和麦当劳之间的位置关系同上述例子中甲、乙两家快餐店的关系是一样的，如果甲、乙代表的不是两家快餐店，而是几十家快餐店，结果是相同的，它们依然会聚集到C点，因为只要有一方选择了C点，另外一方如果不选择C点，客流量便会比对方低。

这个时候，双方之间便达成了一种“纳什均衡”。“纳什均衡”的定义告诉我们，博弈中一方需要根据对方的策略制定自己的最优策略。这个例子中，甲往中间移动了，乙根据甲的决策，作出自己的最优策略，就是也往中间移动。如果有一家移动到了C点上，另外一家最优决策也是移动到C点。

“纳什均衡”将商家聚集到了一起，形成了商业区，这是“纳什均衡”对人们生活的一种有益的影响。首先，商家聚集到一起会给消费者更多的选择，不用跑东城买完鞋子之后，再跑西城去买袜子，这对商家和消费者来说都是一种资源共享。商家聚到一起还会激发出消费者的购物欲望，原本分散经营的两个商家如果月利润都

随处可见的同行扎堆现象

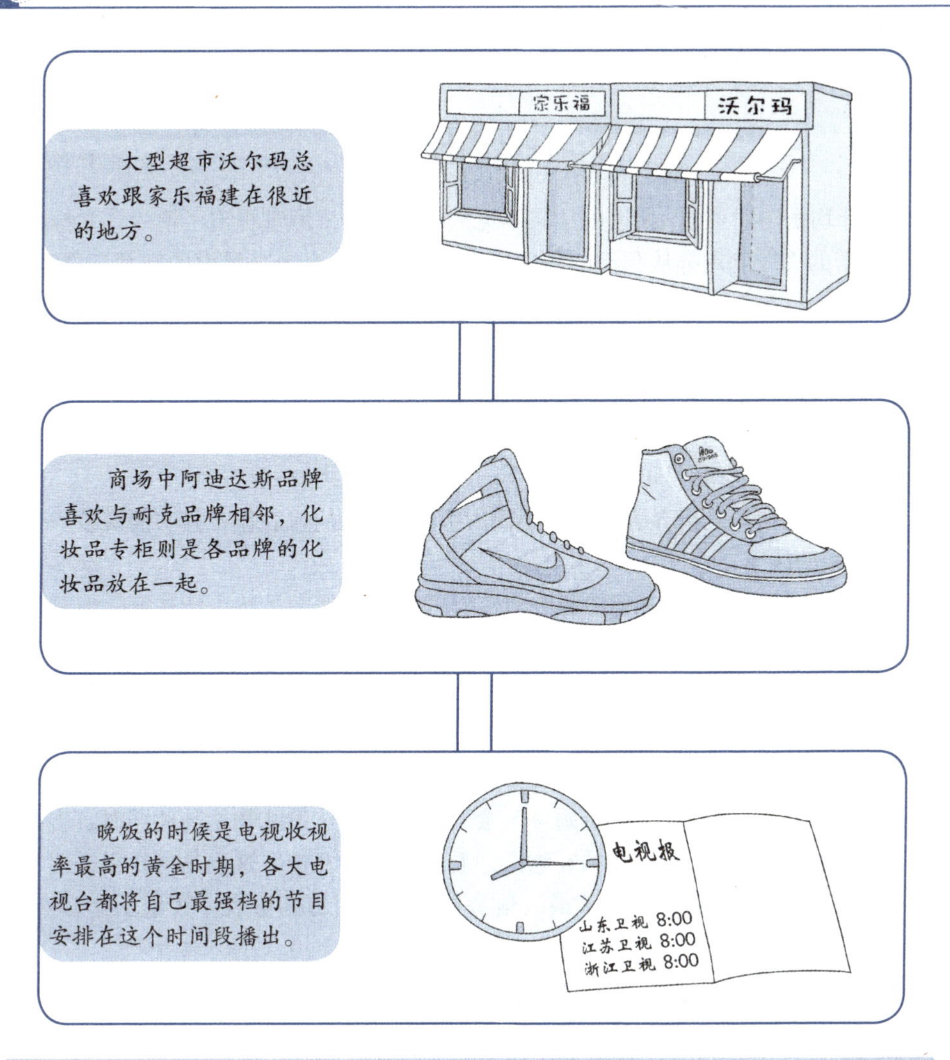

扎堆现象的本质同肯德基与麦当劳位置关系的本质是一样的，都是在位置博弈中寻求最合理的解，寻求最优的“纳什均衡”点。

挤在一起对它们来说是最优的策略选择，会形成一种最优的“纳什均衡”。

是20万的话，聚到一起可能总利润就会达到50万。这就是典型的1+1>2。

除了给消费者增加选择机会，给商家增加利润以外，对手们做邻居还会使得消费者享受到更高质量的服务。同行聚到一起，就不可避免要进行竞争，竞争导致的结果便是商家要想更好地发展和获利就需要提供更好的服务，更低廉的商品。这样才能使他们维持住现在的消费群，以及吸引新的消费者。

我们从肯德基和麦当劳的选址谈到了“纳什均衡”在实际生活中的应用，以及对我们生活的影响。可能我们以前大体明白其中的道理，只是不知道它是一种什么样的理论，现在我们明白了有一套系统的理论在支撑着这些现象的发生。

自私的悖论

“纳什均衡”对亚当·斯密的“看不见的手”的经济原理提出了挑战，并推翻了亚当·斯密的“每个人都从利己的角度出发，将会给社会带来最大的利益”的理论。实践证明纳什是对的，但是这也使人们产生了一个疑问：自私到底是好的，还是坏的？

自私在人们眼中是一种公认的缺点，那么是不是所有的自私自利的行为都是该被声讨的呢？凡事都有两面，世界上没有绝对的事情。通过下面的故事，我们来探讨一下，什么时候自私是可行的。

《麦琪的礼物》是世界著名短篇小说大师欧·亨利的代表作，其中便讲了一个自私大于无私的故事。

故事是这样的，吉姆和德拉是一对年轻的夫妻，他们虽然生活贫穷，但是彼此深深地相爱。圣诞节快要到了，他们都决定送对方一件圣诞节礼物。德拉有一头漂亮的金发，她特别希望有一套属于自己的发梳；而吉姆有一只金表，是祖传的，他非常珍惜，可惜没有表链。眼看圣诞节就要到来了，他们都想给对方一个惊喜。但是苦于手中没钱，最后，德拉把自己的一头金发剪下来卖掉了，用卖掉头发换来的20美元买了一条白金表链，她想吉姆一定会喜欢自己的这份礼物；与此同时，吉姆也在苦恼该给妻子买一份什么样的礼物。他看上了一套发梳，这也是德拉最需要和最喜欢的礼品，但是价钱有点贵。最终他卖掉了自己祖传的金表，买下了这套梳子，他想德拉肯定会喜欢的。

就这样，当他们交换礼物的时候才发现，原来德拉现在已经用不上这套发梳了，同时吉姆也不再需要表链。这个故事的结局深深地打动了人们，尽管两个人的礼物都阴差阳错地失去了作用，但是传递出的那种温情让人心头一暖。看似这两份圣诞礼物达到了最好的效果，但是如果我们从博弈学的角度上来分析这个故事的话，就会发现两人的所作所为都是非理性的。

我们假设原本双方之间的感情为（1,1），卖掉自己心爱之物给对方买礼物会令自己对对方的感情升为2，而对方收到礼物之后非常感动，感情会升为3；如果出现这种情况——双方的心爱之物白白卖掉了，换回的礼物没有了用武之地，令人沮丧，双方的感情变为（0,0）。

根据这个故事的情节，我们可以知道吉姆和德拉之间的送礼有以下几种可能：

A. 吉姆不卖表；德拉不卖头发（1,1）

B. 吉姆卖表，买梳子；德拉不卖头发（2,3）

C. 吉姆不卖表；德拉卖头发，买表链（3,2）

D. 吉姆卖表，买梳子；德拉卖头发，买表链（0,0）

导致集体悲剧的原因

针对别人的决策制定自己的最优策略。

好的“纳什均衡”是大家一起反抗。

很多人看别人都不反抗，自己最好的决策便是也不反抗，但这是一种坏的“纳什均衡”。选择了不反抗的“纳什均衡”，结局便是一场集体的悲剧。导致集体悲剧最主要的原因便是自私自利。

现实中他们为了私利出卖了自己的良知，最后他们的下场往往是得不偿失和损人不利己。

从上面的分析来看，吉姆或者德拉如果能“自私”一点，就不会令对方的礼物变成了没用的摆设，反而将会出现更大的收益。我们前面讲过年轻夫妻春节回谁家过年的问题，我们假设一方先假装回自己家，然后偷着买了去对方家的火车票，到时候给对方一个惊喜，这是一个不错的选择。但是，如果对方也是这样想的，那就弄巧成拙了，就会出现跟《麦琪的礼物》中同样的情形。

《麦琪的礼物》中正是通过这种阴差阳错发生的事情表现了男女主人公之间深深的爱。由此我们可以说，自私什么时候该用，什么时候不该用——在损人利己的时候不该用，在表达爱的时候不要吝啬。

夫妻过春节应该去谁家

通过前面的很多例子，我们已经知道，有的博弈中存在多个“纳什均衡”。比如“囚徒博弈”中，如果罪犯甲选择的是坦白，罪犯乙的最优策略也是选择坦白，那么这个时候两人的策略会形成一个“纳什均衡”；当罪犯甲选择不坦白的时候，罪犯乙的最优策略也是不坦白，这个时候两个人的策略也将会是一种“纳什均衡”。两个“纳什均衡”中，有一种是好的均衡，有一种是坏的均衡。两个罪犯都选择坦白，得到的结果是（8,8），每人坐8年牢；而两个罪犯都不坦白，结果将是（1,1），每人坐1年牢。这两个“纳什均衡”中，相对于罪犯来说，前者是坏的“纳什均衡”，后者是好的“纳什均衡”。现实生活中还存在一种多个“纳什均衡”同时存在，但又没有优势和劣势之分的情况。夫妻春节该回谁家过年？这个问题正是这类博弈的代表。

春节是中国的传统佳节，大年三十晚上一家人团聚在一起，其乐融融。但是近些年，随着独生子女都开始工作和结婚，一个棘手的问题便显现了出来，那就是春节该回谁家过年。每当到了年底，这个问题便会被人提出来热议，甚至有的小夫妻还为此争得头破血流。

刘冬和小台是一对年轻的夫妻，“春节回谁家过年”这个问题也是他们逃不过的一个选择。他们都是独生子女，刘冬家在山东，而小台家在广西。刘冬希望春节能回山东过年，而小台则希望回广西陪父母一起过春节。以前还没有结婚的时候都是各回各家，但是现在已经结婚了再分开两人还都有些不舍。再说，刘冬还想让家里的亲朋好友见一下自己的媳妇，而小台则想，刘冬从来没有去过她家，也应该认认门了。就这样，两人间展开了一场博弈。

为了更清晰地分析这场博弈，我们将其中的一些感情因素量化。假设，小台陪刘冬回山东过年，小台的满意度为5，刘冬的满意度为10；如果刘冬陪小台回广西过年，刘冬的满意度为5，小台的满意度为10；如果两人各回各家，则每人的满意度都为5，两人分别去对方家过年的可能性几乎不存在，满意度用X表示。这样我们就得到了这场博弈的矩阵图：

		小台	
		山 东	广 西
刘东	山 东	（10，5）	（5，5）
	广 西	（X，X）	（5，10）

从中可以看出，如果刘冬选择回山东过年，小台的最优决策是跟随他一起回山东过年；而如果小台选择回广西过年，刘冬的最优决策是随她一起去广西过年。去对方家过年，两人的满意度之和为15，而选择分别回自己家过年，满意度之和只为10。因此这场博弈中同时出现了两个“纳什均衡”:（10,5）和（5,10），并且两个“纳什均衡”没有哪个是具有绝对优势，总有一方要作出一些牺牲。

那么这场博弈的最佳结局是什么呢？我们经过分析得出，博弈的结果取决于谁更坚持自己的想法，和谁甘愿作出牺牲。比如小台坚持要回家，非常坚决，则最好的结局便是刘冬陪她去广西，要不然的话就只能是（5,5）的结局。而若是一方甘愿牺牲，主动选择去对方家过年，放弃回自己家过年，那么这个问题也会迎刃而解。

“纳什均衡”的定义中说，当双方的策略达成一种“纳什均衡”之后，任何一方改变自己的策略都将会降低收益。在这个例子中，小台跟刘冬回山东过年是一种“纳什均衡”，如果此时小台突然决定不去山东了，而是回广西过年，这个时候该怎么办？如果两人分开，则结局就是（5,5），但是如果刘冬跟随小台回广西的话，结局就会变成（5,10）。因此，如果一方突然反悔了，另外一方最好的选择是也改变自己原先的打算。

以上这些模式提供给我们的只是理论上的启示，如果你非要问是该刘冬陪小台回广西，还是该小台陪刘冬回山东，那就只能具体问题具体分析了。是看丈夫更宽容一点，还是妻子更贤惠一点，每个家庭情况都是不一样的。若是做丈夫的更疼爱妻子一些，便会陪妻子回家过年；若是妻子更体贴丈夫一些，便会陪丈夫回家过年。

这个例子给我们的启示是，现实生活中，很多博弈不止有一个“纳什均衡”，但是这些均衡之间没有绝对的优势、劣势之分，尤其是类似于上面例子中这种与亲人之间利益冲突的时候。这种博弈中，我们需要做的就是学会协调，或者可以称之为讨价还价。后面章节会专门讲到博弈论中的讨价还价问题，也就是如何为自己争取更多的利益。再者，如果不能实现最大利益，也要退而求其次，总比什么都得不到要好。

从1994年开始，诺贝尔经济学奖屡屡颁给博弈论研究者。之所以能获得如此多的荣誉，归根结底是博弈论在面对复杂的现实问题时，总能把事情变得简单和清晰，并能找出最优解决方案，也就是它对现实问题超强的解释能力。对于普通人，对于日常生活来说，博弈论的主要贡献就在于教会你“策略化”思维。

比如如果你渴望让自己的年薪再增加5万元，你该如何向老板表示呢？是当面跟他说，还是发封邮件？似乎这些方法都不稳妥。直接提出来的话，如果老板否决了你，认为你的工作能力没有达到这个工资水准，那就会弄得十分尴尬。如果发邮件又显得不太正式。这个时候你需要用策略化的思维想一下这个问题，找出问题的关键和最好的解决方法。

我们一起来分析一下，想让老板加薪，就得让老板相信他多付出5万块钱的薪水肯定能给他带来更多的效益。那怎样才能证明给他看呢？长期的方法就是好好工作，用实力证明自己；短期的方法是你要传达给老板一个信息，有其他公司认可你的能力，他们愿意多出5万元薪水邀请你去他们那里工作。当然这个消息不是你传达给他，而是让他从其他渠道获得。这个时候，他就会重新考虑你的价值，考虑是否给你加薪。

过年回家如何抉择

春节的时候，谁都想回到自己的家和父母一块过年。在结婚前可以回各自的家，可是结婚后，过年回谁家成了很多人无法逃避的选择难题。

方法一：两家父母聚一块过年或旅行过年。

解决方法

方法二：轮流回家，今年去男方家，明年就去女方家。

而且要求加薪的时机选择也很重要，最好选择在一些特殊的日期，比如进公司工作几年整，或者刚刚负责完成一个项目，并且成绩不错的时候。这样老板在考虑是否加薪的时候，就会想某某工作几年了，也该加薪了；或者，某某的工作能力还不错，刚刚结束的这个项目就是个证明。这样会增加加薪的可能性。

如果直接提出加薪，结果可能有两种：

一种是成功，双方皆大欢喜。

一种是不成功，双方都会感到尴尬。

用第二种方法委婉地传达自己可能会跳槽的消息，迫使老板加薪，也可能有两种结果：

一种是成功，双方皆大欢喜。

一种是不成功，双方就当什么事也没发生，一切如旧。

对比来看，第二种方法比较有效，即使没有加薪也不会与老板之间关系搞僵。主动要求加薪，不如让老板主动给你加薪。不过这需要你动一下脑子，运用一下策略。

有效的策略、策略化的思维不能保证你在每次博弈中都取得胜利，但是会增加你取胜的机会，或者让你在逆境中获得转机，即使是在失败中，也会让你将损失降到最低，不至于一败涂地。

生活是一场博弈，每个人也是一场博弈，是一场与命运抗争的博弈。失败、挫折、困难，这都是需要你面对的障碍。你是愿意避开它们，一生碌碌无为，平庸地度过呢，还是战胜它们，做自己命运的主人？贝多芬用他的成功给了我们很好的答案，他曾经说过："扼住命运的喉咙，它不能使我屈服。"

在此，博弈论给我们在生活中的启示有三点——学会选择、学会合作还有学会策略化思维。但是，博弈论给我们的帮助，对我们的影响远不止这三点，后面我们还会讲到很多。总之，学会博弈论，会让你的生活更美好。

如何面对要求加薪的员工

"纳什均衡"适用的博弈类型和模式非常广泛，模式是生活中现象的抽象表达，因此"纳什均衡"会让我们更深刻地理解现实生活中政治、经济、社会等方面的现象。本书中将会多次提到博弈论对企业经营和管理的启示，这里就从"纳什均衡"的角度来分析一下企业员工酬薪方面的问题。

随着企业间竞争的激烈，人才成为了企业间相互争夺的重要资源。在一些劳动密集型产业聚集的地方，甚至连普通工人都是争夺的对象。其实，争取工人最重要的因素便是薪酬水平。我们下面就从博弈论中"纳什均衡"的角度来分析一下这个问题，找出其中的均衡。

假设，在A市有甲、乙两家同行业企业，两家企业的实力相当。同其他企业一样，这两家企业也是以赢利最大化为自己的目标，工人薪酬的支出都属于生产成本。近段时期内，甲企业的领导发现，自己手下的员工开始抱怨薪酬偏低，不但工作的积极性下降，甚至还有人放出话来要跳槽去乙企业，也有人说不去乙企业工作，而是离开A市，去其他地方工作。

这个问题的关键在于薪酬，面对这个问题，企业应该采取什么样的措施呢？这里有两种选择:一是加薪，二是维持现在的薪酬状况不变。

如果甲企业选择加薪，提高员工待遇，这样不但可以将准备跳槽的员工留住，甚至还可以吸引乙企业和外市的更多的人才，提高企业员工的整体素质。公司员工素质高，必然使得创新能力加强，生产能力增加，这样就会创造更多效益，企业也将会有一个更美好的明天。而乙企业可能因为人才流失，从而效益下降，将市场份额拱手让给甲企业。

如果甲企业选择不加薪，而乙企业选择加薪，那么甲企业的员工势必有一部分将流入到乙企业，这样的话，不但自己企业将陷入用人危机，同时还帮助了乙企业提高了员工素质，这样的话，甲、乙两家企业之间原本实力相当的局面就会被打破。

我们假设：提高薪酬之前甲、乙两家企业的利润之比为（10,10）；提高员工薪酬需要增加的成本为2；如果一方提高薪酬，另一方不提高的话，提高一方利润将达到15，不提高一方将下降为5。这样，我们就得到了双方提高薪酬与否导致结果的矩阵表示：

		甲企业	
		提高薪酬	不提高薪酬
乙企业	提高薪酬	（8，8）	（15，5）
	不提高薪酬	（5，15）	（10，10）

从这张图表中我们很容易看出，其中有两个“纳什均衡”，同时提高薪酬和维持原状，不提高薪酬。站在企业的角度上来看这个问题,（10,10）是一种优势均衡，而（8,8）是一种劣势均衡。如果站在员工角度来看的话，正好相反（8,8）是一种优势均衡,（10,10）是一种劣势均衡。

从这张表上，我们可以看出两个企业薪酬博弈的过程，最开始提高薪酬之前是（10,10），但是一方因为员工怨声太大，扬言要跳槽，不得不决定提高薪酬。这个时候，另一家企业为了避免（5,15）局面的出现，也决定提高工资薪酬，最后双方博弈的结局定格在（8,8）这个“纳什均衡”点上。

如果从企业利润最大化的目的出发，两家企业应该协商同时维持原有薪酬水平，

加薪问题的博弈处方

薪酬太低，员工可能会跳槽到其他企业；薪酬太高，企业利润便会下降。

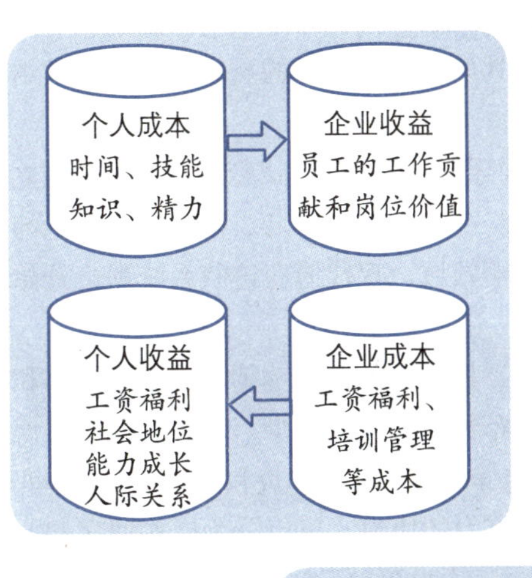

解决加薪博弈

三个方法

转变旧观念，不再把工人当作是企业的成本，而是一种投资，是企业未来发展的根本，要用长远发展的眼光来看待这个问题，做到可持续发展。

同行照样可以合作，可以与同一地区的同行企业合作，联合去外地招聘人才，不再相互挖墙脚。这个要求有点高，因为现在员工薪酬水平是同行企业间的商业秘密，很多员工都只知道自己的薪酬，不知道同事的薪酬，更不用说其他企业的薪酬水平了。

制定灵活的薪酬机制和合理的奖励机制，做到多劳多得，少劳少得，没有人搭便车，占别人便宜；也没有人被别人抢走劳动果实，积极调动员工的工作积极性。

企业管理者掌握博弈论和“纳什均衡”，对于制订企业发展计划，作出决策都有很大的帮助。博弈论不能直接带给你财富，但是掌握了博弈论之后，你作出的决策会给你带来财富。

这样才不会增加企业在薪酬方面的成本支出，同时也会遏制员工的跳槽，因为他们得知对方企业的薪酬也不会涨的话，便不会再跳槽。这样虽然符合企业的利润最大化要求，但是是一种损人利己和目光短浅的表现。损人利己是指为了自己的利益损害员工的利益；目光短浅只会取得短期效益，而工人会因此而消极工作，或者不在两家企业之间选择，辞职去其他城市工作，导致两家企业的员工人数同时向外输出，最终将会显现出其中的弊端，长远来看不是一种优势选择。

这种企业利益和员工薪酬之间的矛盾普遍存在，单纯靠提高或者维持薪酬的手段是不能解决这个问题的，最根本的是转变观念，从根本上消除这种矛盾。

解放博弈论

我们一直在说纳什在博弈论发展中所占的重要地位，但是感性的描述是没有力量的，下面我们将从博弈论的研究和应用范围具体谈一下纳什的贡献，看一下“纳什均衡”到底在博弈论中占有什么地位。

前面我们已经介绍过了，博弈论是由美籍匈牙利数学家冯·诺依曼创立的。创立之初博弈论的研究和应用范围非常狭窄，仅仅是一个理论。1944年，随着《博弈论与经济行为》的发表，博弈论开始被应用到经济学领域，现代博弈论的系统理论开始逐步形成。

直到1950年，纳什创立“纳什均衡”以前，博弈论的研究范围仅限于二人零和博弈。我们前面介绍过博弈论的分类，按照博弈参与人数的多少，可以分为两人博弈和多人博弈；按照博弈的结果可以分为正和博弈、零和博弈和负和博弈；按照博弈双方或者多方之间是否存在一个对各方都有约束力的协议，可以分为合作博弈和非合作博弈。

纳什之前博弈论的研究范围仅限于二人零和博弈，也就是参与者只有两方，并且两人之间有胜有负，总获利为零的那种博弈。例如，两个人打羽毛球，参与者只有两人，而且必须有胜负，胜者赢得分数恰好是另一方输的分数。

两人零和博弈是游戏和赌博中最常见的模式，博弈论最早便是研究赌博和游戏的理论。生活中的二人零和博弈没有游戏和体育比赛那么简单，虽然是一输一赢，但是这个输赢的范围还是可以计算和控制的。冯·诺依曼通过线性运算计算出每一方可以获取利益的最大值和最小值，也就是博弈中损失和赢利的范围。计算出的利益最大值便是博弈中我们最希望看到的结果，而最小值便是我们最不愿意看到的结果。这比较符合一些人做事的思想，那就是“抱最好的希望，做最坏的打算”。

二人零和博弈的研究虽然在当时非常先进和前卫，但是作为一个理论来说，它的覆盖面太小。这种博弈模式的局限性显而易见，它只能研究有两人参与的博弈，而现实中的博弈常常是多方参与，并且现实情况错综复杂，博弈的结局不止有一方获利另一方损失这一种，也会出现双方都赢利，或者双方都没有占到便宜的情况。这些情况都不在冯·诺依曼当时的研究范围内。

这一切随着“纳什均衡”的提出全被打破了。1950年，纳什写出了论文《n人博弈中的均衡点》，其中便提到了“纳什均衡”的概念以及解法。当时纳什带着自己的观点去见博弈论的创始人冯·诺依曼，遭到了冷遇，之前他还遭受过爱因斯坦的冷遇。但是这并不能影响“纳什均衡”带给人们的轰动。

从纳什的论文题目《n人博弈中的均衡点》中可以看出，纳什主要研究的是多人参与，非零和的博弈问题。这些问题在他之前没人进行研究，或者说没人能找到对于各方来说都合适的均衡点。就像找出两条线的交汇点很容易，如果有的话，但是找出几条线的共同交汇点则非常困难。找到多方之间的均衡点是这个问题的关键，找不到这个均衡点，这个问题的研究便会变得没有意义，更谈不上对实践活动有什么指导作用。而纳什的伟大之处便是提出了解决这个难题的办法，这把钥匙便是“纳什均衡”，它将博弈论的研究范围从“小胡同”里引到了广阔天地中，为占博弈情况大多数的多人非零和博弈找到意义。

纳什的论文《n人博弈中的均衡点》就像惊雷一样震撼了人们，他将一种看似不可能的事情变成了现实，那就是证明了非合作多人博弈中也有均衡，并给出了这种均衡的解法。“纳什均衡”的提出，彻底改变了人们以往对竞争、市场，以及博弈论的看法，它让人们明白了市场竞争中的均衡同博弈均衡的关系。

“纳什均衡”的提出奠定了非合作博弈论发展的基础，此后博弈论的发展主要便是沿着这条线进行。此后很长一段时间内，博弈论领域的主要成就都是对“纳什均衡”的解读或者延伸。甚至有人开玩笑说，如果每个人引用“纳什均衡”一次需要付给纳什一美元的话，他早就成为最富有的人了。

不仅是在非合作博弈领域，在合作博弈领域纳什也有突出的贡献。合作型博弈是冯·诺依曼在《博弈论与经济模型》一书中建立起来的，非合作型博弈的关键是如何争取最大利益，而合作型博弈的关键是如何分配利益，其中分配利益过程中的相互协商是非常重要的，也就是双方之间你来我往的“讨价还价”。但是冯·诺依曼并没有给出这种“讨价还价”的解法，或者说没有找到这个问题的解法。纳什对这个问题进行了研究，并提出了“讨价还价”问题的解法，他还进一步扩大范围，将合作型博弈看作是某种意义上的非合作性博弈，因为利益分配中的讨价还价问题归根结底还是为自己争取最大利益。

除此之外，纳什还研究博弈论的行为实验，他就曾经提出，简单的“囚徒困境”是一个单步策略，若是让参与者反复进行实验，就会变成一个多步策略。单步策略中，囚徒双方不会串供，但是在多步策略模式中，就有可能发生串供。这种预见性后来得到了验证，重复博弈模型在政治和经济上都发挥了重要作用。

纳什在博弈论上做出的贡献对现实的影响得到越来越多的体现。20世纪90年代，美国政府和新西兰政府几乎在同一时间各自举行了一场拍卖会。美国政府请经济学家和博弈论专家对这场拍卖会进行了分析和设计，参照因素就是让政府获得更多的利益，同时让商家获得最大的利用率和效益，在政府和商家之间找到一个平衡点。最终的结局是皆大欢喜，拍卖会十分成功，政府获得巨额收益，同时各商家也各取所需。而新西兰举行的那场拍卖会却是非常惨淡，关键原因是在机制设计上出现了问题，最终大家都去追捧热门商品，导致最后拍出的价格远远高于其本身的价值；而一些商品则无人问津，甚至有的商品只有一个人参与竞拍，以非常低的成交价就拍走了。

正是因为对现实影响的日益体现，所以1994年的诺贝尔经济学奖被授予了包括纳什在内的三位博弈论专家。

我们最后总结一下纳什在博弈论中的地位，中国有句话叫“天不生仲尼，万古长如夜”。意思是老天不把孔子派到人间，人们就像永远生活在黑夜里一样。我们如果这样说纳什同博弈论的关系的话，就会显得夸张。但是纳什对博弈论的开拓性发展是任何人都无可比拟的，在他之前的博弈论就像是一条逼仄的胡同，而纳什则推倒了胡同两边的墙，把人们的视野拓展到无边的天际。

第三章

囚徒博弈

陷入两难的囚徒

“囚徒困境”模式在本书的一开始就提到过，我们再来简单复述一下。杰克和亚当被怀疑入室盗窃和谋杀，被警方拘留。两人都不承认自己杀人，只承认顺手偷了点东西。警察将两人隔离审讯，每人给出了两种选择：坦白和不坦白。这样，每人两种选择便会导致四种结果，如表所示：

		杰克	
		坦白	不坦白
亚当	坦白	（8，8）	（0，10）
	不坦白	（10，0）	（1，1）

表中的数字代表坐牢的年数，从表中可以看出同时选择不坦白对于两人来说是最优策略，同时选择坦白对两人来说是最差策略。但结果却恰恰是两人都选择了坦白。原因是每个人都不知道对方会不会供出自己，于是供出对方对自己来说便成了一种最优策略。此时两人都选择供出对方，结果便是每人坐8年牢。

这便是著名的“囚徒博弈”模式，它是数学家图克在1950年提出的。这个模式中的故事简单而且有意思，很快便被人们研究和传播。这个简单的故事中给我们的启示也被广为发掘。杰克和亚当每个人都选择了对自己最有利的策略，为什么最后得到的却是最差的结果呢？太过聪明有时候并不是一件好事情。以己度人，“己所不欲，勿施于人”。我们要学会从对方的立场来分析问题。为什么“人多力量大”这句话常常失效，对手之间也可以合作，等等，这些都是“囚徒困境”带给我们的启示，也是我们在这一章中要讨论的问题。

其实，我们在现实生活中经常与“囚徒困境”打交道，有时候是自己陷入了这种困境，有时候是想让对方陷入这种困境。

这些人不懂博弈论，但是他们都会不自觉地应用。

我们在前面讲过“纳什均衡”曾经推翻了亚当·斯密的一个理论，那便是：每个人追求自己利益最大化的时候，同时为社会带来最大的公共利益。“囚徒困境”便是一个很好的例子，其中的杰克和亚当每个人都为自己选择了最优策略，但是就两人最后的结局来看，他们两个人的最优策略相加，得到的却是一个最差的结果。如果两人都选择不坦白，则每人各判刑1年，两人加起来共两年。但是两人都选择坦白之后，每人各判刑8年，加起来共16年。

集体中每个人的选择都是理性的，但是得到的却可能不是理性的结果。这种“集体悲剧”也是“囚徒困境”反映出来的一个重要问题。

1971年美国社会上掀起了一股禁烟运动，当时的国会迫于压力通过了一项法案，禁止烟草公司在电视上投放烟草类的广告。但是这一决定并没有给烟草业造成多大的影响，各大烟草企业表现得也相当平静，一点也没有以前财大气粗、颐指气使的架子。这让人们感到不解，因为在美国有钱有势的大企业向来是不惧怕国会法案的，利益才是他们行动的唯一目标。按照常人的想法，这些企业运用自己的经济手腕和庞大的人脉资源去阻止这项法案通过才是正常的，但结果却正好相反，他们似乎很欢迎这项法案的推出。究其原因，原来这项法案将深陷“囚徒博弈”中多年的这些烟草企业解放了出来。根据后来的统计，禁止在电视上投放广告之后，各大烟草企业的利润不降反升。

我们来看一下当时烟草行业的背景，20世纪60年代，美国烟草行业的竞争异常激烈，各大烟草企业绞尽脑汁为自己做宣传，这其中就包括在电视上投放大量广告。当时，对于每个烟草企业来说，广告费都是一笔巨额的开支，这些巨额的广告费会大大降低公司的利润。但是如果你不去做广告，而其他企业都在做广告，那么你的市场就会被其他企业侵占，利润将会受到更大的影响。这其中便隐含着一个“囚徒困境”：如果一家烟草企业放弃做广告，而其他企业继续做广告，那么放弃投放广告的企业利润将受损，所以只要有另外一家烟草公司在投放广告，那么投放广告就是

每个人的最优策略不一定构成集体的最优策略

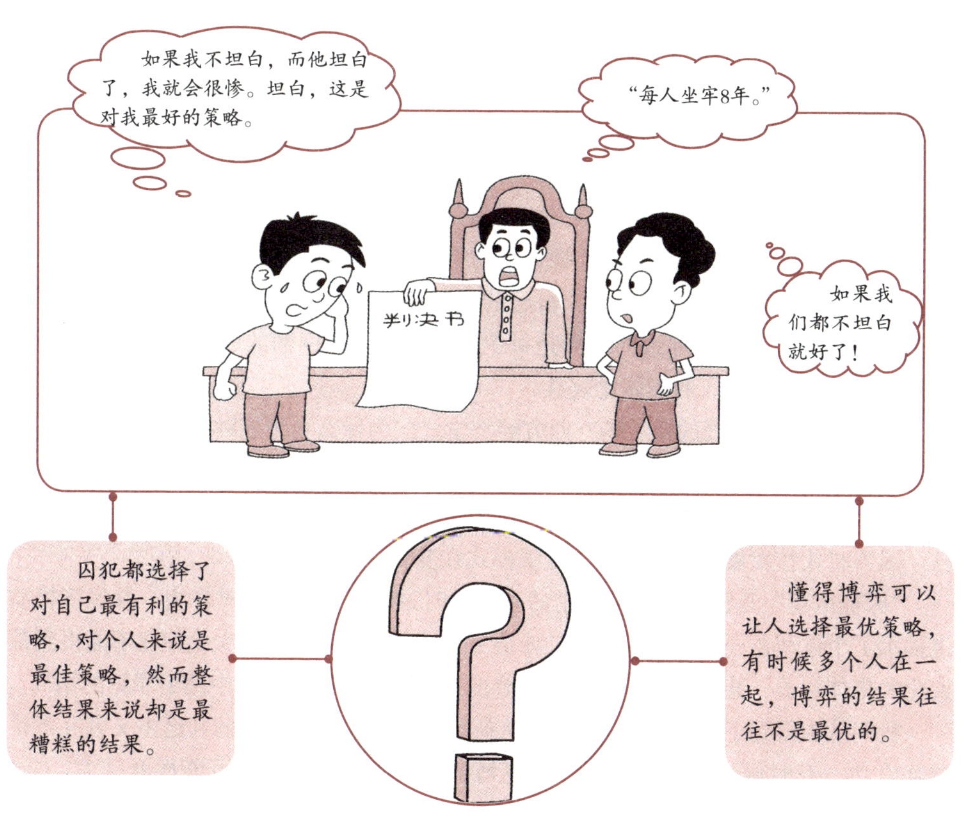

为什么每个人都选择对自己而言最优策略，但整体的利益不是最大的？

这家企业的优势策略。每个企业都这样想，导致的结果便是每个企业都在大肆投放广告，即使广告费用非常高昂。这时候，我们假设每一家企业都放弃做广告将会出现什么样的结局呢？

如果每一家烟草企业都放弃做广告，则都省下了一笔巨额的广告费，这样利润便会大增。同时，都不做广告也就不会担心自己的市场被其他企业用宣传手段侵占。由此看来，大家都不做广告是这场博弈最好的结局。但是每个企业都有扩张市场的野心，要想使得他们之间达成一个停止投放广告的协议，简直是比登天还难。再说，商场如战场，兵不厌诈，即使你遵守了协议，也不能保证其他企业会遵守协议。

这个时候美国国会的介入是受烟草企业欢迎的，因为烟草企业一直想做而做不成的事情被政府用法律手段解决了。国会通过了禁止在电视上投放广告的法案，这为各大烟草企业节省了一大笔广告开支。同时因为法律具有强制效力，所以不必担心同行企业违规，因为有政府行使监督和惩罚。原先签订不了的协议被法律做到了，同时监督和惩罚的成本由政府承担，各大烟草企业都在暗中偷着乐。

有人会想：广告是一种开拓市场的手段，被禁止做广告对烟草公司来说难道不是一种损失吗？我们注意，美国国会通过的法案只是禁止在电视上做广告，并没有禁止其他载体的广告，同时不会限制在美国以外的国家做电视广告。香烟的市场主要靠的还是客户群，很多人几十年只抽一种或者几种品牌的香烟。广告的作用并不像在服装、化妆品身上那么有效。

这是一个走出“囚徒困境”的实例，但是深陷其中的烟草企业不是自己走出困境的，而是被政府解救出来的，这其中带有一些滑稽的成分。

亚当·斯密曾经认为个体利益最大化的结局是集体利益最大化，在这里，这个认识再次被推翻。每个烟草企业为了自己的利益最大化，不得不去投放大量广告，其他企业同样如此，但是导致的结局是每个企业都要承担巨额的成本开支，利润不升反降，并没有得到最大的集体化效益。

那么亚当·斯密真的错了吗？西方经济学之父为什么会犯这种基本错误呢？人们在看待这个问题的时候往往会将当时的背景忽略。

亚当·斯密关于个体利益和集体利益之间关系的结论没有错，只不过是过时了而已。因为时代在发展，资本主义的经济模式在变化。

“囚徒困境”是证明亚当·斯密的理论过时最好的证据。同时作为一种经济模型也揭示了个体利益同集体利益之间的矛盾：个体利益若是追求最大化往往不能得到最大化的集体利益，甚至有时候会得到最差的结局，比如囚徒博弈中两个罪犯的结局。

我们从中得到了这样的启示：一、人际交往的博弈中，单纯的利己主义者并不是总会成功，有时候也会失败，并且重复博弈次数越多，失败的可能性就越大。二、当今的社会环境下，遵循规则和合作比单纯的利己主义更能获得成功。

经济博弈是社会发展的必然产物

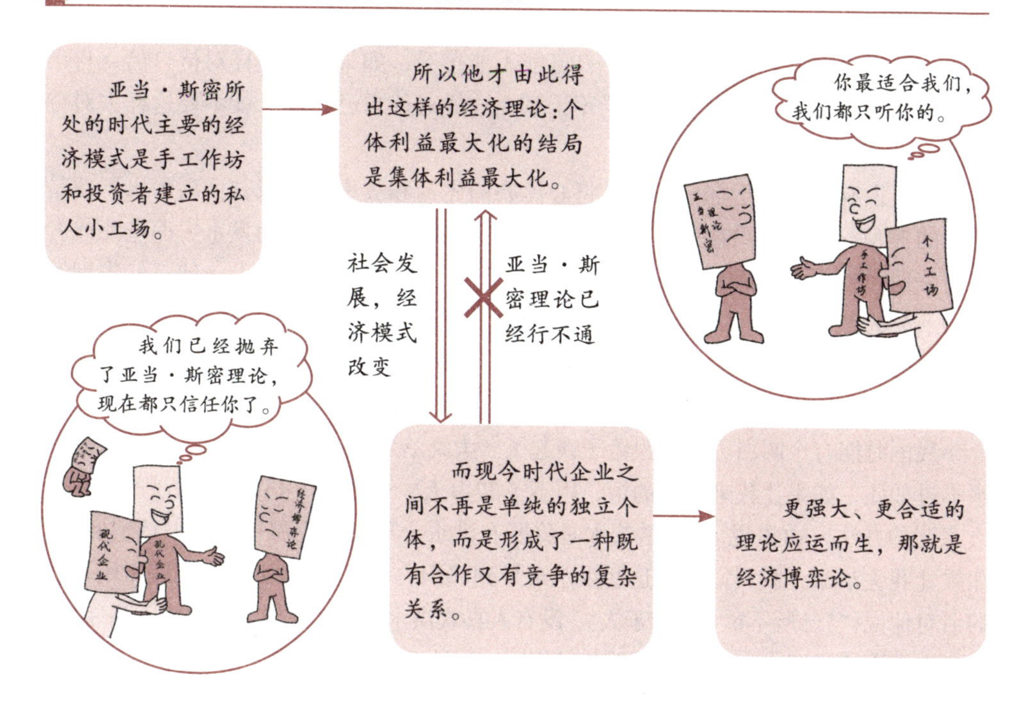

己所不欲,勿施于人

“囚徒困境”中的杰克和亚当在思考是否坦白的时候,都假设对方会出卖自己,那样自己就将陷入被动,因此抢在对方出卖自己之前先出卖对方。这样即使对方也出卖自己,大不了两人同时坐牢,谁也占不到谁的便宜。正是出于这种心理,两人最终共同坦白,每人被判刑8年。我们知道“囚徒困境”中最好的结局是两人同时不坦白,每人只需要坐1年牢,但是由于他们之间互相不信任,加上都想自保,便选择了出卖对方。每个人都不想被别人出卖,但是他们却抢着出卖别人,这是一种悖论。也就是我们所说的“己所不欲,勿施于人”。

如果两个犯人明白“己所不欲,勿施于人”的道理,他们则会想,我自己不想被出卖,同时别人肯定也不想被出卖。如果两个人都选择不出卖对方,便会得到每人坐1年牢的最优结局。

同样,我们上面说过的烟草公司之间做广告的博弈中,谁都不想承担巨额的广告费用开支,但是总担心停止投放广告之后自己的市场份额被侵占,或者总想着侵占别人的市场份额,这便是他们之间不能达成一个停止投放广告协议的原因。但是想让他们明白“己所不欲,勿施于人”是不可能的,有机可乘,扩大市场,这对于商家来说是最理智的选择。商场如战场,每个人都在为自己着想。

“己所不欲，勿施于人”是2500年前出自孔子口中的一句话，没想到与“囚徒困境”经典博弈模式给我们的启示暗合。这句话的意思是告诫我们要将心比心，推己及人。在做事情之前，要先想一下自己能不能接受，如果别人这样对待自己，自己会有什么样的感受。如果自己接受不了别人这样对待自己，那么就不要这样去对待别人。

历史上有很多关于推己及人、将心比心的先贤和故事的记载，“大禹治水”便是其中的典型。当年大禹接受了治水的任务，每当听说又有人因为发水灾而淹死或者流离失所，他心里都感到非常悲伤，仿佛被淹死的就是自己的亲人。他毅然告别了新婚不久的妻子，带领27万人疏通洪水，期间三次路过家门而不入。经过13年的努力，他们疏通了9条大江，终于将洪水全部导入了大海，拯救百姓的同时，也使自己千古留名。

战国时期有个叫白圭的人跟孟子谈起了“大禹治水”，他自傲地说：“我看大禹治水不过如此，如果让我来治理的话，用不了27万人，也用不了13年。”孟子问他有什么高明的办法，白圭说：“大禹治水是将所有洪水全部导入大海里，所以特别麻烦。如果让我去治水，我只需要将这些洪水疏导到邻国去就行了。”孟子听完后引用孔子的话对他说：“‘己所不欲，勿施于人。’没有人喜欢洪水，就算是你将洪水导入到邻国，他们也会再疏导回来，来来回回更劳民伤财，这不是有德人的作为。”

大禹治水看似笨拙，却是做到了“己所不欲，勿施于人”。白圭所谈的治水方略急功近利，不顾及别人的感受，这种行为和想法是不可取的。那么人们为什么要顾及别人的感受呢？仅仅是出于友善和同情心吗？这只是其中一个方面，还有一个重要的原因：付出会有回报。

这其中还有一个道理，那就是如果自己希望能在社会上站得住，站得稳，就需要别人来帮助；要想得到别人的帮助，就需要去帮助他人。这也是走出“囚徒困境”的途径之一：互相合作。这一点我们会在后面讲到。

“己所不欲，勿施于人”这是“囚徒困境”带给我们的一个启示，但是这个启示并不适用于任何情况。原因是，并不是所有“囚徒困境”都是有害的，有时候我们甚至需要将敌人置于“囚徒困境”之中，例如利用“囚徒困境”使罪犯招供，利用“囚徒困境”反垄断等，这也是我们下面几节要讲到的问题。

将对手拖入困境

“囚徒困境”是一把双刃剑，如果陷入其中可能会非常被动。同样，我们如果能将对手陷入其中，便会让对手被动，我们掌握主动。在“囚徒困境”这个博弈模式中，这一点就得到了很好的体现，其中的警察设下了一个“困境”，将两名囚犯置身于其中，完全掌握了主动，最终得到了自己想要的结果，使两名罪犯全部招供。

“囚徒困境”毕竟只是一种博弈模型，博弈模型是现实生活的抽象和简化，模型能反映出一些现实问题，但现实问题要远比模型复杂。模型中每一个人有几种选择，每一种选择会有什么后果，这些我们都可以得知。但在现实中，这几乎是不可能的，因为现实中影响最后结果的干扰因素太多了。正因为现实中干扰因素太多，为人们创造了一种条件，可以设计出困住对手的“囚徒困境”，让对手陷入被动。

这种策略运用的故事从历史中可以找到，《战国策》中记载了一个关于伍子胥的故事，故事中伍子胥运用的恰好就是这一策略。

年轻时的伍子胥性格刚强，文武双全，已经显露出了后来成为军事家的天赋。伍子胥的祖父、父亲和兄长都是楚国的忠臣，但是不幸遭到陷害，被卷入到太子叛乱一案中。最终伍子胥的父亲伍奢和兄长伍尚被处死，伍子胥只身一人逃往吴国。

怎奈逃亡途中伍子胥被镇守边境的斥候捉住，斥候准备带他回去见楚王，邀功请赏。危急关头，伍子胥对斥候说：“且慢，你可知道楚王为什么要抓我？”斥候说：“因为你家辅佐太子叛乱，罪该当诛。”伍子胥哈哈大笑了几声，说道：“看来你也是只知其一，不知其二，实话告诉你吧，楚王杀我全家是因为我们家有一颗祖传的宝珠，楚王要我们献给他，但是这颗宝珠早已丢失，楚王认为我们不想献上，便杀了我的父亲与兄长。他现在认为这颗宝珠在我手上，便派人捉拿我。我哪里有什么宝珠献给他？如果你把我押回去，献给楚王，我就说我的宝珠被你抢走了，你还将宝珠吞到了肚子里。这样的话，楚王为了拿到宝珠，会将你的肚子割破，然后将肠子一寸一寸地割断，即使找不到宝珠，我死之前也要拉你做垫背的。”

还没等伍子胥说完，斥候已经被吓得大汗淋漓，谁都不想被别人割破肚皮，把肠子一寸寸割断。于是，他赶紧将伍子胥放了。伍子胥趁机逃出了楚国。

在这个故事中，一开始伍子胥处于被动，但是他非常机智，编造了一个谎言，使出了一个策略将斥候置于一个困境中。这样，他化劣势为优势，化被动为主动，很快扭转了局面。我们来看一下伍子胥使出这个策略之后，双方将要面临的局面。下面是这场博弈中双方选择和结局的矩阵图：

		伍子胥	
		污蔑	不污蔑
斥候	押送	（死，死）	（活，死）
	释放	（死，活）	（活，活）

从这张图中我们可以很清楚地看出，斥候被伍子胥拖入了一个困境。这只是斥候眼中的情况分析，因为现实中根本不存在宝珠这一说，这都是伍子胥编造出来的。伍子胥有言在先，如果他被押送回去，将会污蔑斥候抢了他的宝珠。斥候会想，到

时候自己百口难辩，只有死路一条。要想活命，只有将伍子胥释放，这正中伍子胥下怀。

当人们面对危险的时候，大都抱着“宁可信其有，不可信其无”的态度。谁都不想让自己陷入麻烦，陷入困境。伍子胥正是抓住人的这一心理才敢大胆地编造谎言来骗斥候，使自己摆脱困境。

上面这个故事中采用的策略是将别人拖下水，下面这个故事则是单纯地设计一种困境，让对方自己犯错误，从而达到自己想要的目的。

唐朝时期，有一位官员接到报案，是当地一个庙中的和尚们控告庙中的主事僧贪污了一块金子，这块金子是一位施主赠与寺庙用于修缮庙宇用的。这些和尚们振振有词，说这块金子在历任主事僧交接的时候都记在账上，但是现在却不见了，他们怀疑是现在的主事僧占为己有，要求官府彻查。后来经过审讯，这位主事僧承认

让对手陷入困境的策略

“囚徒困境”是非零和博弈中具代表性的例子，反映个人最佳选择并非团体最佳选择。我们如果能将对手陷入其中，便会掌握主动权，操纵对手，从而抢占先机。

了自己将金子占为己有，但是当问道这块金子的下落时，他却支支吾吾说不出来。

这位官员在审案过程中发现这位主事僧为人和善宽厚，怎么看都不像一个作奸犯科的人。这天夜里，他到大牢中去看望这位僧人，只见他在面壁念佛。他问起这件事情的时候，这位僧人说：“这块金子我从未谋面，寺里面的僧人想把我排挤走，所以编造了一本假账来冤枉我，他们串通一气，我百口莫辩，只得认罪。”听完之后，这位官员说：“这件事让我来处理，如果真的如你所说，你是被冤枉的，我一定还你一个清白。”

第二天，这位官员将这个寺庙中历任主事僧都召集到衙门中，然后告诉他们：“既然你们都曾经见过这块金子，那么你们肯定知道它的形状，现在我每人发给你们一块黄泥，你们将金子的形状捏出来。”说完之后，这些主事僧被分别带进了不同的房间。事情的结果可想而知，原本就凭空编造出来的一块金子，谁知道它的形状？最后，当历任主事僧们拿着不同形状的黄泥出来的时候，这件案子立刻真相大白。

这个故事中的官员采用的策略是，有意地制造信息不平等，使得原本主事僧们之间的合作关系不存在，每个人都不知道别人是怎么想的。

如何争取到最低价格

现阶段的博弈论虽然被广泛应用，但主要还是体现在经济领域。当面对多个对手的时候，“囚徒困境”便是一个非常好的策略。“囚徒困境”会将对手置于一场博弈中，而你则可以坐收渔翁之利。本节主要通过一个“同几家供货商博弈争取最低进价”的案例，来说明一下“囚徒困境”在商战中的应用。

假设你是一家手机生产企业的负责人，产品所需要的大部分零配件需要购买，而不是自己生产。现在某一种零件主要由两家供货商供货，企业每周需要从他们那里各购进1万个零件，进价同为10元每个。这些零件的生产成本极低，在这个例子中我们将它们忽略不计。同时，你的企业是这两位供货商的主要客户，它们所产的零部件大部分供给你公司使用。

这样算来，两个供货商每人每周从你身上得到10万元的利润（我们假设生产这些零件的成本为0）。你觉得这种零件的进价过高，希望对方能够降价。这时采用什么手段呢？谈判？因为你们之间的供需是平衡的，所以谈判基本上不会起效，没人愿意主动让利。这个时候你可以设计一种“囚徒困境”，让对方（两家企业）陷入其中，相互博弈，来一场价格战，最终就可能得到你想要的结果。

“囚徒困境”中要有一定的赏罚，就像两个犯人的故事中，为了鼓励他们坦白，会允诺若是一方坦白，对方没有坦白，就将当庭释放坦白一方。正是因为有赏罚，才会令双方博弈。在这里，也要设计一种赏罚机制，使得两位供货方开始厮杀。

每家企业每周从你身上获利10万元，你的奖励机制是如果哪家企业选择降价，便将所有订单都给这一家企业，使得这一家企业每周的利润高于先前的10万元。这样两家企业便会展开一场博弈。我们假设，你的企业经过预算之后，给出了每个零件7元的价格，如果一方选择降价，便将所有订单给降价一方，他每周的利润则会达到14万元，高于之前的10万元，但是不降价的一方利润将为0，若是双方同时降价，两家的周利润则将都变为7万元。下面便是这场博弈情形的一张矩阵图：

		甲供货商	
		降 价	不降价
乙供货商	降 价	（7，7）	（14，0）
	不降价	（0，14）	（10，10）

从这张表中我们可以看出，如果选择降价，周利润可能会降到7万元，如果运气好的话还有可能升至14万元；但是如果选择不降价，周利润可能维持在原有的10万元水平上，也有可能利润为0。没有人能保证对方不降价，即使双方达成了协议，也不能保证对方不会暗地里降价。因为商家之间达成的价格协议是违反反托拉斯法，不受法律保护的；再者，商人逐利，每一个人都想得到14万元的周利润。这也是“囚徒困境”中设立奖励机制的原因所在。经过分析来看，如果对方选择不降价，你就应该选择降价；如果对方选择降价，你更应该选择降价。对于每一家企业来说，选择降价都是一种优势策略。两家企业都选择这一策略的结果便是（7,7），每家企业的周利润降至7万元，你的采购成本一下子降低了30%。

在“囚徒困境”的模式中，每一位罪犯只有一次选择的机会，这也叫一次性博弈；但是在这里，采购企业和供货商之间并非一次性博弈，不可能只打一次交道，这种多次博弈被称为重复性博弈。重复性博弈是我们在后面要讲的一个类型的博弈，在这里我们可以稍作了解。重复性博弈的特点便是博弈参与者在博弈后期做出策略调整。就本案例来说，两家供货商第一次博弈的结局是（7,7），也就是每一家的周利润从10万元变为了7万元。如果时间一长，两家企业便可能会不满，他们重新审视降价与不降价可能产生的4种结果以后，肯定会要求涨价，以重新达到（10,10）的水平。因为每月供货数量没变，利润被凭空减少了30%，哪个企业都不会甘心接受。

如果这场博弈会无限重复下去的话，（7,7）将不会是这场博弈的结局，因为这样两家企业都不满意；（14,0）和（0,14）也基本不可能出现，如果两位供货商都是理性人的话；最终结局还将会定格在（10,10）上。好比“囚徒困境”中，如果警方给两个罪犯无数个选择的机会，最终他们肯定会选择同时坦白，如果出现每人各坐1年牢的结局，这样“囚徒困境”将会失效。

上面分析的模型是现实情况的一个抽象表达，只能说明基本道理，但是实际情况远比这里要复杂得多。就本案例来说，如果这场博弈会无限重复下去的话，重复博弈中如果有时间限制，将无限重复变为有限重复，则“囚徒困境”依然有效。因为过期不候，假设采购方对两家供货方发出最后通告，若是一定时间内双方都不选择降价，公司将赴外地采购，不再采购这两家企业的零件。这个时候,“囚徒困境”将重新发挥效益，两家企业最终依然会选择降价。

声称不再采购两家企业的产品略微有点偏激，因为企业作决策要留出一定的弹性空间，也就是给自己留条后路，不能把话说绝，把路堵死。这样的话，除了定下最后期限这一招之外还有一招：在第一次博弈结束，得到了（7,7）的结局之后，迅速与双方签订长期供货协议，不给他们重新选择的机会。

此外，还可以用“囚徒困境”之外的其他方法来处理这个问题，虽然手段不一样，但是基本思路是一样的，就是让两家供货商相互博弈，然后“坐山观虎斗”，坐收渔人之利。

“囚徒困境”在经济领域的作用

无论是商家自己订单减少还是对方订单增加，或者是市场上出现价格下降，商家都会怀疑是对方采取的措施，所以他们的第一反应是跟着降价。

作为供货商，如何防止竞争对手私自降价，抢走自己的客户和市场份额呢?

同所有采购商签订一个最惠客户协议，保证统一定价和折扣。如果每个供应商都签订此协议，那么：

可以更容易地有效监督对方。

任何一家供应商降价与否都会被放大关注。

不会出现为了抢别人客户私自降价，因为一旦降价就必须针对所有采购商降价，一旦被发现私自降价就会被惩罚。

这种协议表面上是对客户负责，其实更是一种有效监督对手恶性降价的手段。

如果两家企业都选择不降价，坚持每个零件10元的价格，那么采购商可以选择将全部的订单都交到其中一家企业手中。这样一来，没有接到订单的一家企业心里就会怀疑，是不是对方暗地里降价了？就算是接到全部订单的企业再怎么解释，也不会打消同行的疑惑。这个时候，两家供货商之间便展开了博弈。没有接到订货单的一方无论对手降价与否，现在唯一的选择便是降价，因为降价或许会争取来一部分订单，不降价则什么也得不到。一旦一方降价，另一方的最优策略也是随之降价，不然市场份额就会被侵占。最终双方都选择降价，采购企业依然会得到自己想要的结果。

自然界中的博弈

如果你认为只有人类懂得博弈，那你就错了，近些年动物学家已经开始用“囚徒困境”的模式来分析动物们的一些行为。

美国生物学家曾经长时间观察一种吸血蝙蝠，这种蝙蝠生活在加勒比海地区沿岸的山洞中，它们是群居动物，通常10只左右聚集在一起。虽然是群居，但是它们单独猎食。这种蝙蝠靠吸取其他动物的血液为生。尽管它们每天都出去觅食，但并不是每一次都有收获，经常有的蝙蝠觅食无果，吃不上东西。这种蝙蝠的生命力非常弱，3天不吃东西就会饿死。但是，生物学家在长期观察中没有发现有蝙蝠饿死的情况。最后才得知，如果一个群体中有的蝙蝠连续寻找不到食物，其他运气好找到食物的蝙蝠就会将体内刚刚吸到的血液反刍出来，喂给那些没有找到食物的蝙蝠吃。这是一种互惠互利的关系，今天你救了它一命，明天救你一命的可能就是对方。

在这里，假设找到食物的蝙蝠获得的利益为10，若是将其中一部分分给没有找到食物的蝙蝠，双方各得利益为5。这样的话，是否选择救对方将出现两种情况：

第一种情况，选择救，则结果为（5,5），双方都将活下来。

第二种情况，选择不救，则结果为（10,0），没有食物吃的一方饿死。

两种选择中，第一种虽然看似吃亏，但是是一种可持续的；而第二种选择看似没有付出，占了便宜，其实是断了自己的后路。等哪天自己也连续找不到食物的时候，就只能活活饿死。因为可以救自己的同伴已经被自己给饿死了。

如果选择第二种策略，那么这些蝙蝠将陷入一种“囚徒困境”。看似每个人的利益为10，其实得到的是最差的结果，因为饿死了同伙便失去了自己以后的一个生存保障。前面大量关于人类的博弈中，大多数人都是深陷其中，被困境束缚，而这个案例中的蝙蝠却成功地避免了“囚徒困境”，使用的手段便是合作和互惠互利。

在第一章中我们讲过，博弈论的前提是理性人，即每个人选择策略的出发点是为自己争取最大的利益。这种理性也可以理解为自私，这样说的话，上面蝙蝠互助的过程中有没有自私的体现呢？动物学家通过观察发现，这些蝙蝠并不是谁都救，它们只会去救自己的亲人和曾经救助过自己的蝙蝠。再就是整天在一起非常熟悉的伙伴。由此看来，蝙蝠还是一种知恩图报的动物。

这些蝙蝠能记住曾经帮助过自己的蝙蝠的气味，对于恩人，蝙蝠会更及时地送上救济。通常它们救济对方都是在对方连续几天没有找到食物，眼看要饿死的时候。它们对于救助时机把握得非常准，这也令人感到惊讶。

动物间自私与无私的博弈对我们现实生活也有启示，好人之间是互惠互利的，坏人之间是相互算计的，好人遇到坏人自己的优势便会变成劣势，只有好人遇到好人才会体现出自己的优势。

这种关系还体现在公司文化中。我们假设有两家公司，一家公司的员工之间感情非常淡漠，另一家公司员工之间非常热心。近朱者赤近墨者黑。如果一个刚刚毕业的大学生进入的是第一家公司，那么他基本上也会变得淡漠；但是如果他进入的是第二家公司，良好的氛围会将他变得非常热情。环境会影响到一个人，也会影响到工作效率，我们应该相信，良好的办公室环境、融洽的同事关系将更有利于提高企业的效益。

但是，事实证明，融洽的办公室氛围不如冷漠的办公室氛围稳定。如果都是好人的团队中进入了几个坏人，而这几个坏人并没有被好人同化，根据“囚徒困境”

转败为胜的博弈

乙想要置甲于死地，甲没有防备就被踹下沼泽地。此时甲好像是凶多吉少了，甲处于劣势情形。

甲临危不惧，关键时刻抓住敌人乙的腿死死不放。这样若是不采取措施，乙会同甲一起死。因为，乙并不想死，所以乙必须救出甲。甲转败为胜。

你陷入沼泽的时候紧紧抱住敌人的大腿，迫使他与你采取合作，帮助你成功逃脱困境。上面是一个很典型的将自己的困境转化为对方的困境，将自己的劣势转化为优势，将自己的被动转化为主动的故事。

的原理，用不了多久，几个坏人就能将好人之间的关系瓦解，使大家都变坏；但是坏人之间的关系虽然淡漠，但是非常稳定，因为这已经是最坏的情况了。总而言之，就是好人能带来更大效益，但是好人的优势只有在对方也是好人的情况下才能体现出来。这一点对于公司的管理人员很有启示。

该不该相信政客

为了让学生更好地理解“囚徒困境”，一位商学院的教授设计了这样一个游戏。经过多年传播，这个被称为是“选A还是选B”的游戏越来越多地得到应用，并成为一个非常著名的模型。下面我们就来介绍一下这个游戏。

这个游戏来源于现实生活，非常实际。我们假设每一名学生都拥有一家企业，他们是这些企业的负责人。在生产和经营方面摆在他们面前的有A、B两条路可以选：

A选择是指生产质量合格的产品，不弄虚作假，诚信经营；

B选择是指生产假冒伪劣产品，以次充好，欺骗消费者。

在这里，我们假设如果企业选择A，将会获利100元；如果选择B将会获利150元。另外，选择A将会产生公众效益100元，选择B将不会产生公众效益，但是最终公众效益会平均分摊到每一家企业的头上，无论企业是选择A还是选择B。

下面我们解释一下上面的规则，首先选择B的企业将会比选择A的企业多收入50元，这是现实情况的真实反映。因为生产假冒伪劣商品，以假充真，以次充好，生产成本低，还大多伴随着偷税，收入自然比正规经营要高。这也是很多不法分子敢于冒着风险从事生产假冒伪劣产品的原因。还有，公众效益是指所有企业所得的利润创造出来的公共利益，这些利益要分摊到每一个企业的头上，作为他们的一种收益。例如，地方政府用企业缴纳的税款为本地做了大量招商引资的广告，这些广告起了作用，吸引来了投资，当地纳税企业同时也从这些投资中获得收益。获益的时候每一家企业都有份，但是计算公众效益总额的时候，不能将选择B的企业所得收入计入其中，因为这类企业大多违法经营，偷逃税款，没有为公众效益作贡献。

我们假设有10家企业准备选择B，这时选择A的企业同样为10家，每一家收入为100元，同时产生公众效益1000（100×10=1000）元。公众效益将分摊到每一家企业身上，包括选择B，没有创造公众效益的企业。每家企业将分摊到50（1000÷20=50）元，这样算来，选择A的企业最终的总收益为150（100+50=150）元，而选择B的企业总收益为200（150+50=200）元。与原本同时选择A时的收益相同。

我们假设全班20个同学代表的20家企业全部选择B，则最后每一家企业的总收益只能为150元，因为没有人创造出公共效益。

在上面这个博弈模型中，当只有一个人选择B的时候，他的收益额是明显高于他人的，但是当随着选择B的人数越来越多，这种优势越来越小。当有10家企业选择B

的时候，他们获得的总收益与大家同时选择A时获得的总收益相同，都为200元。如果再有更多的人选择B，他们获得的总收益尽管比选择A的要多，但是将会低于大家同时选择A时获得的200元。这个时候，选择B已经不再是优势策略，最好的选择是大家都选择遵纪守法，诚信经营。

这个游戏最初的规则是大家被隔离开，相互之间不能讨论和商量，每个人独立作出选择。每个人都知道选择B将会带来更多的效益，因为选择B不但收入高，而且还可以无偿分摊他人创造的公共效益。结果每个人都是这样想的，所以这个游戏的结果是大家全部选择B。但是，实际情况我们已经看到了，如果大家都去选择B，或者超过一半的人去选择B,B的优势就不存在了。

后来教授改变了一下游戏规则，允许学生之间相互商量，允许他们成立选择A或者选择B的结盟，可以为自己争取盟友。这样会有什么样的结果呢？会不会出现大家一起合作的局面？结果是否定的,20个人中起初表态愿意选A的人数有10个左右，但是到了最后真正投票的时候，只有三五个人愿意选择A。选择B的人，他们都知道尽管这样获得的收益将少于大家共同选择A时获得的收益，但是谁也不能保证别人不选B，这种选择虽然可能不是最优决策，但是至少获得的收益不会比别人少。

上面的例子可以看作是商家之间的博弈，其实无论是商场还是政治中，情况都是一样的。当一方发现大家正处于一个“囚徒博弈”中的时候，如果他无法通过自己的力量将整个集体带出“困境”，那么他会采取一种让自己损失最小化，或者相对获益最大化的策略。这种情况的例子在政坛上数不胜数。

1984年，美国联邦政府的财政赤字已经达到了前所未有的程度，政府和民众对这件事情都非常关注。要想降低财政赤字，就需要消减开支和增加税收，消减开支基本上不起什么作用，主要措施还是增加税收。增加税收是一件得罪人的事，应该由谁来带头去做呢？这个议题是当年参加竞选的沃尔特·蒙代尔和罗纳德·里根不可避免要面对的一个问题。蒙代尔竭力造势，想为施行加税创造一个良好的环境，但是他的对手里根抓住这一点，将蒙代尔彻底打败。里根承诺绝对不会加税，因此赢得了大多数人的支持。

在这场政治博弈中，原本竞争双方可以共同提出挽救财政的方案，共同提出加税。如果只有一方提出，那么谁先提出加税，谁就将会陷入被动。因为谁都不想为这种“烂事”负责任，并且盼望着对方沉不住气，率先承担这项任务。最终里根便是凭借这一点，成功打败了对手蒙代尔。后来里根的政府果真没有加税，这对国家的利益而言是有害的，但是对里根个人的政治前途是有益的。

无论是商场还是政坛，其中的博弈道理很简单，无非是选择对自己最有利的策略，避免最差的策略；或者将对手陷入困境。有时候你要想赢得一场比赛，不一定要做得比对手强，把对手陷入困境，让对手做得比自己差也是一种手段。

做完上面游戏的同学，在听过教授的分析之后，不禁感慨：“以后我再也不信商家和政治家的话了。”教授对他说：“请告诉我，你刚才选择了A还是B？”这位同学不好意思地说：“我选了B。”教授笑了：“我们有很多时候是在同自己作斗争，所以很难取胜。”

“人多力量大”的悖论

在日常生活中，我们经常听到这样一个说法“吃大锅饭”，多用来比喻一些人不劳而获，占集体的便宜。这个词语的出处是20世纪50年代末开始的人民公社运动。人民公社时期，每家每户都不允许自己留粮食做饭，而是一定要到公社食堂集体吃饭，也就是所谓的大锅饭。

20世纪80年代初经济改革首先做的便是解散人民公社，将土地分配承包到个人手中，消除大锅饭。这也被看作是改革的重要举措和成就。取消大锅饭之后，人们的生活水平逐渐得到了改善。这便留给了人们一个问题，为什么人民公社时期把生产力和生产工具聚到一起集体劳动得到的效果反而不如将土地分配给个人，难道“人多力量大”的说法是错误的吗？下面我们就从博弈论的角度，结合“囚徒困境”模式来分析一下“吃大锅饭”的弊端。

人民公社的主旨是集体劳动，共同分配。集体劳动按照现在的说法便是团队合作，由于当时没有严格、科学的计量标准，所以往往是到了最后大家只能看到集体劳动的成果，不知道其中每个人付出的多少。忠厚老实的人可能干得很拼命，偷奸耍滑的人则消极懈怠，在里面“混日子”。这便是集体劳动最大的问题所在，不是按劳分配。这样时间一长，人们便总结出了其中的规律：干多干少都一样。这种认识导致的结果便是人们失去了劳动的积极性，工作失去了效率，人们的生活水平也停滞不前，甚至出现了倒退。

一次演出前，合唱团中某位演员突然病倒，演出马上就要开始了，还找不到会唱歌的演员代替，演出方焦急万分。这时，在后台打杂的一位剧务毛遂自荐，说今晚要唱的这几首歌自己都会，希望能帮上忙。时间紧急，演出方没有别的选择，便赶紧让他换上演出服装上台表演了。当天晚上的演出非常成功，演出结束后主办方重谢了这位临时演员。这位年轻人的一些同事非常不解，问他什么时候学会唱歌的。年轻人的回答出乎所有人的意料，他说：“其实我一首歌也不会唱，那么多人在那里唱歌有我不多，没我不少，我不过是张张嘴凑个人数罢了。”众人听完之后，都对这个年轻人刮目相看。年轻人又说：“我们都知道‘滥竽充数’的故事，但是南郭先生真的就只是一个浑水摸鱼的混子吗？我倒觉得他是聪明的人。”

给合唱团充人数和南郭先生滥竽充数，以及“吃大锅饭”，看似是一个道理，但又有区别。有的行为让我们感到不齿，比如“搭便车”，因为这是损人利己的行为；像南郭先生滥竽充数和给合唱团充人数这种行为，没有损人，是抓住制度漏洞为自己争取利益的举措，有时可行。虽然南郭先生不学无术，但是如果从博弈论最优策略的角度来解读，南郭先生的滥竽充数是一种非常高明的选择。

“大锅饭”时代的群众困境

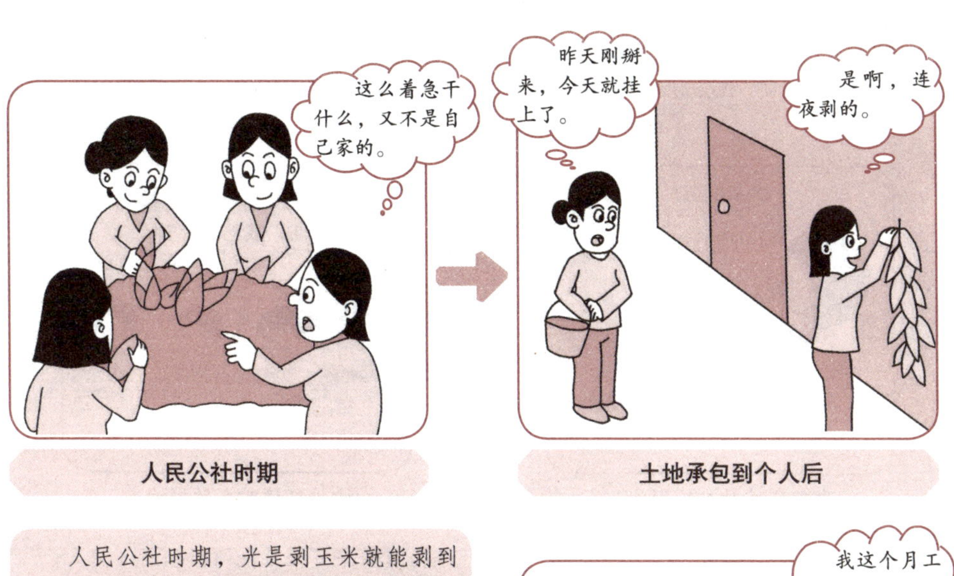

人民公社时期

土地承包到个人后

人民公社时期，光是剥玉米就能剥到将近11月，早上晚上都会下霜，到最后，底下的玉米都烂掉了。

“吃大锅饭”使人们陷入了“囚徒困境”，偷懒对这种平均分配的合作模式而言，成为一种最优策略。

实行员工岗位责任制，多劳多得，尽量消除搭便车行为，做到公平分配。避免员工之间陷入囚徒困境，企业才能健康发展。

现代企业实行多劳多得

周边环境的力量

这天上初中的小佩放学一回家就嚷着要买运动鞋，而且必须是阿迪达斯或者耐克牌的最新款。这种鞋子一双就要一两千块钱，妈妈责备她不懂事，小小年纪便爱慕虚荣，贪图享受，一点都不知道节约和体贴父母。

环境对人的影响

自然环境，是人类周围的各种自然因素的总和，即客观物质世界或自然界。主要有大气、水、土壤、岩石、植物、动物、太阳辐射等。人也是如此，所处的自然环境不同，就会形成不同的性格。

自然环境对人的影响。

如果在学校里，和你生活在一起的人都是一群有着远大抱负的人，他们每天和你谈论的都是一些积极向上的内容，久而久之，你也是也会和他们一样努力刻苦学习，走向成功的高度。

学校环境对人的影响。

家庭作为一个社会单位，在人的成长阶段发挥着无可替代的作用。家庭环境在儿童性格形成中有特别重要的作用，俗称“家庭是制造人类性格的工厂”。在家庭因素中主要有教养方式、家庭结构、家庭气氛、孩子在家庭中的地位等。

家庭环境对人的影响。

好的环境造就好人，坏的环境会把人带坏。人的行为会因周围环境而改变，人也应该为适应环境，改变环境，创造良好的生活环境而作出更大的努力！

社会环境对人的影响。

这是经常会发生在我们身边的一幕，难道那么多的孩子都喜欢攀比和贪图虚荣吗？我们如果从博弈论的角度来分析一下这个问题，可能会得到不同的答案。现在很多学校规定平时必须穿校服，但是年轻人又是喜欢表现自己的一群人：服装是统一的，那用什么来展现自己的个性呢？鞋子、背包、手机、山地自行车等。如果大家都在相互攀比，尽管知道这样是不对的，但是如果你不参与其中就可能会被孤立，或者遭到别人异样的眼光。年轻人的自尊心是敏感而脆弱的，所以他们大多会向父母要钱去买一些名牌的鞋子和手机之类的东西。

人在社会生活中最怕被孤立，尤其是正在成长的年轻人。但是名牌不是结交朋友的唯一标准，这就需要家长和学校来教育他们，让他们懂得这个道理，而不是一味地去谴责他们，这一点也说明了环境对个人的影响。

说完了环境对造成"囚徒困境"的影响，再说一下习惯对造成"囚徒困境"的影响。博弈论中的参与者均为理性人，也就是以为自己争取最大的利益为目的。既然这样的话，那么乘坐出租车之后，为什么要付给司机钱？这个问题看似有点不合常理，但是当你到达目的地之后，司机确实没有什么证据能证明你坐过他的车。不过你如果以此为依据就不付钱的话，司机肯定不会善罢甘休，因为没有人愿意白白付出劳动而得不到回报。司机可能会抓住你不放，可能会报警，甚至还可能会揍你一顿，总之，不会因为对方没有你坐过车的证据就让你走的。问题反过来说，那当到达目的地之后，你付给司机钱了，为什么司机不再向你要一次呢？因为你的钱和别人的钱没什么两样，即使是写了名字也不能证明是你的。这样的话，你肯定不愿意，因为没有人愿意为没有享受到的服务付钱。如果司机不放你走，你可能会报警，也可能一时激动砸了他的车。

坐车的时候为什么不付钱就走？司机为什么不多要一次钱？按理说这都是博弈中应该采取的策略，能为你带来更多收益的策略。我们之所以不选择这些策略是因为习惯，习惯甚至使我们从不去考虑还有这样的策略可以选择。

聪明不一定是件好事情

博弈论不仅是一门实用的学问，也是一种有趣的学问。人们希望通过博弈论来使自己变得更聪明、更理智，更有效地处理复杂的人际关系和事情，但就是这种能让人变聪明的学问却告诉大家：人有时候不能太聪明，否则往往会聪明反被聪明误。

聪明反被聪明误的例子比比皆是：一位有钱人家的狗丢了，被一个穷人捡到。穷人发现了有钱人贴在墙上的寻狗启示，声称谁若是发现了这条狗将给予1万元的奖励。这个穷人想第二天就带着这条狗去领钱。第二天早上，他从电视上得知，有钱人已经把奖金提高到了3万，寻求提供线索的人。他想了一下，准备下午带着狗去领钱，没想到到了中午电视中寻狗的奖金就升到了5万元。这下子这个穷人乐疯了，知道自己手里这条狗是“聚宝盆”，所以就一直守在电视前，眼看着有钱人给提供线索人的奖金从5万元升到了8万元，又升到了10万元。没过几天，这条狗的价值已经达到了20万元。这时候，这个穷人决定出手，带着狗去领钱。一回头才发现，这几天光顾着看电视，没有喂狗，狗已经饿死了。

还有这样一个故事，清朝人乔世荣曾经担任七品县令，一天他在路上碰到了一老一少在吵架，并且有不少人在围观，他便过去了解情况。原来是年轻人丢了一个钱袋，被老者捡到，老者还给年轻人的时候，年轻人说里面的钱少了，原本里面有50两银子，现在只剩下10两，于是便怀疑被老者私藏了；而老者则不承认，认为自己捡到的时候里面就只有10两银子，是年轻人想敲诈他。围观的人中有人说老者私藏了别人的银子，也有人说年轻人恩将仇报。最后乔世荣上前询问老者：“你捡到钱袋之后可曾离开原地？”老者说没有，一直在原地等待失主回来寻找。围观的人中不少站出来为老者作证。这时候乔世荣哈哈大笑起来，说道：“这样事情就明白了，你捡的钱袋中有10两银子，而这位年轻人丢失的钱袋中有50两银子，那说明这个钱袋并非年轻人丢失的那个。”说到这儿，他转头朝年轻人说，“年轻人，这个钱袋很明显不是你的，你还是去别处找找吧。”最终年轻人只能吃这个哑巴亏灰溜溜地走了；而这10两银子，被作为拾金不昧的奖励，奖给了捡钱的老者。这个故事告诉我们，有的人吃亏不是因为太傻，而是因为太精明。

从上面这两个“聪明反被聪明误”的故事，我们都可以得到两点启示：一是人在为自己谋求私利的时候不要太精明，因为精明不等于聪明，也不等于高明，太过精明反而往往会坏事。我们在下棋的时候，顶多能想到对方三五步之后怎么走，几乎没有人会想到对方十几步甚至几十步之后会如何走。像“旅行者困境”故事中，每个人都想来想去，最终把自己的获利额降到了1元钱，结果弄巧成拙，太精明了反而没占到便宜。

故事给我们的第二个启示就是运用“理性”的时候要适当。理性的假设和理性的推断都没有错，但是如果不适当，过于理性，就会出现上面故事中的情况。有句话说“天才和疯子只有一步之遥，过度的理性和犯傻也只有一步之遥”一点也没有错，因为过度地理性不符合现实，谁也不能计算出对手会在几十步之后走哪一个棋子，如果你根据自以为是的理性计算出对手下面的每一步棋会如何走，并倒推到现在自己该走哪一步棋，结局肯定是错误的。所以有时候我们要审视一下自己的“理性”究竟够不够理性。

第四章

走出“囚徒困境”

最有效的手段是合作

在“囚徒困境”模式中有一个比较重要的前提，那便是双方要被隔离审讯。这样做是为了防止他们达成协议，也就是防止他们进行合作。如果没有这个前提,“囚徒困境”也就不复存在。由此可见，合作是走出“囚徒困境”最有效的手段。

常春藤盟校中的每一所学校几乎在全美国，甚至全世界都有名，他们培养出的知名人士和美国总统的人数更是令其他学校望尘莫及。就是这样积聚着人类智慧的地方，曾经却为了他们之间的橄榄球联赛而颇感苦恼。20世纪50年代，常春藤盟校之间每年都会有橄榄球联赛。在美国，一所大学的体育代表队非常重要，不仅代表了自己学校的传统和精神，更是学校的一张名片。因此，每所大学都拿出相当长的时间和足够的精力来进行训练。这样付出的代价便是因为过于重视体育训练而学术水准下降，仿佛有点本末倒置。每个学校都认识到了这个问题，但是他们又不能减少训练时间，因为那样做，体育成绩就会被其他几个盟校甩下。因此，这些学校陷入了“囚徒困境”之中。

为了更形象地看这个问题，我们来建立一个简单的博弈模型。假设橄榄球联赛中的参赛队只有哈佛大学和耶鲁大学，原先训练时间所得利益为10，若是其中一个学校减少训练时间，则所得利益为5。这样我们就能得到一个矩阵图：

		哈佛大学	
		减少时间	不减少时间
耶鲁大学	减少时间	（10，10）	（5，10）
	不减少时间	（10，5）	（10，10）

首先解释一下，为什么两个学校同时减少训练时间得到的结果跟同时不减少时间时一样，都为（10,10）。因为大学生联赛虽然是联赛，但是无论如何训练，水准毕竟不如正式联赛。人们关注大学生联赛：一是为了关注各学校之间的名誉之争，二是大学生联赛更有激情。因为运动员都是血气方刚的大学生，因此，如果两所大学同时减少训练时间，只会令两支球队的技术水平有所降低，但是这并不会影响到比赛的激烈程度和受关注程度。所以，同时减少训练时间，对两个学校几乎没有什么影响。

最后，各大学都认识到了这个问题。也就是说各大学付出大量的训练时间，接受巨额的赞助得到的结果，与只付出少量训练时间得到的结果是一样的。于是他们便联合起来，制定了一个协议。协议规定了各大学橄榄球队训练时间的上限，每所大学都不准违规。尽管以后的联赛技术水平不如以前，但是依旧激烈，观众人数和媒体关注度也没有下降。同时，各大学能拿出更多的时间来做学术研究，做到了两者兼顾。

上面例子中，大学走出“囚徒困境”依靠的是合作，同时合作是人类文明的基础。人是具有社会属性的群居动物，这就意味着人与人之间要进行合作。从伟大的人类登月，到我们身边的衣食住行，其中都包含着合作关系。“囚徒困境”也是如此，若是给两位囚徒一次合作的机会，两人肯定会作出令双方满意的决策。

说到博弈中各方参与者之间的合作，就不能不提到，这是博弈中用合作的方式走出困境的一个典范。欧佩克是石油输出国组织的简称。1960年9月，伊朗、沙特阿拉伯、科威特、伊拉克、委内瑞拉等主要产油国在巴格达开会，共同商讨如何应对西方的石油公司，如何为自己带来更多的石油收入，欧佩克就是在这样的背景下诞生的。后来亚洲、拉丁美洲、非洲的一些产油国也纷纷加入进来，他们都想通过这一世界上最大的国际性石油组织为自己争取最大的利益。欧佩克成员国遵循统一的石油政策，产油数量和石油价格都由欧佩克调度。我们假设没有欧佩克这样的石油组织将会出现什么样的情况。那样的话，产油国家将陷入“囚徒困境”，世界石油市场将陷入一种集体混乱状态。

首先，是价格上的“囚徒困境”。如果没有统一的组织来决定油价，而是由各产油国自己决定油价，那各国之间势必会掀起一场价格战，这一点类似于商场之间的价格战博弈。一方为了增加收入，选择降低石油价格；其余各方为了防止自己的市场不被侵占，选择跟着降价，最终的结果是两败俱伤。即便如此，也不能退出，不然的话，一点儿利益也得不到。“囚徒困境”将各方困入其中，动弹不得。

其次，产油量也会陷入“囚徒困境”。若是价格下降了，还想保持收益甚至增加收益的话，就势必要选择增加产量。无论其他国家如何选择，增加产量都是你的最优策略。如果对方不增加产量，你增加产量，你将占有价格升降的主动权；若是对方增加产量，你就更应该增加产量，不然你将处于被动的地位。

说到这里，我们就应该明白欧佩克的重要性了。欧佩克为什么能做到这一点？关键就在于合作。

合作将非合作性博弈转化为合作性博弈，这是博弈按照参与方之间是否存在一个对各方都有效的协议所进行的分类。非合作性博弈的性质是帮助你如何在博弈中争取更大的利益，而合作性博弈解决的主要是如何分配利益的问题。在“囚徒困境”模式中，两名罪犯被隔离审讯，他们每个人都在努力作出对自己最有利的策略，这种博弈是非合作性博弈；若是允许两人合作，两人便会商量如何分配利益，怎样选择会给双方带来最大的利益，这时的博弈便转化为合作性博弈。将非合作性博弈转化为合作性博弈，便消除了“囚徒困境”，这个过程中发挥重要作用的便是合作。

合作的好处

合作就是个人与个人、群体与群体之间为达到共同目的，彼此相互配合的一种联合行动、方式。生活中相互合作取长补短的例子不胜枚举。1加1是可以大于2的，有这样的好事，为何不去尝试呢？

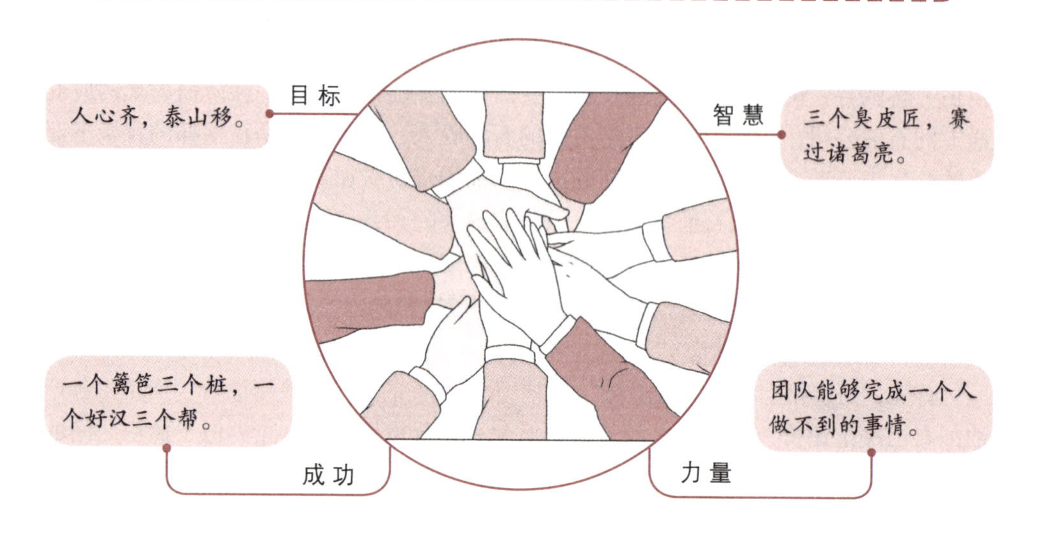

用道德保证合作

博弈论的前提是参与者为理性人，也就是说每个人必须为自己争取最大利益，除此之外不考虑其他因素。我们曾经举过这样一个例子，在朋友的生日宴会上突然发生火灾，酒店只有两个逃生门，这个时候你该从哪个门逃生？我们在分析的时候有一个前提假设，那就是在不考虑道德因素的情况下，最终得出的结论是目测两个门口与自己的距离，同时观察每个门口的拥挤程度，估算出自己走哪个门逃生会用最短的时间。寻找出这个门逃生便是最优策略。但是如果我们考虑上道德因素呢？你可能不会选择自己逃生，而是组织大家一起逃生，让老人和孩子先走。这样，因为自私自利可能陷入的混乱就被化解，这其中发挥关键作用的便是道德。

与合同中的惩罚机制一样，道德也是一种惩罚机制，能帮助人们走出“囚徒困境”。自私自利，不道德的人会受到大家的鄙视和唾弃，没有人愿意与他进行合作，甚至事后会受到自己良心的谴责。这是另一种形式的惩罚，也是另一种形式的预期风险。如果每个人都能意识到这个问题，社会上少数不道德的人和行为就会受到抑制，道德对社会的调节和帮助人们走出困境的作用就能体现出来。

我们在前面章节提到过，“囚徒困境”推翻了亚当·斯密“每个人获得最大个人收益，社会便获得最大集体利益”的理论。“囚徒困境”中每个人选择对自己最有利的策略，追求自己的最大化利益，但是得到的结果却是两败俱伤。亚当·斯密真的错了吗？这位西方经济学的奠基人怎么会犯如此低级的错误呢？其实这是一种误会，除了与当时的经济环境有关之外，还有道德的原因。亚当·斯密在写完《国富论》之后，又写了另外一本非常重要的著作《道德情操论》，在这本书中，亚当·斯密强调：个人道德和社会道德在市场经济中发挥着重要作用。也就是说，亚当·斯密所谓的个人利益与集体利益之间的关系是要考虑道德因素的。

设想一下，“囚徒困境”中的两位罪犯是有道德的。当然这种假设有点滑稽，真正有道德的人是不会去偷东西的，不过在博弈模型中我们可以假设他们有道德。这时，在选择供出同伙还是不坦白的时候，他们的良心告诉他们出卖同伙是不道德的，于是他们都选择了不坦白。最终两个人的选择达成了一种合作，取得了最大的集体利益。

我们可以说道德是人们之间相互默认，不得违反，否则就会受到惩罚的隐形协议。有的道德是社会性的，需要全民遵守的，比如尊老爱幼；有的道德被称为职业道德，他们应用范围只局限于一个行业，或者几个行业之中。尽管可能与社会道德相违背，但是在特定行业中则起到了与社会道德相同的作用，比如促进合作，维持这一行业的稳定和平衡。

有利益才有合作

自私自利是人类的天性，也是博弈参与者为何陷入“囚徒困境”的原因，归根结底是利益在作祟。每个人都是利己主义者，首先关心的都是自己的利益。既然是这样，为什么人们之间会出现合作呢？因为合作就意味着让利于人。

我们来看一下下面几个例子：

案例一：

大学毕业之后，几个同学都选择了在同一个城市工作，每个月都会聚在一起吃饭、K歌。但是时间长了你会发现，同学张三从来没有掏过钱，每当到了结账的时候，他不是上卫生间就是打电话。去年你生日聚会的时候，他是唯一一个没有带礼物的人。那么，今年你过生日的时候还愿意请他来吗？

案例二：

你是一家公司的财务经理，深得老板的信任。公司的人事经理刚刚退休，公司决定在内部选举新的人事经理。这时，人事部的小王找到你，请求你推荐他，他知道你和老板的关系比较好。你觉得他工作还不错，非常有上进心，便向老板推荐了。小王最终当上了人事经理，皆大欢喜。过了一段时间，当你需要帮忙的时候，他却视而不见，甚至躲着你。现在他又有求于你，你还会不会帮他？

案例三：

你是一位报社记者，一天你收到一封举报信，举报人在信中披露了自己所在公司的领导贪污腐败的事情。你经过多方核实，包括接触举报人，最终证实这条新闻的真实性，并在报纸上披露了出来。又有一天你收到了一个匿名电话，电话另一端的人要求你提供举报人的身份，并答应给你一份丰厚的报酬。这时你该怎么做，你会替举报人保密身份吗？

上面这三个例子中都涉及合作，第一个例子中，张三是个小气的人，总想占别人便宜，不愿意付出，因此你应该不愿意再请他来参加你的生日聚会；你的同事小王是忘恩负义的人，他若是再有什么事情有求于你，你应该不会再帮助他了；第三个例子中，你应该不会出卖给自己提供线索的举报者，首先这不道德；再者，若是被别人知道你连自己的线索人都出卖，以后就没有人给你提供线索了。

很明显，合作的前提是互惠互利，拥有共同的利益。国际间的贸易往来也是如此。

我们来建立一个简单的博弈模型，分析一下其中的“囚徒困境”和合作问题。

假设有甲、乙两个国家，若是他们彼此向对方设置贸易壁垒，则每个国家所得的利益为5；若是双方分别向对方开放市场，则双方所得利益各为10；若是一方设置贸易壁垒，另一方开放市场，则设置贸易壁垒的国家所得利益为10，开放市场的国家所得利益为5。我们可以将这些情况形象地表现在一张矩阵图表中：

		甲	
		贸易壁垒	开放市场
乙	贸易壁垒	（5，5）	（10，5）
	开放市场	（5，10）	（10，10）

从图表中我们可以看出，作为国家甲会想：如果对方选择设置贸易壁垒，那么对于自己来说，最好的策略也是设置贸易壁垒，得到（5,5）的结果。如果对方选择开放市场，自己的最优策略依然是设置贸易壁垒，得到（10,5）的结果，由此可见，设置贸易壁垒是一个绝对优势策略。同样，国家乙也是这样想的，最终两个国家的博弈结果便是（5,5）。

从图表中我们可以看出,（10,10）的结果对于两国来说是最有益的，但同时也几乎是不可能的。因为当你选择开放市场的时候，并不能保证对方也对你开放市场，因此单方决定开放市场是一个比较冒险的举动。两个国家都能意识到，要想提高收益，必须同时向对方开放市场，也就是达成合作。共同利益是合作的前提，也是合作的动力。

2001年中国在经过漫长的谈判之后，终于成功加入世界贸易组织（WTO），消息传来，举国欢庆，这也成为当年最重要的事件之一。凡是加入世界贸易组织的国家，都必须开放自己的市场，逐步减少贸易壁垒；同时该组织内的其他国家也会向你开放市场，减少贸易壁垒，达到双赢。世界贸易组织就是组织各国进行合作的组织，共同加入世贸组织是一种合作的好方法。那样就不怕自己开放市场后对方选择设置贸易壁垒，因为加入世贸组织后就必须遵循世贸组织的规定，否则将受到惩罚。

共同利益是合作的前提，这一点不仅仅体现在两国之间。“鹬蚌相争，渔翁得利”的故事大家应该都听说过。河边一只河蚌正张着壳晒太阳，这时候走来一只鹬鸟，想要去啄河蚌壳里的肉吃，河蚌反应及时，夹住了鹬鸟的嘴巴，二者形成了僵局。这个时候鹬鸟对河蚌说：“你不松开我，早晚会被太阳晒死，到时候我照样吃你。”河蚌对鹬鸟说：“那你就试试吧，我不放开你，你早晚得饿死。”河蚌和鹬鸟僵持不下，这一幕正好被一个渔夫看到。他不费吹灰之力，便得到了一只河蚌和一只鹬鸟，满意而归。

如何让他人与你合作

在这场博弈中河蚌和鹬鸟为什么没有选择合作？因为它们没有共同利益，每一方都想置对方于死地。但是它们没有预料到渔民的出现，若是早知道会出现渔民，它们便可能选择合作。因为渔民的出现使它们之间出现了共同利益，那便是不被捉走。由此可见，博弈双方是否选择合作取决于是否存在共同利益。

组织者很关键

我们前面讲过石油输出国组织欧佩克（OPEC）和世界贸易组织（WTO），讲了它们是如何将博弈参与者组织到一起，促使双方或多方达成合作。由此我们可以看出，在合作中往往需要一个领导者或者组织者。

人类最初的时候野蛮、自私，那是什么将人类驯服得如此文明？是合作。著名的哲学家托马斯·霍布斯给出的答案是：集权是合作必不可少的条件。集权便是组织、政府，就像是没有石油输出国组织（OPEC）之前，产油国之间的关系很混乱；没有世界贸易组织（WTO）之前，国家之间相互设置贸易壁垒，征收高额关税，谁也不想让对方占自己便宜，谁也占不到对方的便宜，结果两败俱伤。这些都同人类当年的境遇是一样的。最终这种困境得以破除，依靠的便是OPEC和WTO这样的组织。

国家与国家之间同人与人之间一样，现今世界上国家之间没有一个统一的领导组织。联合国不过是一个协调性机构，关键时候不能发挥效力，例如，美国便多次绕开联合国展开军事行动。因此国家与国家之间想要在某一领域进行合作的时候，便会形成一些组织。我们熟知的组织有欧盟、北约、东盟等。

需要领导者或组织者的合作往往体现在公共品的“囚徒困境”之中。

公共物品和私人物品的性质不同，公共物品谁都有权利享用，比如公园的椅子、路边的路灯，无论是谁出资建的，你都有权利享用；私人物品则不同，私人物品属于私人所有，别人没有权利要求共享。由此可见，设置公共物品是“亏本”的，因为公共物品的特性决定了即使是你设置的，你也不能阻止别人去享用。这样说的话，路边的路灯该由谁来管呢？公园的长椅该又谁来修建呢？

某地区地处偏僻，只住了张三、李四两户人家。由于道路状况不好，交通不方便，所以他们都想修一条路，通向外面。我们假设修一条路需要的成本为4，这条路能给每一家带来的收益为3。如果没有外力的介入，这两家会选择怎样的策略呢？

如果两家合作修路，每一家承担的成本为2，收益为3，净利为1；如果两家选择不合作，只有一家修路，但是修好的路又不能不让另一家人走。这样的话，选择修路的人家付出的成本为4，获得的收益为3，净利为-1；另外一家人这个时候可以搭便车，分享收获，他付出的成本为0，收益为3，净利为3。我们将这场博弈的几种可能结果列入矩阵图中：

		张三	
		修路	不修路
李四	修路	（1，1）	（-1，3）
	不修	（3，-1）	（0，0）

我们来分析一下在这场博弈中两人的策略，张三会想：若是李四选择修路，我也选择修路则得到的净利为1，若是我选择不修路则得到的净利为3，因此选择不修路是最优策略；若是李四选择不修路，我选择修路则得到的净利为-1，我也选择不修路得到的净利为0。因此，无论李四选择修路还是不修路，张三的最优策略都是选择不修路。

同样，李四会同张三作同样的思考。这样，两个人都选择不修路，最终的结果便是（0,0），两家的生活不会发生任何改变。

上面说的只是按照人性的自私和博弈论的知识所作的理性分析，现实中的情况则复杂多变。按照常理来说，若是非常荒凉的地方只住了两户人家，他们的关系应该会非常和睦才对。因为对方是自己遇到困难时候唯一的依靠。如果这两家关系比较好，则自然会选择共同修路，大家都得到好处。

但是在上面我们把它当作一个博弈模型来分析，我们假设其中的参与者都是理性人，也就是说，各方作出决策的出发点都是为自己争取最大的利益。上面所说的无论是和睦友好，还是仇恨不和，都属于特殊情况，不在博弈论的讨论范围。其实现在城市中的邻里关系便是如此，楼上楼下很多都不认识，没有利益也没有仇恨，见面也是形同陌路。

那么在上面两家修路的问题里，如果两家陷入“囚徒困境”，那该由谁来修路呢？如果将两户换作是20户、200户呢？这时问题就由两人“囚徒困境”转化为了多人的“囚徒困境”。大家走的路属于公共品，公共品的“囚徒困境”一定要有人出面协调和处理，这是政府的职能之一。

再回到这个具体例子中，政府应该出头组织村民修路。政府带头，组织张三和李四两家或者出钱，或者出力，修好这条路。“囚徒困境”还有一个缺陷就是只看到眼前利益，看不到长远利益。这个时候，就需要有一个高瞻远瞩、有长远眼光的组织者。

出色的组织者怎样让三个和尚有水喝

防人之心不可无

《功夫熊猫》是一部含有中国元素的好莱坞动画电影，2008年上映之后取得了优异的票房成绩，剧中的主人公也赢得了人们的热爱。影片中有这样一段剧情，浣熊师傅捡来了被遗弃的小雪豹，并从小教它功夫。浣熊师傅非常溺爱这只雪豹，将自己的武艺全部传授给了它。结果雪豹长大后变得异常贪婪，认为师傅还有没有传授给自己的功夫，最终师徒反目成仇。此时的雪豹不但学了一身功夫，还身强力壮，浣熊已经很难将它制伏。

再看看在中国流传的一个故事：传说猫是老虎的师傅，老虎的每一招每一式都是从猫那里学来的。看到老虎学习过程中的威猛，猫心里盘算，若是有朝一日老虎学好了本领，我也就成了它口中的食物了。那该怎么办呢？最后猫想出一招，那就是“留一手”。这一手也就是我们熟知的爬树本领。这一天猫对老虎说，我已经把我所有的本领都传给了你，你可以走了。果然不出猫所料，这时老虎露出了尖利的牙齿，向猫扑了过来。猫早有防备，转身便爬到了树上。老虎这时傻了眼，知道自己被猫戏弄了，但是无奈不会爬树，只能气得用爪子去抓树皮。而猫呢，三两下就跳到了别的树上，然后一溜烟逃走了。

这两个故事讲的都是师傅给徒弟传授功夫，《功夫熊猫》中的浣熊师傅毫不吝啬地将毕生功夫都教给了雪豹，结果失去了对它的控制，险些酿出大祸，危害百姓。而第二个故事中的猫则理智得多，它知道为自己留一手。这便是我们常说的“防人之心不可无”。博弈也同样适用这个道理。

博弈的前提便是参与者为理性人，因此我们知道每个人都在为自己争取最大利益。这个时候，大家一般会非常小心地戒备对方，怕对方从自己手中争夺利益。但是，当博弈中出现了合作，这个时候参与者便降低了对对方的戒心。上面的两个故事同时也是两个博弈，而且都是合作博弈，对对方是否抱有戒心使得两个故事出现了不同的结局。这给我们以启示：合作时要真诚，但是防人之心不可无。

博弈中的合作是各方为了得到更大的集体利益，而选择牺牲掉一部分利益而走到一起的。我们要明确的一点是：合作的基础是双方知道有利可图，利益仍然是第一要素，而绝非什么真诚和忠诚。所以，合作中出现有人背叛也属于正常现象，不足为奇。关键是我们要做好准备，随时应对出现的各种可能，这样才能做到遇事不慌，从容应对。前面例子中的猫便是如此，它已经计划好了如果老虎忘恩负义，自己该怎么应对，所以在老虎露出真面目的时候能够做到临危不乱，从容不迫。

对对方保持戒备之心，随时观察对方的一举一动，这是敌对双方之间最起码要做到的。兵书《孙子兵法》上有云：“知彼知己，百战不殆。”说的便是密切关注敌方一举一动，掌握了全面信息便能百战百胜。这就像打牌一样，你若是不仅知道自己的牌，还知道对手的牌，而对手还蒙在鼓里。这个时候赢对手易如反掌。

重复性博弈

有这样一种现象我们经常可以见到，那就是出去旅游的时候，旅游景点附近的餐馆做的菜都不怎么样。这样的餐馆大都有一些共性，菜难吃，而且要价高。这样的地方去吃一次，就绝不会有第二次了。既然这样，这些餐馆为何不想办法改善一下呢？仔细一想你就会明白，他们做的都是一次性买卖，不靠“回头客”来赢利，靠的是源源不断来旅游的人。

类似上面这样的事情我们身边还有很多，这些事情向我们说明了一个道理：

你想和你的商业伙伴做不只一次生意的话，你就不能选择去背叛他。

但现实情况往往不会是这样，我们都会培养自己的固定客户，因为老客户会和我们进行长久的合作，使我们持续获利。再比如，你开了一家餐馆，不是在旅游景点附近，也不是车站附近，而是在一家小区门口，来这吃饭的人大多是附近小区的住户。这个时候，你会选择像前面说的那样把菜做得又难吃而且要价又贵吗？应该不会，如果是那样的话，你的客户将越来越少，关门是早晚的事。很多历史悠久的品牌，比如“全聚德”“同仁堂”等，正是靠着优质的产品和周到的服务为自己争取了无数的“回头客”，这些品牌也已经成了产品质量的保证。

一般将一次性博弈转化为重复性博弈，结局完全不同。因为你若是在前一轮博弈中贪图便宜，损害对方利益，对方则会在下一轮博弈中向你进行报复。国外有一个黑社会团体，这个团体有许多规矩，其中一条便是：若被警察抓住，不得供出其他成员，否则将受到严惩。这里的严惩多半是被处死。在这里我们套用一下“囚徒困境”的模式，假设被抓进去的两个罪犯都是这个团体成员，他们还会选择出卖对方吗？

结果应该是不会，我们假设这两个罪犯的名字依然为亚当和杰克。亚当会想，虽然供出对方对我来说是最优策略，但是这样出狱以后就会被处死。不要心存侥幸，觉得跑到天涯海角就能躲过一劫，组织中的成员是无处不在的；与其出去被打死，还不如坚持不坦白，在牢里安心待着。同样，杰克也会这样想，最终结局便是两人都选择不招供。为什么在前面几乎是不可能的合作，到了这里变得如此简单？因为前面的“囚徒困境”是一次性博弈，两人不需要考虑出狱以后的事情;但是在这里不同，出狱以后两人还会进行一次博弈，并且根据当初在狱中是否出卖了对方，而得到相应的结局。这样，一次性博弈变为了重复性博弈，两人也由出卖对方转化为了合作。

我们建立一个简单的博弈模型，若是亚当出卖了杰克，出狱后会被组织打死，所得利益为0；若是没有出卖杰克，出狱后平安无事，所得利益为10。杰克同样如此。我们将这几种可能表现在一张矩阵图中：

		杰克	
		坦白	不坦白
亚当	坦白	(0, 0)	(0, 10)
	不坦白	(10, 0)	(10, 10)

图表中很明显地显示出，选择向警方坦白，出狱后死路一条；选择不坦白，虽然会多坐几年牢，甚至终生监禁，但是没有生命危险。很明显，两名罪犯都考虑到这一点肯定会选择不坦白。正是第二场博弈的结果影响到了第一次博弈的选择，体现了我们所讲的重复性博弈促成合作。

并不是只要博弈次数多于1，就会产生合作，博弈论专家已经用数学方式证明，在无限次的重复博弈情况下，合作才是稳定的。也就是说，要想双方合作稳定，博弈必须永远进行下去，不能停止。我们来看一下其中的原因。原因有两点：

一是能带来长久利益，比如开餐馆时的回头客。二是能避免受到报复，你若是背叛对方，定会招致对方在下一次博弈中报复，比如上述黑社会组织的囚犯宁愿选择坐牢也不供出同伙，就是怕出狱后被报复。其实这两个原因可以看作是一个原因，怕对手报复也属于考虑长久利益。

重复博弈与合作的关系

一次性博弈对参与者来说只有眼前利益，背叛对方对自己来说是最优策略。一次性博弈中不可能产生合作，合作的前提是重复性博弈。

理性人不会选择只与别人做一次生意，这样做的结果只能是短期获利，从长远来看会吃亏。理性人会选择与对方合作，进行重复性博弈。

某一次博弈是最后一次的时候，我们就不会再考虑长久利益，也不会有下一次博弈中对对手报复的担忧，这时背叛对方又成了博弈各方的最优策略。

人的寿命是有限的，博弈总有结束的那一天，也就是说世界上没有什么是无限重复的。按照这个说法，合作就变得永远不可能。但是事实并非如此。如前面举的例子中，餐馆的“回头客”同餐馆之间的关系便是合作；黑社会成员在监狱中共同不招供出对方也是合作。没有人会在一个餐馆吃一辈子饭，黑社会组织也早晚有解散的那一天，如此说来，他们之间的博弈也应该属于有限重复博弈，那他们之间为什么会出现合作呢？这是因为他们不知道什么时候博弈会结束。

当我们知道我们假设，你决定明天就将餐馆关闭，或者转让给他人，那么今天晚上你与顾客之间便是最后一次博弈。这个时候虽然餐馆老板基本上不会这样做，但是从博弈论的角度来说，做菜的时候偷工减料、提高菜价，对你来说是最好的一种策略;正如两名罪犯虽然是黑社会成员，但是如果他们知道自己的组织被一锅端了，出去之后没有人会威胁自己，这时候他们便会选择背叛对方。

“熟人社会”

“善有善报，恶有恶报”是中国人常常挂在嘴边的一句话，多用来教育人们除恶行善。乍一听，这句话说得像是一种宿命论，善报和恶报像是一种上天对你此前行径的报应。但是我们从博弈论的角度来看，便会发现其中的道理。

在重复博弈中，如果你每一次都选择背叛别人，当你身边的人全部都被你背叛之后，你在接下来的博弈中便会受到别人对你的报复；同理，若是你考虑到长远的利益和对方的报复，在博弈中总是选择与对方合作，收获的也将是对方合作，这样就能达成一种双赢的结果。这便是我们所说的“善有善报，恶有恶报”。

现实生活中，我们在教育别人要做一个善良的人的时候，当然不会说是为了将来不被别人报复。更多的是出于道德的考虑，为人向善是一种美德。中华民族的传统美德非常多，其中关于人与人之间如何融洽相处的就不少。但是随着人口流动和城市化进程加快，人与人之间的关系变得不再淳朴、融洽，而是越来越冷漠。尤其是城市中，人情越来越淡薄，关系越来越冷淡。对于这个问题的最好解释是社会学家费孝通提出的“熟人社会”概念。

农村的民风很淳朴，因为一个村便是一个小集体，谁家里有事情，无论是孝敬父母这样的好事，还是赌博这样的坏事，不用多久就能传遍全村。再就是，中国人都特别要面子，不愿意被别人说三道四，这样民风就会不自觉地变得淳朴。

反观城市里，城市规模不断扩大，流动人口越来越多。无论是居住的公寓，还是上班的办公室，人们都生活在一个个格子里，并且越来越注重自己的隐私，很多邻居住在一起多年却互不相识。现在年轻人之间更是兴起了一种“宅”文化，整日窝在家中，守在电脑前，更是缺少了人际间的交往。

“熟人社会”和“有熟人，好办事”其实包含着重复博弈，而城市中人际关系越来越冷漠的原因便是这种重复博弈在逐渐减少，更多的是与陌生人的一次性交往，也就是“一次性博弈”。在农村，每当有人家结婚或者有人去世的时候，村民都会去送上喜钱或者吊丧的钱。这并不是说村民之间多么和睦，而是今天你给别人钱，明天别人同样会回报你。结婚和亲人去世是每个家庭都要面对的，这种方式既表达了人们的祝福或者哀悼，同时又是一种积少成多的集资方式。这其中隐含着一个重复性博弈——你今天如何对待别人，别人明天便会如何对待你。并且，村民们大都会继续生活在一起，每个家庭不断有人出生，也不断有人去世，这不仅是一场重复性博弈，更是一场无限重复博弈。

从博弈论角度看社会关系

中国是一个讲究关系的社会，关系越多，行动越顺畅。每个人都会有一张自己的关系网。关系网的形成其实包含着重复博弈。

现在这种维持了几千年的模式被大规模的人口流动和高速的城市化进展弄得扭曲变形，人际关系变得越来越冷漠，更多的是与陌生人交往，也就是“一次性博弈”。

关于诚信的塑造，我们可以来看这样一则新闻：

某地一对夫妇因为工作繁忙，同时要带孩子，所以将自己的一个报摊办成了无人报摊。也就是没有人负责卖报，买报的人可以自己拿想要的报纸，然后根据标价将钱放在一边的箱子里。就这样，虽然每天来买报纸的人不少，却从来没有少过钱。有的人为了亲眼目睹这一“有便宜不赚”的怪现象还专门从老远来这里买报。

“熟人不熟”源自信任缺失

重复性博弈促成了人与人之间的信任，这一点在当今社会中越来越难得。现今社会，由于人口流动和信任缺失，使人与人之间的关系越来越淡漠，“一次性博弈”的社会现象也越来越普遍，其中最典型的现象便是AA制、协议、合同等。

AA制看似公平，谁也不欠谁的付款方式恰恰反映了一个问题，那就是人情味越来越淡。这一次谁也不欠你，下一次你也不欠别人。

每一次交往都是一次性博弈，没有人愿意让别人占自己的便宜，别人也不会让你占他们的便宜，AA制是最好的选择。

造成这种结果的原因是人口流动越来越快，人们之间交往越来越少。

一些合同的签订是为了保护双方当中弱势一方的权益，比如，最新的劳动法便规定，企业必须与雇用的员工签订劳动合同。

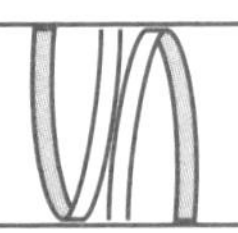

但是也有一些协议和合同签得令人深思，比如，夫妻之间签订的财产鉴定书。看上去是西式的、洋气的做法，但是也透露出当今社会人们之间缺乏信任的现象。

这个新闻不胫而走，很多媒体都作了报道。人们纷纷夸奖这一地区的人素质高，但是也有人不这样认为。采访的时候，一位在报摊对面修鞋的大爷对这件事评论道：“根本不是什么素质的问题，这里附近就这一个报摊，如果人们不给钱就拿报纸，老板一生气不做了，这附近的人们就没报纸看了。再说，报摊就在路口上，整天人来人往的，谁给不给钱那么多双眼睛盯着，谁会为了这点小便宜丢人现眼。”

这位老大爷不一定懂博弈论，但是他的想法符合博弈论的原理。买报纸的人同报摊老板之间是一种重复性博弈关系，这样，人们为了长久利益，一方为了赚钱，一方为了有报纸看，便会选择合作；同时，也有一些过路人想买报纸，这时两者之间的博弈便不再是重复性博弈，而是一次性博弈，公众的监督打消了这一部分人占小便宜的想法。于是，一种诚信便建立了起来。

当今社会，一方面人们在强调“地球村”的概念，强调合作的重要性；而另一方面诚信却在不断缺失。上面这个例子给了我们一个启发，那就是开展长久合作和增加公众监督。

未来决定现在

未来的预期收益和预期风险是影响我们现在决策的重要因素。预期收益是指现在作出的决策在将来能给我们带来什么收益；预期风险则是指现在的决策在将来会带来什么样的问题，或者麻烦。这些未来的收益和风险，将影响着我们现在制定的策略。选择读书是为了增长知识，上一个好大学，将来有一份好工作，对社会和家人承担起一个公民应尽的责任，这便是预期收益；公司采取保守的发展战略，不急于扩大规模，考虑的可能是急功近利会影响产品和服务质量，这便是一种预期风险。

在人口流动性比较大的车站、旅游景点，提供的商品服务不但质量差，而且价格高，并且充斥着假冒伪劣产品。原因很明显，这里的顾客都是天南海北的人，来去匆匆，做的都是“一锤子”买卖，基本上不会有第二次合作。既没有预期收益，也没有预期风险，这就是服务质量差、商品价格高的根本原因。

公共汽车上经常见到两个熟人面对着一个座位互相谦让，但是也有人为了争一个座位大打出手。给熟人让座是考虑到了两人以后还要相处，考虑到了长久的利益，也就是预期收益；而陌生人之间没有预期利益，也没有预期风险，所以会大打出手。如果其中一方是身强力壮的男子，而另一方是一位弱小的男人，这样一般也不会大打出手，因为弱小男子会考虑到未来风险，宁愿站着，也不会冒着被揍一顿的风险去抢一个座位。

现实中，人们对于那些眼光更长远，看问题更敏锐的人往往会更加佩服；而对那些急功近利、鼠目寸光的人则多鄙视。

急功近利的人和眼光长远的人如何区别，并没有一个固定的标准，但是可以从他们的日常行为中推测一下。比如，抽烟特别多的人可能会目光短浅，而每天坚持锻炼身体的人则更值得信任。对待那些目光短浅的人，我们要与他们保持距离；而对于那些做事周到、目光长远的人，我们则应该多去接触。至于那种已经很明确会背叛自己的人，则要在他背叛自己之前远离他。

预期收益决定是否需要合作

合作还是背叛的问题，也可以表述为在未来利益和眼前利益之间选择的问题。

一方有多余的食物，一方有多余的衣服。

如果是陌生人，他们便会想着将对方的东西抢过来。

还给我的羊腿!

因为，双方并不认识，那抢劫之后便不会担心被报复，没有预期风险。

如果是熟人，就会考虑交换。

首先是考虑到预期收益，和他处理好关系对将来会有什么收益。

其次是要考虑到预期风险，对方知道自己是谁，若是抢劫他定会遭到报复。于是，交易就这样产生了。

人们相信合作能带来更好的未来，但是为私利却都去选择背叛，导致合作难以产生。这便是“囚徒困境”反映出的问题。人们明明知道背叛别人和急功近利是不好的，合作和长远考虑对自己、对集体更有利，但却总是陷入这种困境之中。难道这是上天为人类设置的一个魔咒？人类注定无法摆脱吗？

答案当然不是。2005年因研究博弈论获得诺贝尔经济学奖的罗伯特·奥曼曾经说过，人与人之间若是能够长期交往，那么他们之间的交往过程便是减少冲突、走向合作的过程。这个过程的前提是人与人之间长期交往，而不是擦身而过。

奥曼教授一直在寻找一条解决“囚徒困境”的途径，前后长达几十年。他想在理论上探索出一条道路，解决“囚徒困境”，这样便能增加人们的利益，减少冲突。取得最大利益的关键在于制定一个好的策略，而好的策略的标准是为双方的合作留出最大的空间。在制定这样策略的时候，很重要的一点便是考虑这个策略将会带来的未来收益和未来风险。也就是说，未来非常重要。奥曼研究的结果证实了我们上面所说的，人与人之间的长期交往是一种重复合作，重复合作即意味着“抬头不见低头见”，就是这种未来结果促成了人们之间走向合作。

不要让对手看到尽头

有这样一个笑话，一个年轻人去外地出差，这期间他觉得自己的头发有点长，便准备去理发。旅店老板告诉他，这附近只有一家理发店，刚开始理得还不错，但是因为只有他一家店，没有竞争，所以理发师理发越来越草率。人们也没办法，只得去他那里理发。年轻人想了想，笑道：“没事，我有办法。”

年轻人来到这家理发店，果然同旅店老板说的一样，店里面到处是头发，洗头的池子上到处是水锈，镜子不知道有几年没擦了，脏乎乎的照不出人影。理发师在一旁的沙发上跷着二郎腿，叼着一支烟，正在看报纸。等了足足有3分钟，他才慢悠悠地放下报纸，喝了一口茶，然后问道：“理发呀？坐那儿吧。”

年轻人笑着说，我今天只刮胡子，过两天再来理发。理发师胡乱地在年轻人脸上抹了两下肥皂沫，三下五除二就刮好了。年轻人一看，旅店老板说得一点都没错，理发师技术娴熟，但是非常草率，甚至连下巴底下的胡子都没刮到。不过他也没说什么，笑着问道：“师傅，多少钱？”

“2元。”理发师没好气地回答说。

“那理发呢？”年轻人又问道。

“8元。”

年轻人从钱包里拿出10元钱递给理发师，说：“不用找钱了。”

理发师没见过这样大方的客户，于是态度立刻来了一个一百八十度大转弯，笑吟吟地把他送到门外。临走时，年轻人说两天之后来理发。

两天过去了，等年轻人再来理发的时候，发现理发店里面被打扫得干干静静，水池中的水锈也不见了，镜子也被擦得一尘不染。理发师笑呵呵地把年轻人迎进了店内，并按照年轻人的要求给他理发，理得非常仔细、认真。

理完之后，理发师恭敬地站在一边。年轻人站在镜子面前前后看了看，对理发师的水平非常满意，然后拂了拂袖子就要出门。理发师赶忙凑上前来说还没给钱呢，年轻人装出一脸不解地说："钱不是前两天一起给你了吗？刮脸2元，理发8元，正好10元。"

理发师自知理亏，哑口无言，年轻人笑着推门而去。回到旅馆后，旅店老板和住宿的客人都夸年轻人聪明。

那年轻人赚了一次便宜之后还会不会继续去这家理发店理发呢？如果是一个理性人的话，他是不会这样做的。因为理发师在被戏弄之后，知道自己同年轻人打交道并没有预期收益，便会放弃提供更好的服务。我们假设这位年轻人是一个黑帮成员，身体强壮，扎着马尾辫，露出的胳膊上有五颜六色的文身。这个时候，理发师同样会提供良好的服务，因为这样做虽然没有预期收益（甚至连钱都不给），但是可以避免预期风险。

在有限重复博弈中，最后一次往往会产生不合作，这也是年轻人将一次性博弈转化为重复性博弈的原因。同样，争取低进价的商业交易也会涉及这一点。

我们来简单复述一下这个例子，假设你是一家手机生产企业负责人，某一种零部件主要由甲乙两家供货商提供，并且这种零部件是甲乙两家企业的主要产品。如果你想降低从两家企业进货的价格，其中一种做法便是将两家企业导入"囚徒困境"之中，让他们进行价格战，然后你坐收渔翁之利。具体是这样的：

你宣布哪家企业将这种零件的零售价从10元降到7元，便将订单全部交给这家企业去做。这样的话，虽然降价会导致单位利润减少，但是订单数量的增加会让总的利润比以前有所增加。这个时候，如果甲企业选择不降价，乙企业便会选择降价，对于乙企业来说这是最优策略；如果甲企业选择降价，乙企业的最优策略依然是降价，如果不降价将什么也得不到。同样，甲企业也是这样想的。于是两家企业都选择降价，便陷入两人"囚徒困境"，结果正好是你想要的。

前面分析的时候我们也说过，模型是现实的抽象，现实情况远比模型要复杂。"囚徒困境"中每一位罪犯只有一次博弈机会，所以他们会选择背叛；但是两家供货商之间的博弈并非一次性博弈。可能在博弈最开始的时候，两家企业面对你的出招有点不适应，看着对方降价便跟着降价。但是，这样一段时间之后，他们作为重复性博弈的参与者，就会从背叛慢慢走向合作。因为他们会发现，自己这样做的结果是两败俱伤，没有人占到便宜。等到他们意识到问题，从背叛走向合作的时候，你的策略便失败了。若是双方达成了价格同盟，局势将对你不利。

在上面分析之后我们给出了两个建议，一是定下最后的期限，二是签订长期供货协议。定下最后期限，比如月底之前必须作出降价与否的决定。这样就能把重复性博弈定性为有限重复博弈。因为我们已经知道，有限重复博弈中双方还是会选择互相背叛。然后趁双方背叛之际实施第二个策略，立刻签订长期供货协议，将“囚徒困境”得到的这个结果用合同形式固定下来。

上面的两个例子中，第一个是年轻人巧施妙计，将一次性博弈化为重复性博弈，从而有了后面的合作；而第二个例子中，企业将重复性博弈明确定为有限重复博弈，将对方置于相互背叛的境地，以破坏对方的合作。由此可见博弈论的魅力所在，无论你是什么身份，总能帮自己找到破解对方的策略。

讲了这么多的重复性博弈，最后要补充一点。生活中两人“囚徒困境”毕竟是少数，多数是多人“囚徒困境”。多人“囚徒困境”因为参与者太多，情况更为复杂，任何人的一个小小失误，或者发出一个错误的信号，就会导致有人做出背叛行为；然后形成连锁反应，选择背叛的人数会越来越多，最终整个集体所有人都会选择背叛。双方博弈中只要有一方主动提出合作，另外一方同意，合作便是达成了，而多人博弈中很难有人会主动选择合作。所以说多人博弈中，无论是有限次数博弈还是无限次数博弈，都很难得到一个稳定的合作。

变一次为多次的博弈策略

为什么要将一次性博弈转化为重复性博弈呢？因为重复性博弈是合作产生的保障；其次是让对方看到未来收益。

成功的关键

讨价还价的时候我们经常会说“下次我们还来买你的东西”，或者“我们回去用得好的话，会让同学朋友都来买你的”。

虽然这种话大都是随口说出来的，但是其中包含的道理是博弈论中重复性博弈和预期收益。

在欧洲建立共同体，推进货币统一的过程中，曾经出现了1992年的英镑事件。当时在考虑建立一种统一货币制度的时候，每个国家虽然表面上同意合作，却暗地里都在维护个人利益，其中隐含着一个“囚徒困境”。无论是德国、英国，还是意大利，大家都在小心翼翼地维持着谈判和合作的继续进行。但正是因为一个非常小的信号导致了当时合作的失败，并且陷入了困境。

德国在这场谈判中的地位既重要又特殊，首先是维护欧洲区域的货币稳定，其次还要顾及自己国家的货币稳定。在如此压力之下，德国联邦银行总裁在某个场合暗示，德国不会牺牲国家利益。这句话看似没有问题，其实包含着很多信息。合作需要每一方都牺牲自己的一部分个人利益，如果德国不想牺牲个人利益，那么“囚徒困境”中的其他国家也不会选择牺牲个人利益。这种结局便是“囚徒困境”中的相互背叛。再加上德国联邦银行总裁是个举足轻重的人。这一条信息不但使谈判陷入僵局，同时被国际财团嗅到了利益，引来了国际财团的资金涌入，由此导致了1992年的英镑危机。

合作是人类拥有一个美好未来的保障，因此我们要相信希望。当年的谈判危机早已解决，欧元现在已经在欧洲使用多年，并且越来越稳定。

冤家也可以合作

我们前面讲过家电商场之间的价格战，在这场“囚徒困境”中，最终双方的结局是两败俱伤。那场博弈最后得出的结论是双方若是采取合作，选择都不降价，将会取得更大的效益。合作是我们得出的优势策略。

商场如战场，真真假假，情况非常复杂。聪明的商家如同数学家和军事家一样，有着敏锐的头脑，我们关于恶性降价竞争的博弈分析，其实也存在于他们的脑子中。这些精明的商人为了取得最大化的利益采取了很多措施，用尽了一切手段，其中就有价格方面的合作。尽管这些合作有的是主动的，有的是被动的。

我们下面讲几个关于商家之间价格大战的例子，看一下精明的商人是如何用价格来与同行达成合作的。

某市繁华的商业步行街上有两家杂货店，他们的店面分别在一条路的两边，正好斜对面，典型的冤家路窄。每个人都想把对手挤走，于是价格战便拉开了，这一打就是五六年，从来没消停过。

“床单甩货！跳楼价！赔本大甩卖！只需20元，纯正的亚麻布！”这是其中一家刚刚贴出的广告，红底黑字非常显眼。战斗中一方对另一方的反应总是迅速的，不一会儿，另外一家也贴出了广告：“我们不甩货！我们不赔本！我们更不跳楼！我们的亚麻布床单从来都是18元！”这样的广告词往往会让人忍俊不禁，也特别能吸引顾客。

今天是床单，明天是厨具，总之两家之间的价格战几乎天天打，有时候火药味还特别浓，甚至两个店的员工还要在大街上互相谩骂一顿。至于作战结果，有时候你赢，有时候我赢，基本上胜负各占一半。

价格战开始的时间也总是很准，往往是上午10点钟开始，一直斗到晚上人流高峰过去。步行街上人头攒动，这样的特价活动当然能吸引很多人，所以每一次无论谁赢了，他家今天降价的这类产品便会销售一空。两家都是如此，所以他们的产品更新特别快，虽然整天吵吵闹闹，但是生意还都算红火。再有就是，两家之间的价格战拼得如此之凶，让很多原本也打算在这里开杂货店的人都望而生畏。于是多年以来，这条步行街上就只有这两家杂货店。

直到有一天，一家店的老板决定移民国外，所以要将这家杂货店转让；巧的是另外一家杂货店的老板也因为有事转让店面。后来这两个店面分别到了张三和李四的手中，两人看着这两家店生意风风火火，于是信心满满地开始了自己的老板生活。结果，几个月下来两人都发现不但没赚钱，反而亏了不少，非常苦闷。令他们想不通的是，同样的店面，同样的人群，同样的员工，甚至同样的价格大战，为什么换了主人之后就不赢利了呢？

直到一天一位员工告诉了张三真相，原来原先的两个老板并不是什么同行冤家，而是非常要好的朋友。到这条街上来做生意是他们共同商量好的，其中的日常经营更是包含着一堆的策略。两家店虽然每天都会进行价格大战，但是胜负均分，也就是说今天窗帘的价格大战你赢了，明天的桌布大战就肯定是他赢；胜负均分是为了保证利益均分。很多人都有冲动的购物心理，原本并不想买的东西，如果看到是在搞活动，特别便宜，便会去买回来。至于那些降价广告和两家店员工争吵，也是在演戏。

张三一下子明白了，原先两家店之间是合作关系，他们之间的价格战是设计好的一场戏。而现在两家店的价格战是真刀真枪，结果便是两家店都陷入“囚徒困境”，不赢利也算是理所当然的了。

上面这个例子是主动进行的价格合作，还有一种是被迫进行的价格合作，这种合作并不是建立在双方是熟人的基础上，而是完全依靠市场竞争和其中的博弈。下面便是这样一个例子：北京某艺术区附近有一条音乐街，街道两边都是卖音像产品、乐器和音响的商店，虽然氛围很好，但是各家店之间的竞争非常厉害。音响的竞争主要是在两家之间，一家店是“小可音乐”，老板是小可;另外一家店叫“山火音乐”，老板为小山。

小可和小山两人并不熟悉，常年不打交道，两家店之间的关系也是如此。有一个很奇怪的现象，老板之间没有交情，两家店竞争非常激烈，但是他们的竞争手段只是增加产品种类，提供更好的售后服务之类的，两家店之间从来没有进行过价格大战。也可以说两家店在价格上保持了一种默契的合作。我们来看一下这种非熟人之间的价格合作是如何达成的。

小可的音响店自从开业那天起，便打出了自己的经营口号：我们保证自己的音响产品价格是全北京最低的。作为竞争对手的小山也打出了自己的牌，他提出了一个“低价协议”，内容是：所有在本店购买音响的顾客，如果有人在别处发现比我们更便宜的产品，我们将按照差价的两倍进行补偿。在外人眼中看来，这两家店是较上劲了，一场价格大战必将拉开。但是很长时间过去了，两家店价格一直没有降下来。这与双方制定的价格策略有关，尤其是小山的策略起了非常重要的作用，看似是将自己陷入不利地位的策略，却变成了稳定价格的一个保障。我们来分析一下其中的博弈。

假设某一种品牌的音响进价是1500元，两家店现在都卖3000元。小可承诺了自己的诺言，这个价格在北京确实是最低的，不过这并不是唯一的最低价；小山也将价格定在3000元，这完全是依据小可的定价而定的，这样他就不用为自己的“低价协议”付出额外的补偿。我们来分析一下两人的策略是如何在博弈中达成平衡的。

首先来看小可这边，如果小可想降价，比如将3000元降至2800元，这样会有什么后果呢？按理说降价会吸引来更多的顾客，但是在这里却不同。如果小可选择降价，则小山那边的价格就不再是最低价，按照小山给出的“如果不是最低价，双倍返还差额”策略，此时到小山店中去买音响将获得400元的补偿款，也就是相当于只花了2600元。于是出现了这样的情况，你降价，反而对手销量增加。尽管利润薄了很多，但是薄利多销，对手依旧是赢家。因此，降价对于小可来说不是一种好策略；升价更不是，那样就违背了自己的诺言，所以维持原价是最好的选择。

再来看看小山这边，如果定价比对手高就要付出差额的双倍补偿，这当然不是一种好的策略。如果定价比对手低，哪怕只低1块钱，对手为了承诺自己全市最低价的诺言，也会跟着你把价格调低，这样便进入到了一种恶性降价的“囚徒困境”，对双方都不利。因此，维持原价，保持同对方同样的价格是一种最好的策略。

就这样，虽然没有坐在一张桌子前协商，两家音像店还是在价格上面达成了默契合作。这其中发挥作用的便是市场和其中的博弈。透过现象看本质，透过错综复杂的市场竞争去观察其中内在的决定因素，你就会体会到博弈论的精彩之处。

第五章

智猪博弈

小猪跑赢大猪

《三个和尚》是我们比较熟悉的一个故事。假如我们用博弈论的观点来看，会发现这个故事与博弈论中“智猪模式”的情况相吻合。

所谓“智猪模式”的基本情况是这样的：

在一个猪圈里，圈养了两只猪，一大一小，并且在一个食槽内进食。根据猪圈的设计，猪必须到猪圈的另一端碰触按钮，才能让一定量的猪食落到食槽中。假设落入食槽中的食物是10份，且两头猪都具有智慧，那么当其中一只猪去碰按钮时，另一只猪便会趁机抢先去吃落到食槽中的食物。而且，由于从按钮到食槽有一定的距离，所以碰触按钮的猪所吃到的食物数量必然会减少。如此一来，会出现以下3种情况：

（1）如果大猪前去碰按钮，小猪就会等在食槽旁。由于需要往返于按钮和食槽之间，所以大猪只能在赶回食槽后，和小猪分吃剩下的食料。最终两只猪的进食比例是5：5。

（2）如果小猪前去碰触按钮，大猪则会等在食槽旁边。那么，等到小猪返回食槽时，大猪刚好吃光所有的食物。最终的进食比例是10：0。

（3）如果两只猪都不去碰触按钮，那么两只猪都不得进食，最终的比例是0：0。

在这种情况下，无论是大猪还是小猪都只有两种选择：要么等在食槽旁边，要么前去碰触按钮。

从上面的分析中我们可以发现，小猪若是等在食槽旁边，等着大猪去按按钮，自己将会吃到落下食物的一半；而若是小猪自己亲自去碰按钮的话，结果却是一点儿也吃不到。对小猪来说，该如何选择已经很明了，等着不动能吃上一半，而自己去按按钮反而一无所获，所以小猪的优势策略就是等在食槽旁。再来看大猪，它已经不能再指望小猪去按按钮了，而自己去按按钮的话，至少还能吃上一半，要不就都得饿肚子。于是，它只好来回奔波，小猪则搭便车，坐享其成。

很显然，“小猪搭便车，大猪辛苦奔波”是这种博弈模式最为理性也是最合理的解决方式。无论是大猪还是小猪，等着别人去碰按钮都是最好的选择，但是如果两者都这样做的话，也就只有一起挨饿的份儿了。所以，大猪不得不去奔波，被占便宜。两头猪之间的“智猪博弈”非常简单，容易理解，同时还与许多现实社会中的现象有着相同的原理，能够给人们许多启发。

在生活中，我们时常看到这样一种现象：实力雄厚的大品牌会对某类产品进行大规模的产品推广活动，投放大量的广告。不过，过一段时间后，当我们去选购这类产品时，却发现品牌繁多，还有其他不知名的品牌也在出产这种商品，让消费者有足够的挑选空间。

那么，为什么看不到这些小品牌对自己生产的同类产品进行推广呢？这种情况就可以采用我们上面提到的智猪模式来解释。要想推出一种商品，产品的介绍和宣传是不可缺少的。不过由于开支过于庞大，小品牌大多无法独立承担。于是，小品牌“搭乘”大品牌的便车，在大品牌对产品进行宣传，并形成一定的消费市场后，再投放自己的产品，把它们与大品牌的同类产品摆放在一起同时销售，并以此获取利润。很显然，在这场博弈中，小品牌就是“小猪”，而资金和生产能力都具有某种规模的大品牌则是“大猪”。

聪明的小猪和倒霉的大猪

智猪博弈与囚徒困境的不同之处在于：囚徒困境中的参与者都有自己的严格优势策略；而智猪博弈中，只有小猪有严格优势策略，而倒霉的大猪却没有。智猪博弈听起来似乎有些滑稽。但它是一个根据优势策略的逻辑找出均衡的博弈模型。

小猪的聪明之处就在于他知道自己的实力有限，要想成功，就需要借助外力来自保强身，当然这个外力，可以是自然的力量也可以说友人的力量，甚至是对手的力量。要想获得最大的成功，就得时刻注意借助他人的力量。他山之石，可以攻玉。

同样，这种博弈模式也适用于国际政治方面。比如在北约组织中，由于美国强劲的经济和军事实力，因此承担了组织大部分的开支和防务，而其他成员国则只要尾随其后就可以享受到组织的保护。这种情况就是所谓的“小国对大国的剥削”。与此同时，也使得我们能够更好地理解“占有资源越多，承担义务越多”这句话的真正含义。

在欧佩克石油输出组织中也存在类似的情形。在该组织的成员国中，既有产油大国，也有一些石油储量和产量相对较弱的小国。欧佩克组织为了维护自身的利益以及稳定石油的价格，采取了对其成员国限定石油产量，实行固定配额制的措施。但是，在经济利益的驱使下，某些小的成员国会超额生产，以期获得更多的利润。

此时，倘若产油大国也随之增加自己的产量，那么就会引起国际石油市场价格的下跌，反而造成了经济上的损失。所以，大的成员国在这种情况下会与小成员国达成某种合作机制，依照组织所规定的产量进行生产，作出一定的牺牲和让步，来维护和确保整个组织的共同利益。当然，大成员国的这种牺牲并非是一种无私的奉献，自身的利益依然是他们一切行为的出发点。虽然看似那些大成员国向小成员国作出妥协，没有增加自己的产量，但是由于他们在组织中占据着很大的比例，因此他们依然会获得组织所带来的大部分经济利益。

此外，我们常说的以弱胜强、先发制人等策略的应用都可以从智猪模式的角度进行解读。

商战中的智猪博弈

现在，世界范围内的主流经济体系便是市场经济。市场经济又被称为自由企业经济，在这种经济体系下，同行业的众多企业会为了追求自己的经济利益而不择手段，进行激烈竞争。当然，有竞争就必定有博弈。这些参与竞争企业的规模有大有小，实力有强有弱。他们之间便会像那两只大猪和小猪一样，彼此之间展开博弈。所以，当一个具有规范管理和良好运作的小公司为了自我的生存和发展必须和同行业内的大公司进行竞争的时候，小公司应当采取怎样的措施呢？

20世纪中期，美国专门生产黑人化妆品的公司并不多，佛雷化妆品公司算得上是个佼佼者。这家公司实力强劲，一家独大，几乎占据了同类产品的所有市场。该公司有一位名叫乔治·约翰逊的推销员，拥有丰富的销售经验。后来，约翰逊召集了两三个同事，创办了属于自己的约翰逊黑人化妆品公司。与强大的佛雷公司相比，约翰逊公司只有500美元和三四个员工，实力相差甚远。很多人都认为面对如此强悍的对手，约翰逊根本是自寻死路。不过，约翰逊根据实际情况和总结摸索出来的推销经验，采取了“借力策略”。他在宣传自己第一款产品的时候，打出了这样一则广告：“假如用过佛雷化妆品后，再涂上一层约翰逊粉质化妆霜，您会收到意想不到的效果。”

当时，约翰逊的合作伙伴们对这则广告提出了质疑，认为广告的内容看起来不像是在宣传自家的产品，反倒像是吹捧佛雷公司的产品。约翰逊向合作伙伴们解释道：“我的意图很简单，就是要借着佛雷公司的名气，为我们的产品打开市场。打个比方，知道我叫约翰逊的人很少，假如把我的名字和总统的名字联系在一起，那么知道我的人也就多了。所以说，佛雷产品的销路越好，对我们的产品就越有利。要

借势：人生的终极智慧

依据智猪博弈中小猪的经验，如果自身的力量太薄弱，势力太弱小，这个时候就要“借势”，借他人的力量、金钱、智慧、名望甚至社会关系，用于扩充自己的关系，增强自身的能力。

一个人如果能得到良师益友的鼎力相助而形成一个团结的团体，那么要成就大业就易如反掌。

“多个朋友多条路”，一个人如果能得到朋友的帮助，就如雪中送炭。

平常与亲戚保持密切的联系，在困难时期，亲戚才会对你鼎力相助。

知道，就现在的情况，只要我们能从强大的佛雷公司那里分得很小部分的利益，就算是成功了。”

后来，约翰逊公司正是依靠着这一策略，借助佛雷公司的力量，开辟了自己产品的销路，并逐渐发展壮大，最后竟占领了原属佛雷公司的市场，成为了该行业新的垄断者。

现在，让我们依照智猪博弈的模式来分析一下这个成功的营销案例。

在这场实力悬殊的竞争中，约翰逊公司就是那只聪明的小猪，佛雷公司便是那只大猪。对实力微弱的约翰逊公司来说，要想和佛雷公司竞争，有两种选择：

第一，直接面对面与之对抗；

第二，把对方雄厚的实力转化为自己的助力。

很显然，直接对抗是非常不现实、非理性的做法，无异于以卵击石。所以约翰逊作出的选择是先“借局布阵，力小势大”，借着对方强大的市场实力和品牌效应为自己造势，并最终获得了成功。

从另一个角度来说，当竞争对手是在实力上与自己存在很大差异的小公司时，大公司的选择同样有两种：

一、凭借着自己在本行业中所占据的市场份额，对小公司的产品进行全面压制，挤掉竞争对手。

二、接受同行业小公司的存在，允许它们占领市场很小的一部分，与自己共同分享同一块“蛋糕”。

不过，在我们上面讲述的案例中，约翰逊的聪明做法使得佛雷公司无法作出第一种选择来对付弱小的约翰逊公司。理由很简单，那就是约翰逊的广告。对于佛雷公司来说，这则广告非但没有诋毁自己的产品，而且起到了某种宣传的作用。更何况，在这种情况下全面压制对方的产品既费时又费力，还要投入更多的资金，既然有人免费帮忙宣传自己的产品，又可以给自己带来一定的利益，何乐而不为呢?

总而言之，当“智猪模式”运用在商业竞争中的时候，同样需要遵循一定的前提条件。当竞争对手间存在较大差异的时候，实力弱小的竞争者要对实力强劲者先观察，了解对手产品在市场中的定位以及市场占有率。与此同时，要对自己情况和产品有清楚的认识，并制定出合理的经营理念，把自己产品的市场定位与对手错开，避免自己与强大对手的直接对抗，转而借助对手创造的市场为自己寻找机会。另一方面，自身实力雄厚的竞争者，如果确定竞争对手的实力与自己相差很多，那么就不必在竞争之初便耗费过多的资源和精力压制对方，只要时刻关注对方的发展，不对自己构成威胁即可。毕竟，“共荣发展、共享利益”才是智猪博弈模式最终达到的一种平衡。

商业竞争中的智猪博弈

大猪和小猪同时存在是智猪博弈模式存在的前提，即小猪虽然与大猪同时进食，却不曾对大猪所吃到食物份额造成严重的威胁。

商业竞争中，大公司与小公司可以同时存在。

小公司必定会尽力发展自己，增强自身的实力。

对于大公司而言，一旦发现小公司的实力对自己造成威胁的时候，就会采取相应的行动，对小公司进行打压，限制其发展。

在经济快速发展的今天，跨区域、跨地界的合作越来越多，同一行业内不再是一家独大，经常会出现多个龙头企业存在的情况。

对于那些规模和实力都不太强的中小企业来说，市场的这种间隙就是它们要努力开拓的生存空间。

通常情况中小企业会下跳出原本的经营理念，依据自身的特点，去开创自身特有的市场。

股市中的“大猪”和“小猪”

股票和证券交易市场都是充满了博弈的场所，博弈环境和博弈过程非常复杂，可谓是一个多方参与的群体博弈。对于投资者来说，大的市场环境，所购买股票的具体情况，其他投资者的行动都是影响他们收益的主要因素。对于购买的股票的投资者来说，他们都是股市博弈的参与者，而整个股市博弈便是一场“智猪博弈”。

依据投资金额的多少，我们可以把投资者简单归为两类，一类是拥有大量资金的大户，一类是资金较少的散户。

股票投资中的大户因为投资的金额较大，所以，为了保证自己的收益，他们必定在投入资金前针对股市的整体情况以及未来的走势进行技术上的分析，还有可能雇用专业的分析师或是分析公司作出准确的评估和预测，为自己制订投资的计划和具体策略。

一旦圈定了某些股票后，他们会收集该股票的相关信息，以确保自己能够以较低的价位吃进，在固定的金额内尽可能买进最多的份额。当然，这些针对信息的收集和分析都会消耗不少的时间和金钱。这些开支都被投资者计算在了投资成本中。

考虑到自己前期的投入，利益至上的大户一旦选定了某只股票，资金进入市场，就不会轻易赎回。对于大户来说，他们在计算股票收益时，必须扣除前期投入的成本，剩余的才算是自己真正的收益。所以，他们最希望看到的局面就是股价呈现出持续的上扬趋势，自己所持的股值不断地增加。

相对地，那些散户在把资金投入股市前的行为刚好与大户相反。在通常情况下，他们在选择投资股票的时候，往往会做出“随大溜”的举动。散户最常见的做法就是看哪只股票走势好，就投资哪只股票。因为，在这些散户看来，股票的走势好就意味着选择这只股票的人很多。事实证明，这并非一种明智的做法。因为在股票交易市场中,“投资这只股票的人多”并不是“这只股票一定挣钱”的必要条件。只能说存在出现这种结果的可能。

这例如，一个大户可以选择一只极易拉升股价的股票，通过散布一些虚假消息，吸引散户对该股票进行投资，待这只股票价格呈现出一定程度的上涨后，悄无声息地突然赎回，以此让自己在短时间内获得巨额利润。

这种通过设局，诱导散户做出定向投资的大户就是我们常说的“股市大鳄”。他们以雄厚的资金作为投资基础，自然会引导股票的走势倾向于有利于自己的一面。当他们利用资金，针对某一只股票开始坐庄时，就相当于形成了一个“猪圈”。此时，如果散户足够精明，能够看穿大户的打算，就可以趁机迅速买进，进入“猪圈”。

在股市中，称王的永远是坐庄的大户。所以，作为股市中的散户，除了要学会耐心等待“猪圈”的形成，抓住“进圈”的时机外，还要切记不可贪婪。获利之后，要学会及时撤出。毕竟，大户所作的决策是以自己获得利益为前提。如果大户选择震仓或是清仓，绝不会提前预警，往往是突然袭击。在这种情况下，散户就有可能血本无归，成为股市的牺牲品。

股市中散户的最佳策略

总有人想占便宜

在现实生活中，也许很多人并不十分了解“智猪博弈”，却在无意识中应用这一博弈模式处理自己所遇到的问题。例如，在现今的职场中，充满着各种各样的人际冲突。同时也存在着不少像“智猪博弈”中的“大猪”和“小猪”类型的人。我们常常会碰到这样的情况：有些人工作勤勤恳恳、认真负责、任劳任怨，整日里忙得团团转。有些人的工作状态则刚好相反，工作应付了事，总是一副清闲自在的样子。大多时候，这两类人所收到的回报几乎等同，第一类人是“出力不讨好”，第二类人则是“不劳而获”。

很显然，职场中“不劳而获”的人指的就是“智猪模式”中的那只“小猪”。事实上,“小猪”在职场中的存在非常普遍。下面提到的这位李先生就是其中之一。

李先生遵循并奉行这样一种原则：“绝不出风头，跟在强者后。”李先生这样解释自己的这一原则，跟着工作能力强的人，如果事情做得好，自己也会得到嘉奖，即使出现了纰漏，自己也不会是责任的承担者。在李先生看来，这条原则非常有效，让自己也获益匪浅。

大学期间，李先生在组织参加校内一些活动的时候，总喜欢跟着工作能力强的人，听从调遣。自己只做一些辅助性的工作。李先生以此获得了不少老师的赞赏，加上他不抢功，给自己换来了好人缘，建立了好的关系网。最终，李先生凭借着自己的好人缘，获得了一份不错的工作。

工作后，李先生仍然遵循着这一原则。相较于那些埋头苦干的人，他每天看起来非常清闲。他与上下级以及同事也相处得都非常融洽。一年下来，李先生的成绩不小，既升职又涨工资。李先生并不认为自己的做法有什么不合适。在他看来，在工作上偷点儿懒没什么不好，同时也为其他同事提供了表现自我的机会。自己只不过是借机沾点儿光罢了。虽然在工作上不是那么的卖力，但是自己也不是什么都没有付出。毕竟，良好的人际关系是需要费心费力去经营的。这个基础打好了，自己以后的工作才能更轻松，不需要那么辛苦地埋头苦干。

与工作清闲、轻松升职涨工资的李先生相比，下面讲到的王先生就是辛苦奔波的“大猪”。

王先生是一家公司某部门的经理助理。该部门的成员只有三个：经理、助理、普通员工。通常情况下，作为经理助理，工作应该不会太过于繁忙。但是王先生却总是大呼太累，抱怨自己的工作量太大。

王先生的抱怨并不是无中生有，而是真实的情况。王先生在部门里的位置比较尴尬，上有部门经理，下有普通员工。部门经理喜欢什么事都交给王先生去办，所以王先生除了自己的本职工作外，还要经常处理经理额外安排的工作。其实，有些工作王先生可以交代给那名普通员工去做，但是这名员工的工作能力一般，王先生把工作交给他，自己又不放心。无可奈何之下，王先生只能尽可能地处理手头的工作，往往是刚刚完成一个，另一个便接踵而至，似乎工作永远没有做完的时候，总是有一堆的工作等着他去做。于是，在上班的时间内，王先生总是忙碌的，一分钟也闲不下来。

由于该部门的事情总是由王先生忙前忙后，以至于出现了这样一种现象：只要是与该部门有关的事情，找王先生就可以了。于是，一个部门里的三个人，经理整日里优哉游哉，员工无所事事，只有王先生一个人忙个不停。

公司每年都会在年末的时候，对各部门的工作进行奖评。王先生所在的部门获得了5万元的奖励。经理分得奖金3万元，王先生和另一名员工平分剩余的两万元。这让王先生内心非常不平衡。自己整日里忙得像个陀螺，总是没有清闲的时候，才挣1万元的奖金。再看看另外两个人总是清闲度日，却能轻轻松松地拿到奖金。这算什么事儿呢？不过，王先生再转念一想，算了，自己虽然工作得辛苦些，好歹年终的时候还能拿得到奖金。如果自己也像另外两个人那样，这个部门不就没人干活了吗。真要是出现那种情况，能保住工作就已经不错了，哪里还有奖金可拿？于是，王先生出于责任和大局的考虑，只能继续任劳任怨地工作。

很显然，只要出现团队合作的工作，就会出现不同程度的“搭便车”现象，像王先生这样的“大猪”和类似李先生这样的“小猪”就必定存在，这是一个无法避

办公室中的“智猪博弈”

办公室里有一种人，他们就如智猪博弈中的大猪，如田地里的老黄牛，闷头苦干换来的却是别人的升职加薪。

职场中这种现象并不少见，“大猪”付出了很多，却没有得到相应的回报。对于“大猪”来说最好的策略就是，既要做“大猪”，也要会做“小猪”。

免的问题。而且，对于曾经长时间合作的人来说，由于大家都熟悉各自的行事作风，这种情况就可能更为突出。于是，“大猪”出于对工作全局的考虑，必定会尽全力完成工作。“小猪”则搭乘顺风车，装作努力工作的样子，实则借机投机取巧，分享“大猪”的工作成果。

其实，我们心里都很清楚。“小猪”在职场中的这种做法不是长久之计。俗话说：“路遥知马力，日久见人心。”大多时候，“小猪”得到的只是一时的风光。毕竟，实力才是硬道理。一旦出现了新的合作关系，或是工作性质发生变化，不再是团队合作，那么“小猪”在实力上的弱点必定会暴露无疑。

作为一个管理者来说，职场“搭便车”的现象不会给公司的发展带来任何的助力，只会起到不好的作用。要想趋利避害，尽量从根本上避免这类情况的出现，管理者必须在整体的管理上下工夫。比如说，应该制定合理化的制度，使员工的职责细化，让每一个员工都能明确自身所承担的责任，增强员工的工作责任感。与此同时，要时时关注自己的员工，对他们的实际能力和工作表现作出客观的评定。要让员工感到自己的付出能获得相应的回报。对那些的确有能力的员工提供施展自己的平台，增强员工的归属感。此外，通过赏罚分明的奖励机制，增强员工之间公平竞争的意识，提高员工的工作热情。在“优胜劣汰”的原则基础上，让那些习惯“搭便车”、坐享其成的“小猪”远离团队合作。

“小猪”的做法虽然有种种弊端，但是对于一个聪明的工作者来说，努力做一只具有实力、勤奋工作的“大猪”是必须的。不过，在合适的时候，偶尔做一次借力使力的“小猪”也未尝不可，只要把握好“度”和时机即可。

富人就应该多纳税

在前面的章节中，我们曾提到过“占有资源越多，承担的义务越多”这一观点。例如很多大公司经常会在公共事业方面进行一定的投资。如果稍加留意会发现，这些由大公司出资建设的公共设施有时刚好涉及这些公司的切身利益。

在美国，一些主要的航道上都建有不少为夜间航行提供照明的灯塔。要知道，这些灯塔的建造者不是美国政府，而是那些大型的航运公司。因为这些大型航运公司的业务繁多，有不少需要夜间出航的班次。为了夜间航行的便利，在航道上建造一些灯塔非常有必要。

事实上，要在这些主航道上夜航的船只中，不仅有那些大公司的船只，还有一些小的航运公司的船只。不过，与积极主动采取行动的大公司不同，这些小公司对建造灯塔的活动并不热衷。理由很简单，因为建造灯塔需要投入大量的资金。对于收益不高的小公司来说，这笔支出远远高于灯塔建造好后给自己带来的收益。

但是，对于该行业的大公司来说，则刚好相反。设置灯塔后，航运的安全得到了保障，提高了航行的速度，缩短了航行的时间，给公司带来的收益自然随之增加。所以，大公司认为这是极为划算的一笔投资，即使完全独自承担这笔费用，它们也是乐意为之。

于是，这项同行业都可以获得益处的公共设置就这样建造完成了。那些小公司搭乘大公司的便车，未出分文便享受到了灯塔给自己带来的收益。

也许会有人说，这种做法未免有失公平。不过，从获得利益多少的角度来看，我们会发现，只用“公平”两个字很难去界定这种情况。更何况“多劳”在很多时候是“多得者”心甘情愿的选择。

现在，在很多国家都推行的个人所得税上也体现着这一点。具体说来，就是对那些高收入的人群征收高额的税款，收入越高，税收的比率越高，然后将这些税款用于社会公共和福利事业。例如美国的个人所得税的最高税率在20世纪六七十年代高达70%，在瑞典、芬兰这些北欧国家，最高税率甚至超过了70%，被称为“高福利国家”。

但是，这种高额税率的个人所得税制度也存在着明显的弊端，因为它会严重影响人们的工作积极性，导致劳动者对努力工作产生抵触情绪。毕竟，在一个社会安定的国家，辛勤工作、努力争取更好生活的人群还是占大多数的，整日无所事事、游手好闲的人毕竟是少数。所以，在20世纪90年代的时候，这种个人所得税的最高税率得到了重新调整，并日趋合理。

另外，“占有资源多者，承担更多的义务”这种观点还体现在很多方面。再例如股份有限制、有限责任制等现代企业所采用的制度中，大股东和小股东的差异也是这种观点最为直观的体现。

依照股份制的要求，每一个股东都具有监督公司运营的义务。不过，这种监督需要投入大量的时间、精力和资金以获取相关的信息，并对公司的运营状况进行分析。这是一笔不小的开支。而且，我们也知道，在一个股份制的公司中，公司的赢利最终会按照占有股份的比例进行分配。大股东的收益多，小股东的收益少。因此，便造成这样一种局面：大股东和小股东在承担了这样一笔不小的监督开支后，在收益方面的差异会愈加明显。所以，小股东要么在承担监督费用后，获得较少的收益，要么不参与公司运营的监督，直接领取公司分配的收益。很明显，参与监督后，小股东的收益要减去监督的费用。不参与监督，便不存在因监督而产生的开支。两者比较之下，就导致小股东不会像大股东那样积极地参与对公司运营的监督。

事实上，大股东非常清楚小股东是在搭自己的便车。但是，如果自己也像小股东那样不参与公司运营的监督，那么公司便会处于无人监管的境地，不利于公司的发展，也会影响到股东们的最终收益。在这种情况下，大股东们没有更好的措施，只好像“智猪模式”中的那只大猪一样，放任小股东们的这种做法，为了自己的最终利益来回奔波，独自承担起监督费用，履行自己对公司的运营义务。

所以，我们看到在一个股份制的公司中，会存在一个负责监督公司运营的董事会。其中的成员都拥有该公司一定量的股份，并对公司的具体运营操作拥有发言权和投票权。而那些小股东自然就是搭乘顺风车的“小猪”，不再花费精力和财力监督公司的经营，对公司的发展也不再拥有主导权，只是坐享大股东所带来的利益。

“不可能存在绝对的平等，但是，在某种程度上的不平等，不仅是应当存在的，

富人为什么要多纳税

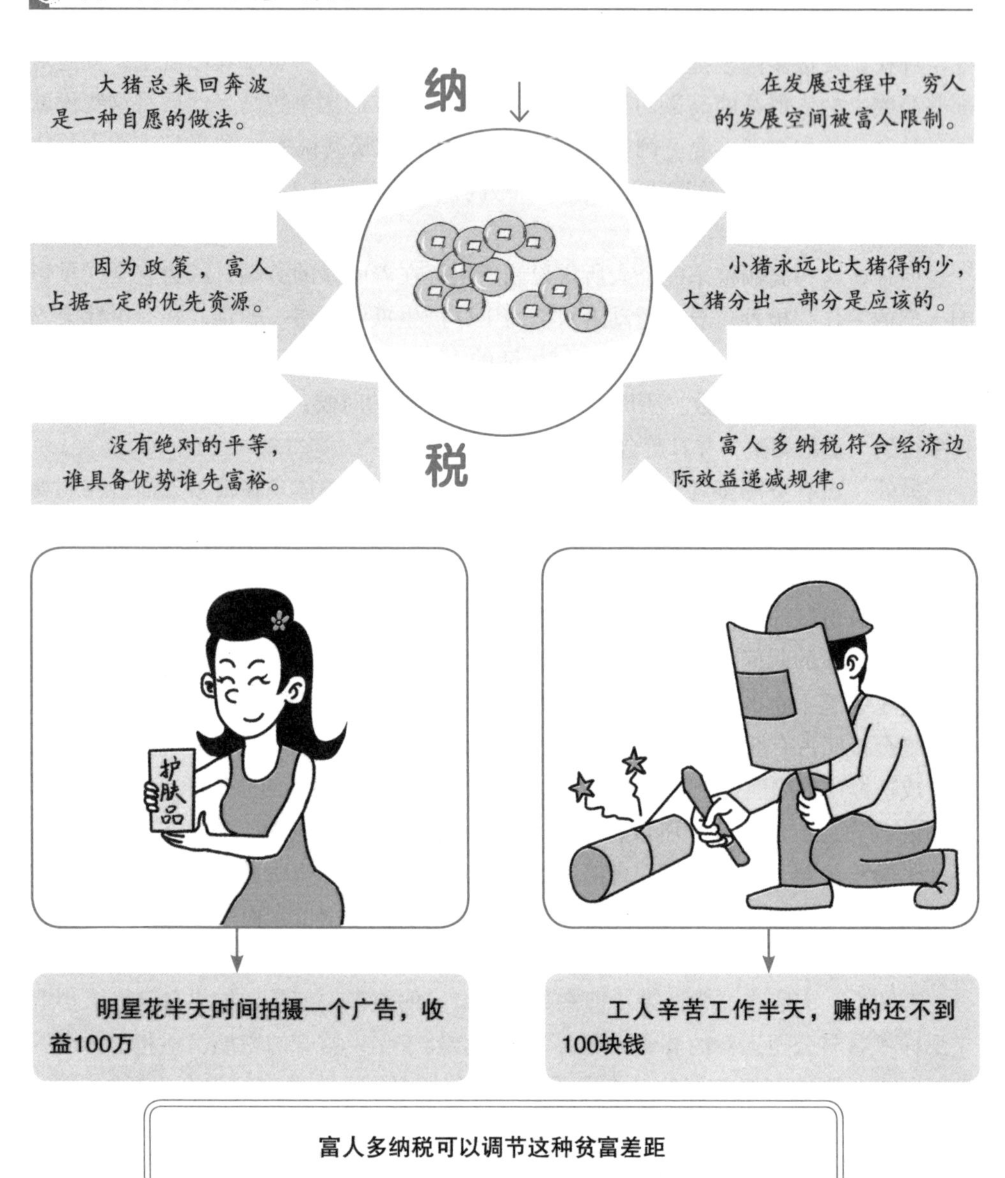

而且是必须、不可缺少的存在。”正如20世纪著名的思想家哈耶克所说，在这个客观世界，无论在哪个方面，科技、知识、人们的生活水平，所有人都处在同一个水平或是境况中是不可能的，也是不现实的。就像要让一部人先富起来那样，总会有少数人走在多数人的前头，然后带动大部分人共同发展提高。

在经济学中，有一个叫作“边际效用”的概念，具体是说：“在一定时间内消费者增加一个单位商品或服务所带来的新增效用，也就是总效用的增量。在经济学中，效用是指商品满足人的欲望的能力，或者说，效用是指消费者在消费商品时所感受到的满足程度。”其实，即便是在“智猪模式”中，大猪来回奔波也不能说不是一种心甘情愿的做法。毕竟，它吃到的食物总是要比小猪的多，而小猪等在食槽旁也只不过是为了吃到食物而已。这不也是一种符合“边际效用”的做法吗？在一定程度上形成了一种平衡的局面，又何尝不是一种公平呢？

名人效应

在社会中，由于名人们在一些领域所获得的成功，使得他们的一举一动都会受到人们的关注。这就使名人本身具有了某种程度的影响力，甚至是号召力。于是，名人的出现可能会起到“引人注意、强化事物、扩大影响”的作用，也非常容易引起人们对名人行为的盲目效仿。所以，从某种角度来说，名人以及名人所拥有的名望都可以被看作是一种资源。

事实上，古人在很早的时候就已经明白了这个道理。而且，有些还成为脍炙人口的故事流传下来。

东晋初年的名臣王导就深知运用“名人效应”之策。西晋末年，朝廷昏庸，各方势力蠢蠢欲动。王导意识到，国家在不久后必定会出现大规模的社会动荡。于是，他极力劝说琅琊王司马睿离开中原避祸，重新建立新的晋王朝政权。

司马睿听从了王导的主张，离开中原，南下来到当时的南京，开始建立自己的势力。但是，由于司马睿在西晋王族中既没有名望，也没有什么功绩，所以，当地的江南士族们对琅琊王的到来不理不睬，非常冷淡。

王导心里非常清楚，如果得不到这些江南士族的支持，司马睿就无法在这里站稳脚跟，更不要提建立政权的事了。当时，王导的兄长在南京附近的青州做刺史，已经在当地拥有了一定的势力。于是，王导找到王敦，希望他能帮助司马睿。

两人经过商讨决定在三月上巳节的时候，让司马睿在王敦、王导等北方士族名臣们的陪同下，盛装出游，以此来招揽当地一些有名望的人投靠，提高琅琊王在南方士族中的威望。

果不其然，琅琊王当天威仪尽显地出行，引来了江南名士纪瞻、顾荣等人的关注，他们纷纷停在路边参拜。后来，司马睿又在王导的建议下积极拉拢顾荣、纪瞻、贺循等当地的名士，并委以重任。渐渐地，越来越多的江南士族前来归附琅琊王。就这样，以南北士族为核心的东晋政权形成了。

由此可以看出，在东晋政权形成的过程中，王导的策略起到了关键性的作用。刚到南京的司马睿既无名也无功又无权，有的只是皇族的身份，而且还是皇族的支系。如果只靠自己打拼来积累名望的话，不知道要等到什么时候。而且，当时最迫切的问题就是如果得不到当地士族的支持，司马睿就有可能连安身之所都会失去。

名人营销策略

以体育用品品牌中的阿迪达斯来说，它的广告中以及各类产品的代言人都是当下最受欢迎的大牌体育明星。可以说，这是阿迪达斯公司极具典型性的名人营销策略。

所以说，只要不损害他人的利益，“名人效应”这条策略就是一种双赢的选择。在让名人出尽风头的同时也让自己的产品出尽风头。当然，这其中的效益也是明显的。所以说，“名人效应”就是对智猪博弈模式中“小猪搭乘顺风车”策略的应用。

王导的计策就妙在此处。他先是和其他追随在司马睿身边的北方名士一起，陪同司马睿出游，以此来提升司马睿在南方名士中的威望。这一招让南方的士族们意识到司马睿并非无名小辈。接下来，他又极力招揽当地的名士，让其归附司马睿。顾荣、纪瞻、贺循等人在当地非常有声望，对当地的士族和百姓也具有很强的号召力。这样一来，不仅提高了司马睿在整个江南一带的威望，还得到了当地人们的拥护。

王导成功应用名人效应的事件不是仅此一例。东晋建立后，又是王导再次应用该策略化 解了东晋朝廷的经济危机。

刚刚建立东晋的时候，国库里根本没有银子，只有一些库存的白色绢布。这种白色绢布的市价非常便宜，一匹顶多卖几十个铜钱。这可急坏了朝廷的官员们。

后来，身为丞相王导想出了一个解决方法。他用白色的绢布做了一件衣服，无论是上朝还是走亲访友，只要走出家门就把这件衣服穿在身上。而后，他要求朝廷的官员也像自己一样，身着白色绢布制成的衣服。人们看到朝廷官员的穿着，也纷纷效仿。一时间，这种质地的衣服风靡了整个东晋。

这种情况必然对布匹的销售价格产生影响。结果布匹的销售价格一涨再涨，比原来的价格翻了几番。加之这种布匹平时的销路不好，商家的库存并不多，很快市场就出现了供不应求的状况。王导抓住时机，把朝廷库存的白色绢布分批出手，换回的银两充盈了国库。

假设，王导直接把库存的绢布拿到市面上卖掉，或许可以换回一些银子，但根据布匹的市场价格，换回的银子也肯定是少得可怜。当然，他也可以采用强制的方法，要求民间的商家和老百姓购买这些绢布。“民不和官斗”，这些布匹肯定也能换回银子，只不过这种做法必定会招致老百姓的不满和怨恨。

他所采用的这种做法非常高明，这也是“名人效应”的应用。朝廷的官员既有身份又有地位，他们的言行举止都是老百姓关注的焦点。让他们出行时穿上白色绢布制成的衣服，在无形中提升了这种布料的价值以及老百姓对它的认同感。王导正是利用了官员对百姓们的影响力和号召力，让百姓们自己主动去购买白色绢布。在老百姓心甘情愿的情况下，轻松地解决了国库空虚的难题。

奥运会：从“烫手山芋”到“香饽饽”

现在奥运会的巨大赢利让人很难想到，在几十年前举办一届奥运会却是一笔赔本的买卖。与现在申办者竞争激烈的情况不同，当时很多国家都不愿意承办奥运会，以至于在提交承办1984年奥运申请的时候，只有美国的洛杉矶一个申办者了。

这是怎么回事呢？原来，加拿大蒙特利尔在承办1976年第21届奥运会的时候，出现了巨大的亏损。举办一届奥运会需要针对各种体育项目，建造各种体育场馆。按照蒙特利尔市奥委会原本的预算，场馆的建设费用只需28亿美元就够了。不过，在场馆建设的过程中，由于需要建设大型的综合性体育馆，举办方只得不断增加预算。最后，场馆的最终预算高达58亿美元。而且，由于管理不善，直到奥运会开幕的时候，一些场馆仍然处于建设状态，没有派上真正的用场。

奥运结束后，经过核算发现奥运会期间的实际组织费用也超支了1.3亿美元。短短15天的奥运会，给蒙特利尔市市政府带来的是24亿美元的负债。为了偿还这些债务，蒙特利尔市的市民被迫缴纳了最少20年的特殊税款。后来，人们把这次奥运会戏称为“蒙特利尔陷阱”。

当时，不少准备申办的城市在看到蒙特利尔奥运会的情况后，便打消了承办奥运会的念头。这才导致了前文中出现的情况：只有洛杉矶一个城市要求承办1984年奥运会。

彼得·尤伯罗斯是1984年洛杉矶奥运会的奥委会主席，就是这届奥运会的主要承办人。正是这位北美第二大旅游公司的前任总裁，让奥运会从“烫手山芋”变成了“香饽饽”。

事实上，彼得·尤伯罗斯当时面临的情况也非常艰难。由于前两届奥运会的亏损状况，加利福尼亚州不允许在本州内发行奥运彩票；洛杉矶市政府拒绝向奥委会提供公共基金；不能积极争取公众捐赠，即使出现捐赠，也必须让美国奥委会和慈善机构优先接受。更让人瞠目结舌的情况是，洛杉矶奥委会竟然租不到合适的办公地点，因为房主担心他们不能付清房租而拒绝提供出租。

在这种举步维艰的境况下，彼得·尤伯罗斯不但没有退缩，反而向公众宣布：政府不需要为洛杉矶奥运会支出一分钱的经费。不但如此，彼得·尤伯罗斯还承诺，本届奥运会将至少获得2亿美元的纯利润。此言一出，引起了大众的一片哗然。众人都认为彼得·尤伯罗斯是疯了，都等着看他的笑话。

俗话说，“巧妇难为无米之炊。”那么，彼得·尤伯罗斯这位“巧妇”到哪里去找那么多的“米”呢？彼得·尤伯罗斯想到了奥运会的电视转播权。对于普通民众来说，奥运会的参赛国家越多，比赛的激烈程度就越高，比赛的观赏性就越强。于是，彼得·尤伯罗斯派出了很多专业人士，去游说各国的领导人，希望能够派体育代表团参加奥运会。

不过，由于当时的国际局势，苏联宣布拒绝参加该届奥运会。幸运的是，彼得·尤伯罗斯的请求得到中国政府的应允。中国首次派体育代表团参加奥运会，这成为那届奥运会的重要看点之一。最终，彼得·尤伯罗斯获得了总计2.4亿美元的电视转播权的转让费。仅是广告的转播权就为洛杉矶奥委会带来了2000万美元的收益。

同时，彼得·尤伯罗斯又在奥运会赞助商的这个问题上大做文章。其实，早在奥运会刚开始筹备的时候，尤伯罗斯的手头就已经收罗了一万多家能成为奥运会赞助商的企业。在此之前，往届的奥运会也存在赞助商，只不过每个赞助商所提供的赞助费都一样。尤伯罗斯觉得，如果按照以往的做法，从赞助商那里获得的资金非常有限。如何从这些赞助商的口袋里掏出最多的钱，是尤伯罗斯考虑的重点。

多年从商经验帮了他的大忙，尤伯罗斯很自然地想到了商业中的竞争机制。于是，洛杉矶奥委会对外宣布了针对赞助商的规定：第一，该届奥运会只有30个赞助商的资格。生产同类产品的商家，只能有一家成为赞助商。第二，每个赞助商所提供的赞助金不得低于400万美元。

奥运会的经济价值

对于举办国来说，奥运会不仅能向世界展示本国的实力、提升自己的国际形象，还能带来一大笔财富。

奥运会电视转播权收入：是迄今为止奥林匹克运动最大的一笔单项收入来源。

奥林匹克特许经营权：是特许经营人透过与奥林匹克知识产权人签署特许经营合同，并向其支付特许权使用费而取得在其商品上使用奥林匹克标志、徽记、吉祥物等奥林匹克标识的权利。

奥运会的门票销售：奥运会门票是主办奥运会重要的收入之一。

这个消息一经公布，立即在商业领域掀起了轩然大波。“同类产品只选一家”的规定激起了那些实力强劲的商家一较高下的念头。于是，各大商家展开了激烈的竞争。先是在软饮料的竞争中，可口可乐面对主要竞争对手百事可乐，把自己的赞助费提到了1260万美元，最终成为了第一位赞助商。

可以说，在筹集这届奥运会经费的过程中，尤伯罗斯就像“小猪”那样，采取了“搭便车”的策略。参加赞助商资格竞争的企业几乎都是该行业的佼佼者，自身就具有强劲的实力，又有品牌支撑。这样，企业之间的竞争，给奥运会带来的直接效益就是能够获得更多的资金。此外，名牌企业的激烈竞争也在无形中提高了民众对奥运会的关注程度。民众对奥运会的关注度高，就会有更多的人观看电视上的赛况转播。这一情况又给奥运会的电视转播权的转让增加了砝码。于是，就像滚雪球一样，以尤伯罗斯为首的洛杉矶奥委会得到的收益也越来越多。

就这样，在尤伯罗斯倡导的商业运作模式和竞争机制的带动下，洛杉矶奥运会不仅没有花费政府一分钱，反而最终获得了2.36亿美元的实际收益。洛杉矶奥运会不仅解决了举办现代奥运会的经济问题，改变了“举办奥运会就赔钱”的状况，还完成了近代奥运会的“商业革命”，成为近代奥运会历史上的里程碑。

学会隐忍

无论是在自然界中，还是在人类世界中，都不存在绝对的平等。世界上的万事万物在实力上必定存在强弱之分，而且，强者和弱者必定是同时存在的，达到一种微妙的平衡。那么，弱者要如何与强者共存呢?

我们常说,“一个人的忍耐是有限度的。”这里所说的“限度”就是当强者与弱者共存时,必须要注意的一个关键因素。无论是强者还是弱者,都存在一个承受的极限。一旦突破了承受的极限，那么这种共存情况就会被打破。

以智猪博弈来说，小猪相对于大猪来说，就是一个弱者，大猪则是强者。大猪虽然需要为了食物来回奔波，小猪只需要坐享其成。但是，两者还是在这一模式下实现了共存。这是为什么呢?原因就在于大猪和小猪都能吃到食物。对于大猪和小猪来说,“吃到食物”就是它们共存的底线。假如，小猪“欺人太甚”，让大猪吃不到食物。那么，大猪和小猪就会为了争夺食物在猪圈里产生争斗。

事实上，除非强者有消灭弱者的打算，否则的话，强者并不希望自己陷入与弱者的争斗中。因为，不管弱者的实力多么的弱小，它仍然具有一定的实力，有能力对强者造成损害。即便强者的实力可以将弱者消灭殆尽，也无法避免自己在与弱者的对抗中蒙受的损失。只不过损失的程度可能和弱者的实力存在一些必然的联系。

所以说，在某种条件下，共存是强者和弱者的共同愿望。

弱者和强者的共存可以通过以下3个基本条件来实现:

（1）一旦弱者和强者陷入争斗时，弱者的实力必须能在冲突中对强者造成一定程度的伤害。而且，这种伤害的程度要在效果上大于强者所能忍受的底线。

（2）弱者拥有一定的实力，能对强者形成一定的威胁，而且这种威胁能够长久保持。

（3）无论是强者还是弱者都要对上面的两个条件达成共识。

第一个条件可以说是对弱者实力的要求。假如弱者的实力低于这个要求，那么强者在平衡利弊之后，可能会选择直接消灭弱者。那么，所谓的共存也就无从谈起了。当然，具体情况具体分析，弱者的具体的最低实力情况要根据与其共存的强者实力。

弱者和强者共存的基本条件

所以，第一个条件是弱者能够生存下来的必要条件。

第二个条件则是弱者与强者共存的必要条件之一。一旦弱者的实力对强者构成威胁，那么，强者就会有所防备，但是不会轻易出击，除非这个威胁超过了强者的忍耐极限。如果强者出击，弱者的实力无法支撑，或是被直接摧毁，那么弱者与强者之间的共存必将不复存在。从某种程度上来说，这个条件就是说一旦弱者受到强者的攻击后，不仅要能撑得住，也要具有一定的“报复实力”。

第三个条件可以说是两者达成的共识。当强者知道弱者具有伤害自己的实力，且这种伤害会大于自己的忍受底线，同时还有可能具有反击能力的时候，强者就不会随便出击，打算消灭弱者。

1667年，康熙在登基6年后，开始亲政，逐渐收拢分散在四位辅政大臣手中的权力。同一年，首辅大臣索尼去世。四位辅政大臣就只剩下了鳌拜、苏克萨哈和遏必隆。

鳌拜根本没把已经亲政的康熙皇帝放在眼里。在他看来，康熙皇帝还只是一个“黄毛小子”。而且，已经尝到了掌握权力甜头的鳌拜，自索尼去世以后，他的野心进一步膨胀，想越过苏克萨哈和遏必隆，占据索尼的位置，进而成为宰相，掌握更多的权力，丝毫没有把权力归还给康熙的意思。

于是，他拉拢苏克萨哈推荐自己做首辅大臣。不曾想，苏克萨哈不仅没有答应他的要求，反而上奏康熙，请求解除自己辅臣的职务。这就意味着鳌拜、遏必隆两人也要辞职交权。鳌拜和苏克萨哈之间本来就有些旧怨。旧恨新仇之下，鳌拜伙同自己的党羽给苏克萨哈罗织了24款罪名，逼迫康熙皇帝处死苏克萨哈以及族人。

康熙皇帝心里很清楚，苏克萨哈遭到了鳌拜等人的构陷，不该被杀。但是，此时鳌拜把持了朝政，自己无力与之抗衡。于是，康熙皇帝只能眼睁睁地看着苏克萨哈以及族人被斩杀。

四位辅政大臣中，索尼已故，苏克萨哈被杀，只剩下一个无足轻重的遏必隆。此后，鳌拜行事更加肆无忌惮，为所欲为。康熙决心除去鳌拜，但是两者之间实力相差太大。康熙只能隐忍下来，他不露声色地任命索额图为一等侍卫，又挑选了一批身强力壮的亲贵子弟在宫内陪自己练习摔跤，以此为乐。他装出一副少年皇帝喜欢游乐的样子，降低鳌拜的警戒，等待铲除鳌拜及其党羽的最佳时机。鳌拜以为皇帝年少，沉迷嬉乐，见此情景，不仅不以为意，心中还暗自高兴。

1669年，经过一段时间的准备，清除鳌拜的时机终于到来。康熙先是把鳌拜的亲信派往各地，并掌握了京城的卫戍权，接着召集身边练习摔跤的少年侍卫设好埋伏，然后宣召鳌拜入宫觐见。鳌拜一无所备，像往常一样入宫，康熙皇帝一声令下，少年侍卫们一拥而上，鳌拜猝不及防，被摔倒在地，束手就擒。

最终，鳌拜被宣布犯下了30条罪行。他的党羽或是被处死或是被革除了官职。康熙念及鳌拜过去的功勋，免除死罪，将其终生监禁。没过多久，鳌拜在监牢中死去。

在现实生活中，没有人永远是强者，也没有人永远是弱者。当我们处在弱势地位的时候，就要像康熙皇帝这样，学会与强者共存。面对强者，要学会暂时隐忍、退避，不要做出螳臂当车那样的愚蠢举动，尽量避免与强者出现贸然的正面交锋。先保全自己，潜伏下来，苦练内功，等待以后“翻盘”的机会。

弱者如何战胜强者

在“智猪博弈”模式中，博弈者是大猪和小猪。如果就博弈者的实力而言，大猪是强者，小猪是弱者。但是从博弈的结果来看，胜利者却不是实力强大的大猪，而是实力弱小的小猪。所以，在某种程度上来说，智猪模式可以称得上是一场以弱胜强的博弈。

在智猪模式中，小猪最成功之处就在于它既没有来回奔波，付出辛苦的劳动，也没有承担任何的风险，只是待在原地就获得了大猪“心甘情愿”提供的食物。从上面的案例中，我们可以了解到“抓住博弈的关键点，集中发力”可以帮助博弈中的弱者战胜强者。但是弱者的实力毕竟有限，那么怎样才能让自己弱小的实力得到最大程度的发挥呢?

如果从矛盾的观点来说，博弈中的强者和弱者就形成了一组矛盾。在通常情况下，决定矛盾发展方向的往往是强者。不过，强者的主导性并非是绝对的，而是相对的。因为，在某种特定的条件下，弱者可以通过借力的方法，实现逆转，以弱胜强，从而获得主导权。

例如，一些小公司因为起步晚、资金少，要想让自己的产品一夜成名，就必须采取非常规的举措。如果不能对抗，那就倚靠，借力打力。在市场中肯定存在与自己生产同类产品的大企业。大企业同样需要宣传自己的产品。这时，小企业只要借助大企业的宣传就可以把自己的产品推向市场。只要产品质量过关，必定可以借大企业的宣传，直接上位。其中，金利来领带成为名牌产品的经历就是小企业借力打力的典型案例。

现在，无论是在香港还是在内地，金利来都已经是家喻户晓的知名品牌了。不过，当年曾宪梓在香港开始创业的时候，金利来只是一家专门制作领带的家庭式小作坊。在领带制作工艺方面积累了一定经验后，曾宪梓发现了当时香港领带产品的一种现象：在当时的香港领带市场中，能够实现高价位的产品也只有那些外国的名牌产品。曾宪梓由此开始思考一个问题，如何才能让自己的产品也跻身于这些名牌之列呢?

首先，他意识到要对这些名品的情况有所了解。于是，他购买了一些国外知名品牌的领带，从布料的选材、质地以及样式等方面做了大量的功课，进行了认真详细的研究。在充分了解了这些名牌产品后，曾宪梓决定以这些外国名牌产品为样板，选用国外进口的优质布料，开始以手工的形式，制作一批领带。然后，他把这批领带和国外的名牌领带完全掺杂在一起，邀请一些行业的专家来进行鉴别。结果，这些专家根本分辨不出两者之间的差别。这样的鉴别结果让曾宪梓喜出望外。他立即带着自己的产品，到各大商场中联系销售业务。由于金利来领带的优秀质量，商场把它放进了外国名牌领带的展柜中。由此，金利来领带进入了名牌产品的行列。

我们知道，智猪博弈是博弈论中的一种模式，它所表现出来的毕竟只是一种理想化的博弈环境。我们虽然可以在智猪模式的应用和扩展中，使用借力打力的策略，然而，现实中的博弈环境往往是复杂而多变的。所以，在强弱对峙的博弈中，弱势的博弈者可能就要在迫不得已的时候，采用借力打力的极端方式，采用反间计，借刀杀人。

1626年，努尔哈赤领兵13万，进攻宁远。努尔哈赤一生打了无数的胜仗，结果在宁远却败在了袁崇焕的手中，被迫退回沈阳。努尔哈赤在重伤中抱恨而亡。皇太极也因此与袁崇焕结下了怨恨。

第二年，皇太极亲自带兵南下，向明朝进军。结果，袁崇焕先是在宁远击退了皇太极的部队。而后，又在锦州彻底打败了后金军队。连续的失利让后金元气大损，这让皇太极更加怨恨袁崇焕，简直是恨之入骨。

皇太极没有就此罢休。在军队经过休整后，他于1629年绕道蒙古，率领几十万大军直逼北京城。袁崇焕则带兵赶回北京截击皇太极的军队。于是，这对老冤家又碰上了。

皇太极深知袁崇焕精通兵法，是一员猛将。一向战无不胜、攻无不克的精锐军队数次在袁崇焕这里吃了败仗。明朝的军队有他在，自己获胜的几率就不大。于是，皇太极决定利用崇祯皇帝的多疑，使用计策除掉袁崇焕。

他派人收买一些魏忠贤的余党，在北京城内散布谣言，说袁崇焕通敌。与此同时，他让看守明朝俘虏的士兵在俘虏面前故意泄露一些假消息，虚构一些袁崇焕通敌的细节。而后，再故意放走一些俘虏。

其中一名俘虏逃回北京后，把自己听到的事情告诉了崇祯皇帝。崇祯皇帝原本就因为之前的谣言，对袁崇焕心存怀疑。听了俘虏带回的信息，崇祯皇帝对袁崇焕通敌的事情深信不疑。他立即传唤袁崇焕进宫，在没有做过多质询的情况下，就将袁崇焕打入了大牢。

第二年，袁崇焕在北京被杀。就此，皇太极除掉了袁崇焕这个最大的敌人，为后来清军入主中原扫清了阻碍。

其实从严格意义上来说，皇太极并不算是真正的弱者，毕竟他自身就具有相当强的实力。但是，在与袁崇焕的这场较量中，皇太极是处于弱势的一方。如果他继续与袁崇焕正面交锋，也许会有取胜的可能，但是自己的实力也会受到损伤。不过，他在意识到这场角逐的关键就是除掉袁崇焕后，就采用借刀杀人之计，轻轻松松地赢得了这场博弈。

第六章

猎鹿博弈

猎鹿模式：选择吃鹿还是吃兔

猎鹿博弈最早可以追溯到法国著名启蒙思想家卢梭的《论人类不平等的起源和基础》。在这部伟大的著作中，卢梭描述了一个个体背叛对集体合作起阻碍作用的过程。后来，人们逐渐认识到这个过程对现实生活所起的作用，便对其更加重视，并将其称之为“猎鹿博弈”。

猎鹿博弈的原型是这样的：从前的某个村庄住着两个出色的猎人，他们靠打猎为生，在日复一日的打猎生活中练就出一身强大的本领。一天，他们两个人外出打猎，可能是那天运气太好，进山不久就发现了一头梅花鹿。他们都很高兴，于是就商量要一起抓住梅花鹿。当时的情况是，他们只要把梅花鹿可能逃跑的两个路口堵死，那么梅花鹿便成为瓮中之鳖，无处可逃。当然，这要求他们必须齐心协力，如果他们中的任何一人放弃围捕，那么梅花鹿就能够成功逃脱，他们也将会一无所获。

正当这两个人在为抓捕梅花鹿而努力时，突然一群兔子从路上跑过。如果猎人之中的一人去抓兔子，那么每人可以抓到4只。由所得利益大小来看，一只梅花鹿可以让他们每个人吃10天，而4只兔子可以让他们每人吃4天。这场博弈的矩阵图表示如下：

		猎人甲	
		猎兔	猎鹿
猎人乙	猎兔	（4，4）	（4，0）
	猎鹿	（0，4）	（10，10）

第一种情况：两个猎人都抓兔子，结果他们都能吃饱4天，即（4,4）。

第二种情况：猎人甲抓兔子，猎人乙打梅花鹿，结果猎人甲可以吃饱4天，猎人乙什么都没有得到，即（0,4）。

第三种情况：猎人甲打梅花鹿，猎人乙抓兔子，结果是猎人乙可以吃饱4天，猎人甲一无所获，即（4,0）。

第四种情况：两个猎人精诚合作，一起抓捕梅花鹿，结果两个人都得到了梅花鹿，都可以吃饱10天，即（10,10）。

经过分析，我们可以发现，在这个矩阵中存在着两个“纳什均衡”：要么分别打兔子，每人吃饱4天；要么选择合作，每人可以吃饱10天。在这两种选择之中，后者对猎人来说无疑能够取得最大的利益。这也正是猎鹿博弈所要反映的问题，即合作能够带来最大的利益。

在现实生活中，凭借合作取得利益最大化的事例比比皆是。先让我们来看一下阿姆卡公司走合作科研之路击败通用电气和西屋电气的故事。

在阿姆卡公司刚刚成立之时，通用电气和西屋电气是美国电气行业的领头羊，它们在整体实力上要远远超过阿姆卡公司。但是，中等规模的阿姆卡公司并不甘心臣服于行业中的两大巨头，而是积极寻找机会打败它们。

猎鹿博弈中的合作共赢

在猎鹿博弈中，两人一起打鹿比各自为政的好处要多，无论是在工作中，还是在生活中，合作双赢的可能性是存在的。

合作之前要有三种好心态

要认识到“利己”不一定要建立在“损人”的基础上，通过有效的合作，能够出现共赢的局面。

不论在哪一个专业领域，仅凭一己之力很难达到事业的顶峰。

合作时要注意公平的原则，如果分配不均，势必会使双方热情受损。

阿姆卡公司秘密搜集来的商业信息情报显示，通用和西屋都在着手研制超低铁省电矽钢片这一技术，从科研实力的角度来看，阿姆卡公司要远远落后于那两家公司，如果选择贸然投资，结果必然会损失惨重。此时，阿姆卡公司通过商业情报了解到，日本的新日铁公司也对研制这种新产品产生了浓厚的兴趣，更重要的是它还具备最先进的激光束处理技术。于是，阿姆卡公司与新日铁公司合作，走联合研制的道路，比原计划提前半年研制出低铁省电矽钢片，而通用和西屋电气研制周期却要长了至少一年。正是这个时间差让阿姆卡公司抢占了大部分的市场，这个中等规模的小公司一跃成为电气行业一股重要的力量。与此同时，它的合作伙伴也获得了长足的发展。2000年，阿姆卡公司又一次因为与别人合作开发空间站使用的特种轻型钢材获得了巨额的订单，从而成为电气行业的新贵，通用和西屋这两家电气公司被它远远地甩在了身后。

在这个故事中，阿姆卡公司正是选择了与别人合作才打败了通用电气和西屋电气，从而使它和它的合作伙伴都获得了利益。如果阿姆卡在激烈的竞争中没有选择与别人合作，那么凭借它的实力，要想在很短的时间内打败美国电气行业的两大巨头，简直比登天还难。而日本新日铁公司尽管拥有技术上的优势，但是仅凭它自己的力量，想要取得成功也是相当困难的。

帕累托效率

帕累托优势有一个准则，即帕累托效率准则：经济的效率体现于配置社会资源以改善人们的境况，特别要看资源是否已经被充分利用。如果资源已经被充分利用，要想再改善我就必须损害你，或者改善你就必须损害我。一句话，如果要想再改善任何人都必须损害别人，这时候就说一个经济已经实现了帕累托效率最优。相反，如果还可以在不损害别人的情况下改善任何一个人，就认为经济资源尚未充分利用，就不能说已经达到帕累托效率最优。

效率指资源配置已达到任何重新改变资源配置的方式都不可能使一部分人在不损害别人的情况下受益的状态。人们把这一资源配置的状态称为“帕累托最优”（Pareto optimum）状态，或者“帕累托有效”（Pareto efficient）。

在猎鹿博弈中，两人合作猎鹿的收益（10,10）对分别猎兔（4,4）具有帕累托优势。两个猎人的收益由原来的（4,4）变成了（10,10），因此我们称他们的境况得到了帕累托改善。帕累托改善是指各方的境况都不受损害的改善，是各方都认同的改善。

猎鹿博弈的模型是从双方平均分配猎物的立场考虑问题，即两个猎人的能力和贡献是相等的。可是，实际情况要复杂得多。如果两个猎人的能力并不相等，而是一个强一个弱，那么分配的结果就可能是（15,5）或者（14,6）。但无论如何，那个能力较差的猎人的收益至少比他独自打猎的收益要多，如果不是这样，他就没有必要和别人合作了。

如果合作的结果是（17,3）或者（18,2），相对于两个猎人分别猎兔的（4,4）就没有帕累托优势。这是因为2和3都比4要小，在这种情况下，猎人乙的利益受到了损害。所以，我们不能把这种情况看作得到了帕累托改善。

目前，像跨国汽车公司合作这种企业之间强强联合的发展战略成为世界普遍流行的模式，这种模式就接近于猎鹿模型的帕累托改善。这种强强联合的模式可以为企业带来诸多好处，比如资金优势、技术优势，这些优势能够使得它们在日益激烈的竞争中处于领先地位。

猎鹿博弈模型是以猎人双方平均分配猎物为前提的，所以前面我们对猎鹿模型的讨论，只停留在整体利益最大化方面，但却忽略了利益的分配问题。

帕累托效率在利益的分配问题上体现得十分明显。

我们假设两人猎人的狩猎水平并不相同，而是猎人甲要高于猎人乙，但猎人乙的身份却比猎人甲要高贵得多，拥有分配猎物的权力。那样，又会出现什么局面呢？不难猜出，猎人乙一定不会和猎人甲平均分配猎物，而是分给猎人甲一小部分，可能只是3天的梅花鹿肉，而猎人乙则会得到17天的梅花鹿肉。

什么是帕累托优势

在猎鹿博弈模式中，出现了两个“纳什均衡”，即（4,4）和（10,10）。两个“纳什均衡”代表了两个可能的结局，但是无法确定两种结局中哪一个会真正发生。

比较（4,4）和（10,10）两个“纳什均衡”，可以判断出，两个人一起去猎鹿比各自为战、分别去抓兔子要多得6天的食物。

两人合作猎鹿的“纳什均衡”，比分别抓兔子的“纳什均衡”具有帕累托优势。

也就是说，（10,10）与（4,4）相比，其中一方收益增大，同时其他各方的境况也没有受到损害，这就是所谓的帕累托优势。

在这种情况下，虽然两个猎人的合作使得整体效率得到提高，但却不是帕累托改善，因为整体效率的提高并没有给猎人甲带来好处，反而还损害了他的利益。(3，17）确实比（4,4）的总体效益要高，但是对于其中一方来说，个体利益并没有随之增加，反而是减少。我们再大胆假设一下，猎人乙凭借手中的特权逼迫猎人甲与他合作，猎人甲虽然表面同意，但在他心里一定会有诸多抱怨，因此当他们一起合作时，整体效率就会大打折扣。

如果我们把狩猎者的范围扩大，变成多人狩猎博弈，根据分配，他们可以被分成既得利益集团与弱势群体。

在20世纪90年代中期以前，我国改革的进程一直是一种帕累托改善的过程。但是，由于受到各种复杂的不确定因素的影响，贫富之间的差距逐渐被拉大，帕累托改善的过程受到干扰。如果任由这种情况继续下去，那么社会稳定和改革深化都会受到严峻的挑战。在危急时刻，国家和政府把注意力集中到弱势群体的生存状态上来，及时地提出建设和谐社会的目标，把改革拉回到健康的发展轨道之中。

如果我们用帕累托效率来看社会公德建设问题，我们就会发现一些值得深思的问题。

在一般人看来，做好事属于道德问题，不应该要求回报。但是经济学家并不这样认为。他们的观点是，做好事是促进人群福利的行为（经济学称之为“有效率”的行为），这种行为必须要受到鼓励。而且，只有对做好事的人进行鼓励才能促进社会福利的提高。从人的本性来看，最好的鼓励方式就是给予报酬。

可能有些人难以接受，甚至完全反对这种观点，其实孔老夫子早在两千年前就提出过这个问题。

春秋时期，鲁国有一条法律规定，如果鲁国人到其他国家去，发现自己的同胞沦为奴隶，那么他可以花钱把自己的同胞赎回来，归国之后去国库报销赎人所花的钱。孔子的徒弟子贡因为机缘巧合，赎回来一个鲁国人，但因为他经常听老师讲“仁义”，认为如果去国库领钱就违背了老师的教诲，所以就没有去国库领钱。孔子闻知此事后，面有愠色地对子贡说：“子贡，你为什么不去领补偿？我知道你追求仁义，也不缺这点钱，但是你知道你的做法会带来什么样的后果吗？别人知道你自己掏钱救人后，都会赞扬你品德高尚，但今后有人在别的国家看见自己的同胞沦落为奴隶，他该怎么去做呢？他可能会想，我是垫钱还是不垫？如果垫钱赎人，回国后又去不去国库报销？如果不去报销，自己的钱岂不是打了水漂？如果去报销，那别人岂不是讥笑自己是品德不够高尚的小人？这些问题会让本来打算解救自己同胞的人束手不管的，如此一来，那些在别的国家沦落为奴隶需要解救的人岂不是因为你的高尚品德而遭殃了？”子贡听后觉得孔子的话很有道理，于是就去国库把属于自己的钱领了回来。

从这件事情可以看出，孔子虽然讲“仁义”，但并未拘泥于“仁义”，而是从社会的角度考虑做事的方法和原则。他认为，如果德行善举得不到报偿，那么大多数人就不会去行善，只有少数有钱的人才会把行善当成一种做不做两可的事情，因此行善就不会成为一种风气，一种社会公德。善举得到回报会激励更多的人去做好事，将会使更多的人得到别人的帮助。如果一个国家的人都这么做，那么这个国家的生存环境将会得到明显的改善。

从博弈论的角度来说，做好事得到回报才是帕累托效率最优，对行善者和社会大众来说才是最佳选择，社会福利才能得到最大的改善。这正是经济学家们坚持做好事要有回报的观点的来源。

用帕累托效率来看社会法律建设问题

改革中的帕累托效率

在上一节中，我们提到了帕累托效率在改革中所起的作用，下面就让我们来具体地分析一下这个问题。

前几年，著名经济学家吴敬琏出过一本名为《改革正在过大关》的书，所谓“过大关”，是指中国的改革开放到了一个紧要关头，面临着生死存亡的处境。改革开放取得了举世瞩目的成就，这是我们大家全都知道的事实，但是吴敬琏为什么会在我们头上泼一盆冷水，说改革开放正在“过大关”呢？

很多人分析中国改革开放的成功时指出，中国的改革能够成功主要依靠两个方面，一是中国的改革采取由外向内的方式，先从体制外开始，然后逐步向体制内发展；二是不像苏联或者东欧那样一步到位，而是循序渐进，有一个缓冲的过程，所以社会损失比较小。这只是个别人的意见，并不一定正确。真正得到普遍认可的观点是，中国的改革开放直到前几年为止，一直在走一条帕累托改善的道路。虽然贫富之间

帕累托效率与我国的改革

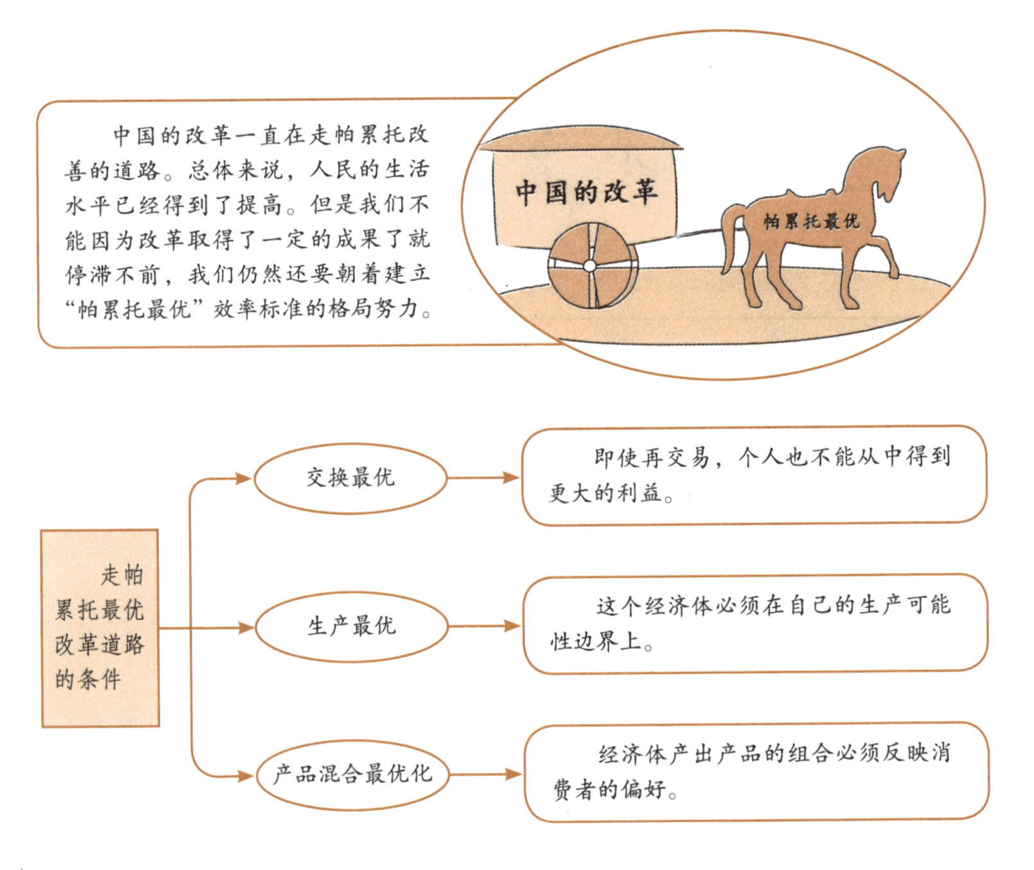

的差距在拉大，社会不平等的程度在增加，但总体来说，广大民众的生活条件得到了改善，收入也有所增加。但是，在帕累托改善的过程中，帕累托效率使得一部分人必然要为社会的发展作出牺牲。

帕累托效率在我国农村土地制度改革方面发挥了重要作用。过去，我国实行的人民公社体制下的“队为基础、三级所有”的土地制度，就是以土地经济利益强制性配置为核心内容的非帕累托改进的土地制度变革的结果。

我国农村土地制度改革是以保护农民土地利益、提高土地利用效率为目标的，这既涉及利益分配的问题，同时也涉及利益改进的问题。在改革的过程中，“帕累托最优”发挥了重要作用，提供了具体模式选择上的指导。在这一指导下，我们必须在特定制度之下妥善地进行改革，一方面保证改革能够顺利进行，另一方面又要极力避免造成社会的急剧动荡。

毫无疑问，社会主义公有制是改革必须坚持的重要政治前提，所以社会不可能认同土地私有化。土地是像我国这样的农业大国的最重要的生产资料，所以权利制度的改革不可能发生根本性的变化，而只能是在维护原有公有制的基础上，通过创新的土地权利来提高土地的利用率。以家庭联产承包责任制为核心的改革，能够顺利进行的重要原因就在于，它首先尊重国家的政治利益，而且为解决计划经济体制下，农村因土地利用效率低下而导致的农民生活窘迫而形成的人地矛盾，创立了联产承包经营权制度。这种土地权利的改革在实践中使农村土地利用效率得到极大的提高，在这场变革中，农村中的各个利益集团都能够得到好处，与此同时，原有国家土地利益的享有者，也就是城市人的利益也没有受到危害。

虽然我们的土地权利制度的改革取得了不错的成果，但是仍然没有建立起一个完全符合“帕累托最优”效率标准的格局，制度还可以得到进一步的改进。土地集体所有制是必须坚持的重要前提，在这一前提下，还可以继续分离国家在农村土地上的经济利益与资源性的管理利益，使集体所有权得到真正的回归；使农村土地上的民事权利得到继续完善，让土地经营权利变成一个真正独立的物权，保证土地使用人能够在这一基础之上，通过市场规律使土地经营效率达到最大化。

合作是取胜的法宝

战国时期的一则寓言能很好地说明这个问题。

公石师和甲父史同在越国某地为官。他们的交情很好，但性格却完全不同。一个处事果断，但缺少心计，经常因为疏忽大意而犯错；另一个做事优柔寡断，但却善于计谋。正是因为他们能够相互取长补短，所以无论干什么事都能够成功。某天，他们因为一件小事引起冲突，结果大吵了一架，吵完之后就谁也不理谁了。可是，两个人分开之后，因为缺少了另外一个人的帮助，所以做事总是无法成功。密须是公石师的下属，他看到这种情况痛心不已，于是就想劝他们重归于好。一个偶然的机会，他对公石师和甲父史讲了个有趣的故事：

有一种带有螺壳的共栖动物，名字叫作琐蛣。因为它的腹部很空，所以寄生蟹就住在里面。当琐蛣饥饿之时，寄生蟹就会出去寻找食物。琐蛣靠着寄生蟹的食物

博弈参与者的决策组合

在一个博弈里，参与者的决策一般来说会有4种组合。

1 参与者全部采取合作的方式，对集体来说，这是一个最优的决策。

2 采取不合作的方式，但却能获得最大的个人收益，这一决策对个人来说是最优的。

3 当别人采取不合作的态度时，自己却选择合作，这种情况无论是对个人，还是对集体来说都不是最优决策，所以基本上不会出现。

4 全部参与者都选择背叛，对集体来说，这是最坏的结果，同时对个人而言，也可能是最坏的结果。

而生存，寄生蟹凭借琐蛣的腹部而安居。水母没有眼睛，于是就与虾合作，靠虾来带路，作为回报，虾可以分享水母的食物。它们互相储存，缺一不可。蟨鼠是一种前足短、善于觅食而不善于爬行的动物，有一种叫作卬卬岠虚的动物，它与蟨鼠正好相反，四条腿很长，善于奔跑却不善于觅食。于是它们联合在一起，平时卬卬岠虚靠蟨鼠养活，一旦遭遇劫难，卬卬岠虚则背着蟨鼠迅速逃跑。

讲完这个故事后，密须对公石师和甲父史说："现在你们就像故事中的比肩人一样，既然你们分开后做事总是不能成功，那么为什么不能像以前那样合作呢？"公石师和甲父史觉得密须的话讲得非常有道理，于是就重归于好了，还像以前那样合作办事。

这则寓言指出，在竞争日益激烈的环境之下，只有团结协作、取长补短，才能获得成功。

下面再来看一下"幸存者"游戏带来的人生启示。

所谓"幸存者"游戏，是指美国哥伦比亚广播公司（CBS）制作的电视游戏纪实片。在这个游戏中，从美国各地征集而来的16名参与者被集中在中国南海的一片海岸丛林里，并且与外界断绝所有联系的情况下，经过一段时间的淘汰，找出最后的"幸存者"。

游戏开始后，16人被分成两组，他们每隔3天就要进行一场团体比赛。获胜一方会获得豁免权或他们需要的食物，而失利一方中的一名成员将会被淘汰掉，淘汰的方法是全体投票选择。正是因为参赛双方都是为豁免权而拼搏，所以这个游戏又称作"豁免权比赛"。随着比赛的不断深入，遭到淘汰的人越来越多，当双方只剩下8个人的时候，参赛的两组会并成一组继续淘汰，直到仅有一个人留下来，这个人也就是最后的"幸存者"，作为奖励，他将获得一笔价值可观的奖金。

熟悉游戏规则之后能够看出，这场所谓的"幸存者"游戏，其实就是一场人类生存博弈，只是它的范围要小一些。游戏的举办者的目的，也就是通过这场生存博弈，让处于生存压力之中的现代人明白群体博弈的道理。

从这个游戏规则中我们可以看出，这是一个零和博弈，"幸存者"只有一个人，其他的人都要被淘汰掉。我们还能够看出，这两组成员如果要保障自己在野外生存下来而又不被淘汰，既要与同伴合作，又要善于谋略。

在"幸存者"游戏中，首先被淘汰的会是哪些人呢？经过分析我们得知，主要有以下5种人：

第一种是有明显的缺陷的人。明显的缺陷对参加这个游戏的选手来说是相当不幸的，我们知道，这个游戏是在野外进行的，条件也是相当艰苦的，所以明显的缺陷会使选手的竞争力大打折扣，对于整个团队来说，首先淘汰这样的人是非常明智的选择。

第二种是善于说谎的人。说谎可以欺骗一两个人，但不能骗过团队所有人，当大家都知道他说谎的时候，也就是他离开的时候。

第三种是与团队成员缺乏必要的沟通和交流的人。如果一个人做事的能力差一些，但是他愿意和团队的成员多沟通与交流，那么他有可能在与大家的沟通与交流中获得灵感，从而帮助团队解决一些问题。这样的话，大家也会对他刮目相看，虽

哪些人更容易成为“幸存者”

一　诚实的人。诚实是别人信任你的基础，只有诚实的人别人才愿意与其合作。

二　不自私的人。自私的人到哪里都会受到别人的排斥，如果想让别人支持信任你，就必须多为团队的利益着想，多为团队作贡献，把你的能力充分表现出来。

三　警惕性高的人。危机时刻存在着，必须要时刻保持高度的警觉，时刻预防潜在的危险。

四　判断能力强的人。在游戏的开始阶段就要判断出哪支队伍更可能获胜，然后根据自己的判断加入其中。

然他做事的能力相对差一些，但至少在游戏的前期不会遭到淘汰。相反，如果一个人与团队成员缺乏必要的沟通与交流，那么别人无法知道他的想法，自然也就无法与其顺利地合作下去。

第四种是投机分子。他们有能力为团队作出贡献，却什么也不做，整天只是无所事事却总盼望着坐享其成。

第五种是居功自傲、目中无人的人。他们自认为有过出色的表现，为团队作出过贡献，于是就不把别人放在眼里，置整个团队的利益于不顾，只想着表现自己。这种人因为能力比较强，所以在游戏的开始阶段对团队是有用的，但是，随着团队一步步向前发展，这种人便会越来越遭人讨厌，从而阻碍整个团队的发展，所以这种人将会是最后一批遭到淘汰的人。

当这个游戏只剩下8个参与者的时候，两个经历过磨难，艰难走过初创期，已经开始进入发展的团队将要合二为一。这个时候，双方会面临很多问题，甚至发生激烈的碰撞，特别是面对一个共同的竞争时，这种碰撞将会更加激烈。于是有些人为了能够继续生存下去，就会在暗地里搞一些见不得人的手段，这时我们称之为“阴谋”的东西也就诞生了。

在这个竞争激烈的游戏中，最终的“幸存者”会是什么样的人呢?

这个游戏的结果是，那些经验最丰富而善于谋略的人和最机智而年富力强的人将被留下。也许有人会问，这个游戏最后的“幸存者”只有一个人，你所回答的两种不同类型的人至少是两个人，这不符合游戏规则。对，这的确不符合游戏规则，但这个游戏的结果和很多群体博弈一样，最后的几名参与者的实力应该是不相上下的。至于谁能成为最终的也是唯一的“幸存者”，那只有看他们的运气了。

总之，这个“幸存者”游戏带给我们的启示就是，合作能够实现利益最大化，是获胜的法宝。

合作无界限

在一个小溪的旁边，长有三丛花草，有三群蜜蜂分别居住在这三丛花草中。有一个小伙子来到小溪边，他看到这几丛花草，认为它们没有什么用处，于是打算将它们铲除干净。

当小伙子动手铲第一丛花草的时候，一大群蜜蜂从花丛之中冲了出来，对着将要毁灭它们家园的小伙子大叫说：“你为什么要毁灭我们的家园，我们是不会让你胡作非为的。”说完之后，有几个蜜蜂向小伙子发起了攻击，把小伙子的脸蜇了好几下。小伙子被激怒了，他点了一把火，把那丛花草烧了个干干净净。几天后，小伙子又来对第二丛花草下手。这次蜜蜂们没有用它们的方式反抗小伙子，而是向小伙子求起了情。它们对小伙子说：“善良的人啊！你为什么要无缘无故地伤害一群可怜的生物呢？请你看在我们每天为您的农田传播花粉的份儿上，不要毁灭我们的家园吧！”小伙子并不为所动，仍然放火烧掉了那丛花草。又过了几天，当小伙子准备对第三丛花草进行处理的时候，蜂窝里的蜂王飞出来对他温柔地说道：“聪明人啊，请您看看我们的蜂窝，我们每年都能生产出很多蜂蜜，还有极具营养价值的蜂王浆，如果你拿到市场上去卖，一定会卖个好价钱。如果您将我们所住的这丛花草铲除，那么您能得到什么呢？您是一个聪明人，我相信您一定会作出正确的决定。”小伙子听完蜂王的话，觉得它讲得很有道理，于是就放下手里的工具，做起了经营蜂蜜的生意。

在这个故事中，蜜蜂与小伙子之间是一场事关生死的博弈。三丛花草的三种蜜蜂各自用不同的方法来对待小伙子，第一种是对抗，第二种是求饶，第三种是与其合作。这个故事最后的结果显示，只有采取与小伙子合作策略的蜜蜂最终幸免于难。

通过这个故事我们可以看出，如果博弈的结果是“负和”或者“零和”，那么一方获得利益就意味着另一方受到损失或者双方都受到损失，这样的结果只能是两败俱伤。所以，人们在生存的斗争中必须要学会与对方合作，争取实现双赢。

合作共赢，单飞失败

合作让你走向共赢

大雁借着“V”字队形，整个鸟群群飞比每只鸟单飞时至少增加了71%的飞行能力。

人之于世，就如同大雁之于空中。个人的力量是有限的，唯有合作，才能最省时省力、最高效地完成一项复杂的工作。

单飞让你走向失败

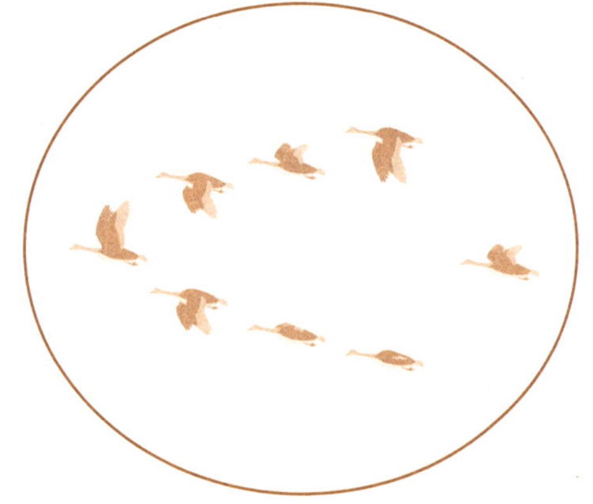

当一只大雁脱队时，它立刻感到独自飞行时的迟缓、拖拉与吃力，所以很快又回到队伍中，继续利用前一只鸟所造成的浮力。

许多人、许多企业以为各自的单飞会给他们带来更大的收益，可是，当单飞之后才发现自身的力量过于单薄，无法取得持久性的成功。

不仅是人与人之间的合作会带来双赢，企业与企业之间也同样存在着这样一种关系。

我们大家去商场或者其他地方买东西，一定见过商家在节假日进行联合促销。联合促销是指两家或者两家以上的企业在市场资源共享、互惠互利的基础上，共同运用一些手段进行促销活动，以达到在竞争激烈的市场环境中优势互补、调节冲突、降低消耗，最大限度地利用销售资源为企业赢得更高利益而设计的新的促销范式，在人们的创造性拓展中正成为现实而极具吸引力的促销策略之一。

联合促销可以分为3类：第一类是经销商与生产厂家的纵向联合促销。长虹与国美“世界有我更精彩”联合促销就是这样一个方式。2002年5月，长虹电器股份有限公司联合北京国美电器商场，在翠微商厦举办“世界有我更精彩”大型促销活动。。长虹电器与国美虽然都是行业的领头羊，但是各自为战显然没有联合起来更能使其利益最大化。

第二类是同一产品的不同品牌的联合促销，科龙、容声、美菱、康拜恩等几个品牌的联合促销就属于这一类。在对待经销商促销方面，科龙、容声、美菱、康拜恩等4个冰箱品牌在渠道上采取“同进同出”策略。同一企业的不同品牌的产品，更容易形成品牌合力，也更容易获得利益。

第三类是企业与企业之间的横向联合促销。企业之间的联合促销更容易吸引顾客，也更容易降低销售成本。2002年8月5日，生产播放器软件的企业豪杰公司与杭州娃哈哈集团合作进行联合促销。在双方合作过程中，这两家企业把多年积累的优势资源进行叠加，这不但使两家企业获得了利益，而且还使得目前的中国饮料市场与中国软件市场向着良好的趋势发展。

除了联合促销，很多有实力的企业为获得更大的品牌效应，甚至还搞起了强强联合。金龙鱼与苏泊尔的合作就是一个这样的例子。无论是金龙鱼还是苏泊尔，大家一定对它们非常熟悉。金龙鱼是一个著名的食用油品牌，多年来，金龙鱼一直将改变国人的食用油健康条件作为奋斗目标。而苏泊尔是中国炊具著名品牌，与金龙鱼一样，它也一直在倡导新的健康烹调观念。一个是中国食用油著名品牌，一个是中国炊具著名品牌，这两家企业为了获得更大的品牌效应，联合推出了“好油好锅，引领健康食尚”的活动。这一活动受到了广大消费者的好评，在全国800多家卖场掀起了一场红色风暴。在“健康与烹饪的乐趣”这一合作基础上，金龙鱼与苏泊尔共同推出联合品牌，在同一品牌下各自进行投入，这样双方既可避免行业差异，更好地为消费者所接受，又可以在合作时通过该品牌进行关联。

在这次合作中，苏泊尔、金龙鱼的品牌得到了提升，同时也降低了市场成本：金龙鱼扩大了自己的市场份额，品牌美誉度有了进一步提升；苏泊尔则进一步巩固了市场地位。这种双赢局面正是两家企业合作带来的结果。

夏普里值方法

博弈论的奠基人之一夏普里在研究非策略多人合作的利益分配问题方面有着很高的造诣。他创作的夏普里值法对解决合作利益分配问题有很大的帮助，是一种既合理又科学的分配方式。与一般方法相比，夏普里值方法更能体现合作各方对联盟的贡献。自从问世以来，夏普里值方法在社会生活的很多方面都得到了运用，像费用分摊、损益分摊那种比较难以解决的问题都可以通过夏普里值方法来解决。

夏普里值方法以每个局中人对联盟的边际贡献大小来分配联盟的总收益，它的目标是构造一种综合考虑冲突各方要求的折中的效用分配方案，从而保证分配的公平性。

下面再让我们看一个7人分粥的故事。

有一个老板长期雇用7个工人为其打工，这7个工人因为长时间生活在一起，所以就形成了一个共同生活的小团体。在这个小团体里,7个人的地位都是平等的，他们住在同一个工棚里面，干同样的活，吃同一锅粥。他们在一起表面看起来非常和谐，但其实并非如此。比如在一锅粥的分配问题上他们就会闹矛盾：因为他们7个人的地位是平等的，所以大家都要求平均分配，可是，每个人都有私心，都希望自己能够多分一些。因为没有称量用具和刻度容器，所以他们经常会发生一些不愉快的事情。为了解决这个问题，他们试图采取非暴力的方式，通过制定一个合理的制度来解决这个问题。

他们7个人充分发挥自己的聪明才智，试验了几个不同的方法。总的来看，在这个博弈过程中，主要有下列几种方法：

第一种方法：7个人每人一天轮流分粥。我们在前面讲过，自私是人的本性，这一制度就是专门针对自私而设立的。这个制度承认了每个人为自己多分粥的权力，同时也给予了每个人为自己多分粥的平等机会。这种制度虽然很平等，但是结果却并不尽如人意，他们每个人在自己主持分粥的那天可以给自己多分很多粥，有时造成了严重的浪费，而别人有时候因为所分的粥太少不得不忍饥挨饿。久而久之，这种现象越来越严重，大家也不再顾忌彼此之间的感情，当自己分粥那天，就选择加倍报复别人。

第二种方法：随意由一个人负责给大家分粥。但这种方法也有很多弊端，比如那个人总是给自己分很多粥。大家觉得那个人过于自私，于是就换另外一个人试试。结果新换的人仍旧像前一个人一样，给自己分很多粥。再换一个人，结果仍是如此。因为分粥能够享受到特权，所以7个人相互钩心斗角，不择手段地想要得到分粥的特权，他们之间的感情变得越来越坏。

第三种方法：由7个人中德高望重的人来主持分粥。开始，那个德高望重的人还能够以公平的方式给大家人粥，但是时间一久，那些和他关系亲密，喜欢拍他马屁的人得到的粥明显要比别人多一些。所以，这个方法很快也被大家给否定了。

第四种方法：在7个人中选出一个分粥委员会和一个监督委员会，形成监督和制约机制。这个方法最初显得非常好，基本上能够保障每个人都能够公平对待。但是之后又出现了一个新的问题，当粥做好之后，分粥委员会成员拿起勺子准备分粥时，监督委员会成员经常会提出各种不同的意见，在这种情况下，分粥委员会成员就会与其辩论，他们谁也不服从谁。这样的结果是，等到矛盾得到调解，分粥委员会成员可以分粥时，粥早就凉了。所以事实证明，这个方法也不是一个能够解决问题的好方法。

第五种方法：只要愿意，谁都可以主持分粥，但是有一个条件，分粥的那个人必须最后一个领粥。这个方法与第一种方法有些相似，但效果却非常好。他们7个人得到的粥几乎每次都一样多。这是因为分粥的人意识到，如果他不能使每个人得到的

认识夏普里值方法

夏普里值不仅是合作博弈中的核心概念，而且体现了合作各方对联盟的贡献，是一种比较合理的分配方法。

用夏普里值方法解决合作利益分配问题时，需要注意三个条件。

- 局中人之间地位平等。
- 所有局中人所得到的利益之和是联盟的总财富。
- 付出与回报成正比。

粥都相同，那么毫无疑问，得到最少的粥的那个人就是他自己。这个方法之所以能够成功，就是利用了人的利己性达到利他的目的，从而做到了公平分配。

在这个故事中，有几个问题是我们不得不注意的。第一，在分配之前需要确定一个分配的公平标准。符合这个标准的分配就是公平的，否则便是不公平的。第二，要明确公平并不是平均。一个公平的分配是，各方之所得应与其付出成比例，是其应该所得的。

由“分粥”最终形成的制度安排中可以看出，靠制度来实现利己利他绝对的平衡是不可能的，但是一个良好的制度至少能够有效地抑制利己利他绝对的不平衡。

良好制度的形成是一个寻找整体目标与个体目标的“纳什均衡”的过程。在“分粥”这个故事中，规则的形成就是这一过程的集中体现。轮流分粥的这一互动之举使人们既认识到了个人利益，同时又关注着整体利益，并且找到了两者的结合点。另外，良好制度的形成也可以说是一个达成共识的过程。制度本质上是一种契约，必须建立在参与者广泛共识的基础之上，对自己不同意的规则，没有人会去积极履行。大家共同制定的契约往往更能增强大家遵守制度的自觉性。现实中许多制度形同虚设，主要原因就是在其制定的过程中，组织成员的意见和建议没有得到充分的尊重，而只是依靠管理者而定，缺乏共识。

良好的制度能够保障一个组织正常的运行，因为它能够产生一种约束力和规范力，在这种约束力和规范力面前，其成员的行为始终保持着有序、明确和高效的状态，从而保证了组织的正常运行。

命运的十字路口

20世纪发生的一些事件深深地伤害了知识分子们，美国著名学者弗朗西斯·福山在《历史的终结》一书的导言中写道：“在关于认识民主制度全部进步进程的可能性方面，我们西方人是彻底的悲观主义者。这种普遍的悲观主义并非偶然，而是有其必然性，即受到20世纪上半叶极其可怕的政治事件影响的结果。这些政治事件有：第一次世界大战；第二次世界大战；独裁主义意识形态的崛起；科学以核武器及环境破坏的形式构成反人类的转向。”

在第二次世界大战中，共有多达61个国家参战，被直接或间接卷入到战争中的人口达到17亿，占全世界总人口的80%以上。直接参战人员达到11亿，直接用于军费的开支总额在13520亿美元左右。各交战国国民生产总值的60%~70%全都用在了军费开支上。战争总共持续了6年零1天，总共死亡人数为5600多万，其中军队死亡人数为2210多万，居民死亡人数为3430多万。有400万人在纳粹德国设立的奥斯维辛集中营中丧生，日本侵略军攻入南京时，有30万人惨遭屠杀。参战国的经济损失高达40000亿美元。其中日军侵华战争给中国造成直接经济损失620亿美元，间接经济损失5000亿美元。

人类目前面临的困境有着深刻的历史和文化原因，也正是社会发展的必然趋势。如果从文化角度分析，西方享乐主义文化在全世界的扩展起着决定性的作用。西方文化是一种强势和竞争性的文化，虽然最近500年才崛起，但是它的竞争性将全球拖入一种竞争状态，满足人民的需求是各国发展经济的一方面原因，但发展经济更重要的原因是要在国际舞台上取得地位，防止被别的国家消灭。所以说，各国发展经济是一种政治要求，是另外一种战争的体现。

战争是人类的天性，西方科学技术的发展使得战争变成人类毁灭性的灾难。在弗洛伊德看来，人既有生的本能，也有死的本能，死的本能也叫破坏本能。所谓本能，是发生于人的内部的永恒的冲动力。本能意味着需要，只能通过满足来消除，不能通过逃避得以解除。像对生的本能的必要压抑是文明的前提一样，死亡本能的驯服、控制和对象转移是文明的一个条件。而死亡本能的外投，用在向自然开战上，我们称之为生产，用在向敌人开战上，我们就称之为战争。所以说，战争是无法避免的。

只有通过消除国家之间的战争，限制人类的享乐性文化的扩张，才能够走出当前的困境。但这并不是一件容易的事情，需要一个全球性的人类共同政府来实施。解决当前悲剧的唯一的办法就是建立一个世界政府，以此来消除各国之间的战争。世界政府也可以称为全球政府，指在世界范围内打破国家的界限，只由一个政府来管理和调节全球的事务。

但是，人们对世界政府的可能性和可行性普遍存在着质疑。对于世界政府的可能性，回答是肯定的。从历史的角度看，国家是非正规的权力组织即部落的统一，生产力水平发展到一定程度是国家产生的先决条件。历史文化和地理环境的多种因素使得国家大小不等。从管理的角度看，随着生产力的不断发展，人类社会也在不断进步，政府的管理能力也在随之增强，管理能力的发展为一个政府对全球事务的管理提供了可能性，虽然这种可能性还需要不断改善。

下面再让我们从文化的角度来分析一下这种可能性。国家有大小之分，大国可以凭借自身的政治、经济、军事优势来吞并小国，但是这种吞并是不正义的，为此，它们必然要面临着被吞并国文化上的抵触。可是，经过500年来的频繁交流，世界各国的文化逐渐打破了国家的界限，正朝着融通或理解的方向发展。举个例子来说，以儒家文化为代表的中华文明就具有开放性和包容性强的特点，中华文明的博大精深和悠久历史使得它能够不断接纳其他文明，而且目前正处于快速吸纳阶段。所以说，世界各国人民在文化上的相互理解和认同，使得一种全球性的共同文化存在着很大的可能性。而且，世界政府的建立并非形成一种共同文化不可，只要各国之间能够相互理解和宽容，世界政府就有可能建立起来。

还有一个问题是，世界政府是可行的吗？也就是说，人类面临的问题通过世界政府的建立能够得到解决吗？目前，世界各国普遍存在着战争问题、污染问题、军备竞赛等各种各样的问题，这些问题如果得不到有效的控制和解决，那么人类社会将要面临着极大的威胁，而且这种威胁还具有涉及范围广、毁灭性强的特点。解决这些问题的方法既要靠道德的约束，又要建立一个赏罚机制。道德约束只是针对个人而言的一个约束方式，它能在一定的范围内约束个人的行为，但是对于约束国家或者集团的行为，它的作用则是非常有限的。所以对于人类来说，从制度上建立消除悲剧的可能性才是最有效的方法。

要使调节国家行动的赏罚机制成为现实，那么就需要存在一个在权力方面，比各个国家都要高的机构。法律的权威性必然要靠法律的实施作为保障，一个国家的法律是国家权力权威性的体现。但是国家与国家之间的法律呢？或许有人会想到国际法，但是从严格的意义上来说，现行的国际法只是"国际惯例"，而并不是真正的法律。约束国家的法律，必须依靠超国家的权力组织或政府来保障，只有这样，国家才不会贸然地做出违反法律的事情。所以，协调或奖惩各个国家的行为只有在这样的政府建立起来之后才能按部就班地进行。

关于世界政府的问题，英国历史学家汤因比与日本著名学者池田大作都曾作过论述，汤因比还特别指出，由中国人担任未来世界政府的领导人比较好，因为中国人素来有爱好和平的优良传统。

世界政府对于解决目前的世界性的悲剧很有积极作用，比如可以在整体上解决核威胁、资源调配和环境危机等全球性问题，大大降低交易成本，人们有更多的自由和选择。但是，仍然存在许多问题制约着世界政府的发展。比如说世界政府的建立是靠和平还是暴力？如果世界政府产生独裁问题又该如何解决？如何调节各个国家、地区之间的矛盾？在池田大作看来，世界政府的存在会压抑人的创造性——这个问题又该怎么解决？世界政府会不会给人类社会带来其他的悲剧？……这许许多多的问题真实存在着，还有待于进一步思考和解决。

集权总是与腐败联系在一起的，这在人类历史上已经得到了多次验证。国际竞争的压力是一个独立国家的独裁者必须要面对的，如果他做得太过分，那么就有可能造成国弱民穷的恶果，使得国家失去竞争力。可是如果一个政府不会受到一点儿外部威胁，它也就不会有外部压力。如果依靠通过内部压力，也就是民主防止独裁的方式，那么内部权力斗争导致的效率低下问题又该如何解决呢？

综合各方面因素来看，若干"超级大国"并存是比较可能的一种结果。这些"超级大国"既合作又斗争，处于不断的博弈之中。尽管这种办法并不能从根本上解决问题，但却可以起到简化问题的作用，找到比较可能为各方接受的办法。可是，新的问题是不是又会出现呢？一个答案往往就是下一个问题，我们也只能采取走一步算一步的方式去面对。

第七章

酒吧博弈

要不要去酒吧

假设一个小镇上有100个人，小镇上有一家酒吧。到了周末的时候，他们有两个选择：去酒吧活动或者是待在家里休息。酒吧的座位是有限的，如果去的人超过了60位，就会感到很拥挤，一点也享受不到乐趣。这样的话，他们还不如留在家里舒服。但如果大家都是这么想的，那么就没有人去酒吧，酒吧反而比较清静，这时去酒吧就会很舒服。因此，小镇上的人都面临着如何选择的问题，周末是去酒吧还是不去酒吧？

这个局部小范围人群的博弈，就是1994年美国著名的经济学专家阿瑟教授提出的少数人博弈理论，又称为酒吧博弈模式理论。

我们可以看出这个博弈是有前提条件的，即每一个小镇上的人只知道上个周末去酒吧的人数，而不知道即将到来的周末会去多少人。所以他们只能根据以前的历史数据来决定这次去还是不去，他们之间没有任何信息交流，也没有其他的信息可以参考。

每个参与者在这个博弈过程中都面临着一个同样的困惑——如果多数人预测去酒吧的人数少于60，因而去了酒吧，那么去的人就会超过60位，这时候作出的预测就是错的；反过来，如果多数人预测去酒吧的人数超过60位，因而决定不去，那么酒吧的人数反而会很少。因此，一个人要作出正确的预测就必须知道其他人如何作出预测。但是，在这个问题中，每个人都不知道其他人在这个周末作出何种打算。

酒吧博弈的关键在于，如果我们在博弈中能够知道他人的选择，然后作出与其他大多数人相反的选择，就能在这种博弈中胜出。对于这个问题，首先我们说，对于下次去酒吧的确定的人数我们是无法作出肯定的预测的，这是一个混沌的现象。

混沌系统的变化过程是不可预测的。对于“酒吧博弈”来说，由于人们根据以往的历史来预测以后去酒吧的人数，过去的人数历史就很重要，然而过去的历史可以说是“任意的”，那么未来就不可能得到一个确定的值。而且，这是一个非线性过程——这是指“因”“果”之间的关系是很不分明的。这就是人们常常说的“蝴蝶效应”：太平洋这面一只蝴蝶动了一下翅膀，在对岸就刮起了一场飓风。在“酒吧博弈”中也是如此：假如其中一个人对未来的人数作出了一个预测而决定去还是不去，他的决定就影响了下一次去酒吧的人数，这个数目对其他人的预测及下下次去和不去的决策造成影响，即下下次去酒吧的人数会受他人上一次的决策的影响。这样，他的预测及行为给其他人造成的影响反过来又对他以后的行为造成影响。随着时间的推移，他的第一次决策的效应会越积越多，从而使得整个过程变成不可预测的。

我国社会发展得很快，城市越来越大，交通越来越发达，道路也不断增多、变宽，但交通却越来越拥挤。在大城市生活过的人都知道，在上下班高峰期，交通堵塞现象极为严重。比如北京就是这样，相关部门已经连续出台两项措施来解决这个问题，一是实行单双号限行，再就是实现错峰上下班，但这些措施只是缓解了交通拥堵，并没有将其解决。其实，对于司机来说，关于城市交通拥堵的问题也能用到“酒吧博弈”。

城市道路就像复杂的网络一样，在上下班高峰期间，司机选择行车路线就变成了一个复杂的少数人博弈问题。

一般来说，司机在这种情况下面临两种选择。一是选择比较短的车程，却容易

“酒吧博弈”的局限性

“酒吧博弈”所反映的是这样一个社会现象，我们在许多行动中，要猜测别人的行动，然而我们没有更多关于他人的信息，我们只有通过分析过去的数据来预测未来。

“酒吧博弈”没有什么清晰的答案，就其本身来说，真正的意义也有限。

事实上，人们决定是不是去酒吧，并不取决于猜测有多少人去，而是看自己从中是否能得到效用——当然，如果人少一些，不那么拥挤，效用可能会大一些；而人多造成拥挤，效用则会小一些，人多人少的影响仅限于此。

更重要的是他如何评价这个效用——有些人会认为效用甚低，甚至可能是负的，自然就不会去；而有些人就是喜欢泡吧，哪怕挤一身臭汗也认为值得，他就会去。

所以“酒吧博弈”最可能出现的结果是那些更喜欢泡吧的人成为这里的常客，而那些不那么热衷于此的人只是偶尔光顾，每天去酒吧的人数会略有波动，但大致会保持在一定的幅度内。

堵车；二是选择没有太多车的路线行走，多开一段路程，因为他不愿意在塞车的地段焦急地等待。到底应该走哪条路？司机只能根据以往的经验来判断。很显然，在塞车的道路上，每个司机都不愿意行驶，但其他司机也是这么想的。因此，每一个司机的选择都必须考虑其他司机的选择。

在司机行车的"少数者博弈"问题中，经过多次的堵车和绕远道，许多司机往往知道，什么时候该走近路，什么时候应绕远路。但是，这是以多次成功和失败的经验教训换来的。

在这个博弈过程中，因为经验不足，有的司机往往不能有效避开高峰路段；有的司机因有更多的经验，能躲开塞车的路段；有的司机因为保守，宁愿选择有较少堵车的较远的路线；而有的司机则喜欢冒险，宁愿选择短距离的路线。最终，这些司机的不同路线选择决定了每条路线的拥挤程度。不仅仅在司机选择路线的问题上是这样，生活中的许多情况都可以用这个博弈模式来解释。

我们知道，每年高校招生或研究生报名的时候，都会出现这样的情况：考生们通过各种途径弄清自己想要报考的学校以前的报名情况，并综合前几年的报考情况，来决定自己是否报这所学校。这里同样存在着"酒吧博弈"问题。如果报名的人太多，竞争太强，被录取的可能性就低；如果报名的人太少，竞争不强的话，录取分数相对来说就低一些，那么你的分数也许可以超过该校的录取线，那么你要是不报就可惜了。一般来说，考生会根据以往几年的情况来推测今年的报名情况，但这种推测也许并不怎么准确。当考生看到以往几年报名的人很少时，他会想下次人还会很少，因而他就果断地报了名，然而，如果大部分报考这所院校的人都是这么想的，那就使自己被录取的概率大大降低；反之，如果大多数考生都认为前几次报名的人少，这次一定有很多人报名，那就会出现这个学校只有很少的人报考的情况，这所学校最后也许甚至不得不降分录取。

现在社会上经常举行所谓的大众评选活动，比如全社会进行的电影爱好者"百花奖"的评选活动,"年度十佳艺人"评选活动等。在投票过程中，为了鼓励民众投票，主办方会对每个投票者做出一定的奖励。但这是有条件的，比如"年度十佳艺人"的评选，投票者不仅要选中哪10个人才能获奖，而且还要猜对这些获奖人员的排位顺序。这样的话，投票者想要获奖，就必须选中"正确的"人，就必须猜出得票最多的也就是第一名是哪位，得票第二名是哪位……投票者能获得奖励的关键是能否猜到其他投票者的想法，如果猜错了，就不能获奖；但如果猜对了，就能获得奖励。因此，可以这样说，谁能当选十佳、谁不能当选十佳和投票者一点关系都没有，而是投票者们相互猜测的结果。很明显，这也是一个"酒吧博弈"的问题。不同的是，与"酒吧博弈"问题相比，大众评选活动只不过在评选上是一次性的，没有过去的数据让我们来归纳。但是，我们要把这种观察与博弈理论结合起来，以此指导我们如何在纷乱的现象中采取更好的策略。

股市中的钱都被谁赚走了

为什么身边炒股的人大多数赚不到钱，而只有较少的一部分人赚钱呢？

我们知道，股民中绝大多数人都是通过炒买炒卖获取利益，即我们通常所说的“短线派”。因此，与“长线派”相比，“短线派”要更频繁地买卖股票，但因为每次转手都要交纳交易税，所以“短线派”的成本要比“长线派”高。那么既然如此，是不是意味着“短线派”的收益高过“长线派”呢？我们知道在股市里，在多数情况下，要想获得更高的收益就必须能准确预测股票价格的涨落，只有做到这一点收益才能高过“长线派”。那么关于股票，有没有最佳的投资策略呢？现在有许多股市分析软件，声称能为你带来高额回报，这些可不可信呢？

凯恩斯不仅在经济学上颇有造诣，在股市上，他也是一个投资老手。关于选择股票的策略，他曾举过一个“读者选美”的例子。

电视上的各种选美比赛多数是由评委决定，但是，也有少数是依靠观众投票决定名次的。作为一个观众来说，如果你的评选结果和最后的结果相同，你会获得一笔奖金。所以，所谓的读者（或观众）选美比赛中，评选者要顾及自己的利益，因为中选者要通过公众投票产生，结果将影响到自己能否获奖。因此，作为读者（或观众），他在投票时要考虑别人会如何投票，而不能以自己的爱好作为唯一标准。

假如某报社举办选美比赛，由读者从100张照片中选出6张最漂亮的面孔。把全体读者的评选作为一个整体，然后算出得票最高的6张面孔，个人答案最接近平均答案的就能获奖。每个参加者挑选的是他认为最能吸引其他参加者注意力的面孔，而并非是他自己认为最漂亮的面孔，同理，其他参加者也是这么想的。因此，我们必须运用我们的智慧预计一般人的意见，猜测一般人应该是什么样的选择。这种比赛与谁是最漂亮的女人无关，因为要选的不是根据个人最佳判断确定的真正最漂亮的面孔。因为你关心的是其他人认为谁最漂亮，而不是自己认为谁最漂亮。不过，假如碰巧的话，也许你的选择和大众的选择是一样的。

在这样的选美比赛中，评选者必须同时从其他评选者的角度考虑。他们选择的不是最美丽的，而是大家最有可能都关注的，也就是能不能找到“大众脸”。假如某个女子与其他女子相比，确实漂亮出许多，那么很显然大家都会选她。但是一个人美丽与否，毕竟没有客观的标准，萝卜青菜，各有所爱。因此，这100个决赛选手各有千秋的可能性是最大的，也就是她们各有各自美丽的地方，那么谁更有特点，谁就能最终胜选。因为，特点越明显，评选者关注的就越多。比如在众多候选者当中，只有一个紫色衣服的姑娘，那么相对来说，她被选出来的机会就比别人大，因为大家都是这么认为的。

我们可以看到，谁应该选上，谁不应该选上是由投票的人相互猜测决定的。

影响股价短期变化的因素

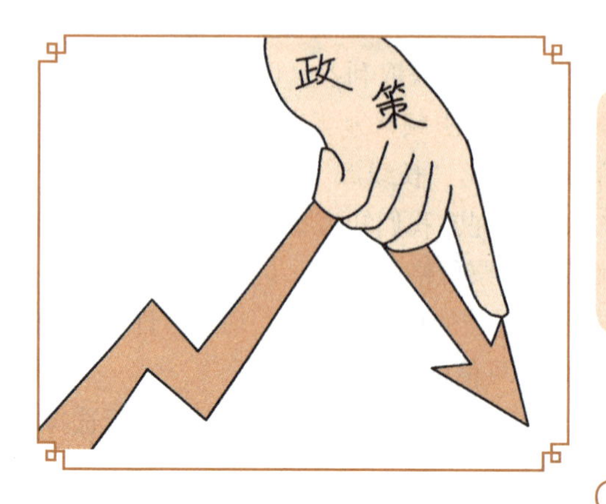

都说中国股票市场就是一个政策市，国家颁布的一些对于国家发展国情需要而做出的调整政策，工程建设政策等一些实事政策对股市有一定的影响。

近期油价有下跌的趋势。

近期油价有下跌的趋势。

有些是舆论因素：各式各样的新闻，如战争、油价、政治事件等新闻，都会影响到未来股市的投资状况，进而影响到市场的平均价格。

有些真假难分的“内幕消息”也影响着股价。

各种大大小小的因素加在一起，影响着每日股市价格的变动，影响着不同股票与投资。

在股票市场上，每个股民都在猜测其他股民的行为，以使自己可以与大多数股民所选的股不同。在两种情况下，股民们会获利：一是当你处于少数的“卖”股票的位置，多数人想“买”股票，那么你持有的股票价格将上涨，你将获利；二是当多数股民处于“卖”股票的位置，而你处于“买”的位置，股票价格低，你就是赢家。对于股民们来说，可以采取无数个选择，但相应的结果却大不相同。他们的策略完全是根据以往的经验归纳出来的，很显然，就很像这里的少数者博弈的情况。

但是，根据经验归纳出来的结论也不一定就是准确的。也正因如此，历史数据不能保证你买的股票稳赚不赔，因为如果可以从历史数据中推导出股市的变化，那所有的股民都会发财，因为他们只需要拥有一台高性能的电脑就可以了，每天坐在电脑前，查看股票交易的记录就行了。但是，这样一个炒股必赢的系统存在吗？如果存在，就没有人买入垃圾股，因为所有人都知道哪些是潜力股，但这样还有股票这一投资方式存在吗？实际上，人们还没有发现一个炒股必赢的方法，也不可能有。

股市对于股民来说，是一个无法预知的混沌系统，只有这样才能使人有赚有赔，也就是使股民们在“博傻”过程中赚钱。但是，知道“酒吧博弈”理论对你或多或少会有所帮助。因为，股市投资具有一些类似的特点。

每个投资者都希望赚钱，但能否赚钱取决于其他投资者是否看好它，而不完全取决于某个股份公司的赢利情况。凯恩斯的聪明之处就在于他解释了策略行动如何能在股市和选美比赛中发挥效果，并由此确定最终的赢家。

压倒骆驼的稻草

“酒吧博弈”模式是一个少数人的博弈，在这种博弈模式下，需要注意由少变多，直到改变事物的本质的一个变化过程。

美国前副总统小艾伯特·阿诺德·戈尔曾写过一本叫《平衡中的世界：生态与人类精神》一书，里面有一则小故事，介绍了美国物理学家所做的一个研究。

物理学家们在研究中让沙子一粒一粒落下，落下的沙子慢慢变成了一堆。初始阶段，落下的沙粒对沙堆整体影响很小。他们在电脑模拟和慢速录影的帮助下，可以准确地计算沙堆顶部每落一粒沙会带动多少沙粒移动。当沙堆增高到一定程度之后，落下的任何一粒沙都可能使整个沙堆倒坍。

物理学家们由此提出一种“自组织临界”的理论。也就是说当沙堆达到“临界”时，每粒沙与其他沙粒就处于“一体性”状态。这个时候，每粒新落下的沙都会产生一种“力波”，虽然这一粒沙的力度很小，却能通过“一体性”影响整个沙堆，随着沙粒的不断下落，沙堆的结构慢慢变得脆弱。也许，下一粒落下的沙就会使沙堆整体发生塌掉。

我们从上面这个研究中可以知道“度”的重要性，凡事如果超过一定的度，就会发生变化。宋代词人辛弃疾说："物无美恶，过则为灾。"这和外国流传的一个谚语相似：往一匹健壮的骆驼身上放一根稻草，骆驼毫无反应；再添加一根稻草，骆驼还是没有什么反应……当加到某一根稻草时，强大的骆驼轰然倒地。后来，有人把这种作用的原理取名为"稻草原理"。

实验室中的临界点变化，可能有其迷人的美学色彩，但是在现实生活中却可能需要我们绞尽脑汁去采取措施避免或者推动这种变化。

"物以类聚，人以群分"，在现实生活中是一种司空见惯的现象，但是了解了稻草原理之后，我们就不仅可以从更宏观的层面上发现社会的内在变化规律，而且也更有助于我们找到一种方法，更好地实现社会的和谐与多元化。

哲学上有种现象叫作"秃头论证"，也和上述理论类似：头上偶尔掉一根头发，你不会担心；又掉一根，你也不会担心……但如果就这样一根根一直掉下去，最后你就变成秃头了。

第一粒沙的离开，第一根头发的脱落，变化都不是很明显。当这种变化达到某个程度时，才会引起人们的注意，但还只是停留在量变的程度，难以引起人们的重视。当量变达到某个临界点时，不可避免地就会出现突变。

在一组博弈中，假如一部分参与者同意一种意见，而另一部的分参与者赞成另一种意见。但是，如果把这两部分人合成一个整体，再从这个整体的立场出发，将会得出一个出人意料的结果。这是为什么呢？对其他人来说，其中一个单个个体的选择可能产生更大的影响。而作出这个选择的个体，却并没有预先将这个影响计算在内。

自牛顿以来，在我们的头脑中，直线和简化的思想一直占据着主导地位。但是，很多科学家最近在各自的领域中发现世界并不是那么简单。它是在关联和交互影响中进化的，而并非是直线发展的。换句话说，世界上充满着各种未知的混沌，这是用直线思维无法解释的。多数物种的灭绝、生态危机的形成都是这样：开始时并不为人所察觉，等到发觉时，离灭绝也就不远了，这时再想办法已经来不及了。

科学家们研究认为，在线性系统中，这种现象的整体正好等于所有部分的相加。因此，在不需要关心其他部分的情况下，系统中的每一部分都可以自由地做自己的事情。但是，整体在非线性系统中可能大于所有部分的相加，而并不等于所有部分的相加，因为系统中的一切都是相关联的。

通过观察，我们往往会发现，物理学、生物学或者是社会学上的非线性系统的基本组成个体和基本组织法则其实并不复杂。但是，这些简单的组成因素之所以复杂，是因为它们的组织自动地相互发生作用：一个系统的组成个体，有无数种可能相互之间发生作用。

非线性系统在这些无数种可能的相互作用下，展现出一系列特点。这些特点与我们以往的认识有很大的不同，它们不在我们能够想象的范围之内。它给了我们这样一个具有科学内涵的启示：非线性的混沌系统一旦超越了它的多样化临界点，或者说它原来的平衡一旦被打破，就会发生爆炸性的变化，而且不可能凭自身能力恢复起来。

不可忽视的“稻草原理”

荀子说：“不积跬步，无以至千里；不积小流，无以成江海。”千万不要轻视了细微的力量，而且更要坚持将一丝一毫的力量积累成最后的成功！

“稻草原理”适用于我们生活中的许多领域。

每天阅读500字，阅读量应该算少的了，但如果一个人能坚持下去，那有朝一日就能成为博学之士。

人类社会的很多现象用“稻草原理”都可以解释，比如古代物种和生态系统已经稳定地保持了几百万年，在地质期的某一瞬间，为什么会灭种或演变为新的物种？

水滴石穿

宋朝时，有个叫张乖崖的人在崇阳县担任县令。崇阳县社会风气很差，盗窃成风，甚至连县衙的钱库也经常发生钱、物失窃的事件。

张乖崖任县令之后，决心好好地整治一下这个地方的社会风气。

有一天，他在衙门周围巡行，看到一个管理县衙钱库的小吏慌慌张张地从钱库中走出来。张乖崖急忙把库吏喊住："你慌慌张张的，干什么呢？"

"没什么。"那库吏嗫嚅地说。张乖崖想到，最近钱库经常失窃，怀疑库吏可能监守自盗，便让随从对库吏进行搜查，果然在库吏的头巾里搜到一枚铜钱。

张乖崖把库吏押回大堂审讯，问他一共从钱库偷了多少钱，库吏不承认以前也偷过钱。张乖崖便决定法办库吏。库吏怒气冲冲地道："偷了一枚铜钱算什么，好歹我也是公务员，你竟然这样拷打我？你也就是打打我，还敢怎么样？难道你还能杀我吗？"

看到库吏竟敢这样顶撞自己，张乖崖大怒。他拿起笔，龙飞凤舞地写道："一日一钱，千日千钱，绳锯木断，水滴石穿。"这话的意思是：一天偷盗一枚铜钱，一千天就偷了一千枚铜钱……用绳子不停地锯木头，木头就会被锯断；水不停地滴，能把石头滴穿。张乖崖吩咐衙役把库吏押到刑场，斩首示众。

自此崇阳县的偷盗风全被止住，社会风气明显好转。

这就是"水滴石穿"的故事。一些力量是微弱的，但是却从不停止，那么这些力量集中起来就会造成可怕的后果。

有一群蚂蚁，看到了一棵百年老树，便打算在这棵树上安营扎寨。蚂蚁们为建设家园辛勤工作着，咬去一点点树皮，挪动一粒粒泥沙。就这样，这一大群蚂蚁日复一日地吞噬着大树。终于有一天，一阵微风吹来，百年老树倒在地上，原来它竟然已经枯朽了。这种循序渐进的过程在生物学上叫"蚂蚁效应"。

在法国有一个小村庄，村旁有一条小河，人们平常用水都是靠它。池塘里面有一片荷花在自由生长着。

有一天，池塘里面流进了一些化学污水。污水里含有荷花的助长剂，使得荷花的生长速度成倍增加。也就是说，荷叶的数目每天都会比前一天增加一倍。这样的话，只要30天，整个池塘就会被荷叶盖满。

但是，前28天根本没人发觉池塘中的变化。第29天，村里的人惊讶地看到池塘的一半空间被荷叶覆盖着，他们开始担心以后用不了水了，但为时已晚。第二天，整个池塘都被荷叶占据了。

这件事的起因只是"一些污水"，每一个相关对象的偶然性因素都包含了对象必然发展的结果的信息。在各内外因素参与下，一个十分微小的诱因有时也会产生极其重大和复杂的后果。

有一个村子，卫生习惯非常差，这里到处都脏乱不堪。有一个人很不满这样的现状，他想改变村民们的习惯，让这里变得干净怡人。但他也知道，说服他们是很困难的，因为他们已经习惯了这样的环境。他冥思苦想，终于想到了一个办法。他买了一条很漂亮的裙子，把它送给村里的一个小女孩。

小女孩很高兴，立刻换上了这条漂亮的裙子。女孩的父亲也很高兴，但是他注意到，女孩漂亮的裙子和她脏兮兮的双手以及蓬乱的头发极不相称，于是他就把她的头发梳理整齐，并让她好好地洗了个澡。经过这样一个改变，穿着漂亮裙子的小女孩就十分干净漂亮了。这时候，她父亲发现家里的环境很脏，也很乱，这很容易把她的双手和裙子弄脏。父亲就发动家人，来了个大扫除，彻底地把家里打扫了一遍，整个家都变得干净明亮了。不久，这位父亲又不满意了，因为他发现自己的家里虽然很干净了，但门口的过道满是垃圾，看上去让人很不舒服。他再次发动家人，把门口过道清理干净，并告诉家人不要乱倒垃圾，注意保持卫生。

小女孩一家的变化被隔壁邻居发现了，他也觉得自家脏乱的环境让人难受，看着小女孩家干净的环境，他感觉很是舒心。也就在同时，他醒悟到，我们家里也是可以干净的啊！于是他们也发动家人，把屋里、门口过道等地方打扫了一遍，并交代家人注意保持卫生。不久，邻居们发现了这两家人的变化，也开始行动起来……当那位好心人再到村里的时候，他吃惊地发现，自己几乎不认识这里了。村里的街道打扫得干干净净，村民们都穿着洁净的衣服，每户人家的房子都是窗明几净！

微弱的力量也会产生意想不到的结果

钱锺书曾这样说："要想把哪个东西搞坏，不要骂它、不要臭它，而要让它无限制地繁殖泛滥，结果它自然就名声扫地了。"

正所谓"只要功夫深，铁杵磨成针"，许多小事总是在我们不经意间就成了大事。微弱的力量也会产生意想不到的结果，或许开始你不会在意，但后来却不得不去关注它。

明朝灭亡后，福王朱由裕和一些达官贵人逃到南京，在那里被拥为皇帝。他和一些藩王联合，在江南建立了反清政府，历史上称它为南明。凤阳总督马士英是当时拥立福王为皇帝最积极的人之一，所以福王朱由裕便把政事都交给马士英。为了自己的势力，马士英大量选拔人员，把他们全部封官。一时间南明这么一个小朝廷却有比一个大朝廷还多的官吏，在南明小朝廷的都城里，几乎到处都是官员。但这么多的官吏并没有能阻止南明小朝廷的灭亡，仅仅过了一年，南明都城南京就被攻破。南明的灭亡虽与其实力弱小有关，但不断地封官导致朝廷入不敷出也是其灭亡的原因之一。

独树一帜

唐贞观十九年（公元645年），唐太宗李世民御驾亲征高句丽。高句丽得知讯息，派大将高延寿和高惠真率军15万迎战。两军在安市城东南相遇，一场惨烈的厮杀即将开始。

李世民在军师徐茂公等人的陪同下，站在一处高坡上观战。

战鼓喧天，号角齐鸣，双方展开了对攻。唐军中一员小将率先冲入敌阵，此人腰中挎弓，手中握戟，穿着一件耀眼的白袍，左冲右突，如入无人之境。敌军阵型很快被冲乱，惊慌失措的敌将想要还击，但却没有完整的阵型，士卒四散奔逃。唐军随后掩杀过去，大败高句丽军。

李世民在战斗结束后派人到军中问："刚刚冲在最前面，穿白衣的将军是谁？"

有人回答："薛仁贵。"

李世民专门召见了薛仁贵，赞其勇气可嘉，并封其为右领军郎将。薛仁贵自那以后屡立战功，很快升到了大将，并成为大唐名将之一。

薛仁贵在这里就用到了"少数派策略"，这一点可能他自己都不知道，他穿上与众不同的白袍杀入敌阵也许是为了让自己的士兵易于辨识；但在客观上，却起到了引起注意并受到器重的效果。

1997年，一个叫张冀成的中国人提出了一个博弈论模型，被称之为"少数者博弈"或"少数派博弈"。在这种博弈中，每一个人的判断与选择都直接影响所有的人。他在论述这个模型时，用到了下面这个例子：

如果出现这种情况：你和朋友们在一所房子里聚会，你们许多人在一起玩得很开心。这时候屋里面突然失火了，而且火势很大，根本无法扑灭。这间房子有两个门，你必须选择从哪一个门逃生。

但是，此时所有的人都和你一样，必须抢着从这两个门逃到屋外，都争着向门外挤去。可想而知，假如很多人选择的门被你选择了，那么你很可能被烧死，因为人多拥挤，根本冲不出去；反过来，假如较少人选择的门被你选择了，那么你逃生的概率将大大增加。

假如我们不把道德因素考虑在内，你将作出怎样的选择？

莱因哈德·泽尔滕是诺贝尔经济学奖得主，他在访问中国时曾谈到什么是博弈论，并用了一个生活中的例子来向记者说明，其中就提到了“少数者博弈”。他说，从A地到B地有两条路可走：一条是主干道M，另一条是侧干道S。主干道路比较好走，而侧干道路相对不太好。相比之下，主干道M因为开车的人多经常非常拥挤，而人少的S道很顺畅。从博弈论的角度来说，在考虑自己如何选择的同时，开车人还要考虑其他人是怎么想的。

关于上面这个问题，巴里·奈尔伯夫在《策略思维》中有过更为精细的研究。奈尔伯夫是这样说的：从伯克利到旧金山，可以选择两条主要路线。一是搭乘BART（快速有轨公共交通系统）列车，二是自行开车穿越海湾大桥。如果坐BART列车的话，

独树一帜才能脱颖而出

社会上那些成功的机会和可以助我们成功的资源都是有限的，只有抓住机会的少数人才能得到。如果你在多人博弈中盲目从众，结果可想而知，你什么都得不到。

不要跟风，不走寻常路，才能找到一条捷径。我们在生活中也可以发现，那些与众不同的少数者往往能够很顺利地改变命运。

乘客要步行到车站等车，而且中间停好几个站，路上时间加起来接近40分钟。不过，列车从不会因为堵塞而延迟。如果自行开车的话，不塞车20分钟就可以到达，但因为大桥只有4个车道，很容易发生堵塞，所以一般情况下都会堵车。我们先作这样的假设，每小时内每增加2000辆汽车，每一个开车的人就会被拥堵10分钟。如果只有2000辆汽车的时候，我们到达目的地需要30分钟；那么有4000辆汽车的话，我们就需要40分钟才能到达目的地。

假如在运输高峰期内，有10000人要从伯克利前往旧金山。能缩短自己旅行时间的路线是每个人的必然选择。可想而知，如果只有2000人愿意开车穿越海湾大桥的话，交通就会比较顺畅，通行时间也会缩短，因为汽车较少，只要30分钟就可以；另外的8000人认为开车拥堵，选择乘BART列车。在这种情况下，那2000开车的人中会觉得，开车只需30分钟，可以节省10分钟，就会选择开车穿越海湾大桥。反过来，如果8000人选择开车穿越海湾大桥，那么到达目的地要花掉开车的人60分钟时间。这样的话，开车的8000人就会转而改变策略，选择乘BART列车，因为这只需花费40分钟的时间。

由于资源是有限的，在一个社会中，只有部分少数者才能充分享有，这也是我们要争取做少数者的原因。

一条大街上依次排列着十几家餐馆。这些餐馆有着一样的菜单，一样的四方桌，一样的白色墙壁。无论是格局还是服务，给人的感觉都差不多，连服务方式都差不多。不过，有一家小餐馆却与众不同，这家餐馆的外墙是浅绿色的。他们的服务更是独特，老板与员工招呼客人、点菜、报菜名时就像在说笑话、讲评书一样，在他们这里，每一个很普通的菜都有一个新的名称。这个饭店就是风波庄，现在几乎每个城市都有分店。

他们从服务员到菜名，从酒水到桌椅板凳，都充满着江湖的味道。来这里的男士会被店小二（服务员）称为“英雄好汉”，女士则被称为“女侠”，这里的酒是用大碗喝的（不用一口喝完）……所以客人来这里吃饭、喝酒是一种莫大的精神享受。这家餐馆的生意因为它的与众不同，一直都出奇地火暴。而他们获得成功的原因正在于做少数者。

最差的土地赏给我

春秋时，楚令尹孙叔敖为楚国的中兴立下了汗马功劳，深受楚庄王的器重。但是，身为令尹的他在个人生活方面却非常俭朴，多次拒绝了楚庄王给自己赐的封地。

有一次，孙叔敖率军打败了晋国，回来后得了重病。他在临死之前，嘱咐儿子孙安：“千万别做官，我死后你就回乡下种田。如果大王要赏赐你东西，你就要寝丘这个地方。”孙安很愕然，因为他知道楚越之间有一个地方叫寝丘。此地偏僻贫瘠，地名又不好,“寝”字在古代有丑恶的意思。越人以为那里不祥，楚人视那里为鬼域，很久以来都没有人要。孙安不知道父亲为什么这样安排，但他知道父亲这么做一定有他的道理，就应承下来。

没过多久，孙叔敖就去世了。楚庄王很悲痛，想到孙叔敖立下的功劳，便打算厚赏孙安，打算让他做大夫。但孙安却坚辞不受，楚庄王没办法，只好让他回老家去了。孙安回去后的日子很不好过，只能以打柴为生，甚至有时还会饿肚子。楚庄王听说这件事后，派人把孙安请来，准备再次封赏他。孙安没有违背父亲的遗命，他向楚王提出要寝丘那块没有人要的薄沙地。庄王虽然感到有些奇怪，但并没有再说什么，便把寝丘封给了他。

“少数者策略”往往才是成功之道

在生活中很多人不论是找工作、创业以及投资股市，都是见机行事，不敢打破既有的标准和规则。但有少数人却有自己独特的见解，他们反其道而行之，在其他人都争先恐后地拥着上所谓的“热门行业”时，他们却在冷门的地方寻找突破口。

古人云:“与人相对而争利，天下之至难也。”

从严格意义上来说，所谓的冷门或热门并没有什么区别。一般人都有跟风的习惯，看到哪个行业崛起，就一拥而上。

高考报志愿是这样，工作是这样，创业也是这样，炒股也是如此。这除了把竞争搞得更加激烈以外，什么好处都没有。

所以，我们不妨做个冷静的旁观者，在大家都疯狂地拥向热门行业时，你悄悄地向冷门处进军。也许这样做你不经意间就成功了!

其他的功臣勋贵，为了能使那些肥沃的良田做自己的封地，往往相互之间争得你死我活。但孙叔敖为什么让他的儿子孙安要一块薄地呢？这里就用到了少数派策略。表面上看起来，这种做法吃亏了，但实际上却获利良多。因为按楚国规定，封地延续两代之后，如有其他功臣也想要这块封地，那么它就会被转封给别人。孙叔敖的过人之处就在于，他知道在某些情况下，不利因素也可以转化为有利因素。寝丘是贫瘠的薄地，一直没有人要它为封地，所以不会有人和他的儿子相争。孙叔敖的子孙在那里一直安稳地生活了十几代，到汉代已是那里的一个最大的家族，这和当初孙叔敖的英明决策是分不开的。

所有人争夺的焦点都在有限的几种事物上，但资源都是有限的，如果没有少数派策略，那么每个人都将处于十分艰难的境地。要想成功，就要注意到别人不注意的地方，才有可能事半功倍。

在现实生活中，我们会发现那些与大众不同的少数者，往往能够顺风顺水地改变命运。在条件还没有齐全的时候，真正的少数者已经开始作准备，开始向胜利发起冲击了。他们为创造自己所需要的条件，会想尽一切办法，这和其他很多人等到已经有人出发才开始想是不是时机成熟是不一样的。

有个千万富翁，小的时候家里很穷，后来他回忆说，小时候的一件事对他影响极深。有一次，他放学回家的时候，在一个工地上看到一个老板模样的人。老板正在那儿指挥着一群建筑工，他们在盖一幢摩天大楼。

他问老板："我长大之后，怎么做才能成为和您一样成功的人呢？"

"首先要勤奋。"

"我知道勤奋很重要，还有什么呢？"

"买一件红衣服穿上！"

他满腹狐疑地问："这与成功有关吗？"

那人指着旁边一个工人说："你看那个人，这么多人就他一个人穿红衣服，他与众不同的穿着引起了我的注意。我认识并发现了他的才能，过几天，我还准备给他升官呢！"接着，他又指着前面的一群工人说，"你看他们都穿着清一色的蓝色衣服，所以我一个都不认识。"

上面这个故事与薛仁贵身穿白袍杀入敌阵有异曲同工之妙！事情就是这样，我们在分析一些成功者的方法时，往往都能发现一些相通的道理。不仅仅是"少数者策略"，大部分成功的人还用过其他许多相同的策略。

分段实现人生目标

人们在现实中做事之所以半途而废，不是因为难度较大，而往往是因为觉得成功离我们较远。换句话说，我们不是因为做不到，而是不想做。

在一次国际马拉松邀请赛中，一名选手夺得了世界冠军，他就是山田本一。但此人以前从没有人听说过他的名字，因此他的夺冠令很多人感到极为吃惊。记者问他取得如此惊人的成绩靠的是什么，他回答说:“靠智慧战胜对手。”

对于他的这种回答，许多人认为是这个获得第一的矮个子选手在故弄玄虚。马拉松赛只要身体素质好，又有耐性就有望夺冠，力量和速度都还在其次，因为这种比赛是拼耐力的运动，说用智慧取胜确实有点勉强。

两年后，马拉松邀请赛又一次举行，他代表国家队再次参加了比赛。让人惊奇的是，他这一次又获得了世界冠军。记者又请他谈谈经验。

怎样制定目标金字塔

如果把金字塔的塔顶比喻为你的人生目标，那么你的每一个小目标和为达到目标而做的每一次努力，都必须向着塔顶前进。

从下到上，金字塔共分4层。最上面的一层虽然最小，却是金字塔的核心，也是你人生的总体目标。下面每一层都是较小的目标，都是为实现上一层的较大目标而需要完成的。

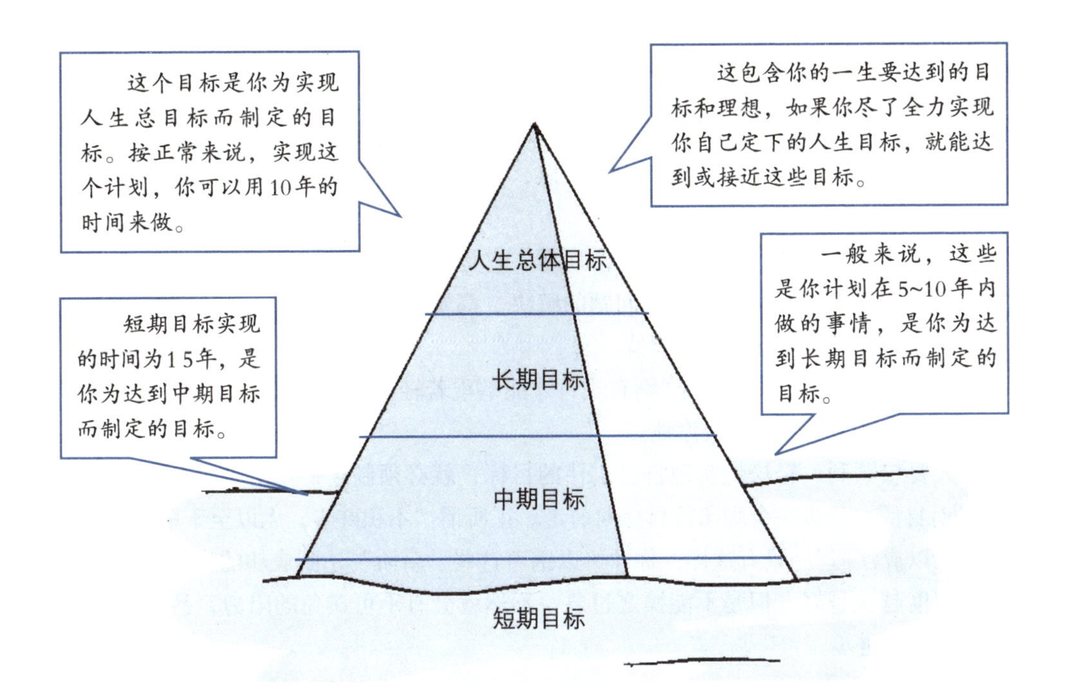

不擅言谈的他回答的仍是上次那句话："凭智慧战胜对手。"和上次不一样的是，记者没再嘲笑他，但对他的回答仍是不解。

这个谜在10年后终于解开了，他在自传中这样写道："我在每次比赛之前都要乘车把比赛的线路仔细看一遍，一边看一边画，把沿途坐标式的东西记下来，比如银行、大树、红房子……一直到赛程终点的路上所有的标志性东西。在比赛的时候，我就把记下来的东西当成是每一个目标，以百米赛跑的速度向每一个目标冲去。其实我刚开始接触马拉松比赛的时候，和大多数人一样，把自己的终点定在40多千米外终点线上的那面旗帜上，但当我跑到将近一半的时候，就感到越来越累，因为我想到了前面还有如此遥远的距离。所以我想到了这个办法，把40多千米的赛程分解成这么几个小目标，这样让自己感觉自己离目标很近，就能很轻松地跑完了。"

我们有目标才有前进的力量，宏大的目标能激发我们心中的力量，但如果目标距离我们太远，我们就会像一些马拉松运动员一样，因为长时间没有实现目标而丧气，进而可能会放弃比赛，这一点在马拉松比赛中是很常见的。实现远大的目标，山田本一为我们提供了一个好方法，那就是把自己的宏伟目标分成一个个容易完成的小目标，用这种方式慢慢实现自己的大目标。

其实这种方法就是博弈论中"自组织临界"理论的一种应用。远景目标就像横亘在人们面前的一条大河，要想过河就要把船慢慢划过去，把每一桨当成一个微小的目标，才能达到河的对岸。因此当我们有一个一时不能完成的大目标时，我们要想法把它分解成一个一个的小目标，就会坚定勇敢地为了目标而努力，避免让自己出现畏惧的心理。

一般人都会制定短期目标，这也是奋斗者的主要策略，但是，大部分人不知道怎么制定短期目标，也不知道短期目标什么重要，什么不重要。短期目标的作用很大，而且很容易完成，长久地坚持下去就可以，它是我们集中力量努力完成每一阶段目标的基础。

除此之外，你还应该做一些日常规划。它是你为达到短期目标而定的每日、每周及每月的任务。人生中每一个问题的解决，都要一步一步地来，从冷静沉着中寻找出可行的办法，而不能一蹴而就。

卡耐基在一次演讲时说："胸有成竹才能举重若轻，时机尚未成熟不能强来，想一步登天的结果只能是一败涂地。"

人要想顺利、轻松地实现自己宏伟的目标，就必须制定每一个事业发展阶段的"短期目标"，一步一个脚印按目标向前走。正所谓"不积跬步，无以至千里；不积小流，无以成江海"。只有这样，你才可以踏着这些"台阶"达到成功的目标。虽然成功的速度越快越好，但是不能操之过急，不然就会有不可避免的阻力，甚至会让你倒退而不是进步。

机会只留给有准备的人

一个做生意总是失败的年轻人来到了普济寺，沮丧地对高僧释圆说："人生不如意的事太多了，我总是失败，活着还有什么意思呢？还不如死了好，一了百了。"

听完年轻人的叹息和絮叨后，释圆大师静静地吩咐自己旁边的小和尚道："烧一壶温水送过来。这位施主远道而来，一定口渴了。"

小和尚不一会儿就回来了，送来一壶温水。释圆沏好茶，把杯子放在茶几上，微笑着请年轻人喝茶。茶叶一直浮在杯口，杯子只是冒出淡淡的水汽。年轻人不解地问："贵寺用温水泡茶，怎么不用沸水泡茶？温水是泡不开的。"释圆笑而不答。年轻人端起杯子喝了一口，不禁皱起头："茶叶一点也没泡开，没一点茶味。"释圆说："这可是闽地名茶铁观音啊！"年轻人又端起杯子，又品了一下，然后说："真的没有一点茶味。"

释圆又吩咐小和尚："去烧一壶沸水。"不一会儿，小和尚提着一壶冒着浓浓白汽的沸水走了进来。释圆取过一个杯子，重新沏了一杯茶放在桌子上。年轻人看到茶叶在杯子里上下沉浮，一缕清香飘入鼻端。年轻人正欲端杯饮茶，释圆却阻止了他。但见释圆提起水壶，往年轻人的杯子里注入一线沸水。茶叶在杯子里不断地翻腾着，一缕更浓郁的茶香弥漫开来，飘在空气中。在杯子注满之后，释圆停了下来。

释圆笑着问年轻人："两次泡茶用的都是铁观音，茶味却不同，施主以为这是怎么回事？"年轻人回答道："第一次用温水，第二次用沸水，用了不同的水，茶味自然不同。"释圆点头："温水沏茶，茶叶轻浮水上，是泡不开的；沸水沏茶，反复几次，茶叶沉沉浮浮，茶香自然就出来了。用水不同，则茶叶的沉浮就不一样。世间芸芸众生，也和沏茶是同一个道理。你自己的能力不足，要想处处得力、事事顺心自然很难，就像沏茶的水温度不够，就不可能沏出散发诱人香味的茶水。要想摆脱失意，最有效的方法就是苦练内功，切不可心生浮躁。就像沸水泡茶一样，慢慢地经过反复几次的浮浮沉沉，才能品得到茶香。"

人生需要慢慢积淀，当时机成熟，成功不在话下。就像上面所说的一样，当水温到达一定程度了，茶香自会飘散出来。成功是一个积累的过程。心浮气躁的结果只能是陷入失败的深渊。

记得曾经有一个关于动物科学的电视节目，有一期的内容是这样的：只有经过一段足够长的水面滑翔，天鹅才能展翅高飞；如果天鹅在蓝天上难以展翅飞翔，那一定是因为滑翔长度过短。人也是这样，在普通的日子里，你要不断地努力，才能把这些沉寂的日子转化成成功的一部分。这也是你成功的保证。

在"稻草原理"中，最后一根稻草终于使骆驼在那一瞬间倒下，但让骆驼倒下的根本原因绝不只是最后那一根稻草，假如不是前面的稻草作铺垫，骆驼怎么可能倒下？这说明成功绝不是一蹴而就的，只有静下心来，不断地积蓄自己的力量才能够成功。

曾有这样一则故事：

有一个小叫花子，整日手里拿着一根木棍到处流浪，这天他碰到一个老道。老道告诉他，你没事就画一个方框，只要能坚持，也许我们再相见时，你就可以改变自己，不用要饭了。小叫花子想了想老道的话，心想反正闲来无事，便用木棍画方框，后来他竟然能用成千上万种法子画方框。

老道在云游的时候，又碰到了一个放牛的牧童。他告诉牧童，用那木棍在地上画一竖，只要能时时练习，也许我们再见面时，你就不用以放牛为生了。牧童很听话，在放牛闲散之余，就用木棍画那一竖。

时间一晃过去了20年，老道临终时把这两个人叫到了一起，并让他们合写了一个“中”字。这个“中”字可谓空前绝后。

后来，乞丐和牧童都成了书法史上的传奇人物。

破窗理论

在现实生活中，存在着形形色色的理论，也存在着形形色色的悖论，很多社会现象都带有悖论色彩。比如，在经济学理论中的“破窗理论”就是这样，虽然这个理论的名声不好，但它却常常被人运用。在讲述这个理论之前，我们先看看一个有趣的“偷车试验”。

1969年，美国斯坦福大学心理学家菲利普·詹巴斗在两个不同的街区分别停放两辆一模一样的汽车。在中产阶级居住的帕罗阿尔托社区，他停放了一辆完好无损的汽车；而在相对杂乱的布朗街区，他将另一辆摘掉车牌、打开顶棚的车停放在那里。结果，停在帕罗阿尔托社区的那一辆汽车，过了一个星期还是像原先一样停放在那里；而停放在杂乱的布朗街区的那一辆车，仅仅过了几个小时就被偷走了。詹巴斗之后用锤子砸那辆完好无损的汽车，把车窗玻璃砸出个大洞。没过多久，这辆车也被偷走了。

1982年，政治学家威尔逊和犯罪学家凯琳以这项试验为基础，提出了一个“破窗理论”。威尔逊和凯琳认为，秩序的混乱必然导致犯罪。假如一栋建筑物的一扇窗户上的玻璃破了一个洞，如果没有修理的话，那么当有人看到它时，就会产生这样的想法：“这是个没有秩序的家庭，无人关心、无人管理，既然已经坏了，让它更坏一些也没什么，我们可以去打碎更多的玻璃。”

不仅如此，这种想法还会不断地在这座大楼附近向相邻的街道“传染”。与此同时，违规犯罪行为在这种氛围下就会不断地滋生和蔓延。威尔逊和凯琳还提出，“破窗”现象还可以解释类似公共场所内乱涂乱画、秩序混乱等问题。

从“偷车试验”和“破窗理论”中我们可以得出这样两个启示：

一是一些不为人所注意的细小事件可能会导致一些重大问题的发生，而解决一些重大问题可能只需要从处理细枝末节的问题入手就可以，这将起到“四两拨千斤”的作用。

二是人的心理和行为会被其他人的行为、发出的信息或者是制造的现象所诱导，因为这些都具有强烈的暗示性和诱导性。对于可能产生不良后果的行为、信息或者现象，我们必须保持积极的警觉态度，如果碰到了“第一个被打碎的窗户玻璃”的人，我们就去做“第一个修补窗户的人”。“防微杜渐”就是这个意思。

如果窗户没有窟窿，就没有人想第一个去破坏它；但是，假如窗户上有了一个哪怕是很小的窟窿，就会有一群人想法把它变成“大窟窿”。奇怪的是，在日常生活和工作中，符合这种奇怪的“破窗理论”的现象随处可见：

有人在干干净净的墙壁上贴了一张广告。没过多久，大大小小的许多广告纸就会覆盖这面墙壁。

很多不同种类的盆栽鲜花摆放在广场上，花很美丽，没有人去采摘。有一次，不知谁带头摘取了一朵鲜花；旁边一个人看到了，但看到的人并没有警告摘花者，而是跟着摘了两朵更漂亮的；第三个人也看见了前两个人的行为，也摘了几朵漂亮的花匆匆离去……没过几天，广场上的鲜花便没有多少了，只剩下一些残枝和地上枯萎的花瓣。最为离谱的是，有人竟然连花带盆一起搬回自己的家中；同样地，第二个、第三个……将花盆“私有化”的人不断涌现，大摇大摆地，就像搬自家东西一样毫无顾忌。

住宅区的绿化带上，本来是不让行人走的。后来，也许是因为着急，有人从上面抄近而走。但是，过不了很长时间，在这片绿色的草地上，就会出现一条用双脚开辟出来的小路。鲁迅先生说：“世上本没有路，走的人多了也便成了路。”没想到竟然用在了这个“路”上。

不仅仅在这些日常事务上，“破窗理论”在企业管理上也有着极其重要的意义。有些领导对于违反公司程序或廉政规定的行为不以为意。违规员工因为没有被惩罚，其他员工便尽相效仿，类似的行为不断发生，且日益严重。因此，如果公司没有对员工已经犯的错误行为引起足够的重视，及时“修好第一扇被打碎玻璃的窗户”，那么，迟早有一天会发生“千里之堤，溃于蚁穴”的结果。

有一家规模不大的公司，它的员工很注重诚信，公司更是有着良好的售后服务。这也使这家公司在所属行业的激烈竞争中占有一席之地。

有一次因为失误，这个公司的销售员王小姐将一台没装机芯的样机卖给了一名外地来的顾客。部门负责人在得知这一情况后，迅速给公关部门下令，要他们在最短的时间内全力寻找到该顾客。接到命令后，公关部工作人员开始了行动，但他们只知道这位顾客的姓名和职业，其他的一概不知。他们连夜打了35个紧急电话，询问了不同的政府部门及其他一些人，才找到了该顾客的住址和电话，然后代表公司向这位顾客道歉。因为他们处理得非常及时，为公司挽回了声誉，也避免了一定的损失。事实证明，他们这么做有多么的重要！

这位买了样机的人是一家报社的记者，回到家时发现刚买的唱机无法使用，气愤之下连夜写了一篇旨在揭露事实真相、无情鞭挞该公司的新闻报道——《笑脸背后的真面目》，打算交给报社，让报社发表在第二天的报纸上。就在这时，她接到了该公司公关部人员打来的道歉电话。在电话中，她了解到，该公司处理此事的全部过程，极为感动，迅速用仅剩的一些时间将稿件《笑脸背后的真面目》改为《35个紧急电话》。不仅标题变了，内容也变了，内容由鞭挞、揭露变成了表扬、称赞。

这篇报道为这家公司提高了声誉，也增加了不少的顾客。

这是一则在企业管理中防范“破窗理论”的典型事例。管理者在管理实践中，必须高度警觉。有些虽小但却触犯了公司的灵魂和核心价值的错误，不能一笑了之，或者因为“熟”就不了了之。所谓“亡羊补牢，为时未晚”，建立一种防范和修复“破窗”的机制，并严厉惩治“破窗”者，绝不姑息纵容，尤其是第一个“破窗”者。与此同时，公司也要对“补窗”的人进行鼓励和奖励。做好这些，公司才能有稳固的发展。

由上可见,“破窗理论”并不是没有破解方法。这其中，破窗有没有得到及时的修复是关键。对于这样的“破窗”，如果能做到破一扇就修一扇，啥时破就啥时修，那就等于把隐患和苗头都消灭在萌芽状态，就不会再出现“破窗理论”的结果。

第八章

枪手博弈

谁能活下来

在博弈论的众多模式中，有一个模式可以被简单概括为“实力最强，死得最快”。这就是“枪手博弈”。

该博弈的场景是这样设定的：

有三个枪手，分别是甲、乙、丙。三人积怨已久，彼此水火不容。某天，三人碰巧一起出现在同一个地方。三人在看到其他两人的同时，都立刻拔出了腰上的手枪。眼看三人之间就要发生一场关乎生死的决斗。

当然，枪手的枪法因人而异，有人是神枪手，有人枪法特差。这三人的枪法水平同样存在差距。其中，丙的枪法最烂，只有40%的命中率；乙的枪法中等，有60%的命中率;甲的命中率为80%，是三人中枪法最好的。

接下来，为了便于分析，我们需要像裁判那样为三人的决定设定一些条件。假定三人不能连射，一次只能发射一颗子弹，那么三人同时开枪的话，谁最有可能活下来呢?

在这一场三人参与的博弈中，决定博弈结果的因素很多，枪手的枪法，所采用的策略，这些都会对博弈结果产生影响，更何况这是一个由三方同时参与的博弈。所以，不必妄加猜测，让我们来看看具体分析的情况。

在博弈中，博弈者必定会根据对自己最有利的方式来制定博弈策略。那么，在这场枪手之间的对决中，对于每一个枪手而言，最佳策略就是除掉对自己威胁最大的那名枪手。

对于枪手甲来说，自己的枪法最好，那么，枪法中等的枪手乙就是自己的最大威胁。解决乙后，再解决丙就是小菜一碟。

对于枪手乙来说，与枪手丙相比，枪手甲对自己的威胁自然是最大的。所以，枪手乙会把自己的枪口首先对准枪手甲。

再来看枪手丙，他的想法和枪手乙一样。毕竟，与枪手甲相比，枪手乙的枪法要差一些。除掉枪手甲后，再对准枪手乙，自己活下来的概率总会大一些。所以，丙也会率先向枪手甲开枪。

这样一来，三个枪手在这一轮的决斗中的开枪情况就是：枪手甲向枪手乙射击，枪手乙和枪手丙分别向枪手甲射击。

按照概率公式来计算的话，三名枪手的存活概率分别是：

甲=1−p（乙+丙）=1−［p（乙）+p（丙）−p（乙）p（丙）］=0.24

乙=1−p甲=0.2

丙=1−0=1

也就说，在这轮决斗中，枪手甲的存活率是0.24，也就是24%。枪手乙的存活率是0.2，也就是20%。枪手丙因为没有人把枪口对准他，所以他的存活率最高，是1，即100%。

我们知道，人的反应有快有慢。假设三个枪手不是同时开枪的话，那么情况会出现怎样的变化呢?

枪手博弈：弱者的生存智慧

枪手博弈告诉我们：一位参与者最后是否能胜出，不仅仅取决于自己的实力，更取决于实力对比关系以及各方的策略。

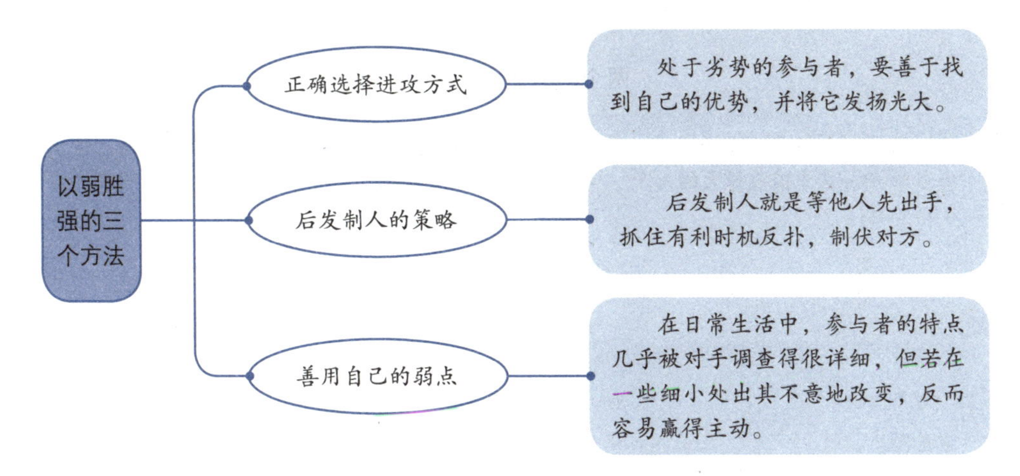

同样还是每人一次只能发射一颗子弹，假定三个枪手轮流开枪，那么在开枪顺序上就会出现三种情况：

（1）枪手甲先开枪。按照上面每个枪手的最优策略，第一个开枪的甲必定把枪口对准乙。根据甲的枪法，会出现两个结果，一是乙被甲打死，接下来就由丙开枪。丙会对着甲开枪，甲的存活率是60%，丙的存活率依然是100%。另一种可能是乙活了下来，接下来是由乙开枪，那么甲依旧是乙的目标。无论甲是否被乙杀死，接下来开枪的是丙。丙的存活率依然是100%。

（2）枪手乙先开枪。和第一种情况几乎一样，枪手丙的存活率依然是最高的。

（3）枪手丙先开枪。枪手丙可以根据具体情况稍稍改变自己的策略，选择随便开一枪。这样下一个开枪的是枪手甲，他会向枪手乙开枪。这样一来，枪手丙就可以仍然保持较高的存活率。如果枪手丙依然按原先制定的策略，向枪手甲射击，就是一种冒险行为。因为如果没有杀死甲，枪手甲会继续向枪手乙开枪。如果杀死了枪手甲，那么接下来的枪手乙就会把枪口对准枪手丙。此时，丙的存活率只有40%，乙便成了存活率最高的那名枪手。

在现实生活中，最能体现枪手博弈的就是赤壁之战。当时，魏蜀吴三方势力基本已经形成。三方势力就相当于三个枪手。其中，曹操为首的魏国实力最强，相当于是枪手甲。孙权已经占据了江东，相当于实力稍弱的枪手乙。暂居荆州的刘备实力最弱，相当于枪手丙。当时，曹操正在北方征战，无暇南顾，三家相安无事。

公元208年，曹操统一了北方后，决定南征。关系三家命运的决战就此开始。对于曹操来说，东吴孙权的实力较强，对自己的威胁最大，自然要先对东吴下手。于是，曹操在接受了投降自己的荆州水军后，率大军向东，直扑东吴而来。

与弱者合作的策略

两个弱者之和大于二

当时eBay想花10亿美元并购令其头痛的阿里巴巴及淘宝，以扫除中国市场障碍。作为当时eBay在中国最强大的对手——阿里巴巴比较全球电子商务霸主eBay而言，明显处于弱势地位。

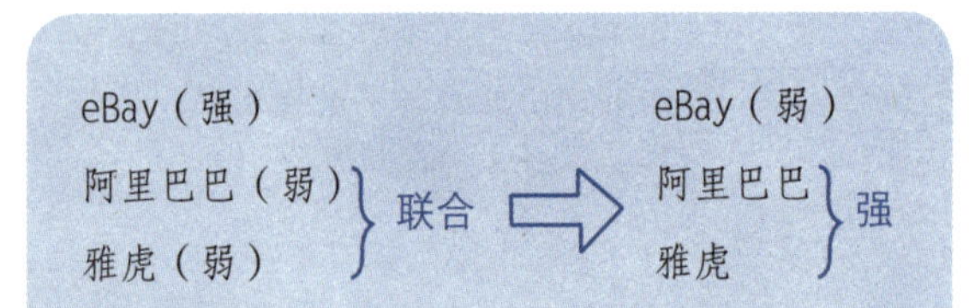

既然是弱者，阿里巴巴要做的就是寻找一个合作者，通过策略成为优势合作者。而其与雅虎的联手足以与eBay进行抗衡。

此时，对于被曹操追得无处安身的刘备来说，最佳的策略就是与东吴联手，才能有一线存活的希望。曹操在实力上强于孙权，如果孙权战败，下一个遭殃的就是自己。如果孙权侥幸获胜，灭掉了曹操，那么待东吴休养生息后，必定要拿自己开刀。所以，诸葛亮亲自前往江东，舌战群儒，让两家顺利结盟。

一旦孙刘两家结成联盟，东吴意识到自己不拼死一战，就可能再无存身之所，自然积极备战，在赤壁之战中承担了主要的战争风险。而刘备也借此暂时获得了休养生息的机会，为日后入主四川积蓄了力量。

历史上与此相似的情形有很多，在国共联合抗日之前，侵华的日本军队、国民党军队和共产党领导的红军，三者之间也是枪手博弈的情况。

其实，枪手博弈是一个应用极为广泛的多人博弈模式。它不仅被应用于军事、政治、商业等方面，就连我们日常生活中也可以看到枪手博弈的影子。通过这个博弈模式，我们可以深刻地领悟到，在关系复杂的博弈中，比实力更重要的是如何利用博弈者之间的复杂关系，制定适合自己的策略。只要策略得当，即使是实力最弱的博弈者也能成为最终的胜利者。

另一种枪手博弈

在枪手博弈这个模型中，仅就存活率而言，枪法最差的丙的存活率最高，枪手乙次之，枪法最好的甲的存活率最低。那么，我们重新设定一下三名枪手的命中率，看看会出现怎样的结果。

假设仍然是三名枪手，甲是百发百中的神枪手，命中率100%；乙的命中率是80%，丙的命中率是40%。枪手对决的规则不变，依然是只有一发子弹。每个枪手自然会把对自己威胁最高的人作为目标。那么甲的枪口对准乙，而乙和丙的枪口必定对准甲，没有人把枪口对准丙。

按照之前换算存活率的公式计算，会得出这样的结果：

甲的存活率=20%×60%=12%

乙的存活率=100%－100%=0

丙的存活率=100%

我们只是稍稍提高了甲和乙的命中率，结果就出现了一些变化。实力最差的丙依然具有最高的存活率，这一点没有变。存活率最低的枪手却由甲变成了乙。可见，枪手对决的条件一旦发生细微的变化就有可能导致不同的博弈结果。也就是说，在特定的规则下，枪手博弈也会以另一种形式展现出来。美国的著名政治学家斯蒂文·勃拉姆斯教授就在他的课堂上向我们展示了另一种形式的枪手博弈。

勃拉姆斯教授在美国纽约大学的政治学系任教。他在为该系研究生授课的时候，开设了一门名叫“政治科学中的形式化模拟方法”的课程。

他在课堂上挑选了3个学生，要求他们参加一个小游戏。他告诉参加游戏的三名学生，他们每个人扮演的角色都是一个百发百中的神枪手。自己是仲裁者。现在，三个枪手要在仲裁者的指导下进行多回合的较量。

第一回合：

仲裁者规定每个枪手只有一支枪和一颗子弹。这场较量获胜的条件有两个:第一，你自己要活着。第二，尽可能让活着的人数最少。

在给出这样的条件后，勃拉姆斯教授提出的问题是：当仲裁者宣布开始后，枪手要不要开枪？

针对这种决斗条件，对于3个枪手的任何一个来说，都有4种结果：自己活着，另外两个死了；死了一个枪手，自己和另一个枪手活着；另两个枪手活着，自己死了；三个人都死了。对参加决斗的任何一个枪手而言，“自己活着，别人都死了”无疑是最好的结果。当然，最差的结果就是“自己死了，别人还活着”。

那么，参加游戏的三个学生选择的答案是怎样的呢？答案是，当仲裁者一声令下后，三个学生都选择了开枪，而且开枪的目标都是另外两人中的一个。

勃拉姆斯教授对此的评价是：三个人作出的选择都是理性的选择，而且对于每个枪手来说，都是最优策略。因为根据这个回合的较量规则来说，枪手的性命并没有掌握在自己手中，而是取决于另外两人。从概率的角度来说，如果选择开枪，将另外两人中的一个作为对象的话，那么，所有人中枪的概率差不多都是均等的。但是，如果选择不开枪，那么就等于自己存活的概率降低，另外两人存活的概率上升。

第二回合：

依然是这3个枪手。不过，其中一个枪手被允许率先开枪。目标随意，可以选择另外两个枪手，也可以选择放空枪。

勃拉姆斯教授让其中一个学生作出选择。这名学生的答案是:放空枪。

对于这名学生的选择，勃拉姆斯教授认为是非常理性的选择。他这样解释自己的观点，当一名枪手可以率先开枪，就会出现两种选择：

（1）放空枪。

这种选择的结果是，另外两名枪手都将把枪指向对方。因为一名枪手只有一枚子弹。当这名枪手选择了放空枪后，他对于另外两名枪手就不再具有威胁性。这样一来，对于另外两名枪手而言，两人互成威胁。所以，必然会把枪口指向对方。

当然，两人也有可能因为意识到一点。这么做的结果是两人自相残杀，双双死亡，反而让放空枪的枪手独自存活。于是，两人可能达成一种共识，都把自己的这发子弹射向放空枪的枪手，两人共存。

不过，对于这两名枪手来说，毕竟放空枪的枪手已经毫无威胁，而真正对自己构成威胁的是另一名枪手。一旦对方把子弹射向放空枪的枪手，自己的最优策略就是向对方开枪。于是，新的问题又出现了。假如两人都这么想，那么两人之前所达成的共识便会就此打破，然后进入自相残杀状态，陷入循环。

（2）选择其余任何一个人作为自己射击的目标。

这种选择的结果是，两名枪手死亡，一名枪手独活。

只要他开枪，被选作射击目标的那名枪手就会死亡。不过，一旦他射出了自己仅有的子弹后，剩下的那名枪手就会毫不犹豫地把枪口对准他。最终，他在杀死别人后，也会被剩余的那名枪手杀死。

理性的智者生存博弈

增强自我分析能力：在策略选择时，详尽的理性分析是必需的。

进行信息战：信息是做出正确选择的关键，掌握一定量的信息，才能做出有利于自己的选择。

弱化对手理性判断能力：在某些博弈中，可以通过某种策略使对方的理性能力降低，从而使自己有效地实现目标。

保存实力：当自己无法与敌人抗衡时，或没有十足获胜的把握时，保存实力是最好的策略。

所以，勃拉姆斯教授得出的结论是：“一个理性的枪手在规则允许的条件下，会选择放空枪。”

勃拉姆斯教授所演示的枪手博弈应当说是对枪手模式的一种延展。其实，无论是以何种形式出现，枪手博弈所揭示的内容都是：决定博弈结果的不是单个博弈者的实力，而是各方博弈者的策略。

当你拥有优势策略

从某种程度上来说，枪手博弈可以说是一个策略博弈。因为这种博弈的结果与博弈者的实力没有非常直接的关系，博弈者所采取的策略反而会直接影响到博弈的结果。

在博弈论中有一个概念，英文写作“Dominantstrategy”，即优势策略。那么，什么是优势策略呢？在博弈中，对于某一个博弈者来说，无论其他博弈者采用何种策略，有一个策略始终都是最佳策略，那么，这个策略就是优势策略。简单来说，就是“某些时候它胜于其他策略，且任何时候都不会比其他策略差”。

举一个简单的例子。假如你是一个篮球运动员，当你运球进攻来到对方半场的时候，遭遇了对方后卫的拦截。你的队友紧跟在你的后面，准备接应。于是，你和队友一起与对方的后卫就形成了二对一的阵势。此时，你有两种解决方法。一是与对方后卫单打独斗，带球过人。二是与队友配合，进行传球。

那么，这两种做法就是可供你选择的策略。先看第一种，与对方后卫单对单，假如你运球和过人的进攻技术比对方的防守技术要好，那么，你就能赢过对方。假如对方的防守技术比较厉害，那么就有可能从你手中将球断掉。如果从这个角度来说，这个策略的成功概率只有50%。

再看第二种，你和队友形成配合。很显然，你和队友在人数上已经压倒了对方，而且两人配合变化频繁。采用这个策略，就会使你突破对方的防守获得很高的成功率。而且，无论对方做出怎样的举动，都无法超越这个策略所达到的效果。所以，“把球传给队友，形成配合”就是你的优势策略。

不过，关于优势决策需要强调一点：“优势策略”中的“优势”意思是对于博弈者来说，“该策略对博弈者的其他策略占有优势，而不仅是对博弈者的对手的策略占有优势。无论对手采用什么策略，某个参与者如果采用优势策略，就能使自己获得比采用任何其他策略更好的结果”。

下面，我们以经典案例《时代》与《新闻周刊》的竞争为例，来对“优势策略”的上述情况进行说明。

《时代》和《新闻周刊》都是一周一期的杂志。作为比较知名的杂志，这两家杂志社都有固定的消费者。不过，为了吸引通过报摊购买杂志的那些消费者，每一期杂志出版前，杂志社的编辑们都要挑选一件发生在本周内，比较重要的新闻事件作为杂志的封面故事。

这一周发生了两件大的新闻事件：第一件是预算问题，众参两院因为这个问题争论不休，差点儿大打出手。第二件是医学界宣布说研制出了一种特效药，对治疗艾滋病具有一定的疗效。

很显然，这两条新闻对公众而言，都非常具有吸引力。那么，这两条大新闻就是封面故事的备选。此时，两家杂志社的编辑考虑的问题是，哪一条新闻对消费者的吸引力最大，最能引起报摊消费者的注意力。

假定所有报摊消费者都对两本杂志的封面故事感兴趣，并且会因为自己感兴趣的封面故事而购买杂志。那么，会存在两种情况：

第一种，两家杂志社分别采用不同的新闻作为封面故事。那么，报摊上的杂志消费者就可以被分为两部分，一部分购买《时代》，一部分购买《新闻周刊》。其中，被预算问题吸引的消费者占35%，被艾滋病特效药吸引的占65%。

选择优势策略，隐藏劣势策略

优势策略是指我们的这个策略相对于我们的其他策略占有优势，而不是相对于对手的策略占有优势。

第二种，两家杂志社的封面故事采用了同一条新闻。那么，报摊上的杂志消费者会被平分为两部分，购买《时代》和《新闻周刊》的消费者各占50%。

在这种情况下,《新闻周刊》的编辑就会作出如下的推理：

（1）如果《时代》采用艾滋病新药作封面故事，而自家的封面故事采用预算问题，那么，就可以因此而得到所有关注预算问题的读者群体，即35%。

（2）如果两家的封面故事都是治疗艾滋病的新药，那么，两家共享关注艾滋病新药的读者群体，即32.5%。

（3）如果《时代》采用预算问题，而自家选用艾滋病新药，那么，就可以独享关注艾滋病新药的读者，即65%。

（4）如果两家都以预算问题为封面故事，那么，共享关注预算的读者群，即12.5%。

在上述分析的4种结果中，如果仅从最后的数据来看，第三种情况给《新闻周刊》带来的利益更大。但是,《新闻周刊》的编辑不知晓《时代》的具体做法。这就存在两家选用同一封面故事的可能。如果《新闻周刊》选用艾滋病新药的消息后，一旦《时代》也选用同样的新闻，那么《新闻周刊》可以获得的利益就由65%降至32.5%。所以，对于《新闻周刊》来说，无论《时代》选择两条新闻中的哪一条作为自己的封面故事，艾滋病新药这条新闻都是《新闻周刊》最有利的选择。所以,《新闻周刊》的优势策略就是第二种方案。

根据这些分析，我们可以得出这样的结论：当博弈情况比较复杂的时候，每个博弈者都会拥有不止一个策略，会出现几个可供选择的策略。那么，博弈的参与者就可以从中挑选出一个无论在任何情况下都对自己最有利的策略，这个策略就是该博弈者的优势策略。

博弈者都拥有各自优势策略的情况并非是常态。在博弈中也会存在只有某一个博弈者的决策优于其他博弈者决策的情况。那么，在这种博弈情况下，博弈者应该采取怎样的行动呢？

仍然以《新闻周刊》和《时代》之间的竞争为例。在案例原有的条件基础上，再设定两个条件：条件一，两家杂志的封面故事选择了同一条新闻。条件二，报摊消费者比较喜欢《新闻周刊》的制作风格。

在第一个假定条件的作用下，我们根据上面的分析，可以得知两家的最优决策依然都是选择艾滋病新药，两家各分得32.5%的消费者，实现共赢。不过，加上第二个假设条件后,《新闻周刊》和《时代》之间的博弈情况就发生了变化，两家杂志在选用同样封面故事的时候，在对占有消费者的份额上出现了差别。

假设选择购买《新闻周刊》的消费者是消费全体的60%，购买《时代》的消费者是40%。那么，选用艾滋病新药作为封面故事就不再是《时代》杂志的优势策略了。对于《时代》来说，自己此时的优势策略则是选择预算问题作为封面故事。

在这种情况下，博弈双方的优势策略就不再与对方无关，而是要根据对方的优势策略来制定自己的优势策略。

就像上文所述，选择艾滋病新药依然是《新闻周刊》的优势策略。那么,《新闻周刊》的编辑们必定会以这条消息作为封面。与此同时,《时代》的编辑们通过分析，可以确定《新闻周刊》的具体选择。于是,《时代》就可以根据这一分析结果，结合自己的实际情况，选择预算问题作为封面故事，为自己赢得关注预算问题的消费者。

此时,《新闻周刊》和《时代》之间的博弈就不再是同步博弈，而是转变成了博弈者相继出招的博弈。由于博弈者之间的情况已经发生了变化，所以博弈者此时就要非常慎重，要结合当时博弈的具体情况，重新评估自己的优势策略。

假如自己已经知晓了对方采用的策略，那么根据对方可能会采取的策略，所制定出的具有针对性的应对策略就是你的优势策略。

根据对方的策略制定自己的最优策略

如果博弈者只有一方占有优势的话，那么另一方的优势策略，就是根据对方的策略制定属于自己的最优策略。

出击时机的选择

通过枪手博弈，我们了解到在关系复杂的博弈中，博弈者采用的策略将会直接影响博弈的结果。所以，枪手博弈可以看作是一种策略博弈。

对于策略博弈来说，最显著的特点就是博弈的情况会根据博弈者采取的策略而发生变化。博弈者为了获得最终的胜利，彼此之间会出现策略的互动行为。这就导致博弈者所采用的策略与策略之间，彼此相互关联，形成“相互影响、相互依存”的情况。

向前展望，向后推理

在通常情况下，这种策略博弈有两种形式。一种是“simultaneous-movegame”，即同时行动博弈。在这种博弈中，博弈者往往会根据各自的策略同时采取行动。因为博弈者是同时出招，博弈者彼此之间并不清楚对方会采用何种策略。所以，这种博弈也被称作一次性博弈。

很多人都读过美国作家欧·亨利的短篇小说《麦琪的礼物》。故事讲述了一对穷困潦倒的小夫妻之间相互尊重、相互关心的爱情故事。

在这个故事中，妻子和丈夫可以分别被看作是参与博弈的双方。双方的目的是准备一份最好的圣诞礼物。于是，妻子和丈夫都开始制定各自的行动策略。妻子的策略是出卖自己的长发。丈夫的策略是出卖自己祖传的金表。两人交换礼物就相当于同时出招，在此之前，妻子不知道丈夫的策略，丈夫也不知道妻子的策略。当两人同时拿出礼物后，博弈结束。

策略博弈的另一种形式是“sequential game”，即序贯博弈，也被称作相继行动的博弈。棋类游戏是这种博弈形式最形象也最贴切的表现。

拿围棋来说，两个人一前一后，一人一步地进行博弈。通常情况下，我们在走自己这步棋的时候，就在估算对方接下来的举动，然后会思考自己如何应对。就这样一步接一步地推理下去，形成一条线性推理链。

简而言之，对于参与序贯博弈的博弈者来说，制定策略时需要“向前展望，向后推理”。就像《孙子兵法》中所说的，“势者，因利而制权也”。要根据对方的决策，制定出对自己有利的策略。

商家在进行博弈的时候，经常采用的策略就是在价格上做文章。《纽约邮报》和《每日新闻》两家报纸就曾经在报纸售价上进行过一场较量。

在较量开始前，《纽约邮报》和《每日新闻》单份报纸的售价都是40美分。由于成本的增加，《纽约邮报》决定把报纸的售价改为50美分。

《每日新闻》是《纽约邮报》的主要竞争对手，在看到《纽约邮报》提高了单份报纸的售价后，《每日新闻》选择了不调价，每份报纸仍然只售出40美分。不过，《纽约邮报》并没有立即作出回应，只是继续观望《每日新闻》接下来的举动。《纽约邮报》原以为要不了很长时间，《每日新闻》必定会跟随自己也提高报纸的售价。

出乎意料之外的情况是，《纽约邮报》左等右等，就是不见《每日新闻》做出提高售价的举动。在此期间，《每日新闻》不仅提高了销量，还增添了新的广告客户。相应地，《纽约邮报》因此造成了一定的损失。

于是，《纽约邮报》生气了，决定对《每日新闻》的做法予以回击。《纽约邮报》打算让《每日新闻》意识到，如果它不能及时上调价格，与自己保持一致的话，那么，自己就要进行报复，与其展开一场价格战。

不过，稍有商业知识的人都知道，如果真的展开一场价格战，即便能够压倒对方，达到自己的目的，自己也要付出一定的代价。最危险的结果会是双方都没占到便宜，反而让第三方获益。经过再三思量,《纽约邮报》采取的策略是把自己在某一地区内的报纸售价降为了25美分。

你没有优势策略，又该怎么办呢

如果博弈者拥有优势策略，那么就可以完全不必顾忌其他对手，只要按照优势策略采取行动就好。但是，如果你没有优势策略，又该怎么办呢？

首先，站在对方的角度上进行分析，确定对方的最优策略。

然后，根据对方的优势策略，你就可以选择把自己的劣势策略先排除。

在排除劣势策略的过程中，就可以使博弈情况得到简化。在简化的过程中，你也许会找到对自己有利的策略。

博弈的实际情况可能会更为复杂，但是掌握其中的一些规律，往往会有利于我们应对具体的博弈情况，有据可循。

这是《纽约邮报》向《每日新闻》发出的警告信号，目的是督促对方提高售价。这种做法非常聪明，既让对方感到了自己释放出的威胁，又把大幅度降价给自己带来的损失降到了最低程度。

《纽约邮报》的做法收效非常明显，在短短几天内该地区的销量就呈现出成倍的增长。最重要的是，《纽约邮报》的这一做法很快就达到了自己的最终目的。《每日新闻》把报纸的售价由40美分提高到50美分。

对于《每日新闻》来说，当《纽约邮报》提高售价时，自己采取保持原价的策略本身就带有一定的投机性。目的就是想利用这个机会，为自己挣得更多的利益。此时，《纽约邮报》在地区范围施行的售价明显低于报纸的成本。假如自己仍然坚持不提价的话，自己的利益会遭到长时间的损害。假如自己对《纽约邮报》的做法予以回应，也会损害到自己的利益，加之提价对于自己并没有实质性的损害，只是与《纽约邮报》的竞争回到了原来的起点。所以，选择提价是《每日新闻》最好的选择。

其实，无论是博弈者同时出招的一次性博弈，还是博弈者相继出招的序贯博弈，博弈者都要努力寻找对自己最有利的策略。

胜出的不一定是最好的

1894年，中日之间爆发了著名的甲午海战，日本海军全歼北洋水师。清政府被逼向日本支付巨额的赔款，并割让领土委屈求和。清政府的财政就此崩溃，开始向西方大国借债度日。

当时，由于“天朝大国”美梦的破灭，举国上下都充斥着失望悲观的情绪。清政府的高层也出现了权力更迭。李鸿章由于在甲午海战中的“指挥不力”而被免职。

李鸿章是朝廷中洋务派的代表人物，他自1870年出任直隶总督后就开始积极推动洋务运动。可以说，北洋舰队就是李鸿章一手建立起来的。他的免职直接导致了北洋舰队无人掌控的局面。

当时的北洋舰队可谓是军事、洋务和外交的交汇点。谁能执掌北洋舰队，就等于进入了清政府的权力核心。因此，保守派和洋务派在朝堂上因为这个职位的人选，争执不休，吵得面红耳赤。

最终，继任这一职位的是王文韶。为什么一个名不见经传的云贵总督能够接受这么一个让人眼红的职位呢？

首先，接受北洋舰队的人必须是军人出身。如果此人不懂军事，怎么能管理一个舰队呢？王文韶当时的职位是云贵总督，领过兵打过仗。其次，掌管北洋舰队，就免不了要和外国人打交道。因此，此人不能不通外交事务。王文韶曾在总理衙门工作过，对外交事物还算熟悉。第三，保守派和洋务派都认可此人。在为官之道上，王文韶最擅长的就是走平衡木。他本人与代表革新派的翁同龢关系非同一般，又与代表洋务利益的湘军淮军一直保持着良好的关系。此外，由于他会做事，慈禧太后对他的印象也不错。

就这样，王文韶击败了众多才能出众、功高势大的官员，获得了北洋大臣的职位，成为了朝廷新贵。

如果联系枪手博弈的情况，我们会发现王文韶就相当于那个存活概率最高的枪手丙。所谓“两虎相争必有一伤”，以慈禧太后为首的保守派和以皇帝为首的革新派相互倾扎。即便在分属于这两个阵营中的大臣中，有人比王文韶更有才能，比他更适合接任这一职位，也会在两派相争中失去资格。这就让左右逢源的王文韶捡了一个大便宜。

就像枪手博弈中，最有机会活下来的不是枪法最好的甲那样，有些时候，博弈的最终胜出者未必是博弈参与者中实力最好的那一个。

在复杂的多人博弈中，最后胜出的人必定是懂得平衡各方实力、善于谋略的人。就像枪手博弈中的枪手丙，当他具有率先开枪的优势时，他选择了放空枪或是与枪手乙联合，才使自己保住了性命。如果他不懂得谋略，直接向枪手甲开枪，那么就有可能被枪手乙杀死。这一点在军事斗争中体现得尤为明显。

聪明的胜出者：坐山观虎斗

坐山观虎斗是一种置身事外的人生智慧，是不可或缺的决胜武器。面对不止一个对手时，切不可操之过急，免得反而促成他们联手对付自己。这时最正确的方法就是静观不动，等待适当的时机时再出击。

山上的人就是等着收渔人之利的人。

两只打得不可开交的老虎就像是两个大企业。

博弈的精髓在于参与者的策略互相影响、互相依存。对于我们而言，无论对方采取何种策略，我们都应该采取最优策略。

民国初年，广西境内军阀势力混杂，在经过几年权力洗牌后，主要存在着三股军阀势力。三方互为掎角，形成对立之势。这三股势力分别是：陆荣廷、沈鸿英和李宗仁。三方在兵力上的差距不大。其中，陆荣廷有将近4万人马，沈鸿英的军队有两万多人。李宗仁在与黄绍竑联合后，在兵力上基本与沈鸿英打个平手。

势力最大的陆荣廷打算统一广西，决定先除去沈鸿英。1924年年初，陆荣廷率领精锐部队近万人北上，进驻桂林城外。沈鸿英在察觉到陆荣廷的企图后，立即赶往桂林截击。双方就这样，在桂林城外展开激战。这一仗打了三个月，双方都死伤惨重，谁也没占着便宜。在这种情况下，陆荣廷和沈鸿英都表示出和解的意向。

在陆沈相争之时，李宗仁则是坐山观虎斗，时刻注意着两人的战况。当了解到双方打算和解的时候，李宗仁意识到自己的机会来了。他的想法是：如果两人和解，就会出现两种可能。一是陆沈二人各回各的地盘，广西的局势依然是三足鼎立。二是两人联手后，转而对自己下手。如果是第一种情况，自己就可以按兵不动，静观其变。但是，两人合作后，攻击自己的可能性很大。那么，自己就要趁着陆沈二人元气尚未恢复之机，率先下手。

于是，李宗仁立刻召集白崇禧和黄绍竑就这一情况进行商讨。白崇禧和黄绍竑都表示同意李宗仁的观点。接下来，问题的关键就在于先打谁，是陆荣廷还是沈鸿英。李宗仁从道义的角度出发，认为应当先攻打沈鸿英。白崇禧和黄绍竑则从战略意义出发，认为应当趁陆荣廷后方空虚之际，先攻打南宁，吃掉陆荣廷的地盘。经过协商，三人最终制定了出击顺序，依照“先陆后沈”的原则，先攻击陆荣廷。

1924年5月，李宗仁和白崇禧兵分两路，分别从陆路和水陆向南宁方向进攻。一个月后，两路人马在南宁胜利会师。而后，李忠仁等人成立定桂讨贼联军总司令部，打着讨伐陆荣廷残部的旗号，陆续铲除了沈鸿英、谭浩明等广西军阀。至此，李忠仁完成对广西的统一，成为了国民党内部桂系军阀的首领。

李宗仁能够赢得最后的胜利，顺利统一广西，最关键的因素就是他选择了正确的攻击顺序。在李、陆、沈三人的军事实力中，陆荣廷的实力显然是最强的。李宗仁和沈鸿英的实力相当。陆荣廷和沈鸿英在鏖战了三个月后，双方互有损伤。对于在一旁观战，实力毫发未损的李宗仁来说，沈鸿英此时的实力已经弱于自己。如果先攻击沈鸿英，李宗仁在实力上占有一定的优势。不过，陆荣廷离开自己的老巢南宁，跑到桂林与沈鸿英交战。此时，如果能“联弱攻强，避实击虚”，就可以让陆荣廷失去立足之地。假设李宗仁先攻击沈鸿英，即使取胜，也必定会消耗自己的实力，同时给陆荣廷以喘息的机会。到那时就有可能形成李、陆对立之势，依然无法统一广西。根据当时的情况，“先陆后沈”是李宗仁行动的最佳策略。李宗仁也正是因为采取了这一攻击顺序，成为了最终的赢家。

所以说在复杂的多人博弈中，只要策略得当，最终的胜出者不一定是实力最强的博弈者。因为决定胜负的因素很多，实力是很重要的一个因素，但不是唯一的因素。

职场博弈：胜出的未必都是最强者

不要用劣势去对抗优势

我们先来看一个与军事上攻防有关的沙盘演示：

红蓝两军展开一场攻防战。红军是攻击方，兵力是两个师。蓝军是防守方，驻守某个城市的一条街道，拥有兵力3个师。

假设红蓝两军使用的装备相同，士兵的战斗素质均等，都有充足的后勤保障。在交战过程中，不得再对军队进行作战单位上的分割。也就是说，取消师以下的作战单位，双方的最小作战单位就是师。在这种假设条件下，就使得红蓝双方在最小作战单位内具有相同的战斗力。

既然双方在最低作战单位内的战斗力没有差别，那么胜负就将取决于两军对垒时的人数，即双方一旦遭遇，人数多的一方获胜。这场攻防演示的胜负标准就是防线的归属，也就是说，红方突破蓝方的防线，红方胜。蓝方守住防线，蓝方胜。

蓝方的防守目标是一条街道，有A和B两个出口。红蓝双方的攻防方向就将集中在这两个出口上。

先来分析红方的进攻战略，共有3种：

（1）两个师集中从A口向蓝方防线进攻。

（2）从两个出口同时进攻，一个师进攻A出口，另一个师进攻B出口。

（3）两个师集中向B出口的蓝方防线进攻。

再来看看蓝方的防守策略，共有4种：

（1）三个师集中防守A出口。

（2）两个师防守A出口，一个师防守B出口。

（3）一个师防守A出口，两个师防守B出口。

（4）三个师集中防守B出口。

接下来，我们需要采用排列组合的方式，将双方的攻防策略组合在一起，总共有3种可能：

第一种：红方两个师，集中向A出口的蓝方防线进攻。蓝方4种防守策略对应的结果是：

A. 蓝方集中所有兵力防守A出口，蓝方胜。

B. 蓝方两个师防守A出口，一个师防守B出口，蓝方胜。

C. 蓝方一个师防守A出口，两个师防守B出口，红方胜。

D. 蓝方所有兵力集中防守B出口，红方胜。

第二种：红方一个师向A出口的蓝方防线进攻，另一个师向B出口的蓝方防线进攻。与第一种情况的顺序一样，对应的结果分别是：红方胜、蓝方胜、蓝方胜、红方胜。

第三种：红方集中两个师，来向B出口进攻。同样地，蓝方4种防守策略对应的结果是：第一个策略，红方胜；第二个策略，红方胜；第三个策略，蓝方胜；第四个策略，蓝方胜。

根据上述分析的结果，可以看出，无论红方选择3种策略中的哪一种，与蓝方4种防守策略组合的结果都是两胜两负。也就是说，红方采取任何一种策略，取胜的概率都是50%。可以说，红方在这场攻防博弈中没有劣势策略。

不过，在蓝方的4种防守策略中却存在劣势策略。我们可以罗列出蓝方4种策略对应的双方胜负结果：

第一种策略：1胜2负；

第二种策略：2胜1负；

第三种策略：2胜1负；

第四种策略：1胜2负。

从上面罗列出的结果，我们可以清楚地看到，当蓝方采用第一种和第四种策略的时候，与红方交手的胜算只有1/3。第二种和第三种策略的胜算则有2/3。蓝方采用第二和第三种策略的结果，明显好于第一和第四种策略。很显然，第一和第四种策略就是蓝方的劣势策略。

依照这种分析，蓝方必定会排出自己的劣势策略，即舍弃第一和第四种策略。如此一来，双方的博弈情况将得到简化：

第一，红方采用第一种策略，如果蓝方采用第二条策略应对，结果是蓝方胜；如果蓝方采用第三条策略应对，结果是红方胜。

第二，红方采用第二种策略，如果蓝方采用第二条策略应对，结果是蓝方胜；如果蓝方采用第三条策略应对，结果是蓝方胜。

第三，红方采用第三种策略，如果蓝方采用第二条策略应对，结果是红方胜；如果蓝方采用第三条策略应对，结果是蓝方胜。

在简化后的对决中，蓝方的劣势策略消失了，红方则出现了一个劣势策略，即第二种策略，兵分两路的进攻策略。根据分析的结果，红方如果采取这一策略，将毫无取胜的可能。

在这种情况下，红方必定会舍弃第二种策略，博弈情况就得到了再一次的简化：

第一，红方集中两个师进攻A方向，如果蓝方两个师防守A方向，一个师防守B方向，那么蓝方胜；如果蓝方一个师防守A方向，两个师防守B方向，那么红方胜。

第二，红方两个师集中向B方向进攻，如果蓝方两个师防守A方向，一个师防守B方向，那么红方胜；如果蓝方一个师防守A方向，两个师防守B方向，那么蓝方胜。

此时，红蓝双方取胜的概率都是50%。按理说，红方在兵力上处于劣势，胜算应该小于蓝方。这是怎么回事呢？

我们知道，当你拥有一个劣势策略时，要尽量规避，采取略优于它的策略。对于红方来说，它在总兵力上就弱于蓝方，兵分两路必然会导致兵力的分散，即意味着用自己的劣势策略来应对蓝方。从最简化的博弈情况中，我们可以清楚地看到，红方只要集中自己的兵力，就可以在面对采用优势策略的蓝方面前，争得50%的胜算。

这个攻防博弈源自美国普林斯顿大学“博弈论”课中的一道练习题，它向我们清晰地演示了博弈中“以弱胜强”的情况。只要规避自己的劣势策略，避免自己的劣势与对手的优势相抗衡。作为弱者，只要整合自己的资源，集中自身的优势，加上适当的策略，仍然有可能在博弈中掌握主动权。

公元383年，七月，秦王苻坚自恃国强兵众，一心向南扩张，急欲灭东晋，统一天下。苻坚不听群臣劝阻，下诏伐晋：命丞相、征南大将军符融督统步骑25万为前锋，直趋寿阳（今安徽寿县）；命幽州、冀州所征兵员向彭城（今江苏徐州）集结；命姚苌督梁、益之师，顺江而下；苻坚亲率主力大军由长安出发，经项城（今河南沈丘）趋寿阳。

几路大军，合计百余万人，“东西万里，水陆并进”，大有席卷江南，一举扫平东晋之势。

面对前秦军队的攻势，东晋也做了下列防御部署：丞相谢安居中调度；桓冲都督长江中游巴东、江陵等地兵力，控扼上游；谢石为征讨大都督，谢玄为前锋都督，率北府兵8万赶赴淮南迎击秦军主力。

十月十八日，苻坚之弟符融率前锋部队攻占寿阳，俘虏晋军守将徐元喜。与此同时，秦军慕容垂率部攻占了郧城（今湖北郧县）。奉命率水军支援寿阳的胡彬在半路上得知寿阳已被符融攻破，便退守硖石（今安徽凤台西南），等待与谢石、谢玄的大军会合。符融又率军攻打硖石，结果惨败。晋军士气大振，乘胜直逼淝水东岸。

此时，苻坚登寿阳城头，望见晋军布阵严整，见城外八公山上于秋风中起伏的草木，以为是东晋之伏兵，始有惧色。由于秦军逼淝水而阵，晋军不得渡河，谢玄便派人至秦方要求秦军后撤一段距离，以便晋军渡河决战。

此时，苻坚心存幻想，企图待晋军半渡，一举战而胜之，所以答应了这个要求。不料，秦军此时已军心不稳，一听后撤的命令，便借机奔退，由此而不可遏止。朱序等人又在阵后大喊：“秦军败矣。”秦军后队不明前方战情，均信以为真，于是争相奔溃，全线大乱。晋军乘势追杀，大获全胜，符融战殁，苻坚狼狈逃归，前秦损失惨重。

优劣势的博弈

人们都知道，当你拥有一个优势策略时就要毫不犹豫地采用它。

当你拥有一个最优策略时，就更不要麻痹大意，小心对手运用你的策略来反击你，不要忽视对手的力量。

当你拥有的是劣势策略时，要尽量规避，采取略优于它的策略。

永远不要放弃！即便是一个弱者，只要不放弃，默默地积蓄力量，在机会来临时，果断出击，赢得自己的人生博弈！

淝水之战是中国历史上著名的“以少胜多，以弱胜强”的战例。与实力强大的前秦相比，东晋的军事实力明显要弱小得多。我们可以简单分析一下这场战争。

第一，前秦的军队号称百万。东晋只有不到10万人。兵力差距悬殊。但是前秦刚刚统一北方，兵力多用来驻守城镇，兵力散落，无法在短时间内聚集。

第二，前秦政权在统一北方的过程中，消灭了不少其他民族的政权，国家内部各种矛盾复杂。人心不齐，国家内部不够稳定。

第三，苻坚犯了轻敌的用兵大忌，又产生了畏敌情绪。

反观东晋，国内局势稳定，国民凝聚力强。东晋先是击败了符融，以一场胜利为自己的军队鼓舞了士气。然后，趁前秦军队的主力还没到达前，以自己战斗力最强的北府兵与之对决。运用策略得当。利用前秦军队人心不齐的情况，施以计谋，导致对方军心不稳，自乱阵脚。可以说，东晋恰恰是因为避开了对方的锋芒，整合自己的优势，集中攻击对方的劣势，最终以少胜多，战胜了前秦军队。

置身事外的智慧

在我们的现实生活中，假如你的两个朋友甲和乙，因为一些小事发生了争执，双方都不服输、互不相让，眼看着两人要因为这场争执由朋友变成仇人。此时，他们要求你来对这场争执作出裁决，你要怎样解决这场冲突呢？

针对朋友之间相持不下的争执，最好的解决方法就是：首先，给两人找一个缓和的“台阶”，让两个人先恢复心平气和的状态。等两个人都冷静了，再来谈论谁对谁错的问题。假如你一开始就明确地指出谁对谁错，不但不能很好地解决问题，甚至还会导致两人的争斗升级，同时失去两人的友情。

为什么这么说呢？道理很简单，如果你说甲是对的，他的确会对你心存感激，但是事后他又会对你心生埋怨，认为如果当时你不这样做的话，他和乙之间就不会彻底反目成仇。而对于乙来说，在朋友面前被认定自己是错的，必然会伤及他的脸面，让他下不来台，还有可能伤害到乙的自尊。他自然也会对你心存不满。反之亦然。

所以说，在处理这类事情的时候，做一个正直的“裁判”反而会起到费力不讨好的效果。由此我们就能够理解为什么“和事老”能够得到众人欢迎了。其实，“和事老”这个角色在某种程度上也体现了一种置身事外的处世智慧。

通常情况下，我们会瞧不起那种将自己置身事外，“双手不沾泥”的人。他们的立场左右摇摆不定，让人无法得知他们的真实目的。所以，我们会认为这种人表面上摆出一副谁都不得罪的样子，实则非常虚伪、假清高，常常对持有这种态度的人深恶痛绝。但事实上，当这种“置身事外”被运用到特定的博弈环境中时，就成为了一种绝佳的博弈策略。

例如，仅就枪手博弈的博弈环境而言，我们必须承认“置身事外”是实力最弱的那名枪手的最优策略。当两方进入你死我活的博弈状态时，假如第三方让自己尽量保持一种“置身事外”的态度，那么就会形成一种威胁，让对峙的双方产生防备心理。如此一来，第三方就能为自己在博弈中增加分量，占据一定的优势，提高博弈成功的几率。

俗话说：“螳螂扑蝉，黄雀在后。”假如不去细究三者在实力上所存在的差距，黄雀采取的就是“置身事外”的策略。这样的情况无论是在文学作品中还是现实生活中都十分常见。

河畔的石头上蹲着一只正在觅食的青蛙，刚好碰到一只小老鼠从河边经过。青蛙心想，要是能把小老鼠骗到水里，自己的午饭就有着落了。却不知，小老鼠的想法和青蛙一样。小老鼠也打算把青蛙从水里骗上来，成为自己的午餐。双方都在处心积虑地想着如何实现自己的想法。

终于，青蛙先行动了。它对小老鼠说，下来吧，我要请你吃大餐。小老鼠闻言，想了想，回答说，非常感谢你的邀请，但是我不会游泳，这可怎么办呢?

后来，青蛙向小老鼠提议拿一根水草把彼此绑在一起。青蛙是这样打算的，水草的一头绑在自己的身上，另一头绑在小老鼠的身上，这样自己就可以把小老鼠拉下水了。小老鼠对这个建议表示同意，因为它觉得这种方法对自己有利，一旦绑在了一起，自己就可以通过水草把青蛙从水里拖出来。

于是，青蛙和小老鼠在分别绑好水草后，一个在岸上使劲儿拉，一个在水里奋力游，两者开始了一场水陆拔河比赛。

青蛙没想到小老鼠会和自己采用同样的策略，小老鼠低估了青蛙的力气。两者就这样僵持着，谁也奈何不了对方。更让双方没想到的是，早有一只老鹰潜伏在不远处，盯着它们的动静呢。最终，青蛙和小老鼠都变成了老鹰的午餐。

所以说，在博弈中，如果能够“置身事外”，做个冷静的旁观者，不仅能保存自己的实力，还有机会坐收渔翁之利。

在现实生活的博弈中,“置身事外”的表现方式有很多种。保持低调和低姿态就是其中典型的方式之一。

我们知道，秦始皇陵兵马俑被称作世界第八大奇迹。那些两千多年前制作的军士陶俑，体型接近真人的比例。古代的艺术家根据陶俑所代表的不同军种和官职差别，采用写实的手法，使其拥有了情感和灵魂。他们或手持矛戈、严阵以待，或手持缰绳、待命欲发，组成了由千百个被赋予了“内在灵魂和精神”、生机勃勃的陶俑构成的军阵。

在神态各异的陶俑中，有一尊以单膝跪地的准备发射弓箭的陶俑。它被称作“跪射俑”，是秦始皇兵马俑中的精品。陶俑上身直立，右膝着地，左膝曲蹲，右膝、右足尖和左足作为3个支点，成为身体的支撑。跪射是古人射箭的一种姿势。这种姿势重心低，利于射箭者保持稳定，而且，因为在高度上比其他姿势低，更利于防守或是设伏时突然出击。这类型的陶俑大多双目直视前方，眼睛中散发出的英气和肃穆的神情，仿佛在告诉后人当年秦始皇统一天下的决心和气势。

这种陶俑被安置在多兵种共存的军阵中。不过，在被考古学家发掘出来时，这种跪射俑周围的陶俑因各种原因，俑身都遭到了不同程度的损毁，唯独跪射俑保存完好。这是什么原因呢?

原因就是跪射俑的“低姿态”。原来，该陶俑军阵中，跪射俑不仅处于军阵的中心地带，而且由于周围的陶俑大多是站立姿势的陶俑。跪射俑在高度上比站立兵马俑矮了近半米。所以，即使在遭遇了兵马俑坑道顶部塌陷的情况，跪射俑也会避免由此所造成的损伤。

如果结合本章开头讲过的枪手博弈，我们就不难发现，跪射俑就相当于实力最弱的那名枪手。它之所以能够最大程度地保全自己，正是因为在众多高大的站立兵马俑面前，以一种低姿态将自己“置身事外”，获得最大的存活几率。

当我们身处在三人以上的多人博弈中，如果发现自己的实力较弱，处于博弈劣势的时候，我们不必强求自己逞英雄，非要用尽全力与强敌一较高下。对于激烈的争斗来说，想尽办法以弱胜强并不是最优策略。最好的选择是让自己不陷入其中。所以说，与其以卵击石，不如选择一种低姿态，以低调的方式让自己“置身事外”，远离激烈的争斗，学会隐藏、保全自己，积蓄力量，等待一招制敌的时机。

第九章

警察与小偷博弈

警察与小偷模式：混合策略

在一个小镇上，只有一名警察负责巡逻，保卫小镇居民的人身和财产安全。这个小镇分为A、B两个区，在A区有一家酒馆，在B区有一家仓库。与此同时，这个镇上还住着一个以偷为生的惯犯，他的目标就是A区的酒馆和B区的仓库。因为只有一个警察，所以他每次只能选择A、B两个区中的一个去巡逻。而小偷正是抓住了这一点，每次也只到一个地方去偷窃。我们假设A区的酒馆有2万元的财产，而B区的仓库只有1万元的财产。如果警察去了A区进行巡逻，而小偷去了B区行窃，那么B区仓库价值1万元的财产将归小偷所有；如果警察在A区巡逻，而小偷也去A区行窃，那么小偷将会被巡逻的警察逮捕。同样道理，如果警察去B区巡逻，而小偷去A区行窃，那么A区酒馆的2万元财产将被装进小偷的腰包，而警察在B区巡逻，小偷同时也去B区行窃，那么小偷同样会被警察逮捕。

在这种情况下，警察应该采取哪一种巡逻方式才能使镇上的财产损失最小呢？如果按照以前的办法，只能有一个唯一的策略作为选择，那么最好的做法自然是警察去A区巡逻。因为这样做可以确保酒馆2万元财产的安全。但是，这又带来另外一个问题：如果小偷去B区，那么他一定能够成功偷走仓库里价值1万元的财产。这种做法对于警察来说是最优的策略吗？会不会有一种更好的策略呢？

让我们设想一下，如果警察在A、B中的某一个区巡逻，那么小偷也正好去了警察所在的那个区，那么小偷的偷盗计划将无法得逞，而A、B两个区的财产都能得到保护，那么警察的收益就是3（酒馆和仓库的财产共计3万元），而小偷的收益则为0，我们把它们计为（3,0）。

		小偷	
		A区	B区
警察	A区	（3，0）	（2，1）
	B区	（1，2）	（3，0）

如果警察在A区巡逻，而小偷去了B区偷窃，那么警察就能保住A区酒馆的2万元，而小偷将会成功偷走B区仓库的1万元，我们把此时警察与小偷之间的收益计为（2,1）。

如果警察去B区巡逻，而小偷去A区偷窃，那么警察能够保住B区仓库的1万元，却让小偷偷走了A区酒馆的2万元。这时我们把他们的收益计为（1,2）。

这个时候，警察的最佳选择是用抽签的方法来决定巡逻的区域。这是因为A区酒馆的财产价值是2万元，而B区仓库的财产价值是1万元，也就是说，A区酒馆的价值是B区仓库价值的2倍，所以警察应该用2个签代表A区，用1个签代表B区。如果抽到代表A区的签，无论是哪一个，他就去A区巡逻，而如果抽到代表B区的签，那他就去B区巡逻。这样，警察去A区巡逻的概率就为2/3，去B区巡逻的概率为1/3，这种概率的大小取决于巡逻地区财产的价值。

对小偷而言，最优的选择也是用抽签的办法选择去A区偷盗还是去B区偷盗，与警察的选择不同，当他抽到去A区的两个签时，他需要去B区偷盗，而抽到去B区的签时，他就应该去A区偷盗。这样，小偷去A区偷盗的概率为1/3，去B区偷盗的概率为2/3。

下面让我们来用公式证明对警察和小偷来说，这是他们的最优选择。

当警察去A区巡逻时，小偷去A区偷盗的概率为1/3，去B区偷盗的概率为2/3，因此，警察去A区巡逻的期望得益为7/3（1/3×3+2/3×2=7/3）万元。当警察去B区巡逻时，小偷去A区偷盗的概率同样为1/3，去B区偷盗的概率为2/3，因此，警察此时的期望得益为7/3（1/3×1+2/3×3=7/3）万元。由此可以计算出，警察总的期望得益为7/3（2/3×7/3+1/3×7/3=7/3）万元。

由此我们得知，警察的期望得益是7/3万元，与得2万元收益的只巡逻A区的策略相比，明显得到了改进。同样道理，我们也可以通过计算得出，小偷采取混合策略的总的期望得益为2/3万元，比得1万元收益的只偷盗B区的策略要好，因为这样做他会更加安全。

辨析纯策略与混合策略

在完全信息博弈中，如果在每个给定信息下，只能选择一种特定策略，这个策略为纯策略。

如果在每个给定信息下，以某种概率选择不同策略，称为混合策略。

混合策略（纯策略）

二者的关系：
- 纯策略是混合策略的特例。
- 混合策略是纯策略在空间上的概率分布。

通过这个警察与小偷博弈，我们可以看出，当博弈中一方所得为另一方所失时，对于博弈双方的任何一方来说，这个时候只有混合策略均衡，而不可能有纯策略的占优策略。

对于小孩子之间玩的“石头剪刀布”的游戏，我们应该都不会陌生。在这个游戏中，纯策略均衡是不存在的，每个小孩出“石头”“剪刀”和“布”的策略都是随机决定的，如果让对方知道你出其中一个策略的可能性大，那么你输的可能性也会随之增大。所以，千万不能让对方知道你的策略，就连可能性比较大的策略也不可以。由此可以得出，每个小孩的最优混合策略是采取每个策略的可能性是1/3。在这个博弈中,“纳什均衡”是每个小孩各取3个策略的1/3。所以说，纯策略是参与者一次性选取，并且一直坚持的策略；而混合策略则不同，它是参与者在各种可供选择的策略中随机选择的。在博弈中，参与者并不是一成不变的，他可以根据具体情况改变他的策略，使得他的策略的选择满足一定的概率。当博弈中一方所得是另一方所失的时候，也就是在零和博弈的状态下，才有混合策略均衡。无论对于博弈中的哪一方，要想得到纯策略的占优策略都是不可能的。

在很多国家，纳税人和税务局之间的关系也属于警察与小偷博弈。那些纳税人总有这样一种心理，认为逃税要是被抓到，必然要交罚款，有时候还得坐牢；但如果运气好，没有被抓到，那么他们就可以少缴一点税。在这种情况下，理性的纳税人在决定要不要逃税时，一定会考虑到税务局调查他的概率有多高。因为税务局检查逃税要付出一定的成本，而且这成本还很高。一般来说，税务局不会随便查一个纳税人的账，只有在抓逃税漏税和公报私仇的时候，才会下血本严查。所以，纳税人和国税局便形成了警察与小偷博弈。税务局只有在你会逃税的情况下才会查税，而纳税人只有在不会被查的情况下才会想到逃税。因此，最好的选择就是随机，老百姓有时候逃税，有时候被查税。所以，像警察与小偷博弈一样，纳税人不可能让税务局知道自己的选择。如果哪个乖乖缴税的纳税人因不满国税局的检查而写信解释，认为他们不应该来调查，那么他们会得到什么结果呢？答案是国税局仍然像以前一样查他。同理，如果哪个纳税人写信通知国税局，说自己在逃税，那么国税局可能都会相信，但发出这种通知对纳税人来说多半不是最好的策略。因为在警察与小偷博弈中，每个人都会千方百计隐瞒自己的做法。

防盗地图不可行

通过警察与小偷博弈可以看到，并不是所有博弈都有优势策略，无论这个博弈的参与者是两个人还是多个人。

2006年年初，杭州市民孙海涛在该市各大知名论坛上建立电子版“防小偷地图”一事引起了人们的普遍关注。这张电子版的“防小偷地图”是一个三维的杭州方位图，杭州城的大街小巷以及商场建筑都能够在这张图上找到。如果需要，网民们还通过点击标注的方式放大某个路段、区域。最令人称道的是，人们想要查寻杭州市哪个地区容易遭贼，只需要点开这个地图的网页，轻轻移动鼠标就可以一目了然。这张地图自从问世以来，吸引了网民大量的点击率。

虽然地图上已经标注了很多容易被盗的地点，但是为了做到“与时俱进”，于是允许网民将自己知道的小偷容易出现的地方标注到里面。短短3个月的时间，已经有40多名网民在这张地图上添加新的防盗点。网友们将小偷容易出现的地段标注得特别详细，甚至还罗列出小偷的活动时间、作案惯用手段等信息。

正当网民们为“防小偷地图”而欢呼雀跃的时候,《南京晨报》却发出了不同的声音。《南京晨报》的一篇文章十分犀利地写道：“为何没有‘警方版防偷图’？”这个问题无异于一盆冷水，一下子浇醒了那些热情洋溢的网民。按道理说，警察对小偷的情况必定比普通市民了解得更多，可是他们为什么没有设计出一个防偷地图保护广大市民的财产安全呢?

《时代商报》发表的评论文章对此作出了解答。文章指出，如果警方公布这类地图，那么很有可能会弄巧成拙。由于不知道谁是小偷，所以当市民看到这类地图的时候，小偷也会看到，这样小偷自然就不会再出现在以前经常出现的地方，而是转移战场，到别的地方去作案。

这篇文章所说的有一定道理，虽然不够深入与全面。

为了能够更好地理解这个问题，请看下面两个房地产开发商的例子。

假设昆明市的两家房地产公司甲和乙，都想开发一定规模的房地产，但是昆明市的房地产市场需求有限，一个房地产公司的开发量就能满足这个市场需求，所以每个房地产公司必须一次性开发一定规模的房地产才能获利。在这种局面下，两家房地产公司无论选择哪种策略，都不存在一种策略比另一种策略更优的问题，也不存在一个策略比另一个策略更差劲儿的问题。这是因为，如果甲选择开发，那么乙的最优策略就是不开发；如果甲选择不开发，则乙的最优策略是开发。同样道理，如果乙选择开发，那么甲的最优策略就是不开发；如果乙选择不开发，则甲的最优策略是开发。

从矩阵图中，可以清晰地看到，只有当甲乙双方选择的策略不一致时，选择开发的那家公司才能够获利。

		甲	
		开发	不开发
乙	开发	（0，0）	（1，0）
	不开发	（0，1）	（0，0）

按照“纳什均衡”的观点，这个博弈存在着两个“纳什均衡”点：要么甲选择开发，乙不开发；要么甲选择不开发，乙选择开发。在这种情况下，甲乙双方都没有优势策略可言，也就是甲乙不可能在不考虑对方所选择的策略的情况下，

只选择某一个策略。

在有两个或两个以上“纳什均衡”点的博弈中，谁也无法知道最后结果会是怎样。这就像我们无法得知到底是甲开发还是乙开发的道理。

回到前面提到的制作警方版“防小偷地图”的问题上来。在警方和小偷都无法知道对方策略的情况下，如果警方公布防小偷地图，这对警方来说看似是最优策略，但是当小偷知道你的最优策略之后，他就会明白这是他的劣势策略，因此他会选择规避这一策略，转向他的优势策略。毫无疑问，警方发布防小偷地图以后，小偷必然不会再去地图上标注的地方偷窃，而是寻找新的作案地点。所以说，从博弈策略的角度来虑，制作警方版“防小偷地图”并不是一个很好的方法。

不让对手看透，将计就计

博弈的特点就是参与者相互之间进行猜测，在你猜测对手的同时，对手也在猜测你。博弈的要务之一就是不能把你的任何真实的规律暴露给对手，不然的话，对手就有可能乘机抓住你的弱点，将你一举打败。

如果要想在与对手的较量中取胜，就要运用随机混合策略，千万不能让你的策略有规律可循。

混合策略不是瞎出牌

数学家约翰·冯·诺伊曼创立了“最小最大定理”。在这一定理中，诺伊曼指出，在二人零和博弈中，参与者的利益严格相反（一人所得等于另一人所失），每个参与者都会尽最大努力使对手的最大收益最小化，而他的对手则正好相反，他们努力使自己的最小收益最大化。在两个选手的利益严格对立的所有博弈中，都有这样一个共同点。

“最小最大定理”

最大最小定理指出，在二人零和博弈中，参与者的利益严格相反（一人所得等于另一人所失），每个参与者尽量使对手的最大收益最小化，而他的对手则努力使自己的最小收益最大化。

由数学家约翰·冯·诺伊曼创立。

最大收益的最小值（最小最大收益）等于最小收益的最大值（最大最小收益）。双方都没办法改善自己的收益，因此这些策略形成这个博弈的一个均衡。

最小最大定理的证明相当复杂，不过，其结论却很实用。

假如你想知道的只不过是一个选手之得或者另一个选手之失，你只要计算其中一个选手的最佳混合策略并得出结果就行了。

所有混合策略的均衡具有一个共同点：每个参与者并不在意自己的任何具体策略。

诺伊曼这一理论的提出与警察与小偷博弈有很大的关系。在警察与小偷博弈中，如果从警察和小偷的不同角度计算最佳混合策略，那么得到的结果将是，他们有同样的成功概率。换句话说就是，警察如果采取自己的最佳混合策略，就能成功地限制小偷，使小偷的成功概率与他采用自己的最佳混合策略所能达到的成功概率相同。他们这样做的结果是，最大收益的最小值（最小最大收益）与最小收益的最大值（最大最小收益）完全相等。双方改善自己的收益成为空谈，因此这些策略使得这个博弈达到一个均衡。

最小最大定理的证明相当复杂，对于一般人来说，没有必要花大力气去深究。但是，它的结论却非常实用，能够解决我们日常生活中的很多问题。比如你想知道比赛中一个选手之得或者另一个选手之失，你只要计算其中一个选手的最佳混合策略就能够得出结果了。

在所有混合策略中，每个参与者并不在意自己的任何具体策略，这是所有混合策略的均衡所具有的一个共同点。如果你采取混合策略，就会给对手一种感觉，让他觉得他的任何策略都无法影响你的下一步行动。这听上去好似天方夜谭，其实并不是那样。因为它正好与零和博弈的随机化动机不谋而合，既要觉察到对方任何有规律的行为，采取相应的行动制约他，同时也要坚持自己的最佳混合策略，避免一切有可能让对方占便宜的模式。如果你的对手确实倾向于采取某一种特别的行动，那只说明，他们选择的策略是最糟糕的一种。

所以说，无论采取随机策略，还是采取混合策略，与毫无策略地“瞎出”不能画等号，因为随机策略与混合策略都有很强的策略性。但有一点需要特别注意，一定要运用偶然性提防别人发现你的有规则行为，从而使你陷入被动之中。

我们小时候经常玩的“手指配对”游戏就很好地反映了这个问题。在“手指配对”游戏中，当裁判员数到三的时候，两个选手必须同时伸出一个或者两个手指。假如手指的总数是偶数，那么伸出两个手指的人也就是“偶数”的选手赢；假如手指的总数是奇数，那么伸出一个手指也就是“奇数”的选手赢。

如果在不清楚对方会出什么的情况下，又该怎样做才能保证自己不落败呢？有人回答说：“闭着眼瞎出。”可能很多人会被这样的回答搞得哈哈大笑，但是，其实笑话别人的人才真正可笑。那个人的话虽然看似好笑，实则很有道理。因为从博弈论的角度看，“闭着眼瞎出”也存在着一种均衡模式。

如果两位选手伸出几个手指不是随机的，那么这个博弈就没有均衡点。假如那位“偶数”选手一定出两个指头，“奇数”选手就一定会伸出一个指头。反过来想，既然“偶数”选手确信他的对手一定会出“奇数”，他就会作出改变，改出一个指头。他这样做的结果是，那位“奇数”选手也会跟着改变，改出两个指头。如此一来，“偶数”选手为了胜利，转而出两个指头。于是就形成了一个循环往复的过程，没有尽头。

因为在这个游戏中，结果只有奇数和偶数两种，两名选手的均衡混合策略都应该是相等的。假如“偶数”选手出两个指头和一个指头的概率各占一半，那“奇数”选手无论选择出一个还是两个指头，两名选手将会打成平手。同样道理，假如“奇数”选手出一个指头与出两个指头的概率也是各占一半，那么“偶数”选手无论出两个指头还是一个指头，得到的结果还是一样。所以，混合策略对双方来说都是最佳选择。它们合起来就会达到一个均衡。

这一解决方案就是混合策略均衡，它向人们反映出，个人随机混合自己的策略是非常有必要的一件事情。

过去有一位拳师，他背井离乡去学艺，学成归来后在家里与老婆因一件小事而发生矛盾。他老婆并没有秉承古代女子温婉贤淑的遗风，而是一个性格暴躁、五大三粗的女人。在自己丈夫面前，她更加肆无忌惮。她摩拳擦掌，准备让拳师知道她的厉害。拳师学有所成，根本不把她放在眼里，脸上充满了鄙夷的神情。可是没想

正确认识混合策略

混合策略要求人们以随机的方式选择自己的行动，由于随机性的行为无法准确预期，就需要人们正确认识混合策略。

混合策略的一种解释是虚张声势，即参与人试图通过选择混合策略给对手造成不确定性，使对手不能预测自己的行动，从而使自己获得好处。

混合策略是更高层次的纯策略。纯策略可以作为混合策略的一种退化形式。

到拳师还没有摆好架势，他老婆已经猛冲上来，二话不说就把他打得鼻青脸肿。拳师空有一身本领，在他老婆面前竟然毫无还手之力。

事后别人对此很不理解，就问他说："您武艺已经大有所成，怎么会败在您老婆手下？"拳师满脸委屈地回答说："她不按招式出拳，我如何招架？"

这个笑话就与民间流传的"乱拳打死老师傅"有异曲同工之妙。像拳师的老婆和"乱拳"，就可以看作是随机混合策略的一种形象叫法。

像那位拳师以及很多"老师傅"，他们因为只采取随机策略或混合策略中的一种，所以在随机混合策略面前必然会吃大亏。

混合策略也有规律可循

随着网球运动的不断普及，网球越来越受到人们的欢迎，网球比赛在电视转播中也越来越多。在观看网球比赛时，人们会发现，水平越高的选手对发球越重视。德尔波特罗、罗迪克、达维登科等球员底线相持技术一般，但是因为有一手漂亮的发球，所以能够跻身于世界前列。中国女球员虽然技术十分出色，也取得过不俗的成绩，但是如果想要获得更大的进步，还需要在发球方面好好地下一番苦工夫。

发球的重要性使得球手们对自己的策略更加重视。如果一个发球采取自己的均衡策略，以40：60的比例选择攻击对方的正手和反手，接球者的成功率为48%。如果发球者不采取这个比例，而是采取其他比例，那么对手的成功率就会有所提升。比如说，有一个球员把所有球都发向对手的实力较差的反手，对手因为意识到了发球的这种规律，就会对此做出防范，那么他的成功率就会增加到60%。这只是一种假设，在现实中，如果比赛双方两个人经常在一起打球，对对方的习惯和球路都非常熟悉，那么接球者在比赛中就能够提前作出判断，采取相应的行动。但是，这种方法并非任何时候都能奏效，因为发球者可能是一个更加优秀的策略家，他会给接球者制造一种假象，让接球者误以为已经彻底了解了发球者的意图，为了获得比赛的胜利而放弃自己的均衡混合策略。如此一来，接球者必然会上当受骗。也就是说，在接球者眼里很傻的发球者的混合策略，可能只是引诱接球者的一个充满危险的陷阱。因此，对于接球者来说，为了避免这一危险，必须采取自己的均衡混合策略才可以。

和正确的混合比例一样，随机性也同样重要。假如发球者向对手的反手发6个球，然后转向对方的正手发出4个球，接着又向反手发6个，再向正手发4个，这样循环下去便能够达到正确的混合比例。但是，发球者的这种行为具有一定的规律性，如果接球者足够聪明的话，那他很快就能发现这个规律。他根据这个规律做出相应的调整，那么成功率就必然会上升。所以说，发球者如果想要取得最好的效果，那么他必须做到每一次发球都让对手琢磨不透。

由此可以看出，如果能够发现博弈中的某个参与者打算采取一种行动方针，而这种行动方针并非其均衡随机混合策略，那么另一个参与者就可以利用这一点占到便宜。

随机策略的应用

在拉斯维加斯的很多赌场里都有老虎机。那些经常光顾的人都会注意到，在每台老虎机上面都贴着一辆价格不菲的跑车的照片。老虎机上贴着告示，告诉赌客们，在他们之前已经有多少人玩了游戏，但豪华跑车大奖还没有送出，只要连续获得3个

从概率的角度看赌博

其实赌博就是赌概率，概率法则决定着赌博的结果。无论输赢，从概率的角度来说，赌博都是随机事件。赌场靠一个大的赌客群，从中抽头赚钱。无论怎么赌，最终赚钱的始终是赌场。

输钱是很正常的情况。赌博是典型的“零和博弈”，在某种情况下，相对于庄家来说，可以说是“负和博弈”。因此，无论什么形式的赌博活动，根本不会增加任何产出，不能创造任何社会价值。

赢钱只是一种偶然。只能说明“概率”一直偏向他，也就是我们说的运气好，而他本人可能也是通晓了“某些奥妙”(出老千)。

大奖，那么豪华跑车就将归其所有。这看起来充满了诱惑，就连不想玩老虎机的人都会得到一种心理暗示：既然前面那么多人玩都没有得到大奖，那就说明大奖很快就要产生了，如果我玩的话大奖很可能归我所有。

其实，不管前面有没有人玩过，每个人能否得到跑车的概率都是一样的。有很多人喜欢买彩票，看到别人昨天买一个号中了大奖，于是他就不再选那个号码。同样，昨天的号码再次成为得奖号码的机会跟其他任何号码相等。

这就涉及一个概率问题。概率里有一个重要的概念，也就是事件的独立性概念。很多情况下，像上面例子中提到的那些人，因为前面已经有了大量的未中奖人群做“铺路石”，所以他们去投入到累计回报的游戏中，买与别人不同的号码。但是，他们不知道，每个人的“运气”与别人的“运气”是没有任何关系的，并不是说前面玩的人都没有中奖会使你中奖的机会有所增加。这就像抛硬币一样。如果硬币抛了10次正面都没有出现，是不是下一次抛出正面的可能性会增加呢？影响硬币正反面

随机读书策略有效避知识短缺

人的社会适应性需要方方面面知识的积累，如果刻意只强调某一方面的能力或学识就会导致进入社会的不适应性，如交际能力差，表达能力差。

多方面

目前大学生在学校进修专业课的同时，还需要多读一读口才学、应用文写作、交际类书籍，甚至可以多读读哲学和心理学等。随机读书，能够避免进入社会后知识短缺造成工作短板。

社会

因为测不准原理的影响，随机策略更有可能让我们在谎言与迷惑之中作出正确的选择。

竞争

可以选择某种绝对秘密而且足够复杂的固定规则，来使对手无法预测我们的策略。

的决定性因素有很多，包括硬币的质地和抛的手劲，如果除去这些影响因素，那么第十一次抛出硬币出现正面概率仍然和抛出反面的概率相等。

《清稗类钞》记载着这样一个故事。清代文学家龚自珍除了对作诗有兴趣外，对掷骰子押宝也同样喜欢。他比普通人聪明很多，因为别人掷骰子押宝只靠运气，或者耍手段谋利。但是这著名的文学家竟然另辟蹊径，把数学知识运用到赌博之中。在他屋里蚊帐的顶端，写满了各种数字，他没事就聚精会神地盯着蚊帐顶端的数字，研究数字间的变化规律。他见人就自夸说，自己对于赌博之道是如何精通，在押宝时虽然不能保证百分之百正确，但也能够猜对百分之八九十。龚自珍虽然说得天花乱坠，但是每当他去赌场赌博，却又几乎必输无疑。朋友们嘲笑他说："你不是非常精通赌博之道吗，为什么总是输呢？"龚自珍非常忧伤地回答说："虽然我非常精通赌博之术，但是无奈财神不照应我，我又有什么办法呢？"

龚自珍的解释只不过是一种无奈的自我安慰罢了。心理学家们经过研究得出结论，人们总是会忘记，抛硬币出现正面之后再抛一次，正面与反面出现的概率相同这一道理。如此一来，他们连续猜测的时候，总是会在正反两面之间来回选择，连续把宝押在正面或反面的情况却很少出现。

其实有很多东西是非人类的智力所能及的，与其靠主观猜测作出决断，让主观猜测影响我们的决策，还不如干脆采取纯策略的方式。印第安人对此有非常清醒的认识，他们的狩猎行动采取的也就是这样一种策略。

印第安人靠狩猎为生，他们每天都要面对去哪里打猎的问题。一般的做法是，如果前一天在某个地方收获颇丰，那么第二天还应该毫不犹豫地再去那个地方。这种方法虽然可能使他们的生产在一定时间内出现快速增长，但正如管理学家所言，有许多快速增长常常是在缺乏系统思考的前提下，通过掠夺性利用资源手段取得的，这样做虽然可以保证使收获在一小段时间内得到增长，但是在达到顶点后将会迅速地下滑。如果这些印第安人把以往取得成果的经验看得太重，那么他们很容易陷入因过度猎取猎物而使资源耗竭的危险之中。

印第安人可能不会意识到这个问题，但是他们的行动却使得他们避免出现上述问题。他们寻找猎物的方法与中国古代的烧龟甲占卜的方法极其相似，只是他们烧的是鹿骨罢了。当骨头上出现裂痕以后，那些部落中负责占卜的"大师"就会破解裂痕中所包含的信息，由此判断出当天他们应该去哪个方向寻找猎物。令人不可思议的是，这种依靠巫术来决策的方法，一般情况下都不会让他们空手而归。也正因为这样，这个习俗才得以在印第安部落中一直沿袭下来。

在这样的决策活动中，印第安人正是很好地照顾到了长远的利益，尽管这可能并不是他们的本意。

比如那些必须使自己的混合策略比例维持在50：50的棒球投手，他最好的策略选择就是让他的手表替他作出选择。他应该在每投一个球前，先看一眼自己的手表，假如秒针指向奇数，投一个下坠球；假如秒针指向一个偶数，投一个快球。这种方法其他情况下也同样适用。比如那个棒球手要用40%的时间投下坠球，而用另外60%的时间投快球，那么他就应该选择在秒针落在1~24之间的时候投下坠球，在25~60之间的时候投快球。

税务局与纳税企业之间的博弈

众所周知，税务局的审计规律在一定程度上是模糊而笼统的。如果税务局的审计行动具有完全可预见性，审计结果就会出现问题。

这样做的目的其实很明显，就是给企业造成一种心理压力，让他们全都难逃审计的风险。

假如企业能够预测到自己在受审计的行列之内，而又能找到一个出色的会计师对报税单做一番动作，那么他们必然会这样去做，使其不再符合条件以免除被审计。

假如一个企业肯定被审计，那他就会选择如实申报。

随机性的惩罚最起效

随机策略是博弈论早期提出的一个观点，促进了博弈走向成熟阶段。这个观点本身很好理解，但是要想在实践中运用得当，使其作用达到最大化，就必须做一些细致的研究。比如在前面提到的网球运动中，发球者采取混合策略，时而把球打向对方的正手，时而把球打向对方的反手，这还远远不够。他还必须知道他攻击对方的正手的时间在总时间中所占的比例，以及根据双方的力量对比如何及时作出选择。在橄榄球比赛里，攻守双方每一次贴身争抢之前，攻方都会在传球或带球突破之中作出选择，然后根据这个选择决定应该怎样去做，而守方会知道攻方的选择只有两种，所以就会把赌注押在其中一个选择上，做好准备进行反击。

无论是在网球比赛还是橄榄球比赛里，每一方非常清楚自己的优点和对方的弱点。假如他们的选择瞄准的不止是对手的某一个弱点，而是可以兼顾对方的所有弱点并且加以利用，那么这个选择就是最好的策略。赛场上的球员当然也明白这一点，所以他们总是作出出人意料的选择，使得对方无法摸清他的策略，最大限度地制约了对手的发挥，为己方最终赢得胜利奠定基础。

需要指出的是，多管齐下与按照一个可以预计的模式交替使用策略不可画等号。如果那样做的话，你的对手就会有所察觉，通过分析判断出你的模式，从而最大限度地利用这个模式进行还击。所以说，多管齐下的策略实施必须伴随以不可预测性。

在剃须刀市场上，假如毕克品牌在每隔一个月的第一个星期天举行购物券优惠活动，那么吉列经过长期观察就能够判断出这个规律，从而采取提前举行优惠活动的方式进行反击。如此一来，毕克也可以摸清吉列的策略，并根据吉列的策略制定其新的策略，也就是将优惠活动提前到吉列之前举行。这种做法对竞争的双方来说都非常残酷，会使双方的利润大打折扣。不过假如双方都采用一种难以预测的混合策略，那么就可以使双方的激烈竞争有所缓解，双方的利润损失也不会太大。

某些公司会使用折扣券来建立自己的市场份额，它们这样做并不是想向现有消费者提供折扣，而是扩大品牌的影响力，吸引更多的消费者，从而获得更高的利益。假如同行业里的几个竞争者同时提供折扣券，那么对消费者来说，这种折扣券没有任何作用，他们仍然继续选择以前的品牌。消费者只有在一家公司提供折扣券而其他公司不提供的时候，才会被吸引过去，尝试另外一个新品牌。可口可乐与百事可乐就曾经进行过一场激烈的折扣券战争。两家公司都想提供折扣券，以达到吸引顾客的目的。可是，如果两家公司同时推出折扣券，那么两家公司都达不到自己的目的，反而还会使自己的利益受损。所以对它们来说，最好的策略就是遵守一种可预测的模式，两个公司每隔一段时间轮流提供一次折扣券。但是，这样做也存在着一些问题。比如当百事可乐预计到可口可乐将要提供折扣券的时候，它抢先一步提供折扣券。所以要避免他人抢占先机，就需要使对手摸不清楚你什么时候会推出折扣券，这正是一个随机化的策略。

在《吕氏春秋》中记载着一个有关宋康王的故事。宋康王是战国时期的一位暴君，史书把他与夏桀相提并论，称为“桀宋”。这位宋康王打仗很有一套，“东伐齐，取五城，南败楚，拓地二百余里，西败魏军，取二城，灭滕，有其地”，为宋国赢得了“五千乘之劲宋”的美誉。宋康王打仗很厉害，但是连年征战惹得民怨沸腾，朝野上下一片骂声。于是他整天喝酒，变得异常暴虐。有些大臣看不过去，就前去劝谏。宋康王不但不听，还将劝谏的大臣们找理由撤职或者关押起来。这就使得臣子们对他更加反感，经常在私下里非议他。有一天，他问大臣唐鞅说：“我杀了那么多的人，为

“服兵役”制度的博弈效果

很多国家都实行“服兵役”制度，也就是国家每年都征召达到法定年龄的青年入伍。

如果全国所有百姓都拒绝应征，因为法不责众，所以也就不可能惩罚所有人。

如此一来，又该如何激励达到法定年龄的青少年去应召入伍呢？

政府可以宣布按照姓氏笔画的顺序追究违法者，排在第一位的假如不去登记就会受到惩罚，这使得那家人只能乖乖就范。

排在第二位的就会想到，既然第一家已经去登记了，如果自己不去就会遭到惩罚。

这样依次排列下去，所有的百姓都会主动去登记。可在人数众多的情况下，必然会有一小部分人会出差错。

也许排在前面的百姓已经因为没有去登记而遭到了政府的惩罚，所以后面的人就可以高枕无忧了。

真正有效的办法是随机抽取哪家该去登记，这样做的好处是，对少数百姓实施惩罚就可以达到激励多数人的目的。

什么臣下更不怕我了呢？”唐鞅回答说：“您所治罪的，都是一些有罪的人。惩罚他们是理所当然，没有犯法的人根本不会害怕。您要是不区分好人坏人，也不管他犯法没有犯法，随便抓住就治罪，如此一来，又有哪个大臣会不害怕呢？”宋康王虽然暴虐，但也是个聪明人。他听从了唐鞅的建议，随意地想杀谁就杀谁，后来连唐鞅也身首异处。大臣们果然非常害怕，没有人再敢随便说话了。

从这个故事可以看出，唐鞅的建议虽然有些缺德，但他仍然把握住了混合策略博弈的精髓。他给宋康王所出的主意正是一条制造可信威胁的有效策略：随机惩罚。宋康王只是想对臣下们进行威胁，使得大臣们有所收敛。如果他只惩罚那些冒犯他的人，大臣们就会想方设法地加以规避，宋康王的目的必然无法达到。而“唐鞅策略”使得大臣都担心无法预测的惩罚，所以他们也就不敢再放肆了。

这个故事告诉我们，一旦有必要采取随机策略，只要摸清对手的策略就能够找到自己的均衡混合策略：当对手无论怎样做都处于同样的威胁之下，并且不知道该采取哪种具体策略的时候，你的策略就是最佳的随机策略。

不过，有一点必须特别注意，随机策略必须是主动保持的一种策略。

虽然随机策略使得宋康王达到了震慑群臣的作用，但这并不意味着他可以随自己的某种偏好倾向进行惩罚。因为如果出现某种倾向，那就是偏离了最佳混合策略。这样一来，宋康王的策略对所有大臣的威胁程度将会大打折扣。

同时，随机策略也存在着一定的不足，那就是当大臣们合起伙来对抗宋康王时，那么宋康王将会束手无策。如果大臣们知道宋康王不会将他们杀戮殆尽，那么他们很可能会合起伙来冒犯他。在这种情况下，由于宋康王只能选择性地杀几个，其他人因为冒犯宋康王并未获罪，反而会得到好的名声，这会使得他们更加大胆地去这样做。面对这种局面，宋康王应该怎样做才能破解群臣的合谋呢？他最好的做法就是，按照大臣们的职位高低对其进行排序，并对第一号大臣说，如果他胆敢冒犯君王，就会被撤职。一号大臣在这种威胁之下必然会老实下来。接下来，宋康王对二号大臣说，如果一号大臣很老实，而你不老实，那你就等着脑袋搬家吧。在二号大臣的意识里，一定会认为一号会老实，因此他为了保住性命也会老实。用相同的方法告诉其他大臣，如果他前面的大臣都老实，而他不老实就会被杀。如此一来，所有的大臣都会老实下来。这一策略非常有用，就算大臣们串通起来，也无法破解。因为一号大臣从自身的利益考虑，他老实听命一定比参与这种冒犯同盟要实惠得多。

这种策略在与一群对手进行谈判的场合有着很好的用处。它成功的关键在于，当随机进行惩罚时，每个人都有被惩罚的可能性，所以会选择不合作的策略进行殊死搏斗。但是当惩罚有一种明确的联动机制以后，情况就会有所转变。除非有一种情况出现，就是当你面对的是一群非理性的对手时，当然这不在讨论的范围之内。除了这种情况，这样的威胁一般都会达到你的目的。

学会将计就计

博弈的特点就是参与者相互之间进行猜测，如果想要打败对手，那就需要判断正确对手的思路。在你猜测对手的同时，对手也在猜测你，时刻注意着你的行动规律，以便能够打败你。博弈的要务之一便是稳健，若想打败对手，就要在每一个具体环节上下工夫，不能把你的任何真实的规律暴露给对手，不然的话，对手就有可能乘机抓住你的弱点，将你一举打败。

唐朝末年，藩镇割据，战争不断。百姓流离失所，苦不堪言。安禄山乘机起兵造反，占领了唐朝大片领土。有一次，安禄山又派叛将令狐潮率领重兵将雍丘(今河南杞县)团团围住。雍丘只是一个小小的县城，守备薄弱，士兵不足。在气势汹汹的敌军面前，城内很多人丧失了斗志。

雍丘守将张巡从小就聪敏好学，博览群书，为文不打草稿，落笔成章，长大后有才干，讲气节，倾财好施，扶危济困。他在开元末期的科举考试中考上进士第三名，做清源县令时政绩十分突出，但是当时朝政掌握在杨贵妃的族兄杨国忠的手里，朝中大小官员如果不阿附他，就得不到升迁的机会。张巡是一个刚正不阿的人，本来就对杨国忠的所作所为十分不满，自然更不会谄媚于他。因此，尽管他能力突出，但也只是担任雍丘小吏。

面对当时千钧一发的形势，张巡果断地作出决定，命令1000人留守城池，自己带领精兵一千，乘敌人不备，打开城门冲出。敌军原以为，雍丘城里的守兵很少，光守城都非常吃力，又哪敢杀出城来送死。所以当张巡带领守兵冲出城门时，敌军全都乱了阵脚。张巡身先士卒，在他的影响下，士兵们个个奋勇杀敌，给敌军以很大的打击。此后两个多月，张巡并没有安安分分地守城，而是经常带兵出击，用计夺取了叛军的大批粮草，叛军被他折磨得寝食不安。

雍丘小城不只兵少，武器装备也储备不足。而且张巡经常带领守兵出城作战，所以很快箭矢就不够用了。这个时候，张巡想出了一条妙计成功地解决了这个难题。他命令兵士扎了许多草人，并将其束以黑衣。每当夜色朦胧之时，这些穿着黑衣的草人就会被士兵顺着城墙放下去。在朦胧的夜色里，草人看起来和真人极其相似。城外叛军不明就里，还以为是守军下来偷袭，于是纷纷射箭迎敌，乱箭像雨点一样射到草人身上。叛军射了半天才发觉有些不对劲，等他们调查之后才明白中计了，就这样不明不白地被张巡骗去了10万支箭。

当敌军还沉浸在为损失10万支箭而懊恼的气氛中时，第二天深夜，张巡故伎重演，又把草人从城上放下去。叛军发现后，又急忙乱射了一阵，直到发现是草人才停下来。以后每天夜里，城外叛军都发现有草人从城上放下来，他们知道这是张巡的计谋，所以根本不去理睬。张巡见自己的计策已经成功，于是就决定发动总攻。同样是在一个朦胧的夜色里，张巡命人把500名勇士放下城去。勇士们趁叛军没有防

让策略混合起来

如果你与某人合作，通常还是让行动有规律可循会比较好一些。但在竞争的情况下，最佳策略常常都涉及到随机的不可预测的行为。

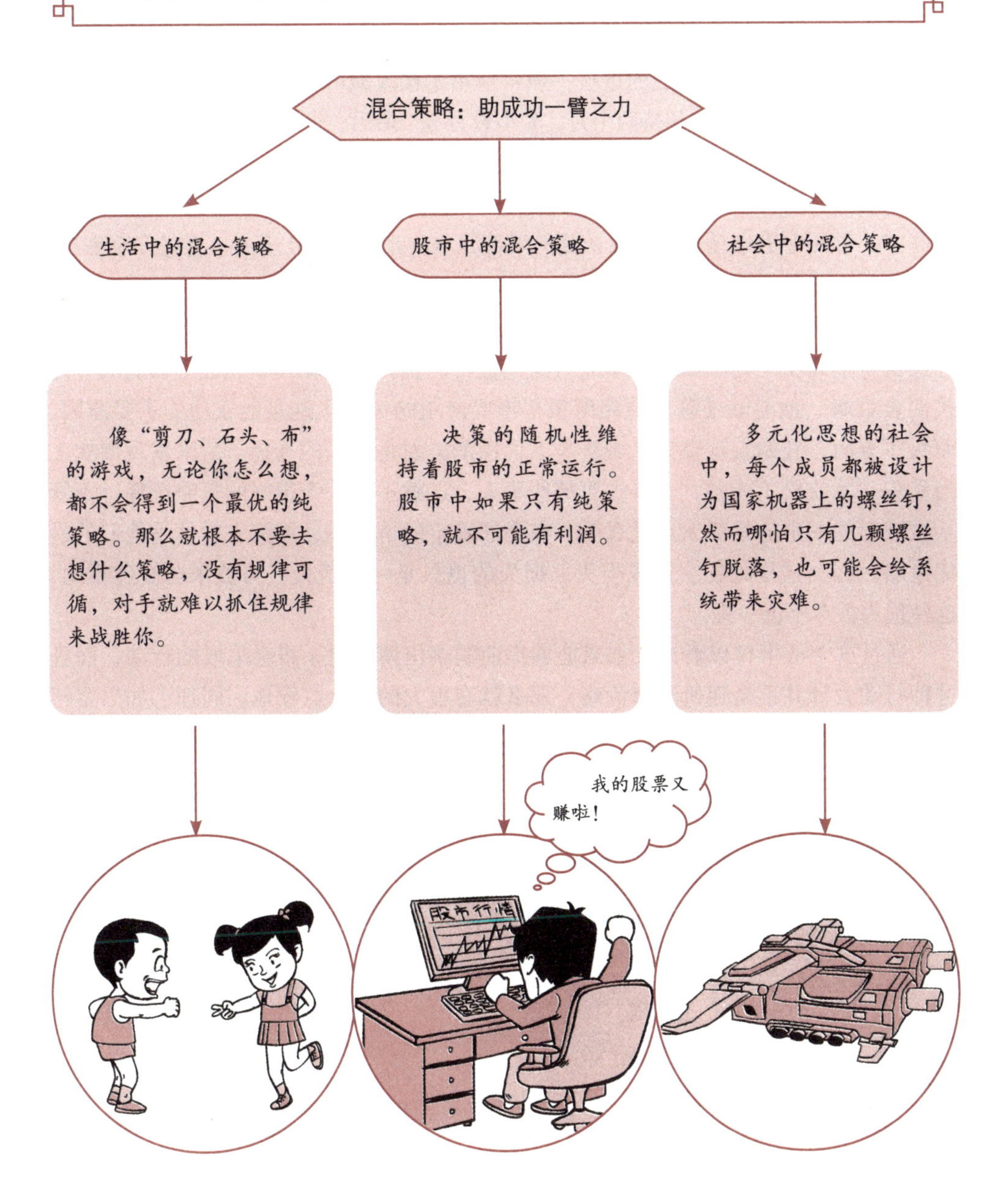

备，冲进敌营一片烧杀。叛军的营房被烧，兵将死伤无数。这一仗以张巡大获全胜。

令狐潮在攻打雍丘失败后，又得到叛将李廷望的支持，率领4万敌军前来攻城。雍丘一时间人心惶惶，张巡沉着冷静，布置一些军队守城，将其余兵将分成几队，在他亲自带领下向叛军发起突然攻击。叛军对此猝不及防，吃了败仗，非常狼狈地逃走了。第二天，叛军建造与城同高的木楼百余座从四面攻城。张巡命人在城上筑起栅栏加强防守，然后捆草灌注膏油向叛军木楼投掷，使叛军无法逼近。张巡又积极寻找机会向叛军发起猛烈的进攻，使得叛军木楼攻城的计策失败。此后的一段时间里，双方各有攻防，共相持两个月，大小数百战。最后，张巡成功地击败了令狐潮。

此后，令狐潮又勾结叛将崔伯玉围攻雍丘。令狐潮有了先前几次失败的教训，所以不敢贸然出兵，而是使用诱降之计。他先派4名使者进入雍丘劝降，但是张巡高风亮节，誓死守卫雍丘。经过几个月的艰苦战争，张巡率领几千人一直坚守着雍丘，抗击敌众几万人，每战都能获得胜利。

张巡誓死守城，不向敌人屈服的高风亮节令人钦佩，但是他抗击敌人时所用的计谋也特别高明。他不断地用草人对叛军进行骚扰，目的就是要让他们彻底放弃随机混合策略。他能够准确地猜测出叛军将要使用的策略，这是他成功的重要原因。而叛军方面，开始发现草人从城头放下，用箭去射是正确的选择。后来发现屡次上当受骗，就放松了戒备，不再去管那些草人，这就不是一个很好的策略选择。不管从城墙上放下来的是草人还是真人，在无法确定的情况下，用箭去射就是他们的最优策略。因为这样即便会造成损失，损失的也只是一些箭矢，与被张巡偷袭相比，这种损失根本不值一提。

通过这个故事可以看出，如果能够提前洞察出博弈对手将会采取的行动，而且这种行动方针并不是随机混合策略，那么就有很大的机会打败他。同理，如果要想在与对手的较量中取胜，就要运用随机混合策略，千万不能让你的策略有规律可循。

第十章

斗鸡博弈

斗鸡博弈：强强对抗

在斗鸡场上，有两只好战的公鸡遇到一起。每只公鸡有两个行动选择：一是进攻，一是退下来。如果一方退下来，而对方没有退下来，则对方获得胜利，退下来的公鸡会很丢面子；如果自己没退下来，而对方退下来，则自己胜利，对方很没面子；如果两只公鸡都选择前进，那么会出现两败俱伤的结果；如果双方都退下来，那么它们打个平手谁也不丢面子。

		B鸡	
		前进	后退
A鸡	前进	（-2，-2）	（1，-1）
	后退	（-1，1）	（-1，-1）

从这个矩阵图中可以看出，如果两者都选择“前进”，结果是两败俱伤，两者的收益均为-2；如果一方“前进”，另外一方“后退”，前进的公鸡的收益为1，赢得了面子，而后退的公鸡的收益为-1，输掉了面子，但与两者都“前进”相比，这样的损失要小；如果两者都选择“后退”，两者均不会输掉面子，获得的收益为-1。

在这个博弈中，存在着两个“纳什均衡”：一方前进，另一方后退。但关键是谁进谁退？在一个博弈中，如果存在着唯一的“纳什均衡”点，那么这个博弈就是可预测的，即这个“纳什均衡”点就是事先知道的唯一的博弈结果。但是如果一个博弈不是只有一个“纳什均衡”点，而是两个或两个以上，那么谁都无法预测出结果。所以说，我们无法预测斗鸡博弈的结果，也就是无法知道在这个博弈中谁进谁退，谁输谁赢。

由此可以看出，斗鸡博弈描述的是两个强者在对抗冲突的时候，如何能让自己占据优势，获得最大收益，确保损失最小。斗鸡博弈中的参与双方都处在一个力量均等、针锋相对的紧张局势中。

提到斗鸡博弈，很容易让人想到一个成语“呆若木鸡”。这个成语来源于古代的斗鸡游戏，现在用来比喻人呆头呆脑，像木头做成的鸡一样，形容因恐惧或惊讶而发愣的样子，是一个贬义词，但是它最初的含义却正好与此相反。这个成语出自《庄子·达生》篇，原文是这样的：

“纪渻子为王养斗鸡。十日而问：‘鸡已乎？’曰：‘未也，方虚骄而恃气。’十日又问，曰：‘未也，犹应向影。’十日又问，曰：‘未也，犹疾视而盛气。’十日又问，曰：‘几矣。鸡虽有鸣者，已无变矣，望之，似木鸡矣，其德全矣，异鸡无敢应者，反走矣。’”

在这个故事中，原来纪渻子训练斗鸡的最佳效果就是使其达到“呆若木鸡”的程度。“呆若木鸡”不是真呆，只是看着呆，实际上却有很强的战斗力，貌似木头的斗鸡根本不必出击，就令其他的斗鸡望风而逃。

从这个典故中我们可以看出，“呆若木鸡”原来是比喻修养达到一定境界从而做到精神内敛的意思。它给人们的启示是：人如果不断强化竞争的心理，就容易树敌，

生活中的斗鸡博弈事件

假设王某欠张某100元钱。这时张某是债权人，王某为债务人。张某多次催债无果，有人提出双方达成合作：张某减免王某10元钱，王某立刻还钱。

我们假设一方强硬一方妥协，则强硬一方可得到100元的收益，妥协一方收益为0。

如果双方都采取强硬的态度，就会发生暴力冲突，张某不但无法追回100元的债务，还会因受伤花费100元的医疗费，所以张某的收益为-200元。此时债务人王某的收益为-100元。

		张某	
		强硬	妥协
王某	强硬	(-100，-200)	(100，0)
	妥协	(0，100)	(10，90)

为了使收益最大化，张某和王某都会采取强硬的态度。

在这个博弈中，张某和王某都选择妥协的态度，收益分别为90元和10元，是双方理性下的最优策略。

由此可以看出，债权人与债务人为追求各自利益的最大化，选择不合作的态度会使双方陷入“囚徒困境”。

造成关系紧张，彼此仇视；如果消除竞争之心，就能达到“不战而屈人之兵”的效果。

“呆若木鸡”的典故包含斗鸡博弈的基本原则：让对手对双方的力量对比进行错误的判断，从而产生畏惧心理，再凭借自己的实力打败对手。

现实生活中有许多斗鸡博弈的例子，比如债务问题。由于存在信用不健全的问题，这种现实造成了法律环境对债务人有利的现象。也正是基于此，债务人会首先选择强硬的态度。于是这个博弈又变成了一个动态博弈。债权人在债务人采取强硬的态度后，不会选择强硬，因为采取强硬措施对他来说反而不好，所以他只能选择妥协。而在双方均选择强硬态度的情况之下，债务人虽然收益为负数，但他会认为在他选择强硬时，债权人一定会选择妥协，所以对于债务人来说，他的理性战略就是强硬。因此，这一博弈的“纳什均衡”实际上应为债务人强硬而债权人妥协。

由斗鸡博弈衍生出来的动态博弈，会形成一个拍卖模型：拍卖规则是竞价者轮流出价，最后拍卖物品归出价最高者所有，出价少的人不仅得不到该物品，而且还按他所竞拍的价格支付给拍卖方钱财。

假设有两个人出价争夺价值一万元的物品，只要进入双方叫价阶段，双方就进入了僵持不下的境地。因为他们都会想：如果不退出，我就有可能得到这价值一万元的物品；如果我选择退出，那么不但得不到物品，而且还要白白搭进一大笔钱。这种心理使得他们不断抬高自己的价码。但是，他们没有意识到，随着出价的增加，他的损失也可能在不断地增大。

在这个博弈中，实际上存在着一个“纳什均衡”，即第一个人叫出一万元竞标价的时候，另外一个人不出价，让那个人得到物品，因为这样做对他来说是最理性的选择。但是对于那些置身其中的人来说，要他们作出这种选择一般来说是不可能的。

斗鸡博弈的结局

在森林里，一只小兔子在山坡上吃草，鬣狗和狼同时发现了它。它们表面商量要采用前后夹击的方式一起抓捕小兔子，但实际上却各自心怀鬼胎，暗中盘算着将小兔子据为己有。

在鬣狗和狼采取行动时，机警的小兔子发现情况不对，赶紧向前逃跑。这时，等候在前面的鬣狗将小兔子击晕，然后叼着小兔子就要离开。狼拦住鬣狗，十分生气地说：“咱们一起合围小兔子，现在得手了，你怎么能据为己有呢？”鬣狗看都没看狼一眼，十分傲慢地对它说：“要不是我在前面把小兔子击晕，它早就逃走了，现在我将它据为己有有什么错？”“要不是我绕到它后面去，你能抓住它吗？”狼理直气壮地说。

它们两个都认为自己有理，于是互不相让，争吵起来，最后竟然大打出手。结果它们谁都没有占到便宜，落得个两败俱伤的结局。此时，被击晕的小兔子苏醒过来，撒腿就跑。鬣狗和狼都已经累得筋疲力尽，根本没有力气去追小兔子了。

这个小故事就是一个斗鸡博弈中最终落得两败俱伤的例子。在斗鸡博弈中，对各自来说，最有利的结局便是对方后退，而自己坚守阵地。

下面再来看一个唐朝“牛李党争”的故事。

在唐朝后期，出现了统治阶级内部争权夺力的宗派斗争，史称“牛李党争”或“朋党之争”。“牛党”指以牛僧孺、李宗闵、李逢吉为首的官僚集团；“李党”是指以李德裕为首的官僚集团。牛党大多出身寒门，靠寒窗苦读考取进士，获得官职。李党大多出身于门第显赫的世家大族。两党在政治上存在着严重的分歧，特别是在选拔官僚的途径和对待藩镇的态度上，体现得更为明显。在朋党斗争的20余年里，这两个党派斗争得异常激烈，几乎每年都上演着“上台”与“下台”的大戏。一旦李党当权，其党羽将会全部调回中央任职，而牛党党羽必然会遭到外调或者贬官的命运。等到牛党当权的时候，情况也大抵如此。

如何摆脱斗鸡困境

妥协：在有进有退的斗鸡博弈中，退的一方可能会有所损失并丢失面子，但总比伤痕累累甚至丧命强。

让对手主动退出：向对方说明博弈的现实结果，把选择权交给对方。

凡事且留三分余地：与人打交道发生冲突时，要懂得适可而止，不要过分嚣张，不给对手留下丝毫余地。

公元832年，李党重新当权。此时出现了一个能够使两个党派和解的大好机会。身为牛党的长安京兆尹杜棕建议李宗闵推荐李德裕担任科举考试的主考官，但是这个建议并没有得到李宗闵的同意。杜棕之所以会提出这个建议，是因为他看到出身士族世家的李德裕虽然总是对进士出身不以为然，但其实却非常羡慕这一名头。杜棕正是想用这个办法改善两个党派之间的关系，但是李宗闵却没有这样去做。杜棕一计不成又生一计，他建议李宗闵推荐李德裕担任御史大夫。这一建议得到了李宗闵同意，但看得出来，李宗闵对此并非心甘情愿。杜棕把这件事告诉给李德裕，李德裕听后感激万分，惊喜不已。这件事如果办成，两个党派之间的关系一定会有所缓解，这对大唐的江山社稷，对双方成员来说都是一件好事。可是，杜棕没有想到，李宗闵听信小人谗言，改变了主意。李德裕知道结果后深感自己遭到了戏弄，所以对牛党更加憎恨。这也彻底丧送了两个党派和解的机会。从此以后，每一个党派都千方百计地想置对手于死地，于是大唐朝廷上演了一场场你死我活的政治战争。但是，他们斗来斗去最终只落得个两败俱伤的结果。

这种不计后果，最终导致两败俱伤的事情在商业领域也时有发生。现在很多同类企业为了争夺市场份额，经常用降价销售的策略吸引消费者关注。在2006年的第四季度，美国的AMD与英特尔两家电脑芯片生产厂商就上演了一场价格大战。

2006年，英特尔与AMD之间的竞争进入白热化。虽然AMD靠从英特尔手中夺走戴尔公司订单的手段取得了短暂的优势，但是还没等高兴劲儿过完，AMD就遭到了当头棒喝。从芯片销量上来看，AMD的三、四季度的销量同比都有很大的增长幅度，但是高销量并没有带来高利润，因为与竞争对手英特尔大打价格战，AMD产品的平均价格不断下跌。反映到AMD 2006年第四季度的财政报告中的是，净亏损达5.7亿美元，平均每支股票的亏损就达到了1.08美元，与2005年第四季度的高赢利额相比，这一业绩简直惨不忍睹。这个结果是因为收购图形芯片商ATI的巨额支出和处理器价格的持续下滑双重影响造成的。

在与英特尔的价格大战初期，AMD也曾风光无限。但是AMD咄咄逼人的市场攻势使英特尔受到很大影响，被惹急的英特尔于是迅速调整策略，放弃用户熟知的奔腾商标，启用新商标酷睿。此外，英特尔还进行了大规模的裁员，从而节省20亿美元的运营费。做出这些调整后，英特尔便开始通过降低电脑芯片价格与AMD展开了竞争。AMD在英特尔的攻势面前败下阵来，营业额受到了严重影响，下滑幅度之大令人瞠目结舌。虽然英特尔在价格大战中击败了竞争对手，但其自身也没有获得好处。2007年到来后，英特尔承受了巨大的竞争压力。而2006年第四季度的利润相比上一年同期也下降不少。此外，由于存货过多，所以只能将库存的旧款处理器处理掉，在这一点上，英特尔的损失也很严重。

从这场价格大战中可以看出，AMD与英特尔都是输家，它们的销售业绩都受到了严重的影响。从事物的两面性分析来看，大打价格战虽然对企业扩大市场规模、提

价格战的危害

无论哪个时代都会有无知的人，为了利益自以为是地打价格战。殊不知，价格战对市场经济的有序发展以及消费者的合法权益都造成了不同程度的损害。

价格大战使企业的利润下降，所以企业必定会千方百计地在节约成本上想办法，这样就会导致劣质产品充斥市场的局面出现，结果最终受害的还是消费者。

高市场占有率、促进企业在生产技术和管理方面的推陈出新等方面有利，但是，它对市场经济的有序发展和消费者的权益造成了严重危害。

事实上，参与价格战博弈的双方是无法一下子就将竞争对手打败的，从表面看有输有赢，但失败者还会继续垂死挣扎，而胜利的一方也会遭受重创，需要时日进行调整。所以，从斗鸡博弈的利益择优策略来看，如果双方都选择拼命进攻，不肯让步，则只能是两败俱伤。在这个方面，西方政坛上“费厄泼赖”式（英语Fair Play的音译。意思是光明正大的比赛，不要用不正当的手段，胜利者对失败者要宽大，不要过于认真，不要穷追猛打）的宽容很值得学习。这种宽容会对对手网开一面，避免把对手逼入死角。这不仅是一种感性和直观的认识，而是有着博弈论的依据。

“亡命徒”往往会成功

在斗鸡博弈中的某种情况下，参加博弈的一方越不理性，就越有可能获胜，得到理想的结果。如果把退避让路的一方称为“胆小鬼”，那一往无前的一方则应当称为“亡命徒”。一般情况下，人们都会认为“胆小鬼”比“亡命徒”更为理性，因为丢面子让人难堪，但是丢性命更让人害怕。也正是因为人们都有这种“胆小鬼”的理性，所以那些“亡命徒”才能够乘虚而入，从而获得理想的结果。

“立长不立幼”是封建社会皇室确立继承人的一条重要原则。这个原则有其局限性，历史上很多事件的发生都与这条原则有关。大唐开国皇帝为李渊，他在登基后就把长子李建成立为太子。其实，李建成无论从人品、才能、功劳等各个方面都比不上李渊的次子李世民。这也就为后来在历史上赫赫有名的“玄武门之变”埋下了伏笔。李渊把李建成封为太子后，采取了一系列措施以巩固李建成的太子地位。尽管李渊为培养李建成费尽了心机，但是李建成却总也不争气。李建成在东宫终日只是饮酒作乐，不理政务，还故意搬弄是非，离间兄弟关系。李渊派他外出做事他也做得很不像样子，这使李渊非常气愤。因此，秦王李世民越来越受到李渊的重用。

李世民在平定地方割据时立下大功。这使李世民越来越得到李渊的信任和重视，威望也一日高过一日。在这种情况下，代替李建成当皇帝的念头出现在李世民的脑海中。太子李建成看到李渊对李世民态度越来越好，担心自己的位置不稳，于是就与老四李元吉合起伙来一起对付李世民。李建成多次在暗中加害李世民，但每次都未能如愿。就在他们兄弟之间打得不可开交的时候，边境奏报称突厥大举南侵。太子李建成向李渊建议，派李元吉代替李世民北伐突厥，并让李世民手下的几员大将也一起出征。李建成这样做的目的十分明确，就是要先剪除李世民的左膀右臂，然后找机会除掉李世民。李渊接受了李建成的这个建议。于是李建成和李元吉二人暗中筹划，打算在出兵饯行的时候派人对李世民下手。由于不小心走漏了风声，这个计划传到了李世民耳中。李世民平时就对李建成、李元吉兄弟的所作所为有所不满，这时更是忍无可忍，于是就决定先下手为强，以尽快除去李建成和李元吉。

武德九年（626年）六月三日，李世民将太子李建成和齐王李元吉的阴谋上奏给李渊，还趁机告发他们兄弟二人“淫乱”后宫。李渊听后很吃惊，决定在第二天早朝时处理这件事情。其实，李渊对三个儿子之间的矛盾十分清楚，所以也就没有太放在心上。六月四日，李渊先召集了几位大臣商量这件事该如何解决，并打算商量出结果之后再召三个儿子劝和。李世民十分清楚自己的实力远不如太子李建成与齐王李元吉结成的同盟，而且李渊也总是偏袒李建成、李元吉，所以他果断地采取行动，率领手下十员大将埋伏在玄武门，准备与李建成等人做殊死一搏。李建成事先对李世民的动向有所了解，但与四弟李元吉商量后还是决定入宫上朝。第二天，李建成、李元吉两人进入玄武门后，发觉情况不对，想掉转马头逃跑，但却被李世民的兵马射杀而死。玄武门之事很快传到了东宫和齐王府，李建成和李元吉的手下精兵向玄武门发动猛攻，给李世民制造了不小的麻烦，但最终还是被平息了。这就是历史上著名的“玄武门之变”。事变后，李渊将李世民立为太子，并表示以后朝中事务无论大小全由李世民处理。两个月之后，李渊下诏传位给太子，李世民正式登基为帝。

破釜沉舟

从博弈论的角度来分析，破釜沉舟使博弈参与者在选择上失去了自由，却能够在策略方面获益。

在争夺皇位的斗争中，秦王李世民的实力远不如太子李建成和齐王李元吉的联盟，但他最后却取得了胜利，其中的原因是什么呢？答案是抓住机会，放手一搏。李世民就像前面提到的“亡命徒”，他做出了令人难以想象的事情，在玄武门成功地杀掉了太子与齐王。古语说:“舍得一身剐，敢把皇帝拉下马。”既然皇帝都敢拉下马，那太子就更不在话下了。

“亡命徒”虽然可以令人达到目的，是一种有效的策略，但却不能保证每次都能成功。只有当对方是理性的“胆小鬼”时,“亡命徒”的策略才可以奏效。有些时候，博弈双方都会采取“亡命徒”的策略，因为“亡命徒”更能成功，这时会出现什么局面呢？博弈双方会陷入进退两难的境地：要么撕掉“亡命徒”的面具，现出“胆小鬼”的真实面目，丢掉面子保住性命;要么做一个真正的“亡命徒”，与对手斗个你死我活。

关键时候学会妥协

《猎杀U429海底大战》是一部非常经典的电影，从这部电影的名字上来看，它好像是一部战争题材的片子。但是，看过电影的人都知道，这部电影其实是讲美、德两国军人在互相帮助、互相合作的基础上渡过难关的故事。

故事发生在第二次世界大战的大西洋战场上。当时美、德两国的战舰在海上进行了一场极为惨烈的战争，一艘名为“箭鱼号”的美国潜艇受到德国潜艇的重创，船员们别无选择，只能被迫弃船逃命。幸运的是，这些船员并没有成为鲨鱼的晚餐，而是被一艘德国潜艇U429所救。当时U429潜艇上的食物本来就只够勉强维持船员的生活，因此被俘的美军船员在刚登上U429时都遭到德舰船员的歧视与谩骂。可是，令他们没有想到的是，后来这群被俘的美军居然变成了他们同一战壕里的兄弟。U429被一艘美国驱逐舰击中，无法顺利驶回德国的基地。恰巧就在这时，被救上U429的美国船员感染上了脑膜炎，并导致双方船员大量死亡。驾驭潜艇必须要靠多人的通力合作，如果船上的人想要继续活下去，必须放弃以前的偏见，一起合作才行。于是,U429的舰长找到原被俘的美国船员，打算将潜艇驶向距离最近的美国海岸。最后，U429虽然被击沉，但是潜艇上的所有船员都被美国驱逐舰所救，保全了性命。

影片中U429的舰长在双方船员大量死亡的情况下，主动找美国士兵合作引起了人们的深思。在斗鸡博弈中，经常会遇到博弈双方在势均力敌的情况下拼个你死我活的情况。其实，有的时候，双方都转变一下思路，使双方的矛盾得到有效的化解，对博弈双方来说，都是大有裨益的。这就像在很多比赛中，虽然比赛时人人都想取胜，但当胜利无望的时候，争取到“平局”也是一个非常不错的结果。

在古希腊神话中，有一个名叫赫格利斯的大力士。他拥有钢铁一般强壮的身躯，任凭多么强大的敌人，要想打败他都无异于痴人说梦。这样一个在世间罕逢敌手的人，也有对一只普通的袋囊无能为力的时候。一天，这位大力士外出办事，在一条小路上差点被绊倒，而且“肇事者”竟然是一只袋囊。大力士有些气恼，就恶狠狠地踢了袋囊一脚。这一脚要是踢在人和动物身上，一定会当场毙命。但是，那只袋囊不但一点儿也没动，反而气鼓鼓地膨胀起来。大力士的火气变得更大，抡起拳头狠狠一顿猛打，但是袋囊依旧完好无损，并不断地膨胀。他像一头发怒的雄狮，变得更加怒不可遏。于是捡起路边的一根木棒歇斯底里地砸向袋囊。可是袋囊好像故意气他似的越胀越大，最后整个山道都被袋囊堵得严严实实。这下大力士彻底无计可施了，只好躺在地上不停地喘着粗气。不一会儿，一位智者走到大力士的面前，询问他遇到了什么困难。大力士既懊恼又委屈地说：“这个东西真是可恶至极，它故意和我过不去，还把我的路都给堵死了。”智者笑了笑说：“这是‘仇恨袋’。如果你开始时就不理它，它又怎么会为难你，把你的路给堵死呢？”这个“仇恨袋”就像我们在生活中遇到的对手，它是非理性的，所以就更加难以对付。这个时候，如果我们采取对抗策略，就会出现僵局。这时，如果我们采取另一种方法，就像那个智者所说的，你不理会或者绕过他，很多问题不就迎刃而解了吗？

在现代社会，多数竞争已不再是非要争出高下不可，博弈论为人们指出，当人们必须长期共处时，合作和妥协一般来说是非常明智的选择。既然不能一举将对手打败，那么我们就该把目光放长远一些，更多地考虑一下未来。妥协是博弈双方在某种条件下达成的共识，虽然对于解决问题来说不是最好的办法，但在更好的方法尚未出现以前，它就是最好的方法。这是因为，妥协可以让人不再继续投入时间、精力等资源，从而避免了不必要的浪费，可以使人维持自己最起码的存在，为获得胜利赢得机会，更可以提供喘息的机会，为扭转不利的局势提供基础。

放下面子，妥协不等于懦弱

在斗鸡博弈中，参加博弈的双方会陷入僵持不下的困境。

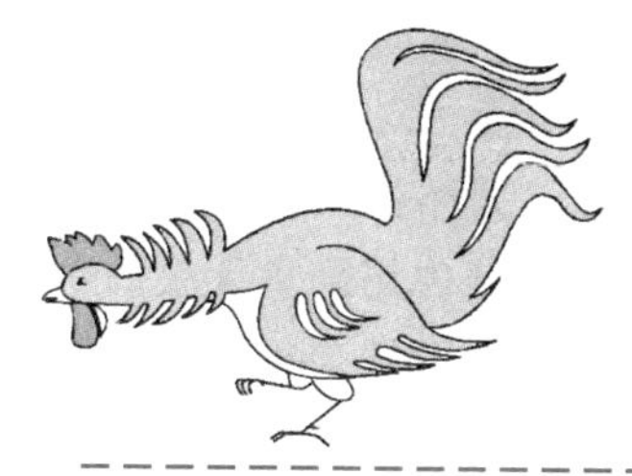

造成这种局面的原因

- 双方势均力敌，实力相当。
- 双方都很在乎面子，不愿意做出丢面子的事情。

设想一下，假如有一只公鸡肯放下面子，主动退出，然后找个地方拜师学艺，勤学苦练，等到学有所成再找对手决斗，那么它打败对手的概率一定会大大增加。这也正是破解斗鸡博弈的关键所在。

在很多时候，妥协会被认为是软弱的表现，是懦夫的行为，但其实妥协是非常实际、灵活的智慧。一般智者都会通过在恰当时机接受别人的妥协，或向别人提出妥协的方式来达到他们的目的。

如何让对手害怕自己

在美国西部有一笔价值10万美元的宝藏埋在一个小岛上的某个地方。但是，这笔宝藏并不容易找到，如果随随便便就能够找到，那也不能称之为宝藏了。如果有人觊觎这笔宝藏，必须要先花7万美元找到这座岛所在的位置。花费7万美元，赚回10万美元，这显然是一个划算的事情。如果知道宝藏消息的只有两个人，那么会出现什么情况？如果这两个人一起合作寻宝，那么他们将会分摊7万美元的费用，均分10万美元的宝藏。如果他们没有选择合作，那么他们都会花费7万美元的费用，但最后找到10万美元宝藏的只有一个。在这种情况下，如果有一方寻宝的决心非常强烈，那么另一方最好的选择就是放弃。如果寻宝的人只有一个，那他就能够获得一笔不菲的收入。因此，在这场博弈中，取胜的方法就是要让对手相信，自己对寻宝充满了信心，绝对不会退出。

这个故事反映出一个问题，参加博弈的双方不会让对手知道自己的策略。在猜硬币博弈中，你希望阻止对手的打探，因为如果你的策略被他知道，你就会必输无疑。但在斗鸡博弈中的情况就完全不同，如果你的策略被对手知道，而且你表现出非常强硬的态度，那么你很可能会成为这场博弈的胜利者。因此，如果你具有不达目的誓不罢休的气概，并且能够表现出来，那么你就应该欢迎你的对手探听你的消息。其实，如果你不欢迎对手的打探，并想方设法进行拒绝，那就会造成严重的后果。

在上面的故事里，假如你把想要寻宝的消息告诉给对手，同时表现出一定要成功的气概，并希望他相信你，那么他就会选择退出。假设对手不能够确定你是不是要寻宝，为了掌握你的信息，他派了一个间谍去打探你是不是真的想去寻宝。如果你把这个间谍赶走，对手的心里会怎样想？如果你认为间谍会把你要寻宝的消息告诉给你的对手，那你就不能赶走他，而应该欢迎他。可是，你赶走了间谍，对手会通过你的举动怀疑你想隐瞒什么。这时他自然会想到，原来你并没有寻宝的决心。所以，你赶走间谍的行为相当于一个信号，通过这个信号对手认为你并没有决心。在斗鸡博弈中，影响胜负的一个重要因素就是心理，你的行为无疑给对手增加了很大的信心，从而使胜利的天平更倾向于他。因此，在这场博弈中千万不要阻止对手来打探你的行动。有些时候，主动把你的策略告知对手反而更能增加胜利的砝码。

亚历山大·格雷厄姆·贝尔是电话的发明者，这是一个尽人皆知的事情。但其实与贝尔同一时期的发明家伊立夏·葛雷，也发明了一种电话。葛雷在同一天先后与贝尔去专利局申请专利，但是他比贝尔晚了几小时，所以电话的专利权就与葛雷无关了。葛雷发明的发话器与贝尔的发话器有所不同，他把一个电极装在薄铁膜片的背后，并伸到一种电解液里。当人对着膜片说话时，膜片就会振动，这种振动使得电极在电解液中颤动，此时电极浸在电解液中的深度就会发生变化，由此产生与声音振动相应的变化电流。如果贝尔和葛雷的研究都是依靠别人的投资进行的，那么按照美国专利制度的规定，因为贝尔在葛雷之前申请专利，所以专利权就属于贝尔，而葛雷所做的研究就没有什么实际效果。如果伊立夏·葛雷知道自己在研究电话的同时，贝尔也在研究，而且贝尔比他更容易成功，那么他的最优策略就是尽快放弃自己的研究。

放大决心，吓退对手

一般参加博弈的双方不会让对手知道自己的策略。但在斗鸡博弈中如果你的策略能适时地被对手知道，而且对手打探到了你非常强硬的态度，那么你很可能吓退对手，成为这场博弈的胜利者。

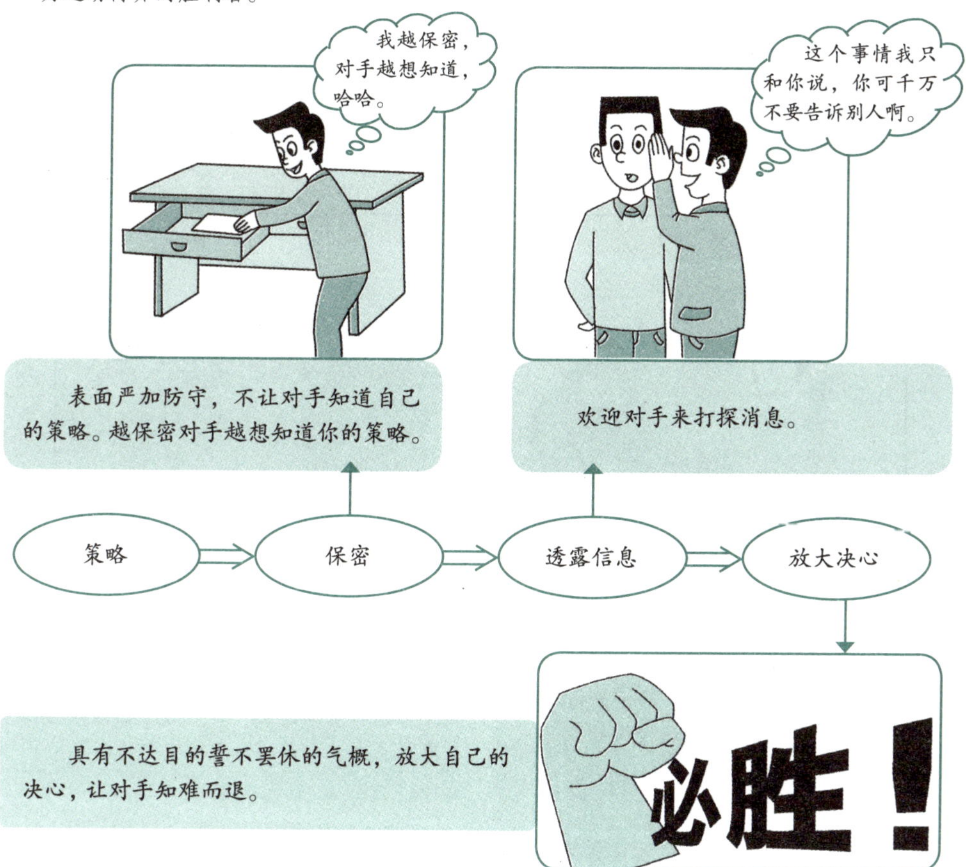

在软件研发领域，软件公司一般都会在正式推出新软件之前先推出试用版，这样做不仅是为了收集潜在用户的反应，同时有一个更重要的目的，那就是以此来将潜在的竞争者吓退。假设某种新的商业软件很受欢迎，有100万美元的市场，但开发这种软件需要80万美元的投资。某个公司对这个市场很感兴趣，想要占领这个市场，但因为某些原因，这个公司又暂时不想对这种新软件进行开发。如果竞争对手知道这个公司对待这种软件的策略，那么在利益的驱动下，竞争对手就会立刻着手开发这种软件，进而占领这个市场。面对如此不利的局面，那家公司该怎么做呢？它可以先用实验性的软件保住市场，等条件成熟后再去占领。它可以开个新闻发布会，告诉人们软件会在一年之内推出。如果这个消息得到了人们的信任，那么很多潜在的竞争者就会被吓跑。

时刻监视你的对手

精明的商人总是能做到在该出手的时候出手，并且将敌人的劣势转化为自己的优势。这一切的根本就在于知彼知己。我们随时都要考虑对手正在干什么，要根据对手来采取相应的态度。

原来他们的计划是这样的。

竞争日益激烈的今天，企业之间的较量扩展到了各个方面。除了资金、产品质量、人才之外，商业情报的竞争也显得非常重要。

如何去收集对自己有用的情报，如何发出虚有点信息去吓退对方，已经成为摆在很多企业面前的一个很重要的课题。

当今各行业中的佼佼者的情报工作都做得非常好，这已经成为一个企业发展的基本能力。

在斗鸡博弈中，获胜的关键就是要让对手相信你一定会采取强硬的姿态。此外，你还应该欢迎对手打探你的举动。可是，当情况相反时，也就是说如果你知道你的对手绝对会强硬到底，那么选择退出才是你的最优策略。

展示自己的实力

柴田胜家（又名权六）是日本古时候的猛将，从织田信秀当家时起就效忠织田家，并在后来织田信秀统一近畿的一系列征战中，发挥了重要的作用。1570年6月，柴田胜家驻守的长光寺城被六角义贤包围，水源也被截断。城中的粮食和水很快就要用光，在如此危急的情况下，柴田胜家准备出城突袭，杀出一条生路。当着前来劝降的使者的面，柴田胜家把最后三竹筒水泼在地上，然后又劈碎了竹筒，以此来表示自己誓与敌人死战，决不向敌人屈服的决心。随后，他命人打开城门，率领人马向六角军发动突然袭击。六角军将领被柴田胜家的必死决心震慑住了，结果全面崩溃。此后，人们把柴田胜家称为“破竹之柴田”。

假如柴田胜家决定决战到底，那么他希望对方会明白他的策略，并对此深信不疑。但是对方要想明白这一点，就得需要一个使者或者间谍做媒介，到他的军营打探他的真实意图。如果柴田胜家害怕对手知道他的策略而将间谍赶走，那么，对方就会怀疑他有什么东西要隐瞒，进而怀疑到他的决心。因为在这种形势之下，除了他并没有决战的条件和决心这一件事，就再也没有别的事需要隐瞒的了。所以，赶走间谍的行为就等于向敌人承认自己是一个准备投降的胆小鬼。反过来说，如果柴田胜家想让他的对手知道他决战到底的决心，那么最好的办法就是欢迎间谍的到来。通过间谍，把这种信息传达给对方，如果对方是一个理性的人，那么他就会考虑要不要拼个你死我活。所以说，在狭路相逢的斗鸡博弈中，千万不要对对手前来打探的行动进行阻挡。最好的办法就是，你要主动把你的实力展示给对手，让他知难而退。

在商业领域，有些企业为了吓走潜在竞争对手，不惜使用“烧钱”的手段，比如花巨资请明星做广告、竞投黄金时段的标王等。花大价钱请名人做广告值得吗？名人效应真的能够给企业带来高回报吗？公司的老板都不会考虑这些问题，因为他们的真实目的并不在此，而是用这种手段来展示自己争夺市场的决心。如果一个新市场仅能支持一家公司生存，为了显示进入市场的决心，借以吓走竞争者，企业就可以花大价钱请名人来拍广告。如果足够幸运的话，对手就会把这种行为看作企业进入市场的决心有多么强烈。这样一来，对手就会重新考虑自己的策略，最后知难而退。

像这种向对手展示自己的实力，从而吓退对手的策略，在很多领域都有体现。2007年公映的好莱坞电影《三百壮士》，就让人们看到了这一策略。这部电影讲的是发生在公元前480年的斯巴达国王李奥尼达带领了300人阻挡波斯大军侵略的故事。

在电影中有这样一个情节：波斯国王薛西斯一世在战场上见到斯巴达国王李奥尼达，便劝李奥尼达投降，他威胁李奥尼达说："对抗我可是一个很愚蠢的举动。因为我会让我的敌人死得很惨，为了获胜，牺牲手下我连眼睛都不眨一下……"李奥尼达也不甘示弱，他毫不犹豫地回答说："你为获胜不惜牺牲手下，我会为了我的手下牺牲自己！"

向老板展示自己的实力

老板需要的是有真才实学，能为自己创造财富效益的人员。所以作为公司的员工，要明白这一点，并适当地展示自己的实力，使老板赏识自己。

从博弈论的角度来看，薛西斯为使李奥尼达屈服，用不惜牺牲手下的手段对李奥尼达进行威胁。这是他展示自己的实力的一种手段，想借此让李奥尼达不战而降。而李奥尼达却以“为手下牺牲自己”向薛西斯展示了自己的决心和实力。

在斗鸡博弈中，要想获得胜利，不论是利用对手的间谍向对手反馈，还是自己主动向对手展示，总之一定要向对手展示你的实力，让他明白你不达目的誓不罢休的决心。当然，这样做的前提是，你有能力并且真的想要去实现这个目标。如果不是这样，还是趁早退出更为明智。

与老板和谐相处

在企业中，员工既要处理好与老板的关系，同时还要处理好与同事之间的关系。如果处理不好这些关系，员工在企业的发展将会受到重大影响，不利于自身的发展。下面就让我们运用博弈的观点来看一下企业员工应该如何处理好与老板、同事之间的关系。

员工与老板之间的关系非常微妙。员工要依靠老板为其提供适合发展的工作岗位和稳定的收入，同时也要靠自己辛苦地工作帮助老板为企业创收。同理，老板要依赖员工赚钱，却也要对员工进行管理，使得企业这部机器正常运转下去。因此，老板和员工之间形成了一种博弈关系。很多时候，这种关系并不是相辅相成、和谐相处的，而是显得非常反常。比如很多员工在公司勤奋工作，但并没有得到老板的赏识；而有些员工平时工作并不怎么努力，却靠着在老板面前阿谀奉承而左右逢源，博得老板喜爱。用博弈论中“纳什均衡”的理论来解释，这种现象似乎并不应该出现，可它却实实在在存在于大多数公司之中，这是为什么呢？

老板是一个公司的最高领导人，公司的重大决策、员工的职位升迁和薪金待遇等很多问题都取决于老板。可是，金无足赤，人无完人，老板也像普通人一样在个人性格方面存在着缺陷，他们也喜欢自己的下属奉承自己，同时也想把自己的聪明才干表现在别人面前。这是一种非常普遍的现象，作为公司的员工，要明白这一点，并适当地调整自己，使自己与老板能够和谐相处。

有两点需要特别注意，第一是要远离老板的私生活，第二是不要当众与老板唱对台戏。

远离老板的私生活也是员工与老板和谐相处的一个重要因素。老板也有自己的私生活，而且因为老板比普通人更能干或者更有钱，所以私生活也可能会更加复杂。如果员工因为某种原因而涉足其中，那就像是跳进了麻烦的陷坑之中。员工过多地介入上司的私生活，与老板之间的正常关系就会发生扭曲。哪怕员工与老板的关系好到用同一个碗吃饭，也要把握一个度，千万不能老板不把你当外人，你就真的不把自己当外人。因为每个人都有自己不能让别人知道的秘密，一旦这个秘密被泄露，他就会失去安全感。这个时候，他身边的人都会被他视为安全威胁。所以，员工远离老板的私生活才是保存自身的安全之道。

当员工与老板发生冲突时，一定不能冲动，而是要冷静、理智地处理问题。千万不要把同事拉拢进来，这样只会使其陷入两难的境地，对解决与老板的争端起不到任何作用。当情绪稳定下来之后，员工应该主动消除与老板之间的隔阂，化解双方的矛盾，如果员工与老板之间的敌对状态一直持续下去，那么对双方都会产生负面影响，而这种影响对员工更为不利。所以，如果矛盾是由老板引起的，那么员工首先要给予足够的尊重，然后再私下与老板进行单独沟通，以求达到相互谅解的目的。如果矛盾是由员工引起的，那么员工就要主动承认自己的错误，并向上司道歉。

是对手也是朋友

在双方势均力敌的斗鸡博弈中，前进的一方可以获得正的收益值，而另一方及时选择后退，也不会给自己造成多大的损失。因为丢掉面子和命丧黄泉比起来要划算得多。此外，这还关系到整个种群的生存与发展。在人类社会中，情况要比动物复杂得多，所以人类争斗的理由与自然界中的动物相比要复杂得多。正因人类比其他的动物高级，所以人能够通过学习，获得更为高级的博弈智慧。也就是说，人的行为与动物相比也要更为复杂和多样，这使得他们可以成功地避免两败俱伤的结局。

一个牧场主与一个猎户毗邻而居。牧场主养了许多羊，猎户的院子里养了一群凶猛的猎狗。这些猎狗很不安分，经常跳过栅栏，对牧场里的小羊羔进行攻击。牧场主因此三番五次去找猎户，希望猎户能够管理好自己家的猎狗。可猎户根本听不进牧场主的话，他虽然每次都会答应，但实际上仍旧对他的猎狗不管不顾。所以牧场主家的好几只小羊还是遭到了猎狗的袭击。这种情况终于使牧场主再也无法忍受。于是他便去找镇上的法官评理。法官了解此事的经过之后，对牧场主说道："我很同情你的遭遇，也能体谅你现在的心情，如果需要的话，我会处罚那个猎户，也可以下令让他管理好他的猎狗。但是，如此一来，你就失去了一个朋友，多了一个敌人。你愿意和邻居做朋友还是和邻居做敌人？"牧场主毫不犹豫地回答说："当然是朋友了！"法官说："那好。我告诉你一个方法，如果你按照这个方法去做，那么你的羊群不但能够不再受到骚扰，而且你还能够得到一个好的邻居。"牧场主觉得这是一个两全其美的好办法，就请教法官该如何去做。法官告诉他，从自家的羊群里挑选几只最可爱的小羊羔，送给猎户的5个儿子每人一只。这个方法虽然会使牧场主受到一些损失，但从长远的角度看，如果这个方法能够奏效，那么猎户家的猎狗就将不会再去骚扰牧场主家的羊，而且还能够使牧场主与猎户成为好朋友。牧场主按照法官的方法去做，送给猎户的5个儿子每人一只可爱的小羊羔。孩子们看到洁白温驯的小羊羔都特别喜欢，每天都要在院子里和小羊羔一起玩耍。看到孩子们每天都玩得很开心，猎户也很高兴。为了防止猎狗伤害到儿子们的小羊，他便做了一个大铁笼子，把猎狗结结实实地锁在里面。此后，牧场主的羊群再也没有受到骚扰。

春秋战国时期，郑国派子濯孺子去攻打卫国，子濯孺子打了败仗，掉头逃跑。卫国士气高涨，于是便派大将庾公之斯追击。子濯孺子发现后面的追兵，非常伤心地说："真是不巧，我的老毛病怎么偏偏赶上此时发作，我连弓都拉不开，看来只有死路一条了。"子濯孺子又问他的车夫："追击我的是谁呀？"车夫回答说是庾公之斯。子濯孺子听后高兴地说："天无绝人之路，我死不了了！"车夫不明白，就问道："追击您的人庾公之斯是卫国的有名射手，您为什么说您死不了呢？"子濯孺子从容不迫地回答说："你知道庾公之斯跟谁学的射箭吗？庾公之斯的老师是尹公之，而我又是尹公之的老师，尹公之是个正派人，因此，他的学生必然也很正派。"很快庾公之斯便追了上来。庾公之斯见子濯孺子坐着不动，便开口问道："老师您是怎么了，为什么不拿弓呢？"子濯孺子回答说："我今天身体不适，拿不了弓。"庾公之斯说："我的箭术师从尹公之，而您又是尹公之的老师，我又怎么忍心用您的技巧反过来伤害您呢？可是，现在我们各为其主，今天我追杀您是国家的公事，我也不能做出因私废公的事情。"于是，庾公之斯从箭筒抽出箭，然后在车轮上将箭头敲掉，之后拉弓搭箭，向子濯孺子射了几下便离开了。

与朋友相处之道

人在这个社会上闯荡，多一个朋友多一条路，多一个敌人多一堵墙。所以，要尽量与人和睦相处，成为朋友。那么与人相处时要注意什么呢？

化敌为友处世之道

庚公之斯虽说不能因私废公，但是子濯孺子是他老师的老师，也就是说，庚公之斯的技艺间接来自子濯孺子，所以他又不能对子濯孺子痛下杀手。在这种两难选择面前，他只是象征性地向子濯孺子射了四箭。其实，庚公之斯的这种做法对自身来说是很有好处的，一方面他没有杀害老师的老师，保全了自己的名声；另一方面，他也给自己留了一条后路，子濯孺子必然会将此事铭记在心，万一哪天走投无路落到子濯孺子手里，子濯孺子也会因为这件事而放他一马。

商业之间类似的故事在微软与Real Networks之间也曾出现过。2003年12月，美国的Real Networks公司通过一纸诉状将微软公司告上联邦法院。Real Networks指控微软凭借在Windows上的垄断地位，限制PC厂商预装其他媒体播放软件，并且强制要求Windows用户使用绑定的媒体播放器软件。Real Networks宣称，微软的这一做法使其受

从博弈论角度看处世法则

一般人面对敌人或对手的时候，都会迎难而上，决不退缩，不拼个你死我活誓不罢休。

真正明智的人信奉这样一句话："世界上多了一个朋友，就少了一个敌人。"

生活在纷繁复杂的社会中，与别人发生对立和冲突是在所难免的事情。

但需要注意的是，这些对立和冲突有很多是由各种原因共同造成的误会。

这时，就应该主动调整自己的姿态，避免出现以硬碰硬、两败俱伤的结果。

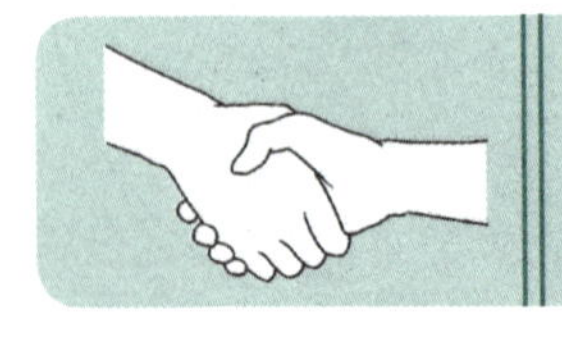

更为重要的是，要把你的对手转化为朋友，使双方在合作中达到双赢。

到很大的损失，并要求微软公司做出10亿美元的赔偿。就在双方为官司的事情纠缠不清的时候，一条爆炸性消息让所有人都大为震惊。Real Networks公司的首席执行官格拉塞，为使自己的音乐文件能够在网络和便携设备上播放，希望得到微软的技术支持，于是便致电比尔·盖茨。双方的纠纷还没有解决，Real Networks公司却主动寻求与微软的合作，这看起来真像是一个天大的笑话。可是，比尔·盖茨并不这样认为。他没有因为双方的官司而否决这一提议，而是表示出了极大的欢迎。他通过微软的发言人传达出想要合作的意向。2005年10月，微软与Real Networks公司冰释前嫌，并达成了一份法律和解协议。这个协议使得Real Networks公司有了更多的发展空间，对微软来说，也避免了与Real Networks公司的法律纠缠。所以说，双方都得到了好处，这是一个双赢的结局。

通过这个故事可以看出，真正有智慧、有成就的人在对商机的把握和设计方面要远远超出常人，更为重要的是，他们具有把对手变成朋友的处世智慧。

学会见好就收

见好就收是一个明智的博弈者必须时刻谨记的一个重要原则。无论他面对的对手是谁，双方实力对比如何，但这个原则在开始行动之前必须要牢牢记住。一个成熟、明智的博弈者必须事先对博弈的最坏结果有所估计，不断告诫自己，遇到失败要马上退出，以保存实力。在双方势均力敌的情况下，迫使对手让步可能会给人带来无比的愉悦和刺激，但是人外有人、山外有山，有些时候需要见好就收。

春秋时代，周朝逐渐衰微，周天子的势力范围越来越小，各地的诸侯为了争夺领土和利益，纷纷发动战争，强者成为诸侯的盟主。当时总共产生了五位盟主，史称“春秋五霸”，齐桓公就是五霸之一。齐桓公打着“尊王攘夷”的旗号，为几个弱小的国家提供帮助，在中原地区威望一天天大起来。但是南方的楚国，凭借地理位置的优势和强大的军事力量，不但不服齐国，还跟齐国对着干。更让齐国无法忍受的是，楚国还向齐国的盟友郑国发动进攻。在齐桓公的组织下，鲁、宋、陈、卫、郑、许、曹与齐国联合南下，准备攻打楚国。楚国见八国大军压境，形势对自己十分不利，于是就派使臣屈完与齐桓公进行和谈。

与齐桓公相见后，屈完问：“我们住在南海，你们住在北海，两地相隔千里，风马牛不相及。不知你们此次前来所为何事？”管仲当时就在齐桓公身边，他听过屈完的话后回答说：“从前，周王让召康公传令给我们的祖先太公，说五等侯九级伯，如有不守法者，无论在哪里，你们都可以前去征讨。现在楚国竟敢公然违反王礼，不向周王进贡用于祭祀的物品。还有前些年昭王南征途中遇难，你们也逃脱不了干系。此次我们来到这里，就是要你们对这件事情做个交代。”屈完回答说：“我们确实不该多年不向周王进贡包茅。但是，昭王南征未回是因为战船沉没在汉水中，与我们又有什么关系？你们要兴师问罪不应该来找我们，而应该去找汉水啊。”

齐桓公见屈完思维敏捷，言辞犀利，不能与他做口舌之争，于是就向他炫耀自己的兵力。齐桓公指着浩浩荡荡的军队，趾高气扬地说："这是一支多么威武的军队啊。如果用这样的军队去打仗，必定是无坚不摧、无往不利！试问天下有哪个国家能够抵挡得住这样的军队？”屈完非常平静地回答说："如果用仁德来安抚天下诸侯，天下诸侯都会欣然听命于你。如果想凭借武力让诸侯屈服，那么我们楚国可有方城山为城，有汉水为池，城高池深，你的兵再勇猛又能奈之如何？”这场战争最终双方以和谈收场。中原八国诸侯和楚国一起在昭陵订立了盟约，楚国表面上承认了齐国的霸主地位，之后各诸侯国都班师回国了。

在这场斗鸡博弈中，齐国和楚国分别选择了一进一退的策略，实现了双方利益的最大化。对两个国家来说，这无疑是最好的结果。对于齐国来说，它的实力虽然比楚国强一些，但又没有绝对把握能够打败楚国，所以一旦两国交战，谁胜谁负还很难说。也正是这个原因，所以齐国才会采取见好就收的态度，与楚国签订和约。

拿破仑为了实现征服欧洲的野心，精心组织大军不宣而战，打响了与俄国的战争，并很快占领了莫斯科。在国家危难存亡之际，老帅库图佐夫临危受命，担任俄军总司令之职。拿破仑和库图佐夫并不陌生，他们在五年前就有过交手的经历。只是当时他们双方势均力敌，而目前时移事易，强大的拿破仑占据着很大的优势。两国军队在博罗委诺村附近展开了一场血战，战斗惨烈至极，整整持续了一天一夜。最后还是拿破仑取得了这次战斗的胜利。俄军丢了阵地，只得选择撤退。虽然这一仗败在拿破仑手下，但是库图佐夫并没有丧失斗志。通过对形势和双方的实力对比进行分析，他发现，有两个因素对俄国有利。一是虽然拿破仑占领了俄军要塞，但实力已被明显削弱，拿破仑的军队将不会再大举进攻。此外，法军深入俄国内部孤军作战，后备给养得不到及时的补充，打持久战对他们来说相当不利。基于这两点，库图佐夫冒天下之大不韪，决定暂时放弃莫斯科。他的这个决定遭到了全体俄国人民的反对，尽管如此，可是他还是愿意这样去做。这是因为，他坚定地认为，如果非要坚守莫斯科，很可能会付出全军覆没的代价。库图佐夫下令俄军撤退，一边撤一边将城中所有的物资付之一炬，只留给法国军队一座空城。

拿破仑虽然得到了莫斯科，但其实得到的只是一座一无所有的空城。后来，孤军深入的法军因为饥饿和寒冷，逐渐丧失了斗志。拿破仑纵然打仗再出神入化，对此也是一筹莫展。于是他只得命令军队撤出莫斯科。这正好给了俄国军队报仇的机会，一场恶战打得法军全线溃败。这场战役成了拿破仑一生中最大的败笔。拿破仑的失败存在着多方面的因素，但是从博弈的观点来看，在这场战争中，如果他能够做到见好就收，然后等待后续部队的支援，那么法军一定不会遭到惨败。

2004年12月发生了一起继巴林银行破产之后最大的国际投机丑闻。在新加坡上市的中国航油(新加坡)股份有限公司因为从事投机性石油衍生品交易导致巨额亏损。

当年第一季度国际市场油价攀升使中航油在期货市场上的损失很大，这个势头并没有得到遏制，反而继续延伸下去。到6月份时，中航油的亏损值已经从580万美元扩大到3500万美元。有关方面担心中航油会在亏损中灭亡，所以纷纷下达追加保证金的通知。但是在残酷的现实面前，当时的中航油新加坡公司总裁陈久霖却失去了理智，为挽回损失，他一意孤行地继续加大交易量，同时还将期权的合约向后推延。他的这些举动彻底把中航油送上了绝路,2004年11月底，中航油不得不宣布被迫向法院申请破产保护。

其实，世界风险评估机构标准普尔公司曾经指出，在危机初露端倪之时，中航油只需要5000万美元就能够成功化解这场风险。但是中航油新加坡公司总裁陈久霖一心想要挽救损失，结果却造成了更大的损失。当时他不是没有认清形势，而是不肯付出5000万美元的代价。其实5000万美元的代价使中航油得到保全，是一笔非常划算的买卖。虽然需要付出一定代价，但是对中航油来说仍是最好的选择。可是，陈久霖做不到见好就收，结果彻底搞垮了中航油，制造出一个国际性的投机丑闻。

对于个人来讲，在竞争日益激烈的现代社会，如果你在某一领域与势均力敌的对手狭路相逢，没有十足的把握获胜，那么，就应该学会见好就收，不要与对手硬拼。

大国之争

实力相当的大国之间应当如何博弈呢？它们之间的博弈有没有胜负之分呢？

我们知道平时在零和博弈中，一方胜利就意味着一方失败，比如篮球比赛等一些竞技体育赛事，要么失败，要么胜利，没有其他的结果。但是大国之间的“博弈”却并没有这么简单。今天大国之间若发生大规模现代战争，参与者则可能都是输家。

战争中，无论是进攻者还是防守者，最基本的原则是使自己生存或更好地生存。但是，如果大国之间发生了冲突，则有可能带来完全相反的结果。

在你发明一种新的武器时，意味着你摧毁他人的能力提高了，但这其实也在提高毁灭自己的能力。因为，别人看到你发明了新的武器，绝不甘心受你的威胁，他也会发明新武器，然后你为了应对它的新武器，只能再次研发新武器……在不断开展的军备竞赛中，人类自我摧毁能力已经达到让人震惊的地步。

因此，当今世界上如果两个大国之间发生战争，并达到动用高端武器的时候，其结果就是双方都失败，没有赢家。如果是这样的话，战争对任何一方来说都是无意义的。在世界发展的过程中，不可预知的因素以及利益的冲突会将大国推向冲突的边缘。如何在冲突中保持克制能力，不至于出现双方都失败的结果，是各大国的共同任务。这就要求大国在博弈中要保持理性，防止大规模冲突。

1945年，美国对日本使用了两颗原子弹，警告日本快点投降，不然的话日本就可能从地球上消失。

战争结束了，但各国受战争影响，意识到军备武器决定战争的成败乃至国家的存亡。在这些武器面前，文明什么都不是，而野蛮经常战胜文明。因为决定胜败的是军备强弱，并不是文明程度。

基于这样的思考，核武器被研发出来了。以美国为首和以苏联为首的两大对立阵营，使世界进入了核武器竞备时代。发展到现在，得到国际社会认可的有核国家是美国、俄罗斯、英国、法国和中国，五国的核地位是在“二战”后的特定历史条件下确立的。“冷战”结束后，白俄罗斯、南非、乌克兰等一批国家，主动放弃现有核武器及核武器发展计划，成为无核国家。他们的做法值得尊敬，但并不是所有的国家都会向着“无核化”努力，有的国家则想方设法研制核武器。

核武器的毁伤能力在大规模杀伤性武器中居于首位。美国扔向广岛的原子弹为2万吨当量，造成30多万人员伤亡，而现在的核武器更加地先进，破坏力将远远大于前者。300万吨当量的核弹，可以摧毁千万人口的大城市所有的地面建筑。一旦核战争爆发，双方均被毁灭，并且还会使别的国家毁灭。

有鉴于此，各个国家都会避免发生核战争，这样各大国也就不会发生大规模的冲突了。

如果能够将武器的防卫和攻击性能完全分开，我们只发展完全防卫性的设施，而且这种设施没有进攻能力，如雷达等。如果这样的话，就能解决上述问题。这需要各国达成这样一个协议：不开发攻击性武器，只开发防卫设施。对世界上不同民族的人民来说，这样的协议是极为有利的。但是，就算这种协定真的达成了，也还是有不足之处。它还面临着有的国家不执行的问题，有的国家可能会违反这个协议。所以，许多国家发展攻击性武器，因为这是各国的优势策略，没有哪个国家敢说：“我只防守，不进攻。”但是，限制甚至取消发展攻击性武器，削减已有的攻击性武器，通过只发展防卫设施的协议是一个维护世界和平的方法。当然了，这个协议可能会受到一些国家的“挑战”。

第十一章

协和博弈

协和谬误：学会放弃

20世纪60年代，英法两国政府联合投资开发大型超音速客机——协和飞机。这种飞机具有机身大、装饰豪华、速度快等很多优点，但是，要想实现这些优点，必须付出很高的代价——仅设计一个新引擎的成本就达到数亿元。英法两国政府都希望能够凭借这种大型客机赚钱，但是研究项目开始以后，他们发现了一个很严重的问题——如果要完成研发，需要不断地投入大量金钱。另外，就算研究成功，也不知道这种机型能否适应市场的需求。但是，如果停止研究，那么以前的投资就等于打了水漂。

在这种两难的选择之下，两国政府最后还是硬着头皮研制成功了。这种飞机投入市场以后，暴露出了很多缺点，如耗油量大、噪声大、污染严重、运营成本太高等，根本无法适应激烈的市场竞争，因此很快就被市场淘汰了，英法两国也遭受到了很大的损失。其实，在研制协和飞机的过程中，如果英法政府能及时选择放弃，他们就能够减少很大的损失。但令人遗憾的是，他们并没有那样做。最后，协和飞机退出民航市场，才使英法两国从这个“无底洞”中脱身。

博弈论专家由此得到灵感，把英法两国政府在研究协和飞机时骑虎难下的博弈称为“协和谬误”：当人们进行了一项不理性的活动后，为此支付的时间和金钱成本，只要考虑将这项活动进行下去所需要耗费的精力，以及它能够带来的好处，再综合评定它能否给自己带来正效用。像股民对股票进行投资，如果发现这项投资并不能赢利，应该及早停掉，不要去计较已经投入的精力、时间、金钱等各项成本，否则就会陷入困境之中。在博弈论中，这种现象就被称为“协和谬误”，也称“协和博弈”。

小李十分酷爱健身，当看到一家健身俱乐部的广告后觉得很有意思。亲自去俱乐部参观后，他认为俱乐部的环境和设施都还不错，于是就想成为这家俱乐部的会员。在向健身俱乐部付了一笔会费后，他从医生那里得到了一个十分不好的消息。医生告诉他在这段时间内不适宜剧烈运动。这下该怎么办呢？小李内心很矛盾：如果听从医生的劝告，不做剧烈的运动，那么交给健身俱乐部的那笔钱不就是白交了吗？可是，如果不听医生的话，冒着身体的痛苦继续运动，可能会给自己的健康带来损失。为了不使会员费变成一笔巨大的损失，小李最终还是坚持去俱乐部健身，结果健身不但没有起到应有的效果，他的健康状况也出现了很大的问题。

小张夫妇有一个乖巧可爱的小女儿，他们对孩子的未来非常重视，为了孩子能有一个好的将来，小张夫妇花了1万多块钱给女儿买了一架钢琴。但是，他们的女儿生性活泼好动，对钢琴一点兴趣也没有。这下可急坏了小张夫妇，自己用省吃俭用节约下来的钱给女儿买钢琴，希望她长大以后能够成为艺术家、名人，可是孩子却一点也不能体谅父母的良苦用心。虽然女儿不喜欢弹钢琴，但是价值不菲的钢琴已经买回来了，总不能白花那一大笔钱，让钢琴成为家里的摆设吧。于是，小张想到了请个音乐学院的钢琴老师给女儿当家教的办法。与妻子商量后，妻子也觉得这个办法不错。后来通过熟人介绍，他们请来了一位音乐学院的老师来教女儿，但可惜的是，这个办法仍然无法引起女儿对音乐的喜爱，他们为了请家教所花的几千块钱也都白花了。

以上是发生在我们身边的事例，下面再让我们来看一下战争中的有关协和谬误的事例。

1961年5月，美国向越南派遣了第一支特种部队，以达到其支持南越吴庭艳对抗由胡志明领导的北越，阻止国际共产主义政权发展的目的。这件事使美越两国的战争正式拉开帷幕，后来美军又不断将战斗部队投入越南境内。

生活中的协和谬误

协和谬误指当某件事情投入了成本，之后不宜进行下去，却苦于各种原因，将错就错。

无论是投资还是人生，我们总难免走过一些弯路，走错了并不可怕，可怕的是不懂得悬崖勒马，死不悔改。所以，我们应理性选择，“既然已经失去了太阳，就不要再错过星星”。

虽然美国从参战人员的个人素质、武器装备等方面来说都占据着优势，但战争的过程和结果并不像人们想象的那样。美国几届总统在任期间都一直关注着越南战争的局势，并不时地派兵增援，截止到1966年8月，驻守在越南的美军人员达到了42.9万，但是北越军民没有被美军的强大气焰所吓倒，他们因地制宜，不断利用游击战偷袭美军，使美军不胜其扰。此时，如果美国选择退兵，就不会再继续损失下去，可是，已经投入了大批的人力物力，如果不能打败越南，先前的投入都将会白白浪费。正是这种心态使美国陷入越南的“泥潭”之中难以自拔，最后造成了巨大的损失。

肯尼迪执政后，美国国内的反战浪潮一浪高过一浪，美国只得逐步从越南撤军，到1975年4月底才完全撤出。美军撤走以后，北越便将美国驻西贡大使馆和南越总统府攻陷。据统计，在越南战争中，伤亡的平民人数达到500万之多。美国虽然从越南“光荣地撤退”，但损失也非常大。越战是美国历史上持续时间最长的战争，在双方战争的十多年里，美国伤亡人数超过30万，另外还有2000多人失踪，耗费的财物超过2500亿美元。更为严重的是，这起事件成了美国在“冷战”策略上的重大失误，美苏“冷战”的格局也受到重大影响，美国逐渐由攻势改为守势，而苏联则由守势转为攻势。除了这些影响之外，美国国内的种族、民权等方面的矛盾也因此被激化。

怎样摆脱骑虎难下的困境

“骑虎难下”本来是形容人的一种两难处境，但在博弈论专家看来，这种“骑虎难下”的情况就是协和谬误。因为无论如何，注定他会受到损失。正是因为当局者在受到损失之后总想弥补这种损失，结果造成了更大的损失。

如果从老虎身上跳下来，结果必然是被老虎吃掉。

继续骑在老虎身上，任由老虎到处乱跑，等老虎跑累了停下来，就算老虎不吃他，他也会被饿死。

其实，在进入骑虎难下的博弈后，最明智的举措就是尽早退出。尽管道理非常简单，可是当局者一般都做不到，这也正是“当局者迷”的原因。

通过上面的事例可以看出，协和谬误具有这样的特点：当事人做错了一件事，明知道自己犯了错误，却死活也不承认，反而花更多的时间、精力、钱财等成本去挽救这个错误，结果却是不但浪费了成本，错误也没能挽回。这也正是人们常说的“赔了夫人又折兵”。

骑虎难下的僵局

最近几年，中国的房价出现了很大幅度的上涨，对于一般的工薪阶层来说，购房成了他们面临的一个难题。在买房时，售楼人员一般都会运用各种手段诱使购房者先订立购房合同，并交一部分押金。他们这样就是要把购房者带入骑虎难下的两难境地中。如果购房者在签订购房合同后又到别的楼盘去参观，之后对所选择的楼盘的格局或者价格不满意，想买别处的房子，那么他们以前交的押金就算打了水漂，但如果仍然买那个房子，就有可能承担更大的损失。我们不去讨论楼盘销售人员的手段是否违法，只是对那些买房的人说，买房是大事，作出每一步决策都需要考虑清楚。

为了满足结婚等需求，很多人选择了“按揭”供房的方式。其实他们不知道，这种方式使他们陷入了骑虎难下的处境之中。“按揭”供房一般采取这样一种方式：购房者先与开发商确定购买房屋的价格，然后购房者再与开发商和银行订立一个三方协议，购房者先向开发商缴纳一部分购房款，一般是房屋总价值的20%或30%，其余的购房款由银行替购房者向开发商支付，然后购房者再与银行确定的还款期限内分期将本利还给银行。这种方式可以使三方都得到好处。但是，在向银行还款的过程中，购房者很可能陷入一个骑虎难下的境地之中。这是因为，房地产行业并不能长期保持稳定，一旦出现房地产泡沫，政府就会强制开发商下调房价，如此一来，房价就无法维持购房者当初的买入价，也就是说，房屋的总价值会下降，这时，继续按揭供房还是停止按揭供房就将成为摆在购房者面前的一道难题——如果停止按揭，那以前的房款就白花了；如果继续按揭，就相当于不断地把钱投入水里。

在“冷战”期间，美国和苏联两个超级大国为了争夺霸权，不停地进行武器装备的比拼。双方对常规武器以及核武器的研制都不放松，为了战胜对手，耗费巨额财富也在所不惜。直到20世纪80年代，里根为了拖垮苏联，实施了“星球大战”计划。这一举措标志着两个超级大国的武器竞赛将进一步升级。在这场武器竞赛中，双方均投入了巨额财富。后来，美国凭借强大的实力得以继续支撑下去，而苏联就陷入了骑虎难下的境地之中。如果放弃竞赛，那么以前的投入都将白白浪费；如果继续和美国竞赛下去，那么可能会遭受更大的损失。后来，苏联把全部力量都放在了军备竞赛上，使民用建设无法跟上，最终败下阵来。1991年苏联解体在很大程度上就是由此引起的。

从上面的事例中可以看出，对当局者来说一旦进入骑虎难下的博弈，就是相当痛苦的。因为无论如何，注定他会受到损失。正是因为当局者在受到损失之后总想弥补这种损失，结果造成了更大的损失。其实，在进入骑虎难下的博弈后，最明智的举措就是尽早退出。尽管道理非常简单，可是当局者一般都做不到，这也正是“当局者迷”的原因。

先吃好的还是后吃好的

有两箱苹果，其中一箱非常新鲜，而且外观漂亮、又大又圆；而另外一箱因为放置的时间过长，有一些已经变质。

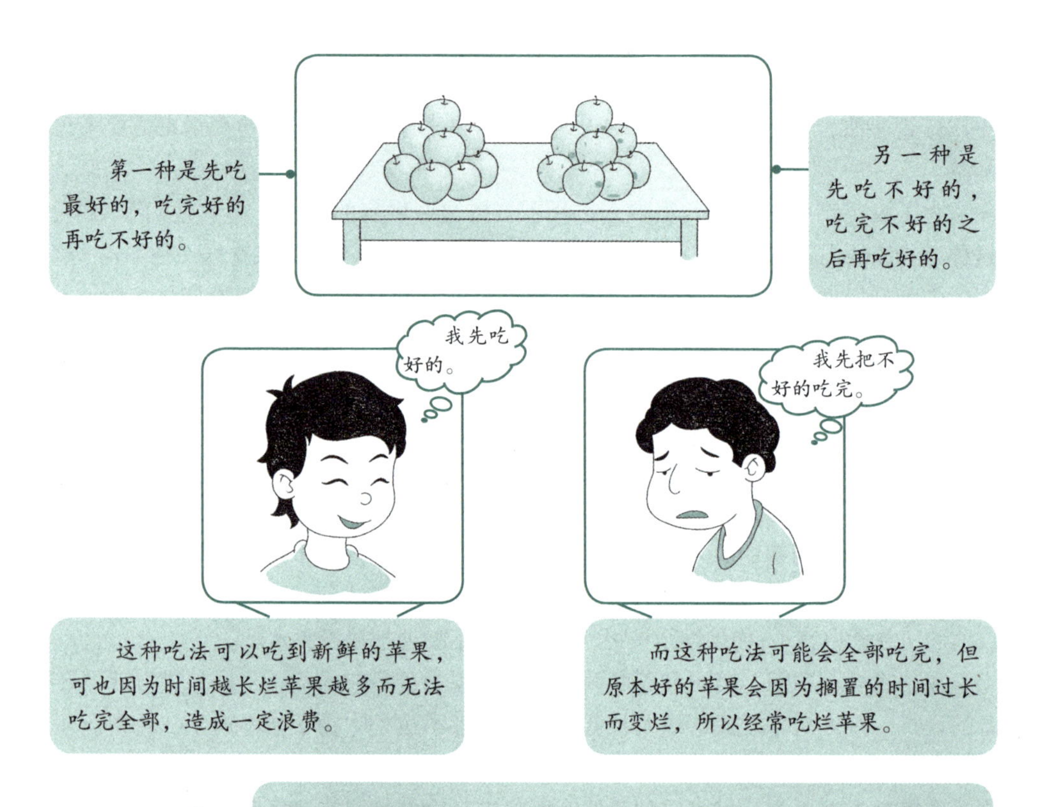

从经济学角度看

经济学上的理性人更倾向于第一种吃法。他们认为，吃苹果以品尝味道、吸收营养为主要目的，从这个角度考虑，第一种吃法的机会成本相对较小，相对理性。

我们的理性很脆弱

美国著名博弈论专家马丁·舒比克在1971年设计了一款经典的“1美元拍卖”游戏。这个经典的博弈论游戏既简单，又富有娱乐性和启发性。

教授在课堂实验上跟学生们玩了这个游戏。他拿出一张1美元钞票，请大家给这张钞票开价，每次以5美分为单位叫价，出价最高的人将得到这张1美元钞票。但是，那些其他出价的人不但得不到这张钞票，还要向拍卖人支付相当于出价数目的费用。

教授利用这个游戏赚了不少钱，原因是学生们玩这个游戏时会陷入骑虎难下的困境之中。在这个游戏里，如果你不能够清醒地认识你的成本，那么你就非常有可能会落入骑虎难下的境地之中：你是以获得利润为目的开始这个游戏的，但是，随着不断地加价，你会发现你已经为此付出了一定的代价，如果继续竞拍下去，你就会越陷越深。游戏也由追逐利润渐渐地演变成如何避免损失。这个时候，你应该作出什么样的抉择呢?

首先，为了将问题简化，我们将舒比克教授的“1美元”改为100美元，以5美元为单位叫价。这样做只是为了方便计算，并没有改变游戏的实质。

游戏开始后，一定会有人这样想:不就是100美元吗？只要我的出价低于100美元，那我就赚了，我所能出的最高价是95美元，再往上出价就赚不到钱了，有谁会继续向上出价呢?

如果用低于100美元的价格竞拍下这张钞票，那么中间的差价就是竞拍者所赚的钱。如果用100美元竞得同值的这张百元钞票虽然没有赚，但也不会赔。假设目前的最高叫价是70美元，迈克叫价65美元，排在第二位。出价最高的人将得到100美元的钞票，并且会赚到30美元，而迈克一定会损失65美元。如果迈克继续追加竞价，叫出75美元，那他就会取得领先。但是那个人不会眼睁睁地让自己损失70美元，所以他必会破釜沉舟地继续提价，直到超过100美元这个赚钱的底价。因为就算他选择了105美元，他也会认为这样自己最多只会损失5美元，相比70美元要少多了。然而，迈克的想法也会如此，所以就会进而将价位提升至110美元。于是，新的一轮竞价大战又开始了。

其实，当两个人的竞价超过100美元时，他们的目的已经从谋利变成了减少损失，在这种情况下，他们两个人的竞价往往会变成两个傻瓜间的对决。当然，就算是两个傻瓜在一起竞价，也会不让竞价这样无休止地进行下去。因为竞价者手里的资金是有限的，他们一定会以手头现有的资金来跟价，最后一个人跟到了295美元，而另一个人则以300美元赢得了这张百元钞票。这个时候，最倒霉的是那个出价295美元的人，因为他身上只有这么多钱，否则他绝对不会放弃。

有些时候，情况会复杂得多。比如假设杰克和凯文来参加竞拍，他们每人都揣着250美元，而且都知道对方兜里有多少钱。那么，结果会出现什么情况呢?

我们现在反过来进行推理。如果杰克叫了250美元，他就会赢得这张100美元的钞票，但是他亏损了150美元。如果他叫了245美元，那么凯文只有叫250美元才能获胜。因为多花100美元去赢100美元并不划算，如果杰克现在所叫的价位是150美元或者150美元以下，那么凯文只要叫240美元就能获胜。如果杰克的叫价变为230美元，上述论证照样行得通。凯文不可能指望叫240美元就能够取胜，因为他知道，杰克一定会叫250美元进行反击。要想击败230美元的叫价，凯文必须要一直叫到250美元才行。因此，230美元的叫价能够击败150美元或150美元以下的叫价。按照这个方法，我们同样可以证明220美元、210美元一直到160美元的叫价可以取胜。如果杰克叫了160美元，凯文就会想到，要想让杰克选择放弃，只有等到价位升到250美元才行。杰克必然会损失160美元，所以，再花90美元赢得那张100美元的钞票还是值得的。

从贪婪到保守都是在损失

经典的“1美元拍卖”游戏，其实就是博弈论的应用游戏。

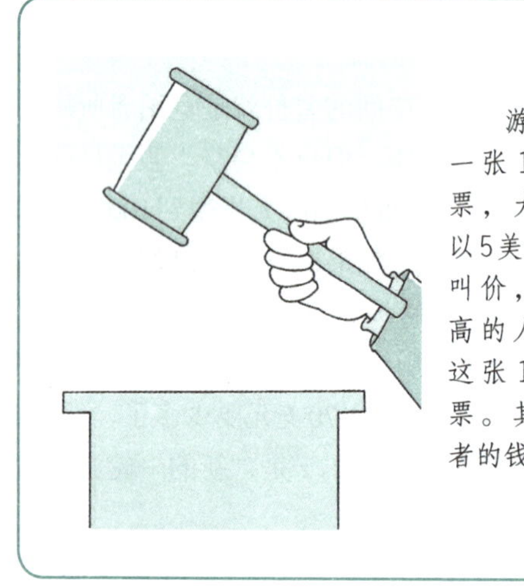

游戏规则：一张1美元钞票，大家每次以5美分为单位叫价，出价最高的人将得到这张1美元钞票。其他出价者的钱不返回。

当出现两个以上竞争者，拍卖方就会赚钱。

出价低于1美元时：出价X，Y元（1>X>Y），出价最高的人获得1美元—X元。

出价高于1美元时：出价M，N元（M>N>1），出价最高的人损失M−1美元。

而出价低的损失都是最重的。

这样的游戏显然是拍卖方赚钱，理性对待不参加最好，或者看看是不是大家一起商量一下更好呢。

第一个叫价160美元的人最后获胜，因为他的这一叫价显示了他一定会坚持到250美元的决心。在思考这个问题的时候，应该把160美元和250美元的叫价等同起来，将它看成是制胜的叫价。要想击败150美元的叫价，只要继续叫价，叫到160美元就足够了，但比这一数目低的任何数目叫价都无法取胜。这也就意味着，150美元可以击败60美元或60美元以下的叫价。其实用不着150美元，只要70美元就能够达到这个目的。因为一旦有人叫70美元，对他而言，为了获得胜利，一路坚持到160美元是合算的。在他的决心面前，叫价60美元或60美元以下的对手就会重新考虑自己的策略，会觉得继续跟进并不是一个明智的选择。

在上述叫价过程中，关键一点是谁都知道别人的预算是多少，这就使得问题简单了很多。如果对别人的预算一无所知，那么毫无疑问，只有到混合策略中寻找均衡了。

在这个游戏里，还有一个更简单也更有好处的解决方案，那就是竞拍者联合起来。如果叫价者事先达成一致，在竞拍时选出一名代表叫价50美元，然后谁也不再追加叫价，那么他们就能够分享这50美元的利润。但是，这种竞价和合作方式太过肤浅，一般人都能够想到，这样便会出现若干对合作者，在公开的场合，谁与谁合作就会暴露得非常明显，所以这种伎俩一般来说是不会成功的。

从这个游戏可以看出，舒比克教授是一个非常精明的人，他为竞拍者设计了一个陷阱，使他们深陷其中无法自拔，而对他自己来说，这个游戏可以让他稳赚不赔。从竞价者角度来看，整个竞价过程可以分成两个部分，100美元以下时有利润可图，可以看作是理性投资，到100美元以上时，理性的投资就转变了典型的非理性投资。

现实生活中理性脆弱的事例无处不在。比如说，有人参加一家航空公司的里程积分计划，当他想搭乘另一家航空公司的飞机时，就会付出更高的代价。一个人在北京找到一份工作，那么他离开北京去另外一个城市发展就需要付出更高的代价。

问题的关键在于，如果你作出了类似的承诺，你讨价还价的资格在很大程度上会受到削弱。正是利用这一点，航空公司如果找来很多人参与里程积分计划，那么它在价格上就不会再轻易作出让步。公司也可以利用职员搬家成本高，在职工薪水方面占据有利地位。

在很多时候，上述后果并不容易被人察觉。只有那些真正的聪明人才会具有这种预见性。之后，他们会在尚未订立契约之前加以充分利用。一般来说，他们利用的方式是采取预先支付酬劳之后再签约。还有一种情况会导致同样的结果，那就是潜在的利益谋取者之间相互竞争。比如，航空公司的里程积分计划为了吸引更多的参与者，就不得不为他们提供更多的积分奖励。

理性的定义

理性：是指参与者努力运用自己的推理能力使自己的利益最大化。

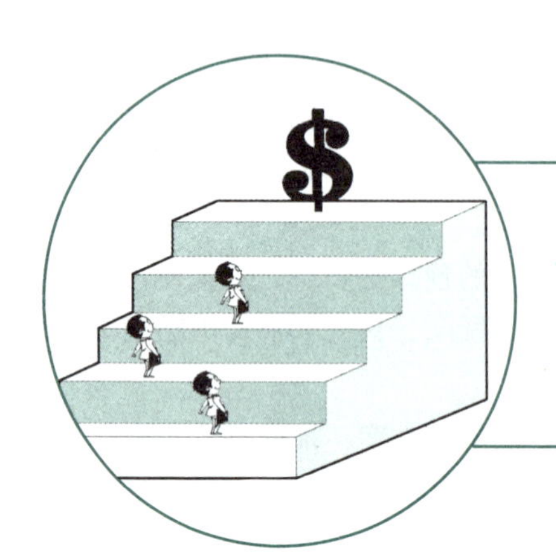

理性的人一定是自利的

在博弈论中，“自利”是一个中性词。博弈论假设参与者都是纯粹理性的，他们以自身利益最大化为目标。

理性和道德不是一回事

理性的选择只是最有可能实现自己的目标，而不一定最合乎道德。理性和道德有时候会发生冲突，但理性的人也不一定是不道德的。

理性和自由不一定一致

当然，在现实中，理性的选择和自由的选择也有可能达成一致，这是最理想的状态。

不做赔本的事

赫胥雷弗教授在他的《价格理论与应用》中，对英国作家威廉·萨克雷的名作《名利场》中女主角贝姬的表白“如果我一年有5000英镑的收入，我想我也会是一个好女人”，出过一个思考题。

赫胥雷弗教授指出，如果这个表白本身是真实的，也就是贝姬受到上帝眷顾，每年有5000英镑收入的话，在别人看来她就真的变成一个好女人，那么，人们对此至少可以作出两种解释：一是贝姬本身是一个坏女人，而且也不愿意做一个好女人，但是如果有人每年给她5000英镑作为补偿，她就会为了这些钱去做一个好女人。二是贝姬本身是个好女人，同时她也想做一个好女人的，但是为生计所迫，她只能做一个坏女人。如果每年有5000英镑的收入，她的生计问题就能够得到解决，她也就会恢复她好女人的本来面目。

这两种可能，究竟哪一个符合实际？人们如何才能作出正确的判断呢？怎样才能知道贝姬本性的好坏呢？为了能够获得正确答案，需要先摒弃来自道德方面的干扰，之后再进行判断。比如把“做好女人”看作某种行为举止规范或者必须遵守的限制，就很容易得到答案。

贝姬为“做好女人”开出的价码是5000英镑，如果5000英镑是一笔小钱，说明她认为“做好女人”的成本不高，也就是说她只要能够得到维持生计的钱就会做“好女人”；如果5000英镑不是一笔小钱，而是一笔巨款，就说明她认为“做好女人”的成本很高，非用一大笔钱对她所放弃的某种东西进行补偿不可。

这时，最重要的问题就变为判断5000英镑究竟算是巨款还是小钱。从当时其他有名的文学作品中可以看出，一个女人维持生计只需要100英镑的年金就足够了。所以说，贝姬开出的5000英镑绝对不能算作一笔小钱。

在讨论贝姬到底是不是好女人时，我们运用了成本这一概念。在经济学中，成本指为了得到某种东西而必须放弃的东西。在日常生活领域，成本指我们所作的任何选择必须要为之付出的代价。因为成本的构成非常复杂，种类也异常繁多，所以我们并不能简单地把“成本”与“花了多少钱”画等号。

“焦土政策”不仅在现代战争中有所运用，在市场竞争中同样被很多企业使用。在市场竞争中,“焦土政策”指的是竞争处于劣势的公司，通过大量出售公司的有形资产，或者破坏公司的无形资产的形式，使实力强大的蓄意收购者的收购意图受到毁灭性的打击。国美和永乐等家电销售连锁企业就曾运用“焦土政策”，彻底粉碎了家电巨头百思买的收购计划。

国美、永乐、五星、苏宁、大中是在中国具有影响力的大型家电销售连锁企业。百思买1966年成立于美国明尼苏达州，是全球最大的家电连锁零售商。在成功收购江苏五星后，百思买以控股五星电器的方式吹响了向中国家电市场进军的号角。面对着全球家电老大百思买发出的进军中国的宣言，刚刚成为一家人的国美与永乐决定“先下手为强”，运用“焦土政策”策略，在百思买尚未采取实质性的行动之前，给它以致命一击。

国美与永乐很快就宣布，要在北京市场发动连续的市场攻势，将北京家电市场的门槛提高，借此迫使百思买知难而退，彻底放弃北京市场。国美与永乐很快就打

正确认识成本

用一句话来总结成本的话，那就是:复杂，难以计算。

有人周末去香山公园看红叶，看红叶的成本不仅指买门票所花掉的钱，它还包括其他内容，比如去香山的车费和为了看红叶而花掉的时间。此外，因为是利用周末的时间去香山看红叶，这也就意味着，在这段时间无法去做其他的事情，比如去看一场电影，或者去打一场球赛，这都是看红叶所包含的成本。

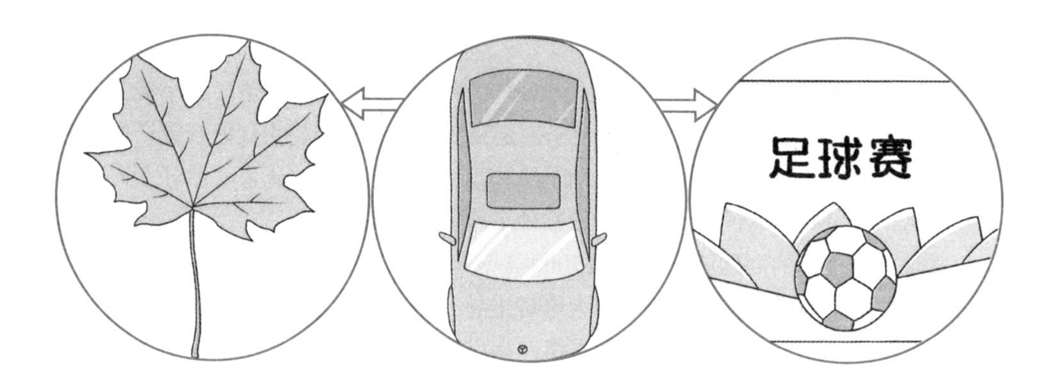

成本除了具有构成复杂、种类繁多的特点之外，有时还会让人捉摸不透，难以计算。这是因为，它是一项漫长的付出过程，而并非一次性付清。

响了零售终端联合作战的第一战。同时，这也是国内家电零售市场上连锁巨头首次在采购、物流、销售上的联合作战。这一战役不仅是要打消百思买进入北京市场的野心，而且还要实现真正意义上的消费者、厂家、商家三方共赢。这次价格大战一改过去单一压低供应商进价，从而制造低价的做法，致力于整合供应链价值，使供应链效率提升，从而实现真正的利润优势。打价格战并不是国美与永乐这次行动的主要目的，其主要目的是通过价格战，提前将北京、上海等家电市场变成“焦土”，从而将市场门槛抬高，令百思买不战而退。最终，国美与永乐通过“焦土政策”实现了目的，吓退了百思买，保住了其在中国家电销售连锁企业的龙头地位。

一般来说,“焦土政策”的作用有两方面：第一，把可能要属于对手的东西破坏，使对手的行动成本增大;第二，向对手显示自己决不妥协的立场。

关于焦土政策的博弈论思想

“焦土政策”是指，在战争期间，一方由于战势对自己不利而打算撤退时，彻底摧毁本土的建筑设施、有用资源等不动产，不给对手留下任何有价值的东西，同时也断绝自己的后路。

这样可以尽最大努力使对方无法从战争中获得补偿，也就是提高对方的战争成本。

尽管这种战略会给自己造成很大的损失，但在某些特殊时刻，这也算得上是一种有效的策略。

大多数人做事的时候，不会把自己逼上绝路，而是给自己留下一条后路。这已经成为一种固定的习惯思维。但是，这种习惯思维在充满着逻辑和悖论的博弈论世界里并不成立。

选择这样的破釜沉舟的策略，会给人带来意想不到的好处。这是因为，对手对你以后可能采取行动的预期被你彻底打乱，而你就能够充分利用这一信息不对称，使自己在博弈中获得好处。

每一件事情都有成本

在这里，我们首先讲一则关于老鹰的故事。老鹰的平均寿命为70岁，被认为是世界上寿命最长的鸟类。但是，老鹰要活到70岁并非易事。在40岁的时候，老鹰必须作出一个既困难又重要的选择。这是因为，当老鹰活到40岁时，它的生理机能已经老化。它的喙长得可以触到胸膛，弯得根本无法吃东西。它用来追捕猎物的爪子也不再锋利，再也无法捕获以前可以轻松搞定的猎物。它的翅膀也会因羽毛又浓又厚而变得像绑上了石头一样沉重，这使它基本上丧失了飞翔的本领。这时，摆在老鹰面前的是两种选择:要么等死，要么经过更新过程获得重生。

老鹰想重生就必须要努力地飞到山顶筑巢，并且在那里度过长达150天的时间。它首先要用不停地击打岩石的方式使它的喙完全脱落，然后静静地等待长出新的来。之后，它要用新长出来的喙将老化的指甲一根一根地拔出来，将羽毛一根一根地拔掉。等到新的指甲和羽毛长出来时，它才能够重新翱翔在蔚蓝的天空。正是蛰伏的5个月，使老鹰获得了30年的生命。可以说这是一笔非常划算的买卖，付出痛苦的5个月做成本，获得30年的生命。

老鹰为了30年的生命，需要付出艰辛的努力。其实它也可以不用经历如此痛苦和漫长的过程，而是像以往一样寻找食物或者休息。但是，那样老鹰就不会再有30年的生命了！为了30年的生命而经受漫长痛苦的生命更新过程，这也正是为成功所付出的机会成本。

机会成本是经济学中的一个重要术语，是一种非常特别的，既虚又实的一种成本。它是指一笔投资在专注于某一方面后所失去的在另外其他方面的投资获利机会，也指为了得到某种东西所必须放弃的东西，也就是在一个特定用途中使用某种资源，而没有把它用于其他可供选择的最好用途上所放弃的利益。机会成本是因选择行为而产生的成本，所以也被称为选择成本。

为了说明机会成本的概念，萨缪尔森在其《经济学》中曾用热狗公司的事例进行阐述。热狗公司的所有者每周工作60小时，但不领取工资。到年末结算时，公司获得了22000美元的利润，看起来比较可观。但是，如果公司的所有者能够找到另外其他收入更高的工作，使他们所获年收入有所增长，达到45000美元。那么这些人所从事的热狗工作就会产生一种机会成本，它表明因为他们从事热狗工作而不得不失去的其他获利更大的机会。对此，经济学家理解为，如果用他们的实际赢利22000美元减去他们失去的45000美元的机会收益，那他们实际上是亏损的，亏损额是45000−22000＝23000美元。尽管表面上看他们是赢利了。

人们愿意做这件事而不做那件事，就是因为他们认为这件事的收益大于成本。但是当这种事情很多时，这时就需要作出选择。有些选择在生活中比较常见，比如是玩游戏还是读书，在家里吃饭还是去外面吃饭，看电视时是看体育比赛还是看电视剧，等等。这些事情因为不太重要，所以我们不用慎重考虑就能够作出决定。但是有一些事，选对与选错的收益相差非常大，这时人们就不得不慎重考虑。如果没有选择的机会，就不会有选择的自由。然而很多可供选择的道路摆在人们面前时，

战争成本

战争成本是战争中不得不考虑的一个重要问题。中国古代著名的军事著作《孙子兵法》，就曾对成本进行过讨论。

在《作战篇》中，开篇讨论的并非战略或战术问题，而是计算一次军事行动的成本，包括人力和物力的投入。

打一场仗（无论正义与否）要耗费相当庞大的财力、物力以及人力资源，所以从敌人那里获取给养就显得非常重要。而且，这样做还能够提高敌人的战争成本，使敌人陷入被动。

选择某一条道路的机会成本就会增大，这是因为，在人们选择某一条道路时，也就意味着放弃了其他的机会。机会成本越高，选择就越困难。

机会成本的概念具有很强的实用性，尤其是在对资源的有效使用进行分析时，作用更加重要。资源是一种稀缺产品，任何一种资源都能够在不同的地方得到充分的利用。把资源用在一个地方，这就意味着是对其他选择的放弃。要把稀缺资源放在最合适的位置，使其得到最有效的利用，就要把它投入到最能满足社会需要，同时又能使产量达到最大化的商品的生产之中。

选择中的机会成本

机会成本指由于选择一种方案而放弃另一方案的收益。或者说是因选择某一经营项目所牺牲的另一机会可获得的利益。

无论选择哪一边，都有得有失啊，我得选个损失最小的。

面对人生的十字路口，我们选择走一条路，就意味着对其他的放弃，这是对一次机会成本的选择和利用，让你有得有失。

机会的内涵

机会是一个过程。在这个过程中，机会的收益是非既定的。

机会是一种资源，获取和利用不同机会本身也同样产生不同费用支出，从而在现实中会相抵要素资源在该机会使用上的部分收益。

在人的一生中可能有许多机会，但决定航向的机会也许只有几次。在我们衡量机会成本的效益时，不仅要看眼前的得失，更要放眼一生考察机会成本的意义。

在经济学看来，人的任何选择都有机会成本。机会成本的概念表明，任何选择都需要付出代价，都需要放弃其他的选择。这正如哈佛大学经济学教授曼昆在著名的《经济学原理》中所说："一种东西的机会成本，就是为了得到它所放弃的东西。当作出任何一项决策，例如是否上大学时，决策者就应该对伴随每一种可能行动而来的机会成本作出判断。实际上，决策者通常对此心知肚明。那些到了上大学年龄的运动员如果退学而从事职业活动就能赚几百万美元，他们深深认识到，他们上大学的机会成本极高。他们就会认为，不值得花费这种成本来获得上大学的收益。这一点儿也不值得奇怪……"

比尔·盖茨为了与同伴创办电脑公司，19岁时就选择了从哈佛大学退学。他的这个决定被当时的很多人看作荒谬可笑，可是，正是这个荒谬可笑的决定曾经让比尔·盖茨成为世界首富。1999年3月27日，比尔·盖茨应邀回母校哈佛大学参加募捐会时，记者向他提出一个非常有意思的问题：是否愿意回到哈佛深造，并拿到哈佛大学的毕业证。面对这个问题，首富先生只是默默地笑了一下，并没有给出答案。

虽然比尔·盖茨并没有回答记者的问题，但是我们可以猜测一下，比尔·盖茨如果当年不是辍学去创业，而是坚持把大学读完，那么或许世界首富就要换成别人了。盖茨36岁时，财富就达到亿万。在1999年《福布斯》评选中，盖茨以850亿美元的净资产居世界亿万富翁首位。《时代》周刊将他评为在数字技术领域影响重大的50人之一。如果用机会成本对这个问题进行分析，比尔·盖茨拿到哈佛大学毕业证的机会成本就是世界首富的地位。

机会成本并不会像比尔·盖茨的财富那样显示在账面上，但人们在选择某一方案、方向、道路时，机会成本是考虑的重点因素之一。这就像经济学家汪丁丁曾经说过的那样，可供选择的机会越多，选择一个特定机会的成本就越高，因为所放弃的机会，其所值随着机会的数量增加而增加。

其实，在我们的日常生活中，经常要作出各种选择。在作出选择的时候，我们就会不自觉地对各种机会成本进行比较。在这个过程中，我们应该如何计算机会成本呢？

有些人不愿意放弃任何东西，对于这类人来说，让他们自己选择相当于让他们承受痛苦。因此，他们宁愿没有选择的权利，因为没有选择也就没有痛苦。正是因为这样，他们作出的选择常常会带有逃避性质。这一点会严重制约他们人生的发展。任何事情，包括那些值得做和不值得做的，都会对人产生作用和影响，使其生命从一项单纯的偶然行为，逐渐演变为有规律的活动。人们在做某件事情一段时间之后，通常会说："既然我们已经做这么久了，那我们不应该让它消失。"这样做的结果最终会导致要为此付出代价，这件事情花费的时间越长，涉及的范围越大，代价也就越大。

放弃大事做小事的人们

中国人力资源开发网曾经在全国范围内开展了一次“工作幸福指数调查”，调查结果为：

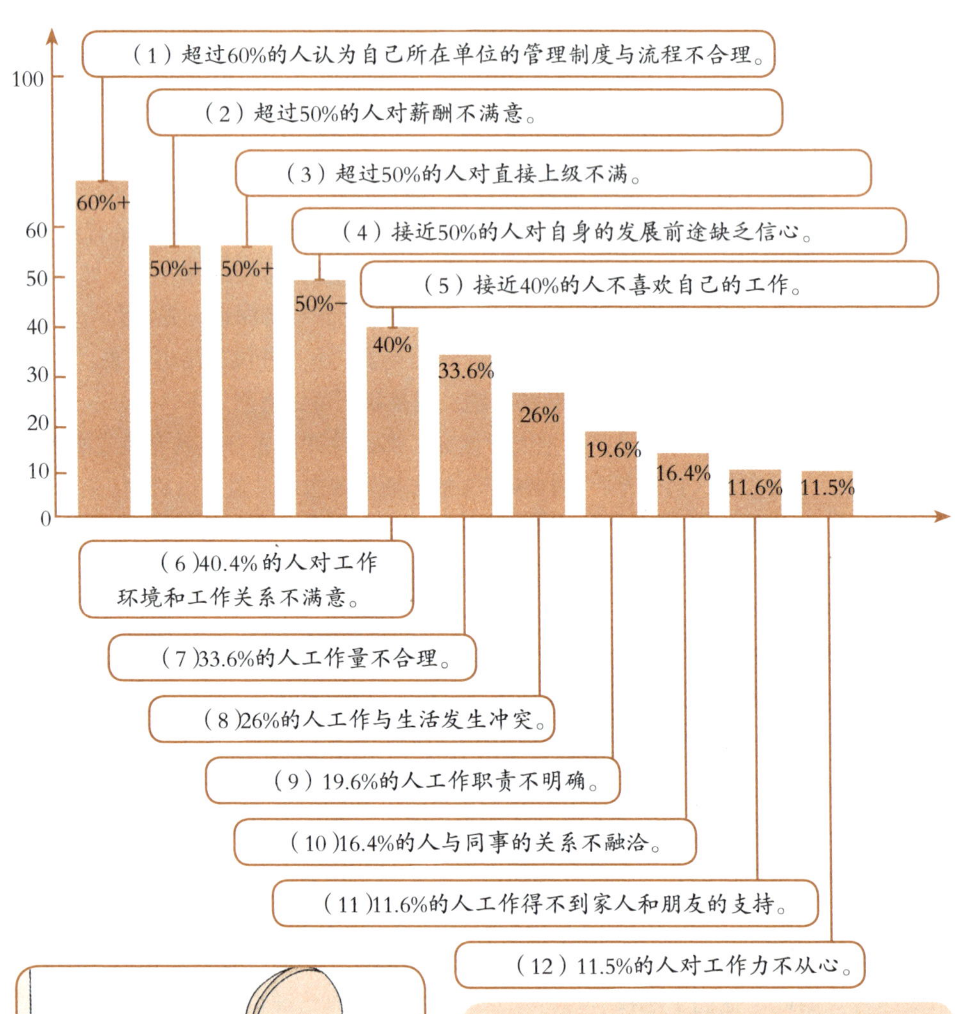

由此可以看出，很多人对自己目前所从事的工作并不满意，或者觉得工作不适合自己。

尽管如此，但是他们仍然在自己的工作岗位上坚持着。

他们这种坚持毫无价值可言，而且更为重要的是，他们为此付出了完成真正属于自己事业的机会成本。

羊毛出在羊身上

在人才市场上，存在着这样一种现象：北大的一般毕业生和其他一般学校的拔尖学生一起去求职，尽管他们学的是同样的专业，水平或许相差也不大，但是，大多数用人单位会选择前者而不选择后者。其实，前者的水平并不一定比后者高，但用人单位为什么会对前者趋之若鹜，而对后者置若罔闻呢？

由于各所学校的评分标准不同，各所学校提供的学习成绩单并不能够成为用人单位对学生进行评估和比较的标准。在这种情况下，用人单位为了获得更为优秀的人才，只能将社会对毕业学校的认识和统计结果作为选择学生的标准。在这一点上，北京大学毕业的学生就占据了巨大的优势。

这种现象在不同的场合、不同的领域都可以看到。比如有一对年轻人为结婚去家电商场选购一款冰箱。他们发现，同为三开门218L的冰箱，有的卖3000多元，有的只卖1000多元。虽然价格方面差异悬殊，但是，更多人不愿意购买价格便宜的，反而更钟情于价格高的名牌产品。他们对这个现象很不理解，于是就向对家电行业比较了解的一位朋友请教。朋友告诉他们，其实国内家电质量都差不多，使用寿命也不存在太大的差异。洗衣机、电视机如此，冰箱也不例外。听了朋友的解释后，这对年轻人更加不解。这到底是怎么回事呢？其实，最主要的原因是大多数人信赖品牌，因为品牌能够让人用着放心，而且在售后服务方面也更有保障。

很多消费者追求名牌也是同样的理由。但是，这个理由并不是放之四海而皆准的。还以冰箱为例，人们对冰箱质量的认识，并不是通过实践得来的。冰箱不同于日常低值易耗品，不需要经常更换，一般来说，购买一台冰箱可以用几年甚至十几年的时间。正是这个原因，使人们无法积累感性经验。居民的购买行为大多受到各种媒体以及亲朋好友的影响。名牌产品一定会在各种媒体上大打广告，人们无法不受其影响，这时，亲朋好友也受到广告的影响，他们对购买者进行口碑相传，于是就会造成消费者信赖名牌、购买名牌的现象。

对于企业而言，建立名牌还有一个重要的益处，就是企业与消费者达到一种伙伴关系，赢得顾客的忠诚，使消费者长久地保持购买的欲望。这已经成为在激烈竞争的市场环境中，企业生存与发展的必然选择。

许多企业为留住老顾客和吸引新顾客，所使用的一种重要营销手段就是大力培养顾客对品牌的忠诚度。如果产品的质量能够得到保障，那么品牌忠诚度就会成为一个名牌的基本要素。一个名牌成功的根本，主要来源于消费者对品牌的忠诚、信赖和不动摇。如果一个品牌缺乏忠诚度，那么一旦发生突发事件，消费者就会停止购买这个品牌的产品。比如可口可乐公司污染事件并未影响到中国消费者对该产品的信心就能够很好地说明这个问题。

1999年6月10日，从比利时开始，欧洲爆发了可口可乐污染事件。这起事件最早源于比利时小镇博尔纳的一所小学。6月10日，这所学校的学生们觉得可口可乐喝起来味道非常奇怪，校方对此未加注意，导致这所学校的50多名学生接二连三地发生了腹泻和胃痛等不适症状。6月15日，比利时全国有150名儿童因为饮用了可口可乐软饮料而出现同样的不适症状。面对此事，比利时政府大惊失色，当即下令全面禁售可口可乐产品，连可口可乐旗下的“雪碧”和“芬达”都未能幸免！当天晚上，比利时卫生部紧急宣布，通过对住院孩子进行抽血化验，以查明事情原委。化验的最

经济领域的歧视现象

在经济领域，这种并非由产品质量而是由其他因素引起的排斥现象被称为歧视。

当歧视将某些团体的工作努力和人力资本投资激励扭曲的时候，它就会对经济造成极大的伤害。

歧视的损害效果体现在很多方面，但对商品和劳务的供给者而言，影响最为严重。

他们花费同样的成本，生产出同样质量的产品，卖出去的价格却无法与那些名牌相比，更可悲的是，很多时候他们的产品根本就卖不出去。

商品的歧视迫使那些受到歧视的企业为宣传自己的产品，把大量的精力和费用投入到做广告上面，因此造成企业成本大大增加。

歧视同样对购买者不利

如此一来，企业的品牌虽然建立起来了，但它们为建立品牌所付出的成本都转嫁到消费者身上。

这也正是名牌产品比普通产品价格更高的原因。

终结果表明：有些孩子有溶血现象。不过，比利时卫生部长告诉广大消费者不要太紧张，但同时批评可口可乐公司在事发后缺乏合作诚意。很多激进的消费者甚至呼吁抵制所有的可口可乐饮料。很快，卢森堡、荷兰也发现了受污染的可口可乐产品，于是两国政府随即下令从商店里撤下所有的可口可乐的产品，等待可口可乐公司作出进一步解释。荷兰政府下令，所有产于比利时的可口可乐产品必须立即从荷兰境内的货架上撤下；严禁从比利时进口任何可口可乐产品；买了比利时生产的可口可乐的顾客可以退货。6月16日，韩国也作出反映。韩国食品与药品管理局正式宣布，立即组织对在韩国境内销售的所有可口可乐产品进行抽查，确定其是否受到污染。韩国有关部门将检查“可口可乐韩国公司”生产产品的八项指标，其中包括气压、碳酸铅含量和细菌密度等。

随着各国政府不断发出禁令，污染事件越闹越大。在严峻的形势面前，可口可乐公司积极作出回应。先是在得到比利时政府提供的患者初步化验报告后，立即组织专家进行研究。与此同时，比利时的可口可乐公司将250万瓶可口可乐软饮料紧急收回。

在比利时，可口可乐有着很高的品牌信誉度，自1927年在比利时开设了分厂之后，这个国家平均每天喝掉的可口可乐达到100万瓶。随着事件的影响不断扩展，纽约股市上可口可乐的股值每股下跌了1美元。在之前，亚特兰大可口可乐总公司的黑人雇员就指控可口可乐公司搞种族歧视，并且把公司推上了法庭，对可口可乐的形象造成了极坏的影响，公司海外业务的开展也受到了严重的威胁。如今，又发生了污染事件，可口可乐公司真可谓是祸不单行。

尽管可口可乐污染事件在世界范围内闹得沸沸扬扬，但在中国，可口可乐公司的23个工厂和销售都没有受到影响，一起产品质量投诉也未发生，更没有发生任何退货现象。

一直以来，可口可乐公司始终致力于顾客的忠诚度的培养。20年来，可口可乐公司在中国的投资已经达到11亿美元。可口可乐公司不遗余力地在产品质量上下工夫，从而得到消费者的认可，并在消费者心目中建立起极高的忠诚度。

研究资料显示，20%的忠诚顾客创造了一个成功品牌80%的利润，而其他80%的顾客只创造了20%的利润。除了可以带来巨额利润，顾客的忠诚度在降低产品的营销成本方面也有所体现。

从二噁英事件看顾客忠诚度

1999年春天，比利时、荷兰、法国、德国相继发生因二噁英污染导致畜禽类产品及乳制品含高浓度二噁英的事件。

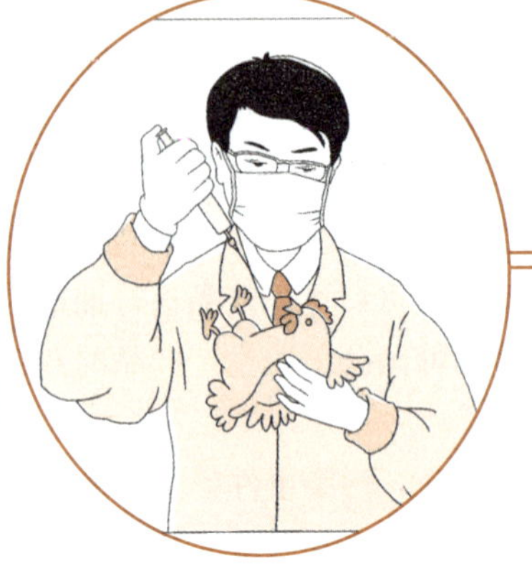

二噁英是一种有毒的含氯化合物，是目前世界已知的有毒化合物中毒性最强的。它的致癌性极强，还可引起严重的皮肤病，甚至伤及胎儿。

这一事件发生后，世界各国纷纷下达禁令，全面禁止进口北欧四国的肉、禽、蛋、乳制品。

很快，中国各大商场销售的雀巢、安怡、雅培等洋品牌的奶粉变得无人问津。

同样对消费者的健康构成严重的威胁，但是可口可乐在中国的销售丝毫没有受到影响，而雀巢等洋品牌却被消费者彻底冷落，这其中的原因何在？

他们指出，可口可乐事件的影响没有波及到中国，最主要是因为它在中国市场上建立起了品牌的忠诚度。

学会果断放弃

明哲保身原本指的是明智的人为保全自己，不参与可能给自己带来危险的事，想方设法从危险境地抽身而去，现指因怕连累自己而回避原则斗争的处世态度。在历史上，有许多明哲保身的名人，也有很多人因不懂得明哲保身而招致祸端。

李白是我国历史上著名的大诗人，是我国文学史上继屈原之后又一个伟大的浪漫主义诗人。他一生创作了上千首诗歌，留下了诸如《将进酒》《梦游天姥吟留别》《行路难》等一大批脍炙人口的名篇。可以说，李白在作诗方面取得了卓越的成就，但在做人方面，他却有些失败。他总是想要投身仕途，但是他身上诗人的洒脱气质让他无法取得成功，最后还因不懂明哲保身而惨遭流放。

公元754年，李白发现安禄山图谋不轨，便前往长安向皇帝告发此事，想借机进言献策，以求仕途有所发展。但是，他并不知道，朝廷早已获悉安禄山的动向，只是见他并未采取实际行动，所以也就隐忍不发，并极力打压“诬告”安禄山的人。李白此行没有得到朝廷重用，所以只得怏怏而归。

与李白不懂得明哲保身而惹祸上身相反，曾国藩就因为懂得明哲保身而使自己得到保全。

太平天国起义爆发后，朝廷为镇压太平天国运动，任命曾国藩组织地方团练对抗太平天国。曾国藩成立了湘军，并将其训练成一支战斗力超强的队伍，就连当时清朝政府的八旗兵和绿营也无法与其相提并论。曾国藩成功地镇压了太平天国运动，并因此统领江苏、安徽、江西和浙江四省军务，成为清朝历史上权力最大的汉人官员。一时之间，曾国藩成了风云人物，满朝文武百官纷纷给他道贺。但是，朝廷的封赏和同僚们的称赞并没有让曾国藩丧失理智。他深深地感觉到，虽然为朝廷立下了大功，但是现在太平天国运动已经被镇压下去，而自己手里握有军权，必将成为朝廷的心腹之患。于是，深谙“狡兔死、走狗烹”道理的曾国藩决定急流勇退、明哲保身。曾国藩主动上奏朝廷，要求裁汰兵员，遣散湘军，并且向咸丰皇帝表达了告老还乡的意愿。这一想法正中咸丰皇帝下怀，咸丰皇帝非常高兴，对曾国藩称赞有加，虽然下令解散了湘军，但两江总督依然让曾国藩担任。尽管如此，曾国藩仍然没有放弃离开朝廷的机会。因为他知道，如果自己不这样做，有朝一日被朝廷赶下来，那么结局将会更惨。

李白和曾国藩，两种迥然不同的结局。这两种不同结局的原因，难道真的是“明哲保身”四个字吗？不。“明哲保身”只是表面原因，深层次的原因是对自己得到的东西的态度。也就是说，是不是能够想得开。李白一直执迷于仕途，经受多次碰壁后终于得到了永王李璘的赏识，所以对这次机会倍加珍惜，这个机会可能给他带来的危险也被他彻底忽略了。曾国藩比李白的高明之处就在于，他能够看淡名利，在该放弃的时候能够主动选择放弃。

在现实生活中，人们往往容易陷入“沉没成本”的圈套中而无法自拔。所谓沉没成本，通俗地讲，就是指已经付出了，且无论如何也收不回来的成本。

沉没成本能够对决策产生重大的影响，以至于很多人会掉入陷阱之中。比如开始做一件事，做到一半的时候发现，这件事并不值得继续做下去，或者需要付出的代价要比预想多很多，或者还有其他更好的选择。但这件事情已经做了一半，而且也付出了很大的成本。于是为避免损失，只能将错就错地做下去。可是，殊不知这样做下去会带来更大的损失。

在任何时候，一件事做到一半，是选择放弃还是继续投入，主要是看它的发展前景。至于以前为它花费的沉没成本应该尽量不再考虑。只有这样做，才能将沉没成本对决策产生的破坏性影响控制在最小的范围之内。

学会放弃，保全大局

麦肯锡资深咨询顾问奥姆威尔·格林绍，曾经说过这样的话："正确的道路是什么我们不一定知道，但却不要把时间浪费在错误的道路上，更不要在错误的道路上走得太远。"在现实生活中，很多人因为缺乏为更大的利益作出小的牺牲的智慧和勇气，使自己因小失大。

当一只老虎被捕兽夹夹住时，它最好的选择便是忍着巨大的痛苦，咬断那条被套住的腿，才能活命。

在生活中学会放弃，学会作出适当的牺牲，避免在错误的道路上走得太远，发现错误并不难，难的是发现错误之后及时转身，向正确的道路上前进。千万不能找理由或采取其他方式去弥补这个错误，更不要存有侥幸心理，因为这样会让你遭受更大的损失。这就是成功的重要法则。

也就是说，一旦意识到一件事做错了，考虑它的发展前景后认为不应该继续下去时，就要尽早结束它。我们不应该再去为这件事悔恨，当然，检讨是有必要的，因为这样可以让人杜绝再犯同样的错误。人生就像一场跨栏比赛，栏杆就是种种障碍，我们不应该碰倒栏杆，但是少碰倒一个栏杆也不会让人获得好处，我们要做的，只是在最短的时间内跳过去。如果因为碰倒栏杆而不停地惋惜和后悔，那么，我们的成绩就会受到严重的影响。

人的一生总会犯错，总会遇到挫折和打击，但很多人在犯错、失败后不但不能坦然地面对一切，反而始终无法从错误的失败的阴影中摆脱彻底出来，每天都处于压抑的状态之中，此后做事也无法放开手脚，甚至因此变得颓废不堪。其实，这时候最需要做的只是放弃，将过去那些错误与失败造成的影响从心底抛弃，轻装上阵，迎接前方更加辉煌灿烂的美景。

拿得起，放得下

人生就是一段充满了得与失的旅程，人们每天都会面对得与失的博弈。爱情、金钱、荣誉、利益，什么是应该追求的，什么需要适时放弃，这些都是对人们极大的考验。在得到的时候，要以平常心对待，不能太过于兴奋，更不能因此而骄傲；在失去的时候，也没有必要太过于悲伤，因为得与失之间存在一定的因果联系，有时候付出会得到回报，但有时候也会劳而无获。怨天尤人更是没有必要，因为你为实现目标尽全力去拼搏、奋斗过，这就无怨无悔了。或许得不到的东西根本就不属于你，这个时候就需要学会放弃与忘记。虽然希望得到、不想失去是一种普遍的心态，但我们都会有失去美好事物的时候，这个时候就需要学会放弃。因为放弃并不等于失去，有时还能收获更多。

有一个年轻人在生意场上总是失败，他对自己失去了信心。朋友知道他的情况后，就对他说："或许你可以去请教一下那些成功人士。"年轻人听后觉得很有道理，就去找一位驰骋商场多年，取得辉煌成就的富翁。年轻人对富翁说："我做生意总是失败，您能告诉我您成功的经营诀窍吗？"富翁什么都没说，只是从冰箱里拿出一个橙子，并把橙子在年轻人面前切成大小不等的3块。年轻人不知所措，富翁对他说："现在这3块橙子就代表了大小不同的3种利益，如果让你选择的话，你会选哪个？"年轻人毫不犹豫地说："这太简单了，我一定会选择最大的那块！"富翁听完后没有说话，只是拿起最大的一块橙子递给年轻人，示意让他吃。富翁自己拿起最小的一块吃起来。在年轻人的那一大块刚吃到一半的时候，富翁就已经把最小的一块吃完。然后他又拿起剩下的一块吃了起来。富翁一边吃一边对年轻人说："年轻人，你的选择并不对啊！"年轻人还是不太明白，富翁对他说："虽然你选择了最大的那一块，但是你注意到没有，剩下的那两块加起来要比最大的一块大很多。"年轻人这才明白，原来自己虽然吃到了最大的那块橙子，但是总的来说，自己吃得并没有富翁多。富翁接着对年轻人说：“其实这道理和做生意是一样的。你做生意的时候只看到最大的利益，总以为最热闹的行业可以赚到最多的钱，但是这样做并不会给你带来最多的利益。”年轻人听完后豁然开朗，深有感触。后来他改变了经营策略，很快就取得了不凡的成绩。

放弃看似很大实则很小的利益，去追求更多的利益，这就是富翁做生意成功的秘诀。不仅可以运用到生意，这个秘诀还可以运用到其他很多方面。

鲁迅在文章《故乡》中提到过他与闰土在冬天一起捕鸟的事。可能是受鲁迅先生的影响，生长在农村的小明也会在冬天时用这种方法捕鸟。下雪后，他先找一块开阔的地方，用木棍支起一个筛子，然后往筛子里放上一些玉米粒。木棍的底部拴

不要怕与不要悔

在生活中，我们会发现，决定成败胜负的，不一定是一个人的技术水平，而是一个人的心态。当我们患得患失时，当我们的心有所虑时，你所有的经验和技巧，都不可能得到最好的发挥。

前半生不要怕，年轻没有顾虑，尽自己的最大努力去闯、去拼、去奋斗；

后半生不要悔，人生没有回头路，以平和的心态坦然地面对一切，便会领悟到生活的真谛。

有时候，在我们看不清生活坎坷的时候，我们反而可以闯过去。勇往直前，该放弃的时候就放弃，不要怕、不要悔，把命运掌握在自己手中才是最重要的。

着一条长长的绳子，小明先找个地方躲起来，等到有鸟来吃筛子里的玉米粒时，他就拉绳子。这样，吃食的鸟就被罩在筛子里了。一切工作准备就绪以后，小明躲了起来。不一会儿，一群麻雀飞到了筛子底下。小明很高兴，仔细数了一遍，一共十只麻雀。小明心里已经乐开了花。正当他想拉绳子的时候，又有两只麻雀飞了下来，慢慢地向筛子下面走去。小明想等这两只麻雀也走到筛子下面的时候再拉绳子，等到这两只麻雀走进去后，又飞下来几只麻雀。小明还想将这几只麻雀也收入网中，所以还是没有拉绳子。筛子里的麻雀已经吃完玉米粒飞走了，结果小明一只麻雀也没有抓住。

每个人都希望在工作、生活中的各个方面都有所收获，想有所得，惧怕失。但是，在追求目标的过程中学会适当地放弃，不论是实在的、有形的利益，还是虚无的面子等等。如果只被眼前的蝇头小利蒙住了眼睛，那必然会错失长远的、更大的利益。有时候也要调整好自己的心态，明明知道伤心难过也于事无补，又何不开开心心地去把握下一个机会？

选择是一种机会

在经济学中，有一个叫“霍布森的选择”的名词。17世纪30年代，英国剑桥商人霍布森贩马时把所有马都放在马圈中供顾客挑选。霍布森把租马的价格订得很低，但是他对租马的人有一项要求，即顾客在选好马后必须从他设计好的马圈门中将马拉出。这个要求看似简单，但是却骗了很多人。霍布森故意把马圈门做得很小，马圈里的那些个头高大、身体强壮的马根本就出不来。顾客本以为花很少的钱就能够从霍布森那里租到好马，但其实他们交过钱后从马圈里拉出来的只是又小又瘦的马。

后来，人们发现了霍布森的阴谋，都不再去他那里租马了。管理学家西蒙把这种没有选择余地的所谓“选择”讥讽为“霍布森的选择”。这种选择虽然名为“霍布森的选择”，但其实根本毫无选择可言。

在管理上有一条有名的格言：“当看上去只有一条路可走时，这条路往往是错误的。”这句话指出，只有一种备选方案，就不能选择最优的方案，不能选择最优的方案，决策也就会变得毫无意义。这句话其实就是对“霍布森的选择”的一种诠释。

在现实生活中，经常会发生与“霍布森的选择”类似的事情。

比如一家企业因为发展规模不断扩大，需要提拔部门经理。虽然老板在做出选择前总是强调选拔要充体现“公平、公正”的原则，但实际上他只是在一个很小的范围内进行挑选，这样虽然没有违背“公平、公正”的原则，但是却造成了“霍布森的选择”，结果自然是无法选拔出真正的人才，而且还会激起员工们的不满。

社会心理学家指出，对于那些陷入“霍布森的选择”困境的人来说，他们的思维受到限制，选择的范围很小，他们的主观能动性不能得到充分的发挥，所以也就无法进行创造性的工作、学习和生活。因此，有人把“霍布森的选择”看成一个陷阱，人们在这种虚假的选择中不亦乐乎，而自主创新的时机和动力将会一点点地丧失掉。

小学语文课本中有一个《小猴子下山》的故事。小猴子先走到一块玉米地里，它看见玉米结得又大又多，非常高兴，就顺手掰了一个，扛着往前走。走着走着，小猴子来到一棵桃树下。它看见树上结满了又大又红的桃子，于是就扔了玉米去摘桃子。小猴子捧着几个桃子继续往前走，很快走到一片瓜地里。瓜地里的西瓜又大又圆，小猴子看到后高兴极了，就扔了桃子去摘西瓜。小猴子抱着一个大西瓜往回走，走着走着，看见一只小白兔蹦蹦跳跳的，就扔了西瓜去追小兔子。可是小兔子很机灵，看到小猴子后就跑进了树林。小猴子追不着兔子，只好空着手回家了。

怎样摆脱“霍布森选择”

在“霍布森选择”中，人们自以为作出抉择，而实际上思维和选择的空间都是很小的。

有了这种思维的自我僵化，当然不会有创新，所以它更是一个陷阱，让人们在进行唯一选择的过程自我陶醉而丧失创新的时机和动力。

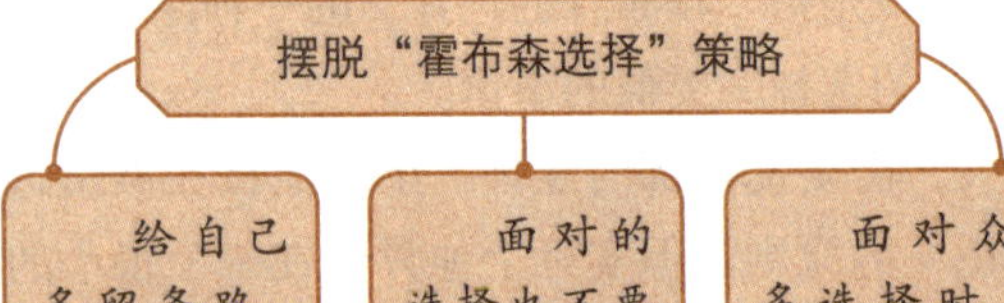

给自己多留条路，别作没有选择的选择。

面对的选择也不要太多，否则就要花费不必要的选择成本。

面对众多选择时，一定要善于决断，并且决策要及时。

小猴子最后两手空空地回家，就是因为它在下山的过程中遇到了太多的选择，结果不知道该选择哪个好。

与《小猴子下山》的故事类似，在《拉封丹寓言》中“布利丹的驴子”的故事里，驴子也因为面对选择而不知所措，最后竟然在两堆草料前活活地饿死了。

一位名叫布利丹的法国哲学家养了一头毛驴，这头毛驴像哲学家一样，也特别喜欢思考。有一天，布利丹上午要外出办事，得到天黑才能返回。为了不饿到心爱的毛驴，布利丹特意在出门前将中午和晚上的草料都放在毛驴面前的食槽里。这头爱思考的毛驴不明白主人为什么这么做，等到中午时它已经饿得饥肠辘辘了，但是却不知道该吃面前两堆草料中的哪堆。因为两堆草料体积和颜色都相差无几，它认为自己没有理由先吃这堆后吃那堆。尽管肚子已经饿得咕咕叫了，但是毛驴仍然无法作出选择。最后，这头可怜的毛驴竟然在两堆新鲜可口的草料面前被活活饿死了。

不仅动物如此，比动物高级得多的人类，也会出现因为多种选择而不知所措的情况。

从前有两个靠打柴为生的农夫，在打柴回家的路上偶然发现两大包棉花。意外的财富让两个农夫异常高兴，因为对他们来说，卖掉这两大包棉花得到的钱抵得上他们辛辛苦苦打柴一个月挣来的。他们看到四周没人，就放下肩上的柴担，各背起一大包棉花往回走。走了大约半个时辰，他们又有了新的发现。不知道是哪位商人从这条路上经过，掉了十多匹上等的细麻布。两个农夫都不敢相信自己的眼睛了，因为像这种好事他们还都是有生以来第一次碰到。有了这些细麻布，他们就是半年都不打柴日子也要比原来过得好。在确认这不是做梦之后，一个农夫果断地扔下肩上背的棉花，背起细麻布。另一个农夫却认为自己已经背着背上的棉花走了半个多时辰，如果把棉花扔掉，自己岂不是白浪费那么多力气了。于是，他坚决不要地上的细麻布。尽管他的同伴一再劝说，但也没有起到任何效果。同伴看他这么固执，也就只能任由他这样做了。于是，他们继续往前走。又走了一段路，他们又收获了意外的惊喜。他们在路边的树丛里发现好几坛金光灿灿的黄金。背细麻布的农夫高兴地大叫起来，赶紧扔下细麻布，抱起几大坛黄金。他劝同伴说，棉花不值几个钱，背两坛黄金回家更好。但是，他的同伴为了先前付出的辛苦，就是不肯放下肩上的棉花。背细麻布的农夫见说服不了同伴，就自己抱着两坛黄金和同伴一起往前走了。正当他们走到山脚下的时候，下起了瓢泼大雨，两个农夫的衣服很快就被淋湿了。比衣服湿了更严重的是，那个背着棉花的农夫发现，自己背上的棉花越来越重。这是因为棉花容易吸水造成的。雨下得这么大，棉花一定吸了很多水。这时，农夫已经开始为自己没有放弃棉花而拿黄金后悔了，但后悔又有什么用呢？事已至此，只能放下背上沉重的棉花，空着手与抱着两坛黄金的农夫一起回家了。

在上面的几个故事，主人公不是没有选择，而是因为选择太多而陷入不知所措的境地。

这种现象在现实生活中经常发生。有调查资料显示，现在大学生、研究生的心理发病率要比一般人高得多，这是为什么呢？因为他们拥有高学历、高素质，同时也有高要求。比如在职业选择方面，他们不会像文化水平低的人那样被局限在很小的范围内。他们的工作机会很多，自由选择的空间很大，所以会在做出选择时进行一番强烈的心理挣扎，因此也就更容易产生心理疾病。也许很多男人都被问过这样的问题：“如果你的母亲和妻子同时落水，你应该先救哪一个？”一边是含辛茹苦养大自己，总是为自己操心的母亲，一边是将会陪伴自己走完人生旅途的妻子，面对这样的问题，很多人都难以做出回答。之所以会被这个问题难住，就在于总是希望能够做出最正确、最理智的选择。但是，很多时候，这样往往会让自己陷入困境之中。

需要面临的选择越多，心理压力越大

主人公不是没有选择，而是因为选择太多而陷入不知所措的境地这种现象在现实生活中经常发生。

路越走越宽，心里压力越来越大

调查数据

有调查资料显示，现在大学生、研究生的心理发病率要比一般人高得多，这是为什么呢？

因为他们拥有高学历、高素质，同时也有高要求。

面对的选择越多，心理压力越巨大

也许很多男人都被问过这样的问题：“如果你的母亲和妻子同时落水，你应该先救哪一个？”

总是希望能够作出最正确、最理智的选择。但是，很多时候，这样往往会让自己陷入困境之中。

在“霍布森的选择”面前，我们没有选择，所以只能顺其自然，尽全力做出自己分内的事情。如果选择的机会摆在我们面前，我们要把握住机会，对问题进行细致深入的分析，审慎地运用智慧，做出使自己受益最大的决策。

破釜沉舟

羽已杀卿子冠军，威震楚国，名闻诸侯。乃遣当阳君、蒲将军将卒二万渡河，救巨鹿。战少利，陈馀复请兵。项羽乃悉引兵渡河，皆沉船，破釜甑，烧庐舍，持三日粮，以示士卒必死，无一还心。于是至则围王离，与秦军遇，九战，绝其甬道，大破之，杀苏角，虏王离。涉间不降楚，自烧杀。当是时，楚兵冠诸侯。诸侯军救巨鹿下者十余壁，莫敢纵兵。及楚击秦，诸将皆从壁上观。楚战士无不一以当十。楚兵呼声动天，诸侯军无不人人惴恐。于是已破秦军，项羽召见诸侯将，入辕门，无不膝行而前，莫敢仰视。项羽由是始为诸侯上将军，诸侯皆属焉。

——《史记·项羽本纪》

这就是“破釜沉舟”典故的来源。这一典故讲的是，项羽前锋军救巨鹿，初战失利，项羽便率大军渡过漳河，破釜沉舟以激励士气。终于杀苏角，虏王离，大败秦军于巨鹿之野。后来人们用“破釜沉舟”来表示断绝自己的后路，义无反顾拼搏到底。其实,《孙子兵法》早就提到过“焚舟破釜”这一策略，但是直到《史记》记载的“项羽破釜沉舟”一事，才使这个策略具备了典型性。

在这个典故中，项羽为了能够取得胜利，下令让将士们在渡河饱餐一顿后带足三天的干粮，然后把做饭的锅全部砸烂，把渡河的船全部凿漏，把行军的帐篷全部烧掉。他这样做就是为了用断绝后路的方法激励属下将士奋勇向前，拼命杀敌。这个方法确实取得了非常好的效果。在项羽的带领下，将士们在渡河之后个个奋不顾身，以一敌十，很快就把秦军打得落花流水。最后，项羽率领的楚军大获全胜。

从双方的军事实力和战略物资等方面对比来看，楚军都占不到一点优势。但是，最后取得胜利的却是楚军，因此不得不说项羽的“破釜沉舟”策略在这次战役中起到了决定性的作用。

从博弈论的角度来分析，博弈参与者在选择上失去了自由，却能够在策略方面获益。“破釜沉舟”策略的成功之处就在于，它改变了其他参与者对你以后可能采取反应的预期，而你正好可以充分利用这一点，为自己谋取更大的利益。他认为你有行动的自由，也就意味着你有让步的自由。所以说，只有断绝自己的后路，才能够奋不顾身地向前冲，为自己赢得更大的利益。

在现实生活中，很多人就是利用这种不给自己留后路的策略迫使自己去完成某项看似很难完成的任务。

有一位移民到澳大利亚的华人，在刚到澳大利亚时，为了找工作费尽了力气。

其实他的要求并不高，只要能够糊口就可以。但是因为种种原因，在最初的一周里，他都没有找到合适的工作。后来，他无意中在报纸上看到一家公司的招聘启事，招聘的职位虽然是小职员，但是待遇非常不错。这个人觉得自己能够胜任这份工作，于是就骑了两个小时的自行车赶到那家公司去面试。经过几轮激烈的竞争，他终于从众多面试者中脱颖而出，坐在了公司经理的办公室里。公司经理和他面谈之后，对他说："你会开车吗？我们这个工作要经常出差，所以公司要求每一名员工都自己配备汽车。"面对这个难得的机会，他毫不犹豫地回答说："我自己有车，并且驾驶技术非常娴熟。"经理所到这个回答后就当场宣布他被公司录用了，并让他下周一来公司上班。

其实，他对经理说了谎话。他才来澳大利亚不久，目前处境十分艰难，别说买车了，如果再找不到工作，恐怕连生活都难以维持。但是，为了得到这份待遇丰厚的工作，他对经理说他有车，并且会开车。他这么说是因为他相信在几天之内他能够做到这一点。面试结束后，他就找朋友借了几千澳元，买了一辆便宜的二手汽车。当天，在朋友的帮助下，他学习了驾驶的基本常识，并在一块空旷的地方进行了简单的操作。第二天，他又从一大早开始就在空地上练习。经过几天不间断的练习，他在星期一那天果然开着汽车去公司上班了。

小王平时工作比较忙，因为长时间得不到锻炼，体质变得越来越差，一到冬天就会感冒。为此，他觉得有必要好好地锻炼身体。他对跆拳道感兴趣，于是就想报个跆拳道学习班，利用周末休息的时间好好锻炼一下。可是，他有个毛病：一到周末就懒得动弹，别说大老远去练跆拳道，就是让他去楼下的超市买东西他都不愿意去。针对这个毛病，小王想到一个很好的应对办法。他一下子就向跆拳道馆交了半年的费用，并且不可以退费。还有，他又花了一笔钱买了两套跆拳道服装、护具。总之，在这方面，他投入了一笔不菲的资金。此后，每到周末休息的时候，他都会很自觉地去练习跆拳道。当遇到特别不想去的时候，他一想起为此投入的金钱就会改变自己的想法。小王就是利用这个办法一直练习跆拳道的。几个月后，他的体质得到了明显的改善，连工作也更有激情和活力了。

上面两个故事中的主人公都是利用断绝自己后路的方法使自己走向了成功。人们在生活中，经常会遇到进退两难的境地，有时候，主动断绝自己的后路，让自己义无反顾地向前冲反而更容易获得成功。因为断绝自己的后路之后，只剩下向前一条路可走，这个时候，人的决心和勇气都会变得更强。

第十二章

海盗分金博弈

海盗分赃

2010年1月27日，一艘柬埔寨货船被索马里海盗劫持。3月23日，一艘英属维京群岛的货轮被索马里海盗劫持……索马里海盗劫持船员后，就会向相关国家和公司索要赎金，一旦不能满足，他们多会残忍地杀害人质。海盗问题已经成为各国当下需要面对的一个难题。

在我们的印象中，海盗都是一群桀骜不驯的亡命之徒，他们勒索、抢劫、杀人。但是在一个故事中他们却非常民主，这个故事就是著名的"海盗分金"。

假如在一艘海盗船上有5个海盗，他们抢来了100枚金币，那么该怎么分配这些金币呢？下面是他们分配的规则：

首先，以抽签的方式确定每个海盗的分配顺序，签号分别为1、2、3、4、5。

其次，抽到1号签的海盗，提出一个分配方案。对这种分配方案，5个海盗一起进行表决，如果海盗中有半数以上（含半数）的人赞成，那么它就获得通过，并以这一方案来分配100枚金币；假如他提出的方案被否决了，也就是只有半数以下的人赞成或没有人赞成他的方案，那么他将被扔进大海喂鲨鱼。这时就轮到2号签的海盗提出分配方案，然后剩余的4个海盗一起表决他的方案。和前面一样，只有超过半数（含半数）的海盗赞成，他提出的这一方案才能通过，并按他的这一方案分配100枚金币；反之，他和1号海盗一样会被扔进大海喂鲨鱼。同理，3号、4号海盗也是和上面一样的。当找到一个所有海盗都接受的分配方案时，这种情况才会结束。假如最后只剩下5号海盗，那么他显然是最高兴的，因为他将独吞全部金币。

对这5个海盗，我们先作如下的假设：

（1）假设每个海盗都能非常理智地判断得失，都是经济学上所说的"理性人"，并能够作出有利于自己的策略选择。换句话说，每个海盗都知道，在某个分配方案中，自己和别的海盗所处的位置。另外，假设不存在海盗间的联合串通或私底下的交易。

（2）金币是完整而不可分割的，海盗们在分配金币时，只能以一个金币为单位，而不能出现半枚这样的数字。而且也不能出现两个或两个以上的海盗共有一枚金币的情况。

（3）每个海盗都不愿意自己被丢到海里喂鲨鱼。在这个前提下，他们都希望自己能得到尽可能多的金币。他们都是名副其实的、只为自己利益打算的海盗，为了更多地获得金币或独吞金币，他们会尽可能投票让自己的同伴被丢进海里喂鲨鱼。

（4）假定不存在海盗们不满意分配方案而大打出手的情况。

如果你是1号海盗，你提出什么样的分配方案才能保证该方案既能顺利通过，又避免自己被其他海盗丢进大海里呢？而且这一方案还可以使自己获得更多的金币。

大部分人对这个问题的第一感觉都是抽到1号签的海盗太不幸了。这是因为每个海盗都从自己的利益出发，他们当然希望参与分配金币的人越少越好。所以，第一个提出方案的人能活下去的概率是很小的。就算他把钱全部分给另外4个海盗，自己一分不要，那些人也不一定赞同他的分配方案。看起来，他只有死路一条了。

但事实远不是我们想的那样。要1号海盗不死其实很简单，只要他提出的分配方案，能使其余4个海盗中至少两个海盗同意就能获得通过。所以，1号海盗为了自己可以安全地活下去，就要分析自己所处的境况，他必须笼络两个处于劣势的海盗同意他的分配方案。怎样才能使这两个海盗同意他的方案呢？假若1号海盗被丢进大海，那么这两个海盗得到的金币假定为20枚，那么只要1号海盗分给这两个海盗的金币数额大于20枚，这两个海盗就会赞成他的分配方案。也就是说，如果不同意他的分配方案，这两个海盗只会得到更少的金币。

1号海盗就该想办法了，怎样的分配方案才是可行的呢？

如果第一个海盗从自己利益出发进行分析，而不按照这种推理方法，就很容易陷入思维僵局："如果我这样做，下面一个海盗会如何做呢？"这样的分析坚持不了几步就会使你不知所措。

我们可以用倒推法来解决这个看似复杂的问题，即从结尾出发倒推回去。因为在最后一步中往往最容易看清楚什么是好的策略，什么是坏的策略。知道最后一步，就可以借助最后一步的结果得到倒数第二步应该选择什么策略，然后由倒数第二步的策略推出倒数第三步的策略……

向前看、向后看的动态博弈

动态博弈是一个"你来我往"的过程，是由多个子博弈或博弈阶段所构成。在动态博弈每一步的决策中，博弈参与人既要向前看，又要向后看。向前看的目的是预测博弈的可能结果，向后看的目的是从既成事实中确定有用信息。

子博弈是原博弈的一部分，它本身可以作为独立的博弈分析，由动态博弈第一阶段以外的某个阶段开始的后续博弈阶段构成的，有确切的初始信息集和进行博弈所需要的全部信息能够自成一个博弈的原博弈的一部分。

因此，我们应该从4号和5号两个海盗入手，以此作为问题的突破口。我们先看看最后的5号海盗是怎么想的，他应该是最不肯合作的一个，因为他没有被丢到海里喂鲨鱼的风险。对他来说，前面4个海盗全部扔进海里是最好的，自己独吞这100枚金币。但是,5号海盗并不是对每个海盗的分配方案都投反对票，他在投票之前，也要考虑其他海盗的分配方案通过情况。

但是，这种看似最有利的形势，对于5号海盗来说，却未必可行。因为假如前面三位都被扔进大海，只剩下他和4号海盗的时候,4号海盗一定会提出这样的分配方案，那就是100：0，就是4号海盗分100枚金币,5号0枚。如果对这个方案进行表决，对自己的这个方案,4号海盗肯定投赞成票。因为就只剩他们两个了,4号的赞成票就占了总数的一半，这个方案一定能获得通过。表决结果是5号海盗无法改变的。金币的分配方案，在只剩下4号海盗和5号海盗的时候是100：0。

再往前推，我们看看只有3号、4号、5号海盗存在时的情况。根据5号海盗的处境，3号海盗会提出99：0：1的分配方案，即3号分99枚,4号0枚,5号1枚。对这个方案投票时,3号一定会同意,4号海盗肯定不会同意，但5号海盗一定会投赞同票。为什么5号海盗投赞同票？因为如果不这样做，而投不赞成票，那么他和4号两票对一票，不赞成3号的分派方案,3号就会被丢下大海。那么接下来就只剩5号和4号了，就回到了我们在上一段的分析,5号将什么也分不到。因此，当3号、4号、5号海盗共存时，金币的分配方案是99：0：1。

以这种方法再往前推，我们看看当2号、3号、4号、5号共存时的情况。2号海盗这时候根据推理会预测到，假如他被抛下大海，那么分配方案是99：0：1。那么他的最好分配方案是98：0：0：2，即笼络5号海盗，放弃3号海盗和4号海盗。表决时,5号海盗会同意，因为前面已经说过，如果5号海盗不同意这一分配方案,2号海盗就会被丢进大海，那么他只能得到1枚金币，但如果同意2号海盗的分配方案，他却可以得到2枚金币，他肯定选择后者。3号海盗和4号海盗因为分不到金币，肯定投反对票。那么4个海盗的投票情况就一目了然了,2号和5号投赞同票,3号和4号投反对票,2号的方案因为有半数的人同意而通过。也就是说，这种情况下的金币分配方案为98：0：0：2。

再往前推，我们看看1号到5号都在时的分配方案。通过前面的分析，我们知道假如1号海盗被扔进大海，由2号来提出方案的话,3号海盗和4号海盗什么也分不到。因此1号海盗的分配方案就应该从处于劣势的3号海盗和4号海盗入手，分给3号海盗1枚金币，分给4号海盗一枚金币，具体方案是98：0：1：1：0。3号、4号和1号都会同意这一方案，很显然，就算2号和5号反对，这个方案依然会通过。

最终的结果虽然难以置信，但却合情合理。表面上看来,1号是最有可能喂鲨鱼的，但他不但消除了死亡威胁，还牢牢地把握住先发优势，并最终获得最大的收益。而5号看起来最安全，没有死亡的威胁，甚至还能坐收渔人之利，但结果只能保住自己的性命，连一枚金币都分不到。

但是,“海盗分金”这种模式只是在最理想的状态下的一种隐含假设，而在现实生活背景下，海盗的价值取向并不都一样，有些人宁可同归于尽，也不让你一个人独占98枚金币。

我们在这里主要是看重这种分析问题的方法，即倒推法，而在博弈学上，我们称其为“海盗分金”博弈模式。

知道上面这个模式，我们就很容易理解，企业中的一把手为什么总是和会计以及出纳们打得火热，而经常对二号人物不冷不热——因为二号人物总是野心勃勃地想着取而代之，而公司里的小人物好收买。

我们用这个博弈模式可以分析许多问题，涉及各个方面。

游戏中的倒推法

下面请读者玩一场游戏。

在1到100之间，我们选出某个数。如果你猜中我们选的这个数，就会有一份丰厚的奖励。从100个数中猜一个数，猜中的概率是1%。我们可以让你猜5次，这是为了增加你赢的机会，每轮猜错后，我们都会告诉你猜得太高还是太低。猜中得越早，奖励越丰厚。如果5轮都猜错，你将什么都得不到，游戏结束。

如果你准备好了，我们可以开始了。

你第一次猜的数是50吧！大多数人都会这么猜，但是，这个数太高了，也就是说，这个数小于50。

你第二次会猜25吗？大多数人在猜过50之后都会猜25。但是，这次又小了。

接下来，很多人都会猜37。但是,37还是小。

42？还是小了。

请注意，到此你已经用了4次机会，还有最后一次。

这是你的第五次机会，也是你最后的机会。现在这个数的范围你已知道了，它在43~49之间，即还剩下43、44、45、46、47、48和49这7个数。你会选哪一个？

你前4次的猜测方式都是把区间二等分，然后选择其中间数。在数字以随机方式抽取的游戏中，这是一个比较好的办法。从每一轮的猜测中，你都可以获得尽可能多的信息，从而可以尽快接近那个数。

从技术术语上来讲，这种对数字的猜测方法叫最小化平均信息量，但每个人都会有不同的答案。从每一轮猜测中，你会获得尽可能多的信息，这可以使你减少你猜测的次数，更快地获得成功。但是，在我们这个游戏中，数字不是随机挑选的。所以，我们当然会把一些情况考虑进去，挑一个你难以猜中的数字。

我们在与人博弈的时候，将自己置于对方的立场是很关键的。所以，在这场游戏之前，我们已经站在你的立场上预计你的猜测顺序是50、25、37、42。也就是说，我们已经知道了你玩这场游戏的规则，我们就可以降低你猜中这个数字的概率。

我们已经给了你很大的提示，在游戏结束之前，对你的帮助只能有这么多了。那么，请问你最后一次挑选哪个数？49？

很遗憾，答案是错的。我们挑选的数字是48，这是我们设计好的一个圈套。实际上，整个关于选取一个难以根据分割区间规则，以及如何找出的数字的长篇大论，都是故意的，目的就是要进一步误导你。这样我们选定的48才不会被猜中，我们一步步引导你，让你猜49。

所以，要想在游戏中击败我们，你就要比我们还要多想一步："应该猜48，因为他们一定会误导我猜49。"

在博弈对局中，你需要考虑其他参与人将如何行动，以及那些人的决策将如何影响你的策略。就像上面一样，在猜测一个随机挑出的数字时，他们一定不想让你成功。那么你就要结合当时的情况，来判断他们可能出什么数字，或者判断他们出哪一区域的数字。

有这样一个游戏。这个游戏无论在理论上，还是在实践上，都是向前展望、倒后推理的最好实例。

蜈蚣博弈悖论

蜈蚣博弈是罗森塞尔最先提出的。

它是这样一个博弈：博弈的双方为甲和乙，两人轮流进行策略选择。可供选择的策略有两种：合作和不合作。

假定甲乙之间的博弈次数为100次，那么这个博弈各自的支付如下：

合作 合作 合作 合作 合作

甲— 乙 — 甲……甲— 乙 —（100，100）

背叛 背叛 背叛 背叛 背叛

（1）（2）（3）…（n）…（n+1）

假定由甲先选，然后是乙；接着再是甲，然后乙，两人就这样交替选择。

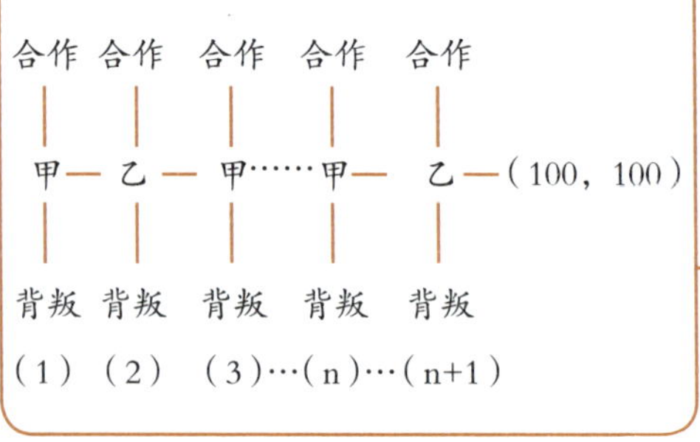

这个博弈的图形模式像一只蜈蚣，因而被称为蜈蚣博弈。

把全班同学分为A、B两队，两队同学相对而立，中间的地面插着21支旗，A队和B队轮流移走这些旗。在轮到自己时，每队可以选择取走1支、2支或3支旗。不能一支旗都不取，也不能一次取走4支或4支以上的旗。哪一队取走最后1支旗，哪一队获胜，无论这支旗是最后1支，还是2支或3支旗中的一支。输了的一组，要淘汰掉自己队的一个队员。然后比赛继续。

在游戏开始前，每个队都有几分钟时间让成员们讨论。A队先行动，它第一次取走2支旗，现在还剩下19支旗。现在假如你是B队的成员，你会选择拿走多少支旗？你可以拿起笔把你的选择记录下来。

在B队讨论的过程中，B队一个成员这样分析道："不管怎么选择，我们最后一轮必须留给他们4支旗。"这个见解是对的，因为如果最后一轮留给对方4支旗，那么对方无论取走1支、2支或3支，取胜的都是自己。最后，B队果然在游戏中取胜，因为他们在还剩6支旗时，拿走了2支。

之前，在还剩下9支旗时，A队从中拿走3支。他们中的某一个成员，突然发现了这个问题："如果B队接下来取走2支旗，我们就输了。"因此，A队刚才的行动是错的，他们不应该取3支。他们该取走几支呢？

其实刚才的推理已经给了我们答案，只要在最后一轮留给对方4支旗就可以了。那么在下一轮时，怎样才能确保给对方留下4支旗呢？答案是在前一轮中给对方留下8支旗！为什么留给对方8支就可以呢？很简单，在还剩下8支旗的时候，如果对方取走3支，那么你就取走1支，还剩下4支；如果对方取走2支，那么你也取走2支，还剩下4支；如果对方取走1支，那么你就取走3支，也还是剩下4支。因此，如果A队在只剩下9支旗时，取走1支就能扭转战局。A队在最后时刻虽然已经醒悟了，但结局已经无法改变！

我们再把这个问题从头来看，在前一轮中，B队从剩下的11支旗中取走了2支，所以轮到A队时还剩下9支旗。如果此时A队选择取走一支旗，就只剩下8支旗，那么B队就输了。

沿着开始的推理，我们再倒一步。怎么才能一定给对方队留下8支旗呢？在前一轮时，你必须给对方留下12支旗；怎么才能留下12支旗呢？你还必须在前一轮的前一轮给对方留下16支旗……所以，A队如果在游戏开始时，不是取走2支，而是只取走1支旗，那就能确保胜利。

那么，也许有人要问了，是不是先行者一定能取胜呢？也不是，在旗子游戏中，如果开始时的旗子是20支，而不是21支，那么获胜的一定是后行者（前提是按照上述的推理方法）。

21支旗博弈不存在任何不确定性：参与者的行动和能力、某些自然的机会元素以及他们的实际行动都是确定的。它是一种简单的、我们可以很容易理解的博弈。它有以下3个特点：

倒推法需要逆向思维

按顺序思维有时会让人陷入惯性思维模式之中，从而固步自封，失去创造力。对于企业而言，会因循守旧，失去开拓能力。如果能用倒推法逆向思维，就会打破惯性思维，从而更容易取得成功。

农夫果园大胆的提出果汁饮料三种水果混合的概念和30%的果汁浓度，开创了我国果汁饮料的先河。

但作为果汁饮料，都有一个共同的难题——沉淀。如何解决呢?

VS

农夫果园就是没有沿着解决果肉沉淀的顺序思维走下去，而是逆向的回来大胆的告诉消费者：我的饮料有沉淀，喝前摇一摇。这样的做法反倒得到了消费者的认可，从而占领了市场。

第一，A队和B队行动时，还剩下多少支旗，他们都是知道的。而在许多博弈中，由于自然、概率或者认为的存在，会出现一些偶然的元素。例如，许多人打过扑克牌，打牌就是一种不可知的博弈，当一个玩家选择出什么牌时，他并不知道其他人手中的牌是什么。当然了，我们可以从其他人先前出过的牌中看出一些端倪，并以此推断他们手中剩余的牌。但总的来说，打牌是一种不可知的博弈。

第二，在这个博弈中，博弈的双方都有着清晰的目标，那就是取胜。但是，在商界、政界以及社交活动中的博弈却不一定有清晰的目标。在这样的博弈中，参与者的目的很复杂，它是经过短期考虑和长期考虑、自私与正义或公平的反复衡量下的混合产物，所以他们都有多重目标，而且目标还有可变性。在博弈中，要想知道其他参与者下一步怎么做，就要知道他们的目标是什么，以及如何看待对手的目标。

最后，对于己方来说，对手的决策选择是确定的。在上述的21支旗博弈中，是不存在策略不确定性的，因为对方的行动是可以知道的。但是，在其他许多博弈中，参与者必然面临关于其他参与者选择的不确定性。例如，足球守门员在面对对方罚的点球时，就面临着对手决策的不确定性。他不知道对方会把球踢向哪个方向，对方当然也会隐藏自己的意图，是左还是右？但他必须作出选择。在投标拍卖中，在不知道其他投标人选择的情况下，每个竞标者都必须作出自己的选择。换句话说，在很多博弈中，参与者们同时行动，而不是按预先规定的次序行动。

在“强盗分金”博弈模型中，任何分配者都想让自己的方案获得通过，这其中的关键是事先考虑清楚其他海盗的最高收益，并用最小的代价获取自己最大的收益，拉拢海盗中收益最低的人。

倒后推理理论对我们的生活有着很重要的影响，如果能学会这种分析问题的方法，许多看似复杂的事情都会迎刃而解。

大甩卖的秘密

现在商品打折已经成为一种风气，走在大街小巷，总会看到商店的门口贴着“大甩卖”“跳楼价”“清仓处理”等字样，许多商店里还贴着“恕不讲价”的牌子，这种风气在整个商业系统中迅速蔓延开来，把打折当作招揽顾客的重要手段之一。

商场里“买一送一”“买二送一”以及“买此物送彼物”等广告也随处可见。每逢商场周年店庆的时候是商家最忙的时候，它们都把周年庆当作“答谢新老客户关爱”的最佳时刻，各种平面媒体上都有巨幅的广告在宣传，打出了类似这样的一些口号：“全场商品一律7折”“满300送100”“满400立减100”。这还不算，店庆本来只有一天，但商家一开就是二三周，甚至搞一个月店庆的都有。有一些小店更加夸张，它们每次都说“因为搬迁，最后一天大甩卖”，但当下次经过这家小店时，你会发现它依然好好地开在那里，而且和你上次见到时一样，也是“因为搬迁，最后一天大甩卖”。小店的主人似乎把每一天都当作最后一天来过。

商家的这些促销手段让人觉得自己占了便宜，买了这么多平时买不到的便宜物品。但是不要忘了有句话叫“无利不起早”，商家如果不赚钱或者是赚得很少的话，他们还会这么做吗？谁都知道商人做生意就是为了赚钱，让他们真的“大放血”是不可能的。

当然，我们得承认许多商品打折后，价格确实比原来要低；而且由于路面拆迁、生意转行、急需资金、商品换季、清理库存等诸多原因，确实有一小部分商店被迫降价甩卖。但以上两种情况其实并不多见，大部分商家，尤其是那些“回馈新老顾客”之类的“周年店庆”，使用的是薄利多销的促销手段。但是，其中也有许多人是假借打折之名来招揽顾客，以此谋利。

那么，商家打折的秘密是什么呢？

有的商品，不管你是只生产一件，还是要生产一万件，其中有一些投资是必须做的。也就是说，生产一万件商品用到的钱，并不是生产一件商品的一万倍，而要远远小于这个数字。有些东西不管你生产多少件，其一些投入都是不变的，像厂房建筑和机器设备等。而且在短期内，这些投资是固定的。

在短期内，这种在数量上不能改变的投资成本，我们称之为“不变成本”。而相对来说，一些随时可以改变数量的投资，我们称之为“可变成本”。如果你想生产一件产品，只需要几个工人就可以了，但如果你想生产一万件产品，那就需要投入更多的劳动力。生产商品所需要的总成本就等于不变成本和可变成本之和。

我们先作这样一个假设，在一段时间内，把商家生产出来的一些产品看作一个整体。再看看生产这些产品所耗费的成本，它包括不变成本和可变成本，我们把它平均分摊到每一件产品上，那么，每一件产品中包含了多少的可变成本和不变成本就是可以知道的了。我们由此还可以得到“平均可变成本”和“平均不变成本”的两个概念，它们相加就等于每个商品的“平均总成本”。那么商家从每一件商品中获得的收益是多少呢？通过比较价格，以及以上几个方面的平均成本的大小关系，就可以知道商家每件商品的最低价格。

由此，我们可以把商品的价格从下面3种情况来解释：

第一，商品价格比平均总成本高。这就意味着厂商从每件商品中都能获得一定的利润。在这种情况下，商家因为可以赚到钱，就会扩大生产。在短期内，他们根本不能预计商品价格会发生变化。但随着商品供给的不断扩大，商品价格自然会慢慢走低。

第二，商品价格高于平均可变成本，却低于平均总成本。厂商这时的销售收入已经不能弥补所耗费的所有成本了，但是，总收益还可以弥补不变的机器和厂房折旧成本，剩余的还可以补偿工人工资、自己的劳动投入等这些可变成本。由于这些折旧成本是必然的，即使你不生产，它也会发生折旧。所以，对厂商来说，这时候生产比不生产好。因为生产了，至少还有一部分收入来弥补机器的折旧损失。于是，他会继续扩大生产。随着商品供给的进一步扩大，商品价格也会继续下降。

第三，商品价格不仅远远低于商品生产的平均总成本，还低于可变成本。这时候商品的销售收入连弥补机器的折旧费用都不够，更不要说工人的工资了。这时候厂商卖产品是赔本的，他们会停止生产。

广告≠吹牛

如果商家来一个逆向思维，站在消费者的角度想想消费者是怎样想的，然后做出相应的营销方式，或许比单纯的广告更有效果。

那么，我们就很容易理解商场里商品“打折”销售的原因了。商场里的商品卖的一定比刚出场的价格贵，这是显而易见的，因为商场到工厂进货、交易、运输、商场铺面租金、环境布置、员工工资等许多方面，这些都需要费用。换句话说，在商场里，商品的最低价格应该比生产该商品需要的可变成本更高一些，商场只有这样才能获得利润。也可以说，商场里的商品都是有一个底价的，低于这个底价卖出就会亏本。

不过，我们在上面也说过，有一小部分商场确实是降价出售的，而且商品价格往往比实际造价还低，这是由一些特殊原因造成的，如搬迁等。如果这个时候消费者去这家商场买东西，就会获得比较实在的优惠，前提是这家店确实是要搬迁了，或因为其他什么原因确实不再经营此店了。但是，这种情况并不常见。因为，在一般情况下，商品出卖的价格比实际平均价格要高一些，就算出现特殊的情况，他们把价格下调到比可变成本高一点就行，依然是可以赢利的，我们前面所说的“店庆”就是这种情况。这是许多商场吸引消费者最常见的手段，也是它们最重要的打折方式之一，用这种手段可以使众多商家达到薄利多销的目的。

倒推法的营销手段

企业的管理者或营销人员为了卖出商品，让自己的企业有更好的发展，也要使用“倒推法”，站在消费者的角度考虑问题，运用逆向思维让消费者更容易接受和信任你。

巧妙地利用人的心理能使商家卖出更多的商品，让企业得到迅猛的发展。但是，运用心理营销也要有个度，只有在特定的情况下，当企业面临困境时才可使用某些方法，并且还要使用不同的方法。有时候，我们利用逆向思维并不是完全背离事物的客观规律。对某一方面的常规违反正是以对另一方面的规律的遵循作补充的，但我们不能完全违背事物发展的规律。

一种颜色鲜艳、设计精巧的新产品上市了，消费者之前没有见过，甚至没有听说过这种产品，所以都挤在柜台上一探究竟，详细询问售货员这款产品的功能和使用方法。好奇心是人购物的动力之一，在新产品身上体现得尤为明显。这也可以看作是一种悬念，不是只有小说和电影中才有悬念，在营销中也有这种“悬念”。悬念书籍和电影使读者感到紧张和刺激，而悬念营销则可以帮助商家卖出更多的商品。

有一种新品牌香烟面市之后，迅速在各省取得不俗的业绩。但是，在一个中等城市，该香烟的销售却遇到了不小的麻烦，因为其他众多品牌的香烟已经抢占了这里的香烟市场，市场也已经饱和。无论公司想什么样的办法，都无法提高这座城市的销售业绩，也竞争不过其他品牌的香烟。

别人降价我涨价

商家往往采用逆向思维，站在消费者的角度想消费者是怎样想的，然后在营销中根据消费者的心理制定相应的营销方式。

和顾客打感情牌

使用逆向思维，为读者分析，赢得同情，从而增加读者的购买欲。

和顾客打好奇牌

众人看到广告后都会感到好奇，会想：“是不是洗衣粉要出现短缺？”人们在这种惊慌、猜疑下会出现抢购。

商家采用逆向思维，站在消费者的角度抓住其消费心理，才会吸引消费者进行购买。

有一次，该香烟公司的一名推销员看到海滨浴场有许多禁止吸烟的广告牌，他突然间想到一个促销的好办法：在公众场所到处张贴广告——“吸烟危害自己和他人的健康，此地禁止吸各种香烟，就算是‘某某’牌香烟也不能在这里吸。”这里的“某某”就是该香烟的品牌名。这是一则极为简单的广告，它只是把我们无论在哪里都能看到的一则广告词进行了延伸，把自己的品牌名加了进去，却引起了不少人的好奇。难道某某牌香烟与其他品牌的香烟不一样吗？为什么特别指出这种香烟也不能在这里吸呢？难道它有什么特别之处吗？烟民们纷纷购买该烟品尝……该品牌香烟就这样在当地走红，没过几个月便打开了市场。

有时候，某些言行可以激发人的好奇心。每个人都有好奇心，企业往往会利用这一点来引起人们的注意，从而打开销路、销售产品。

理性与非理性

“海盗分金”博弈模型只是一个有益的智力测验，是不能直接应用于现实的，现实世界的情况远比这个模型复杂，现实中肯定不会是人人都绝对理性。

我们再来看“海盗分金”的模型。只要3号、4号或5号中有一个人不是绝对理性的（现实中也几乎没人做到绝对理性），1号海盗就会被扔到海里去。因此，1号海盗绝不会拼了性命自取97枚金币，他要顾虑其他海盗们的聪明和理性究竟是不是靠得住。如果他们撒谎或相互勾结怎么办？这就牵涉到理性与非理性的问题。

非理性看起来好像是不可取的，但实际上正是许多所谓的非理性行为促进了人类的福利。在“海盗分金”博弈中，1号分到97枚金币，其他4个海盗不是没分到，就是分得一枚。但是，如果其他海盗拒绝呢？那么他们损失的也就是这1枚金币。但1号海盗要损失99枚金币，比其他海盗要严重得多。“海盗分金”的最后结果是收益的极度不平衡，那么是提出这个自作聪明的分配方法的1号海盗不理性，还是其他4个海盗不理性？可想而知，其余的4个海盗一定会选择不理性，建议重新分配金币。这类非理性行为恰恰是理性的。

一个杀人犯，因为杀人被判了刑。如果有人说：“既然人已经死了，就算惩罚这个杀人犯，被害者也不能活过来，何必再惩罚罪犯呢？而且管理罪犯还要耗费一定社会资源，不如把他放了吧！”

你一定会这样还击：“虽然惩罚罪犯救不回被害者，但是这能防止其他人再次被伤害。”

不可否认，前者的考虑很理性，但是不可取。

在民主政治中，各种利益集团都不会有不合理性的争吵。某某国家政府、议会间僵持不下，这是我们从新闻可以知道的，这种僵持不下的后果导致政府办事效率低下，严重的会解散议会或使政府更迭。你可以说这种僵持是非理性的，但只有在各利益集团的交锋中达成的政治才是比较合理的。这就如同夫妻之间经常吵架一样。

许多夫妻经常大吵大闹，其原因只不过是些鸡毛蒜皮的琐事。很多人认为，天天吵来吵去到底有什么意思，一点理性也没有，而当事人吵过之后可能也觉得不值得。可是，有时他们虽然知道不值得，但还是要吵闹。说起来这种反常的现象并不难解释，他们吵闹是为了争夺家庭控制权或维护自身话语权，也是因为自己拉不下

理性与非理性的较量

理性：是指参与者努力运用自己的推理能力使自己的利益最大化。

博弈中的理性与非理性

经济学的建立是以理性经济人假设为基础的。那么当两人发生冲突时，是理性还是非理性，就要看双方在博弈的时候，理性所起的作用有多大。

作为个体，每个人都兼顾理性和非理性。要根据具体情况来选择自己的策略，有时候非理性也是不错的选择。

面子。在一些小事上退让是理智的，不过，假如你总是退让，有时候会助长对方的气势，让别人以为自己软弱，也使自己在和别人的博弈中处于劣势地位。所以，虽然夫妻间的吵闹没什么用处，也是不理性的，但有的夫妻下次还是要吵。

理性的困扰

很多时候人们明明知道非理性好像是不可取的，但实际上却重复着许多所谓的非理性行为。

现实中人的理性的计算能力往往会在不符合实际情况的“大事件”上，也就是说需要付出很多才可能会有回报的事件上。

尽管有各种非理性行为存在，但不可否认的是，理性的假设还是很有用的。总的来说，人们还是懂得权衡利弊的，并作出有利于自己的选择。生活中有大量理性选择的例子，所以我们也不必把理性看得太理想化，也不要以为它是如何的高深莫测。中国的一些谚语中都能体现出理性，如我们常说的“人在屋檐下，不能不低头”“胳膊拧不过大腿”“莫生气”等。

很显然，非理性有时候其存在是合理的，但也有不合理的时候。实际上，人类的非理性是体现在对客观事物的错误认识上，而并不集中体现在利益分配上。有时候，知识的缺乏会导致非理性困境的出现。

说起“计划生育”大家都知道，它在中国已经实行了30年。但是，在广大农村地区,“一对夫妻只生一个孩子”的观念还是没有完全落实。当然了，该政策在城市得到了比较严格的贯彻。农村的很多家庭在没有生到男孩之前，会选择继续生育，甚至更多，直到有男孩为止。有的人会说，这是农民重男轻女的落后观念在作祟，这当然是一个原因，但家庭农业生产确实需要男丁也是一方面原因。在以前的农村，我们经常看到一对夫妻已经生育了5个女孩，第六胎才生了男孩，有的夫妻还不止这个数。因此，也许有人会说，如果每一对夫妻都要生一个男孩才肯停止生育，会不会导致人口比例失调?

答案是不会。我们可以这样来分析一下:一对夫妻生男还是生女的概率是相同的，也就是说，第一胎生男生女的比例各占一半，第二胎的比例也还是各占一半，第三胎……如果我们把一年出生的全部婴儿作个统计，就会发现女孩的数目总是趋向于与男孩的数目相等，所以男孩与女孩的比例是不会变的。不过，这个情况没有排除流产女婴的人为因素。

这是男孩与女孩的出生率的问题，而就一对夫妻来说，就算已经生了5个女孩，那么他们的下一胎生男孩的概率也还是50%，这和第几胎是没有关系的。而一些夫妻不知道这一点，这也是导致多生的一个原因。

和不厚道的人相处

我们说，不依附君子，也不要得罪不厚道的人，否则就可能被“冷箭”射到，不厚道的人惯用这种伎俩。生活中免不了与不厚道的人打交道，妥善处理好与不厚道的人的关系是很重要的，但这可不是那么容易，这也是令许多人头疼的问题。那么怎么才能处理好与不厚道的人的关系呢?

北宋初年，契丹屡屡来犯，曹彬在抵抗契丹的入侵时多次立下战功，深得太祖赵匡胤的赏识。公元974年，宋太祖命曹彬率军攻打南唐，临行前送给他一把尚方宝剑，对他说:“副将以下的士兵，凡不听你命令者，皆可用此剑斩之。”然后，又问曹彬还有什么要求。曹彬说:“臣想提拔田钦祚做将军，和我一起去前线杀敌，请皇上恩准。”

田钦祚为人贪婪狡诈，喜欢争名夺利。不仅如此，他还经常在背后恶语诽谤他人。因此，所有官员对曹彬的这个要求都感到大跌眼镜，他们暗想，派此人去做将军有何用处？对于这个问题，曹彬的手下众将也很是不解，曹彬私下对他们说：“此次南征恐怕在短时间内难以完成，我在外领兵征战，估计不到朝内之事。假如有人趁机进献谗言，对皇上使反间计就会误了大事。田钦祚最容易成为南唐的突破口，他会被南唐贿赂，在皇上面前诋毁我，所以，我要将他带走，不给他这个机会。”曹彬这样做是很聪明的，一是解了自己可能出现的后顾之忧，二是随便封了个将军给田钦祚，使他以后不会对自己不利。听完曹彬的解释后，众人连赞高明。有人也许会说，田钦祚在战场上也可以使坏。但那时就是曹彬说了算了，他有皇上赐的尚方宝剑，再加上“将在外，君命有所不受”，处置田钦祚还不是一句话的事吗？同样是在战争中，诸葛亮就是因为没能处理好和小人的关系而错失了一次北伐的良机：

……司马懿提大军来与孔明交锋，隔日先下战书。孔明谓诸将曰：“曹真必死矣。”遂批回“来日交锋”，使者去了。孔明当夜教姜维受了密计：如此而行；又唤关兴分付：如此如此。

……两军恰才相会，忽然阵后鼓角齐鸣，喊声大震，一彪军从西南上杀来，乃关兴也。懿分后军当之，复催军向前厮杀。忽然魏兵大乱：原来姜维引一彪军悄地杀来，蜀兵三路夹攻。懿大惊，急忙退军。蜀兵周围杀到，懿引三军望南死命冲击。魏兵十伤六七。司马懿退在渭滨南岸下寨，坚守不出。

孔明收得胜之兵，回到祁山时，永安城李严遣都尉苟安解送粮米，至军中交割。苟安好酒，于路怠慢，违限十日。孔明大怒曰：“吾军中专以粮为大事，误了三日，便该处斩！汝今误了十日，有何理说？”喝令推出斩之。长史杨仪曰：“苟安乃李严用人，又兼钱粮多出于西川，若杀此人，后无人敢送粮也。”孔明乃叱武士去其缚，杖八十放之。苟安被责，心中怀恨，连夜引亲随五六骑，径奔魏寨投降。懿唤入，苟安拜告前事。懿曰：“虽然如此，孔明多谋，汝言难信。汝能为我干一件大功，吾那时奏准天子，保汝为上将。”安曰：“但有甚事，即当效力。”懿曰：“汝可回成都布散流言，说孔明有怨上之意，早晚欲称为帝，使汝主召回孔明，即是汝之功矣。”苟安允诺，径回成都，见了宦官，布散流言，说孔明自倚大功，早晚必将篡国。宦官闻知大惊，即入内奏帝，细言前事。后主惊讶曰：“似此如之奈何？”宦官曰：“可诏还成都，削其兵权，免生叛逆。”后主下诏，宣孔明班师回朝。蒋琬出班奏曰：“丞相自出师以来，累建大功，何故宣回？”后主曰：“朕有机密事，必须与丞相面议。”即遣使赍诏星夜宣孔明回。

使命径到祁山大寨，孔明接入，受诏已毕，仰天叹曰：“主上年幼，必有佞臣在侧！吾正欲建功，何故取回？我如不回，是欺主矣。若奉命而退，日后再难得此机会也。”

如何和不厚道的人相处

每个地方都有不厚道的人，通常，他们常以不良手段达成目的。与不厚道的人相处，稍不谨慎，会吃大亏。

如何和不厚道人相处

不要得罪他们。

敬而远之，和他们保持距离。

不要有利益瓜葛。

说话谨慎，客套寒暄即可。

就这样，一次北伐的大好良机就被这样断送了，在节节胜利之时不得不班师回朝。如果诸葛亮能像曹彬一样，先不要处置苟安，将其留在营中，待取胜之后再处置他，就不会发生这样的事了。

如何对付不厚道的人

和不厚道的人相处的时候，已经采用了最优策略，他们却还是处处设置障碍，这时就要绝地反击了。用逆推的方法，站在他们的立场，看透他们再决定自己的策略。

以子之矛，攻子之盾。

做事光明磊落，不让他们抓住把柄。

让周围的人了解你，肯定你，不厚道的人就害不到你了。

运筹帷幄

大家知道倒推法这种博弈方式之后，会发现日常生活或工作中很多问题都可以用倒推法来解决。但是，并不是所有问题都可以依靠倒后推理来解决。

在象棋这个博弈中:下棋的双方轮流下棋，双方前面所下过的棋路是无法撤销的，但是可以看到的。当然，也会有例外出现，相同的局势重复出现就算平局，这也确保比赛能在有限的回合对决中结束。我们可以从最后一步开始推理，理论上是这么认为的，但实际上却根本不可能做到。因为象棋中的棋路变化极为复杂，就算是用一台超级计算机也需要几年时间才能把其中棋路的变化算完，所以我们无法使用倒推法。

象棋大师之所以经常胜利，是因为他们在临近比赛结束之际能够找到最优策略。一旦象棋下到最后阶段，也就是棋子越来越少的时候，大师级选手就能够展望博弈的结局，利用倒推法来判断自己在不利的情况下怎么做才能确保平局，怎么做才能取胜。但是，当棋盘上还有许多棋子，即在博弈中盘阶段，就无法很清楚地预测局势了。

如果在下象棋时能够将展望分析和价值判断相结合，那么其棋艺一定能达到出神入化的境地。这里的“展望分析”就是向前展望，倒后推理。而“价值判断”指的是象棋艺术，能够根据棋子的数目和棋子之间的相互联系，判断出自己棋局的局势。对于象棋选手们来说，把这两者很好地结合就是他们要学的，可以称之为经验、本能等。象棋选手棋艺的优劣就是根据这个来评价的。利用这种知识，优秀的象棋选手可以立即区分出哪步棋该走，哪步棋不该走。

所以，在面对复杂博弈的时候，你应该在你的最大推理范围内，以向前展望、倒后推理的规则和引导你判断中盘局面价值的经验结合起来。能很好地把博弈论科学和具体的博弈艺术相结合，是个人成功的必要条件之一。但是，要做到这一点就必须预测对方的行动，这一点很不容易做到。如果你和你的对手都能分析出相互之间可能的行动和反行动，那么，在整个博弈的结果上，你们俩就会事先就如何解决问题达成一致。但是，假如对方可能获得一些你没有的或者你错过的信息，那么对方的行动就有可能是你想不到的。

你必须预测对方实际会采取什么行动，这样才能真正做到向前展望、倒后推理，因此，仅仅站在对方的立场，设想对方将会采取什么行动是不够的。关键是当你要尝试站在对方的立场上去考虑问题，在考虑的过程中，还要忘掉自己的立场。这虽然能做到，但却极为困难，很少有人能够真正地做到。当你从对方的视角观察这个博弈时，你很难忘记自己的意图，因为你太清楚自己下一步的行动计划了。这也是为什么大家自己不和自己下棋、不和自己博弈的原因。看过《射雕英雄传》的都知道，里面的“老顽童”周伯通可以双手互博，也就是自己和自己打架，但这只是小说中虚构的，现实中几乎不存在，估计读者朋友也没见过和自己打架的人吧。

当你尝试站在对方的立场上看问题时，他们知道的信息，你必须知道；他们不知道的信息，你也要不知道。你必须放弃自己的想法，以他们的目标为目标。所以，有很多大企业在和对手竞争时，都会请局外人来评估对手会采取什么样的行动，而不是他们公司自己组织人员进行评估。

用倒推法设置目标

用倒推法来为自己的人生目标设置每一站的小目标，是非常有效的方法。会让自己在最短时间内实现目标。我们要把自己的目标清晰起来，然后依照自己的目标设定一些详细的计划，我们要做的就是完成每一个计划。

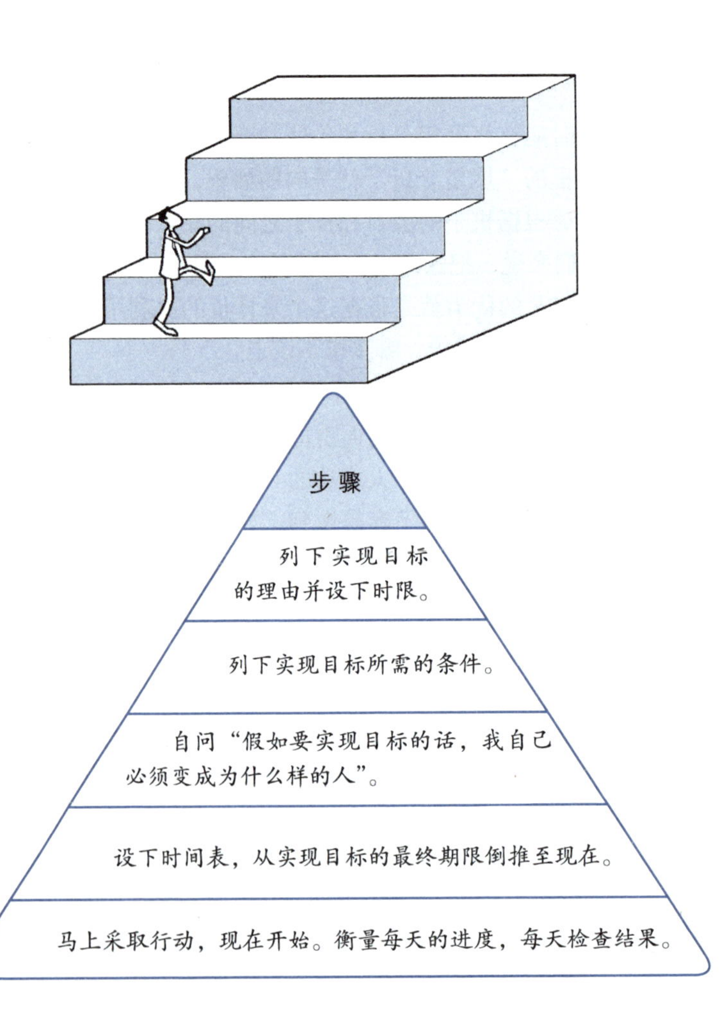

五年成名

台湾歌手李恕权是华裔流行歌手中唯一获得格莱美音乐大奖提名的人，他在《挑战你的信仰》一书中记载了这样一个关于自己如何获得成功的故事。

1976年冬,19岁的李恕权在休斯顿大学主修计算机，同时还在休斯顿太空总署的太空梭实验室里工作。他每天的时间都很紧迫，大部分时间都被学习、睡眠与工作占据了，即便如此，只要他一有空闲，就会把时间放在音乐创作上。

在他事业起步时，一位名叫凡内芮的朋友对他的影响最大。凡内芮喜欢写诗词，她的诗词在德州获得过很多个奖项。李恕权也非常喜欢她写的诗词，两人合作写了许多很好的作品。

凡内芮家有一个牧场，在周末的时候，她经常邀请李恕权到她家去，一起在牧场烤肉。李恕权对音乐很执着，这一点凡内芮是知道的。但是他们现在要想进入美国音乐界无疑于痴人说梦，因为对他们来说，整个美国的唱片市场是陌生的。在牧场的草地上，两个人默默地坐着，不知道下一步该怎么走。

还是她先开口了，她有点奇怪地说了句:“你现在想象一下,5年后的你在做什么。”他还没来得及回答，她又接着说,“你最希望五年后的你在做什么，那时候，你的生活又是一个什么样子呢？你先想一下，想好了再告诉我。”

李恕权思考了一会儿，对她说:“我这5年的目标有两个，一是我希望住在一个有很多很多音乐的地方，天天与一些世界一流的乐师在一起，和他们一起工作。二是我希望出一张在市场上很受欢迎的唱片，能有许多人认同我。”

凡内芮说:“你确信这就是你近期的目标吗？”

他很肯定地说:“是的，这就是我的目标！”

凡内芮说:“好的，你已经确定了你的目标，那么我们来这样分析一下:假如你第五年有一张唱片在市场上。那么在你第四年的时候，一定要跟一家唱片公司签上合约。那么再推到你的第三年，如果要实现第四年的愿望，你就一定要有一些完整的音乐作品，因为唱片公司只有听了你的作品才会选择是不是和你签约。如果要实现第三年的目标，那么你的第二年就要有一些不错的作品开始录音了。以你第二年的目标来看，那么你的第一年就应该创作出一些作品，然后，把它们和你已经创作完成的作品进行录音和编曲，排练就位准备好。那么，你在第六个月的时候就要把那些没有完成的作品修饰好，并选出比较优秀的一部分。你的第一个月，也就是这个月，要创作几首音乐。那么你的第一个星期，也就是下个星期，就需要将一些需要完成的作品列一个清单。”

凡内芮笑了笑，又补充说:“你下个星期一要做什么？我们现在就可以知道了。我差点忘了，你还说你5年后要生活在一个有很多音乐的地方，与许多天才的乐师一起工作。我们同样可以从这个目标往前推，假如你的第五年已经在与这些人一起工作，那么按理说，你的第四年应该有你自己的一个工作室或录音室。那么第三年应该是先跟这个圈子里的人在一起工作。那么你的第二年，应该是已经住在纽约或是洛杉矶了，而不是住在德州。”

第二年，李恕权搬到洛杉矶，在此之前，他辞掉了太空总署的工作。

1982年，在亚洲地区，他的唱片开始畅销起来。宝丽金和滚石联合发行了他的第一张唱片专辑《回》，这张专辑在台湾连续两年蝉联排行榜第一名。他的另一个目标，与一些音乐高手生活和工作在一起也实现了，他现在几乎一天24小时都和一些顶尖的音乐高手一起工作。他的成功用了6年，虽然不是5年，但相差不大。这就是一个5年期限的倒后推理过程。

“小步慢行”博弈策略

在博弈论中，有一个叫作“小步慢行”策略。就是要要渐进式地、一步步走向成功。大问题可以分解为许多小问题，每一个问题可单独解决，那么大的问题就变得容易多了。

然而，生活中很多人喜欢一次就获得很大的成功，如果不考虑实际情况，这么做只会适得其反。

实际上，我们把这个实例应用在自己身上时，还可以把时间跨度延长或缩短，但思路是一样的。

当你在为工作忙得焦头烂额时，当你踏上大学的大门，准备未来4年的学习时，在一个人独处时，一定要考虑一下：4年后，或5年后甚至10年后，你希望那时候的自己在做什么？而现在你做哪些工作才能够帮助自己达到目标？你现在的生活方式和努力有助于达到那个目标吗？你可以试着用上述的倒推法来为自己的人生目标设置每一站的小目标。假如你是一个大学生，你可以这样思考：我在毕业时要成为优秀毕业生，并在某个协会里有一席之地。那么为此你第三年应该做到什么目标，第二年应该做到什么目标，第一年……

如果你是个上班族，也可以用这种方法向着自己的目标努力，当老板也是一样，这种倒推法适合所有的人。

不可否认的是，有些人竟然连清晰的目标都没有，一直在浑浑噩噩地活着。这种人就要注意了，如果一直找不到自己的目标，一辈子就只能为那些有清晰目标的人工作。你在公司努力工作是为了达成别人的目标，而我们每个人都应该有自己的目标。

如果根本就没有自己的人生目标，那么一切都是空话。人生博弈的目的，就是在最短时间内更好地实现想要实现的目标。我们要把自己的目标清晰起来，然后依照自己的目标设定一些详细的计划，我们要做的就是完成每一个计划。而在实现这些计划时，我们的选择也很重要。

你今天的生活，是由几年前所作出的选择决定的；而你今天的抉择，会影响你以后几年的人生，影响甚至直到你去世时都存在。什么样的选择决定什么样的生活，这就是人生博弈的法则。

一年大概只有52周，每周只有168小时，睡觉和吃饭大概占了75小时，剩下的实际上只有93小时，也就是真正能做事的时间每天只有13小时。在这13小时里，做什么事决定了你以后成为什么样的人。其实，人生就是从上帝那里借一段时间，你一年一年地又把时间还给上帝，一直到死去。区别就是，每个人借到的时间有长有短。

那么，我们该怎么利用自己人生中短暂的时光呢？多数人都没有思考过这个问题，当然也就无法回答。大部分人都是在快离开这个世界的时候，才会想这个问题。在你死后，你最希望人们会记住你这一生的什么成就和事迹呢？你最希望你的亲人和朋友对你作出什么样的评价呢？换句话说，这两个问题可以这样概括：在你的墓志铭上，你希望人们写上什么样的话？回答这个问题，可以帮助你把所有生活层面的东西过滤，提炼出最根本的人生目标，发掘心底最根深蒂固的价值观，决定人生目标的最核心部分。

伍迪·艾伦曾经说过，生活中90%的时间只是在混日子。大多数人的生活层次只停留在为工作而工作、为回家而回家、为吃饭而吃饭。他们的事情做完一件又一件，从一个地方到另一个地方，好像做了很多事。但是，他们却很少有时间从事自己真正的工作，甚至一直到老死都是如此。在自己渐渐老去时，才发现虚度了大半生，但这时自己已经无能为力了，只能守着病痛过剩下的日子。所以，我们时刻要警醒自己，自己的目标是什么？时刻想着为自己的目标去奋斗。

激励自己才能赢得人生的博弈

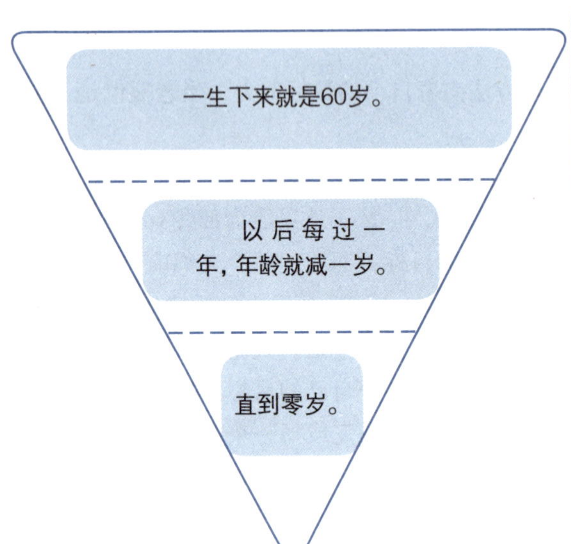

这种计算年龄的方式有这种好处，它可以一直激励着自己，时刻提醒着自己在世的时间不多了，从而做每件事都会向着自己的目标而努力。

人生就是你与时间进行的一场博弈。

倒计时的这种方法是很重要的，它可以让你学会从终点出发，往前推理，从而可以使你知道哪些事情是应该做的，哪些事情是不应该做的，指导你该如何实现目标。

第十三章
路径依赖博弈

马屁股与铁轨

四英尺又八点五英寸，这是现代铁路两条铁轨之间的标准距离。这一数字是怎么来的呢?

早期的铁路是由建电车的人负责设计的，电车所用的轮距标准就是四英尺又八点五英寸。那电车的轮距标准数字又是怎么来的呢?因为早期的电车是由以前造马车的人负责设计的，造马车的人显然很懒惰，直接把马车的轮距标准用在了电车的轮距标准上。那么，马车的轮距标准又是怎么来的呢?因为英国马路辙迹的宽度就是四英尺又八点五英寸，所以马车的轮距就只能是这个数字，不然的话，马车的轮子就适应不了英国的路面。这些辙迹间的距离为什么又是这个数字呢?因为它是由古罗马人设计的。为什么古罗马人会设计用这个数字呢?因为整个欧洲的长途老路都是由罗马人为其军队铺设的，而罗马战车的宽度就正是四英尺又八点五英寸，在这些路上行驶，就只能用这种轮宽的战车。罗马人的战车轮距宽度为什么是这个数字呢?因为罗马人的战车是用两匹马拉的，这个距离就是并排跑的两匹马的屁股的宽度。

后来，美国航天飞机燃料箱的两旁，有两个火箭推进器，是用来为航天飞机提供燃料的。这些推进器造好之后，是用火车来运送的。途中要经过一些隧道，很显然，这些隧道的宽度要比火车轨道宽一点。由此看来，铁轨的宽度竟然决定了火箭助推器的宽度。我们在上面已经提过，铁轨的宽度是由两匹马屁股的宽度决定的，这么说，美国航天飞机火箭助推器的宽度竟然与马屁股相关。

其实在我们现实生活中也有传承多年的东西，例如中秋节送月饼。为什么赠送月饼，而不是其他什么东西呢?人们今年相互赠送月饼，是因为他们去年就相互赠送月饼。

这只是日常生活中的一种普遍的现象，而在博弈论中，我们称之为“路径依赖”。

1993年，诺贝尔经济学奖的获得者诺思提出了“路径依赖”这个概念。即在经济生活中，有一种惯性类似物理学中的惯性，一旦选择进入某一路径（不管是好还是坏）就可能对这种路径产生依赖。在以后的发展中，某一路径的既定方向会得到自我强化。过去的人作出的选择，在一定程度上影响了现在及未来的人的选择。

“路径依赖”被人们广泛应用在各个方面。但值得注意的是，路径依赖本身只是表述了一种现象，它具有两面性，可以好，也可以坏，关键在于你的初始选择。

“路径依赖”被人们广泛应用，在现实生活中，报酬递增和自我强化的机制使人们一旦选择走上某一路径，要么是进入良性循环的轨道加速优化，要么是顺着原来错误路径一直走下去，直到最后发现一点用处也没有。

在博弈论中，有一个进化上的稳定策略，是指种群的大部分成员采用某种策略，上面的故事就很好地反应了这个策略。对于个体来说，最好的策略取决于种群的大多数成员在做什么。

在稳定策略中，存在着一种可以称为惯例的共同认识：大众是怎么做的，你也会怎么做，有时你也许不想这么做，但最后还是和大家的做法一样。而且，在大家都这样做的前提下，我也这样做可能是最稳妥的。因此，稳定策略几乎就是社会运行

路径依赖的现实意义

路径依赖，是指人类社会中的技术演进或制度变迁均有类似于物理学中的惯性，即一旦进入某一路径（无论是好还是坏）就可能对这种路径产生依赖。

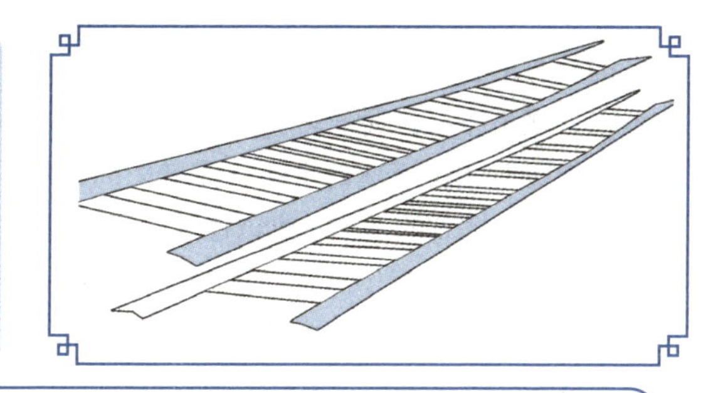

路径依赖理论对于处于经济体制转型过程中的国家来说具有现实的意义。

第一，初始的体制选择会提供强化现存体制的刺激和惯性，因为沿着原有的体制变化路径和既定方向往前走，总比另辟路径要来得方便一些；

第二，一种体制形成以后，会形成在现存体制中有既得利益的压力集团。他们力求巩固现有制度，阻碍进一步的变革，哪怕新的体制较之现有更有效。

因此，我们在做出任何一项改革决策时，要慎之又慎，不仅要考虑将要采取的决策的直接效果，还要研究他的长远影响。

的一种纽带、一种保障机制、一种润滑剂，从某种意义上说，它就是社会正常运转的基础。

春秋时，齐国相国管仲陪同齐桓公到马棚视察。齐桓公见到马夫，便问他："在这里做工还习惯吧，你觉得马棚里的这些活，哪一样是最不好做的？"

养马人一时不知如何回答。一旁的管仲这时代他回道："其实我以前也做过马夫，依我看，编拦马的栅栏这个活是最难的。"

齐桓公奇怪地问道:"何以见得？"

管仲说道："在编栅栏时，所用的木料往往是有曲有直。选料很重要，因为木料如果都是直的，便可以使编排的栅栏整齐美观，结实耐用。如果一开始就选用笔直的木料，接下来必然是直木接直木，曲木也就用不上了。如果是曲的就不行，假如你第一根桩时用了弯曲的木料，或者中间误用了曲的木料，那么随后你就会一直用弯曲的木料，笔直的木料就难以启用，那么编出来的栅栏就是歪歪斜斜的。"

如果从一开始就作出了错误的选择，那么后来就只能是一直错下去，很难纠正过来。管仲说的是编栅栏的事，但是，他的意思却为我们提供了一些信息——管仲所说的话实际上就是稳定策略的形成过程，也就是被后人称为路径依赖的社会规律。

生活中的路径依赖

在生活中，当所有其他人的行动是"可预计的"，那么在这个时候，你的行动也会是这样。那么，这也就说明：有时候你是机械地根据一种确立的已知模式来选择，而不是用自己的理性来选择。

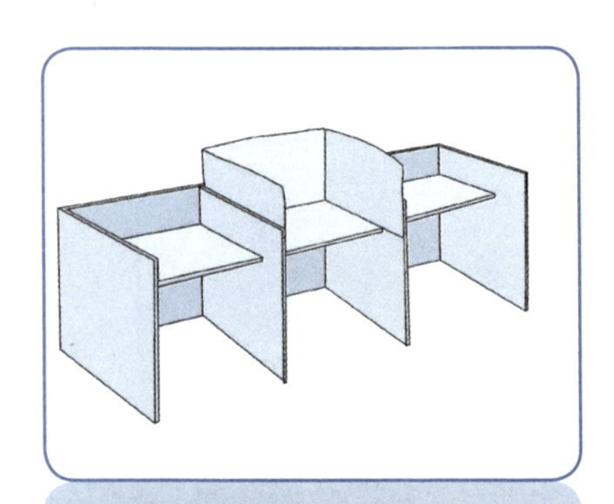

没有隔板就是大家共同认定的一种"惯例"，而现在你加了一块隔板，那么你就打破了这个"稳定策略"。

其实，当时加一个隔板并不影响别人，他们之所以反对就是因为稳定策略。

路径依赖出现在生活中的各个方面。路径依赖可好可坏，关键在于你的初始选择。

香蕉从哪头吃

社会上有许多这种路径依赖博弈，当然有好的、积极的一面，但也有不好的一面。

所以，当社会上有不良的风气时，政府部门就要起到监管作用，并将这些不良的“路径”引导到正轨上来。

其实，除了我们前面说的路径依赖博弈有好的和坏的之外，还有一种博弈，它不好也不坏，我们暂时称之为“中立”的路径依赖博弈。

在一次采访中，一位美国在华投资人说：“一般来说，美中两国的习惯有很多不一样的地方，以吃香蕉为例：中国人总是从尖头上剥，而美国人吃香蕉是从尾巴上剥的。虽然有差别，但这种差别并不防碍两国关系。而且两种吃法都没有错，不能说从尖头吃就不对，也不能说尾巴那一端开始剥是错的，习惯不一样，不一定就非要谁必须改变对方。”

“中立”的路径束缚

其实许多事情都是中立的，有的人喝咖啡喜欢加糖，有的人就喜欢咖啡的苦涩。你不能说谁是错的，只是每个人的习惯不一样而已。

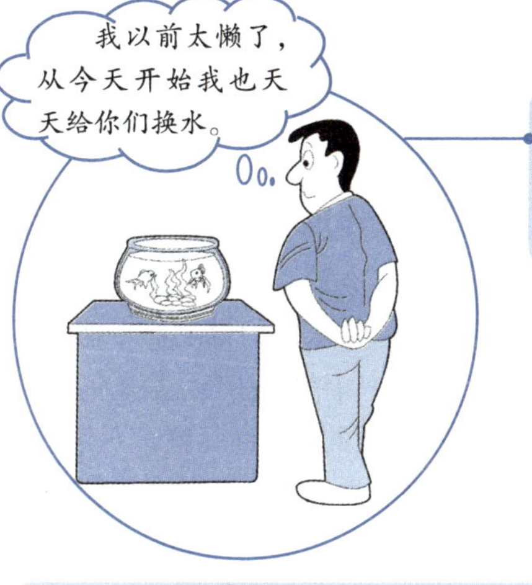

一个男人每个月给鱼换一次水，后来他发现他朋友养鱼的方式是每天都给鱼换水，他觉得自己太懒了，于是也每天给自己的鱼换水。

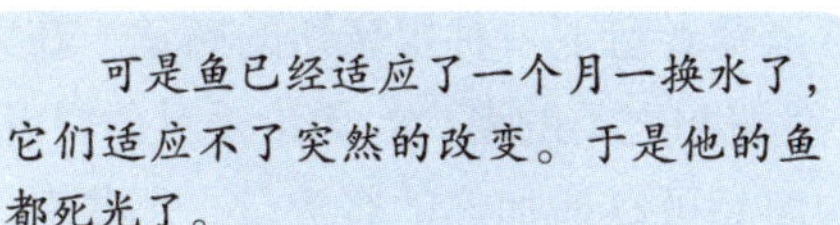

所以，当一种无害的路径依赖博弈形成时，就不要尝试改变了，除非它是有害的。当别人没按你的方式做某件事情，但他还是顺利地完成了，就不要再责怪人家方法不对了。

香蕉可以从两头吃，我们为什么要改变自己剥香蕉的方式呢？有时候不妨先试试换个角度去想，要不要改变自己的想法？这些想法还是有意义的吗？

日常生活中存在着种种惯例，也就是我们平时所说的规范。这些规范不像种种法律法规和规章制度那样是一种正式的、由第三者强制实施的硬性规则，只是一种非正式规则，一种非正式的约束，但是，它巨大的影响力时刻影响着我们的生活。

这些稳定的规范支配着我们的生活。早起我们洗脸刷牙，你要是不洗脸和刷牙有没有错？没有错。我们都在12点左右吃午饭，你要是不在这个时间段吃行不行？可以……依此类推，很多事我们可以不这么做，但我们还是这么做了。

稳定策略能提供给博弈参与者一些确定的信息，所以在社会活动中，它就能起到节省人们交易费用的作用，例如格式合同。

格式合同又称标准合同、定型化合同，是指当事人一方，预先拟定合同条款，对方只有两个选择：完全同意和不同意。所以，对另一方当事人而言，必须全部接受合同条件才能订立合同。格式合同在现实生活中很常见，车票、保险单、仓单、出版合同等都是。这种契约和合约的标准文本就是一种稳定策略。

如果没有这种种标准契约和合约文本，就等于你每次坐长途汽车前都要找律师起草一份合约，坐船和飞机也都是如此……如果是这样的话，那么你一辈子就如同活在这些简单的合同里。

不过，有时候一些习惯的改变却可以带来意想不到的效果，当然只限于那些可以改的习惯。

有一份实地调查报告，是关于客户流失的调查。结果显示，客户流失主要由两个原因造成：一是商家不愿经营本小利薄的产品，从而使一些顾客转到别的商家购买；二是商家的服务质量差。

在现实生活中，当你要买彩电、洗衣机、冰箱之类的家用电器时，到任何一家商场都能买到。可要是买几个螺丝钉，或者纽扣、针线之类的小物品，就算跑遍周边的各大商场都没有卖的。最后，自己不得不专门去卖这些东西的批发部一趟才买得到。这样的情况，很多人遇到过。这是因为许多大型商场销售的产品是按能赚取的利润来安排的，赚取的利润高就能上架，而一些本小利微的便民商品就看不到了。

而实际上，如果商家有创新的思维模式，自己多弄几样本小利微的小件物品是有好处的。因为在大家的日常生活中，虽然平时购买本小利微的商品的顾客寥寥无几，但是，只要商家店里有这些东西，便会给消费者留下一种很亲切的感觉。在大商厦里，如果能摆设几个像家庭主妇喜爱的针线纽扣之类的柜台，无论是对消费者，还是对商场来说，都是有利的。因为这些小的商品可以增加你的客流量，那些专门来买这些小物件的顾客来到大商场里，不会只买这么一个小物件就回去吧，他们既然来了，肯定还会看看别的物品。所以，虽然这些小的商品利润不高，但有它们在，别的物品卖得就更好了。如果你能这么做，那么和别的卖场相比，你企业的良好形

汽油与路径依赖的关系

运用数学研究路径依赖博弈的先驱者之一，斯坦福大学经济学家布赖恩·阿瑟提到过为什么使用汽油驱动汽车。

1890年，有3种方式可以给汽车提供动力：汽油、蒸汽和电力。

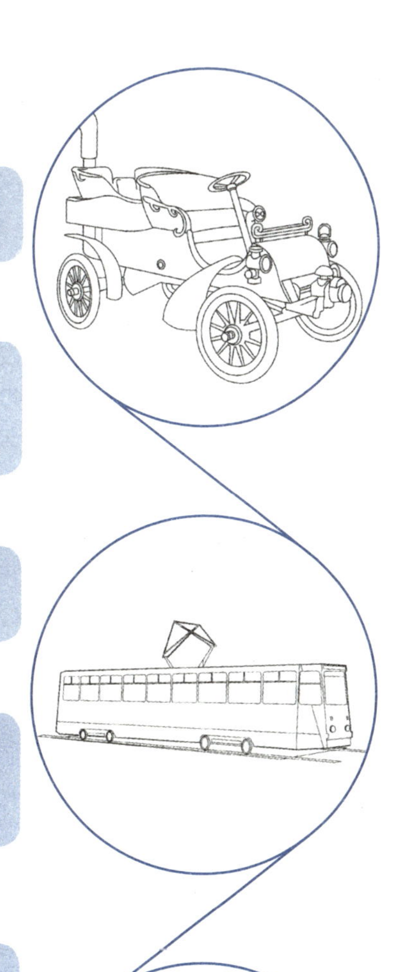

1895年，芝加哥《时代先驱报》主办了一场客车比赛，比赛中不准使用马匹，获胜者将得到一辆汽油驱动的杜耶尔牌汽车。

“汽油驱动”这种方式是奥兹的灵感所得。在1896年，他将“汽油驱动”申请了专利。

后来，他又把这项专利用于大规模生产“曲线快车奥兹”。汽油因此后来居上，但当时的能源消耗仍然以蒸汽和电为主。

我们现在都知道，汽油技术远远胜过蒸汽，而且一直被沿用，现在已经成了第一大能源消耗品。

因此，可以说是一次偶然的事件让汽油引擎登上了历史的舞台。

象就在无形之中树立起来了。

如果因循守旧，那做同一件事的代价只会越来越大。

美国几乎所有核电力都是由轻水反应堆产生的，但是，当初美国选择重水反应堆或气冷反应堆也许是更好的选择。如果你能对这几种技术的认识和经验作简单的了解的话，那你就会更加肯定重水反应堆或气冷反应堆的选择要更好。

加拿大人用重水反应堆发电，成本比美国人用同样规模的轻水反应堆发电低1/4。因为重水反应堆在不用重新处理燃料的情况下，仍然可继续运行。而且从安全方面来说，重水反应堆发生熔毁（输送热量的水发生泄漏，而镉棒又没有及时插入，反应堆产生的热量输送不出去，就会发生熔毁）的风险低得多，因为重水反应堆是通过许多管道分散高压的，而不是像轻水反应堆那样是一条核心管道。就算是气冷反应堆，发生熔毁的风险也要比轻水反应堆低得多，因为气冷反应堆在发生冷却剂缺失事故的时候，温度升高的幅度不像其他反应堆那么高。美国之所以用轻水反应堆，是因为它从一开始就选择了轻水反应堆。

1949年，里科夫上校决定研发轻水反应堆。他这么做是出于两方面的考虑，一方面轻水反应堆是发展最快的技术，这预示着该项技术可能被最早投入使用；另一方面轻水反应堆也是当时设计最高端的技术，还可以用于潜水艇。就这样，轻水反应堆慢慢在美国发展起来。后来，虽然经历过几次技术更新，但轻水反应堆作为一种发电方式一直被保留下来。

因此，不管是个人还是企业，都要尽早发现自己的潜力。因为，如果某项技术被先开发出来，而且已经开始投入使用了一段时间，那么就算你的技术比前者更好，恐怕也不如前者卖得好。因此，我们在做一些技术研究时，不仅要研究什么技术能适应今天的需要，而且考虑什么技术最能适应未来。

超速行驶

在这个博弈里，人们若不能经常改变自己的思维方式，就不会有太大的进步。所以我们要打破惯性思维，不做经验的奴隶。比如一个司机的选择会与其他所有司机发生互动。

《中华人民共和国道路交通安全法》等法规规定：车辆的行驶速度不能超过一定的限度，而这个速度的数值在高速公路和在城区是不一样的。以北京市为例：在二环、三环和四环路内的车速不能超过50~80公里/小时；长安街、两广大街、平安大街、前三门大街限速为70公里/小时；五环以外（包括五环）的车速不能超过50~90公里/小时；京津塘高速路的限速为110公里/小时；机场高速路最高限速为120公里/小时。假如车辆超速，视情节轻重相应地给予罚款、记分直至吊销驾驶执照的惩罚。

你在这种规定之下怎么选择自己的行驶速度呢？

假如所有的人都在超速行驶，那么你怎么做？你也要超速。原因如下：一是驾驶的时候，与道路上车流的速度保持一致才能安全。在大多数高速公路上，假如别人的车速是70，而你的车速是50，你想想会出现什么后果。二是假如别人都在超速行驶时，你跟着其他超速车辆基本不会被抓住。所谓法不责众，难道交警能让这些超速的车全部停到路边处理吗？只要你紧跟道路上的车流前进，那么总的来说，你就是安全的。

打破惯性思维

惯性思维，即指思维定式，习惯性思维。指人们在考虑研究问题时，用固定的模式或思路去进行思考与分析，从而解决问题的倾向。

小羊在很小的时候就被拴在这个木桩上了。它刚被拴在这里的时候还想着挣脱。但它那时力气小，折腾了一阵子失败后就放弃了挣脱的念头。

当它长大的时候，它的力气已经足够挣脱木桩了，但它有了小时候的教训，却再也不跟这个木桩斗了。

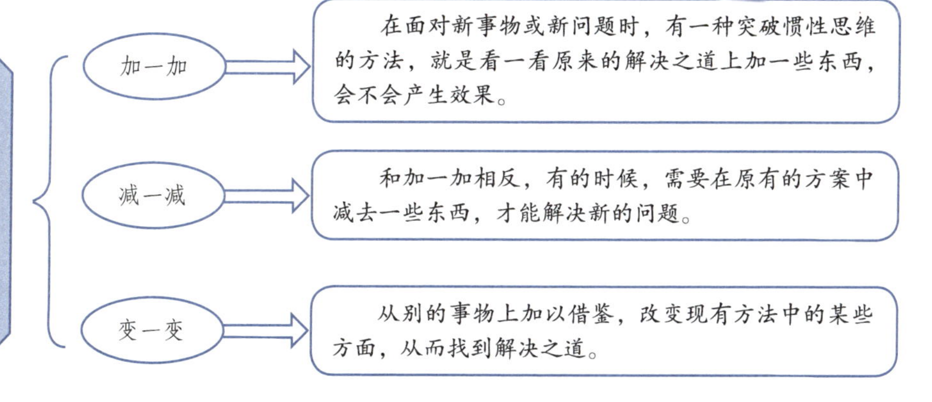

反过来，如果越来越多的司机遵守限速规定，那上述的情况就不会出现。这时，如果超速驾驶的话是很危险的。试想一下，你比别人开得快，那就意味着你需要不断地在车流当中穿来插去，这样不仅很容易出事，而且被逮住的可能性也很大。

在超速行驶的案例中，事情朝着两个极端发展：要遵守规定就都遵守规定；要超速就都超速。因为一个人的选择会影响其他人，当这一选择达到一定的数量时，你这个选择就是对的。假如有一个司机超速驾驶，那么他旁边的司机就会心动：要不要跟上？假如旁边的司机选择跟上，那么后面的司机也会考虑……假如人人超速驾驶，谁也不想成为唯一落后的人；假如没有人超速驾驶，那就谁也不会第一个出头，因为那样做没有任何好处。

交管部门当然希望司机们都能够遵守限速的规定，那么问题的关键是什么呢？那就是要争取到一个临界数目的司机，就是说不管情况如何，每天都有大部分的司

克服思维定式的消极作用

思维定式有很多积极作用的同时，也会束缚我们的思维，使我们只会用常规的方法去解决问题，而不去用其他捷径突破，因而会给解决问题带来一些消极影响。

在一般情况下，夏天戴手套属于不正常的表现。于是人们第一反应就是用手套掩盖某种缺陷。

实际上这个女孩是一个手模。手套是手模保护手的必备工具。所以说经验把我们的思路引到了一个狭窄的空间。

由于已有的知识、经验和习惯的束缚，你在处理一些似是而非的问题时就往往困于旧有的条条框框。因此，要跳出传统、平常的思维模式，思维才能闪烁出创造性火花。

机遵守限速。这个很容易就能做到，短期内也能做到。只要搞一段时间的严厉惩罚，强制执行，就能让足够数目的司机按限速的规定驾驶。而这些司机会带动其他司机一起遵守这个限速规定。

因此，我们不要被路径依赖束缚。

某家电公司的高层主管们正在会议室为自己新推出的加湿器制定宣传方案。

在现有的家电市场上，加湿器的品牌有许多种，竞争非常激烈。为推销自己的产品，每一个商家都奇招频出，大力宣传自己的品牌。所以，要想在这样的情况下，将自己的加湿器成功地打入市场是很困难的。会议室里的主管们都沉默着，因为他们毫无办法。

一个新任主管打破了沉默，他说："如果非要在家电市场做宣传，我也没有什么好的方案，但我们一定要局限在家电市场吗？"所有的人都愣住了，等待着他继续说下去。

"我曾看过我老婆做美容用喷雾器，当时就想，如果把我们的加湿器定位在美容产品上，效果会不会更好？"

总裁听完眼睛一亮，站起来兴奋地说道："不错，这主意真不错！我们就以这样的方式推销加湿器！"

方案有了，实施起来就不会太难。在他们新推出的加湿器广告中有这样的话：加湿器，给皮肤喝点水。就这样，作为冬季最好的保湿美容用品，加湿器正式出现在市场上。新的加湿器一上市就成功地抢占了市场，并取得不俗的销量。

在竞争日益激烈的家电销售市场中，每一种品牌都想提高自己的知名度，办法也是层出不穷。在这种情况下，如果你依然在家电市场中苦苦支撑，那么就算你能坚持得住，也要付出较大的代价，而且效果也不好。

给自己的产品寻找一个新的角度，重新为自己的产品定位。家电公司的这一全新理念为自己赢来了一个新的市场，新的利润渠道。这样的创新不仅使他们避开了激烈的家电市场竞争，更重要的是使消费者重新认识了加湿器，也成功地推销了自己的产品。

逆向思维

路径依赖在人们的现实生活中到处都有所体现。比如有人从小就喜欢打乒乓球，坚持这个爱好一段时间之后，就会形成一种习惯，就算他因为工作繁忙没有时间去关注乒乓球，但是对乒乓球的爱不会有所减弱。又比如有的人每天都要上几个小时的网，如此过上几个月，如果哪天不让他上网，他会感到坐立不安。又比如每个人的成长过程都是从年轻时候的无所畏惧，到中年时候的逐渐成熟，再到老年时候的稳重安详，这个人生轨迹一代一代地重复着，也已经成为一种习惯。这些都是路径依赖对于普通人生活的影响。

之所以会出现“路径依赖”，是因为人们对利益和所能付出的成本的考虑。对集体或者组织来说，一种制度形成以后，会形成某个既得利益集团，他们对现在的制度有强烈的依赖感，为了保障他们能够继续获得利益，只好去巩固和强化现有制度。就算出现一种对全局更有利的新制度，他们也会想方设法阻止这种制度发生作用。对个人来说，一旦人们作出选择以后，就会不断地为这个选择投入大量时间、精力、金钱等，就算他们有一天发现自己的选择并非正确的，也不会轻易作出改变，因为那样会使他们的前期投入变成过眼烟云。在经济学上，这种现象被称为“沉没成本”。正是沉没成本造成了路径依赖。

路径依赖会让人陷入惯性思维的模式之中，从而故步自封，失去创造力，不利于个人的发展。对于企业而言，企业会因循守旧，失去开拓能力，从而在激烈的竞争中陷入被动地位。如果能够把握路径依赖的规律性，从而打破惯性思维，那就会更容易取得成功。

爱迪生在试验改进电话时意外地发现，当人们对着电话话筒说话时，传话器里的膜板会随着人们说话声音高低的变化而引起相应的振动，声音越大，振动的频率也就越大，反之亦然。如果是一个不具备逆向思维能力的人，他发现这个现象也许会很兴奋，但绝对想不到，反过来这种颤动能使原先发出的声音不失真地回放。爱迪生就是由这一逆向的设想得到灵感，在经过多次试验之后，终于发明并创造了世界上第一架会说话的机器——留声机。

戴尔电脑已经成为一个国际知名的品牌，现在很多公司或者家庭都在使用戴尔品牌的电脑。可以说，戴尔电脑在国际IT行业中已经成为一个财富的神话。其实，戴尔能够取得今天的成功，与逆向思维是分不开的。戴尔的创始人迈克尔·戴尔在12岁那年就做了一笔与众不同的生意。他酷爱集邮，但是从拍卖会上买邮票要让他多花费很多钱。为了省钱，戴尔先生放弃了这种方式，转而从同样喜欢集邮的邻居那里购买邮票。后来，他把卖邮票的广告刊登在专业的刊物上，这使他赚了2000美元。这是他第一次不用中间人，采取直接接触的方式获得利润。上中学的时候，戴尔就已经开始从事电脑生意了。当时大部分经营电脑的人也都是门外汉，根本无法按照顾客的要求为其提供合适的电脑。戴尔在从事电脑生意的过程中，意外地发现一台市场上卖3000美元的知名品牌电脑，如果自己购买零部件组装，只需要六七百美元就可以。这一意外的发现让戴尔兴奋不已，于是他就产生了抛弃中间商，自己改装电脑的想法。这样做不仅能够满足各种用户的需求，而且在价格上也有很大的优势。年轻时代的成功经验为戴尔聚积了直接销售模式和市场细分这两大与众不同的法宝。尽管后来戴尔在正式创立戴尔计算机公司时只有1000美元的资本，但因为有了这两大与众不同的法宝，所以戴尔公司以惊人的速度发展起来。2002年时，戴尔公司已经成为全球最有名的公司之一，戴尔先生在《财富》杂志全球500强中排在第131位。

在产品极为丰富，市场细分的今天，如果一个企业只按照惯性思维去思考问题，那么发展必然会受到影响和限制。在正向思维解决不了问题的时候，应用逆向思维无疑会是非常好的选择。这种选择会使企业突破各种束缚和局限，从而提高企业的竞争力。

换个角度，挣脱思维定势

从路径依赖理论可以知道，人们一旦作了某种选择，惯性的力量会使这一选择不断自我强化路径束缚，并在头脑中形成一个根深蒂固的惯性思维。久而久之，在这种惯性思维的支配下，人终将沦为经验的奴隶。

同样是向和尚推销梳子，第一位推销员空手而归，说和尚们嘲笑他傻：我们没有头发，哪用得着梳子？

换个角度

而另一位推销员对住持说：瞧，女香客们拜佛磕头时，把头发都磕乱了。

看问题的角度往往决定我们所下的结论。事物都具有两重性，很多时候，我们需要打破思维定式，换个角度，寻求解决之道。

挣脱路径依赖的束缚

路径依赖博弈有消极的一面的原因，所以，我们这个时候就不能再和别人一样，一切都按照规矩来。如果我们想要改变这种规矩，换个角度看问题，就是要转换自己的思维方式。

零售店有两种冰激凌，它们的配料和口味以及其他方面完全相同，不同的是，一块比另外一块更大一点，如果你买大一点的，是不是愿意比买小一点的多付一些钱呢?

毫无疑问，你一定同意多付一些钱，只要是理性的人都会是这种判断。人们在买质量好一点的东西时，他们宁愿多付一些钱。但是，现实生活中的我们并不一定总能分清到底是哪个大，哪个小。

我们把上述的两种冰激凌装入两个杯子中，一杯冰激凌是400克，装在可以盛500克的杯子里，所以这时的杯子是不满的；另一杯冰激凌有350克，但却装在能盛300克的杯子里，看上去都快要溢出来了。两个杯子里的冰激凌价格都是一样的。亲爱的读者，如果是你的话，你会选择哪一杯呢?

如果人们喜欢杯子，那么500克的杯子也要比300克的大，就算冰激凌吃完，还可以用杯子盛别的东西；如果人们喜欢冰激凌，那么400克的冰激凌比350克多。无论上述哪一种情况，都是选择不满的那一杯划算。

但是，经过反复的实验表明:最终选择350克的人占大多数。

有时候，人在作决策时是用某种比较容易评价的线索来判断，而并不是去计算一个物品的真正价值。在冰激凌实验中，我们大部分人的选择就缺乏理性的思考。"冰激凌满不满"就是我们判断优劣的根据，我们以此来决定给不同的冰激凌支付多少钱，这种思考方式使我们花费更多的钱却买到了更少的东西。

而一些商家就是抓住这一点来促销的：麦当劳里的冰激凌整个是螺旋形的，看起来冰激凌高高地堆在蛋筒之外，是感觉很多、很实惠，但几下就吃完了。肯德基的薯条也有大小包之分，大家都说买小包最划算，其实只是因为小包装得满满的。如果真的算起来，买小包还是不如买大包划算。人们总是非常相信自己的眼睛，但我们的眼睛却被生活中的一些"这是满的"外表所迷惑了，实际上仅仅用眼睛来选择东西是不行的。

为了能够对这个问题了解得更加清晰，我们再来看看一个餐具实验。现在有一家正在清仓大甩卖的家具店。你看到两套餐具，其中一套是这样的：汤碗8个、菜碟8个、点心碟8个，一套共24件，每件都是完好无损的；另外一套餐具：包含上一套的24件，而且与前面说的完全相同，它们也是完好无损的，除此之外，还有8个杯子和8个茶托，其中2个杯子和7个茶托是破损的，加起来一共40件。实验的结果是：人们宁愿花120元买第一套，也不愿意买标价是80元的第二套，但是第二套又确确实实比第一套超值。

为什么会这样呢?要知道与第一套餐具相比，第二套多出了6个完好无损的杯子和1个完好的茶托，但我们为什么在它的价格比第一套还低的情况下，仍不愿意花钱买走它呢?因为这套餐具破了几个，已被消费者归入次品行列，人们要求它廉价是理所当然的。这就是我们生活中的"完美性"概念。在销售商品的过程中，商家往往利用人们的这种心理偏差所作的选择来出售商品，获得更大的利润空间。所以作为消费者的我们就要注意了，不要落入"完美的陷阱"。

路径依赖智慧给人们的启示

人最大的惰性在于学会“习惯”，当习惯了上班睡觉再上班再睡觉的重复生活后，似乎一切都是那么地理所当然，可内心深处总是会有一丝不安，生活似乎不应该如此，我们应该积极改变我们的生活。

重复的日子?

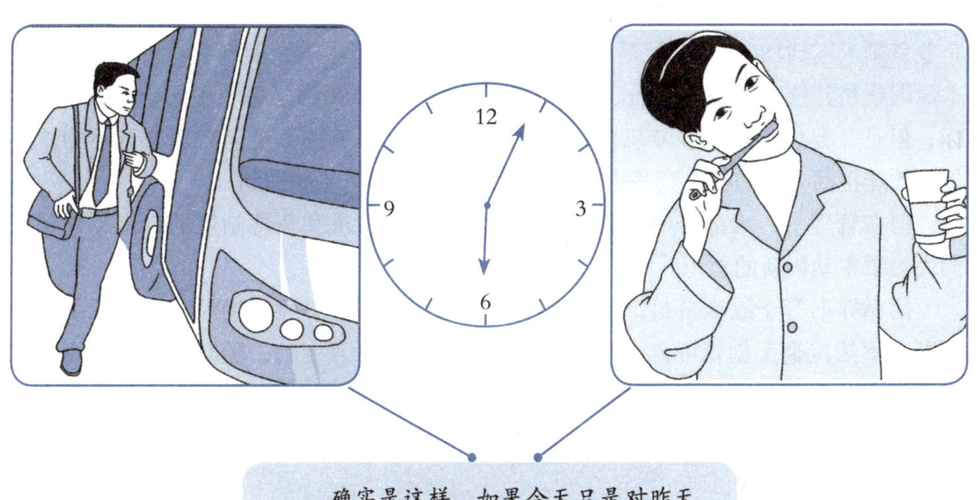

确实是这样，如果今天只是对昨天的重复，那么生活还有什么意思呢?

世界上的事物都不是一成不变的，我们不要使自己的思维方式僵化，僵化的思维会对人的生存和发展造成阻碍，是你成功路上的绊脚石。

在无法改变生存的外在环境时，我们可以适时改变一下思路，转换自己的思维。

只要我们的选择是理智的，就有可能开辟出一条崭新的成功之路。

商家不仅会利用我们“完美”的观念，还会利用我们认为次品必廉价的心理。有一次，大刘陪朋友一起去买家具，看到一套家具很漂亮，遗憾的是柜子上有一块漆破了。家具行老板说：“这个柜子你们要的话，按半价。”朋友很是心动，问大刘有没有意见，大刘说我们先到别处看看，要是没喜欢的，再回来买下它。结果他们在别的店了解到，原来那个柜子的原价只有老板所标的一半，也就是老板把这个柜子的价格升了一倍，然后再以半价卖。

所以许多喜欢淘二手物品和有破损但又不影响其价值的人就要注意了，有的商家会把这类物品先提价，然后再以折扣很低为诱饵把东西卖给你。因此，我们在“淘宝”时要尽量了解物品的原价。

创新才能发展

欧美企业的平均寿命大概为40年，但中国的企业却只有短短8年的平均寿命，这是什么原因？在某个地区，2000年的时候一共有6000家企业注册。到了2008年，这些企业只剩下不到180家，也就是还不到3%。其余90%以上的企业都“夭折”了，其根本原因就是其核心竞争力不强。跻身国际品牌、世界500强是每个中国企业的奋斗目标，但是，要想实现这些梦想仅仅有激情、勇气是不够的，更需要核心竞争力。那怎么才能提高企业的核心竞争力呢？只有进行科技创新才能做到。

但在管理中，大部分中国企业过于注重利益的追求和奖惩制度的制定，使员工们失去了主动创新的意识。

因循守旧等于故步自封，不管是个人还是组织都不要只是拘泥于规则或是经验判断，不然就毫无创新可言。企业生存的环境是瞬息万变的，随时有可能从正常状态中出现让你不可预测、不可理解的变化。在管理上，我们的中小企业经常跟在大企业屁股后面搞模仿，缺少变通，这也是中国企业寿命短的主要原因，这样的企业能长久才是很奇怪的。

2005年8月，中国一批国有企业的高层主管，来到美国的哈佛商学院，接受了为期3个月的培训。在上“管理与企业未来”这门课时，讲课的教授讲解了一个案例。他列出了3家公司的管理现状，然后，让中国的高层主管判断这3家公司以后的发展趋势。

1号公司：员工没有统一的制服，喜欢穿什么就穿什么；有孩子的甚至可以带着孩子来上班，也可以带自己的宠物来上班；而且每天上班的时间也不固定，想什么时候来就什么时候来，上班时间去度假也不会扣工资。

2号公司：上午9点钟上班，从不考勤。一人一间办公室，每个办公室可以随意布置，只要喜欢就行。上班时间可以去理发，游泳。饮料和水果免费供应。走廊的墙壁上，任何一个公司员工都可以涂涂画画，不会有人制止。

3号公司：上班实行打卡制，上午8点钟准时上班，迟到或早退，哪怕只有1分钟都要扣30元。员工必须佩戴胸卡，统一着装。每个员工每年要提4项合理化建议。每年定期搞旅游、聚会、联欢以及体育比赛等。

这3家公司的发展前景到底怎么样？亲爱的读者，你也可以先作个判断再往下看。

根据各自的管理经验，中国高层主管们作出了最后的判断。95%的人认为3号公司的发展前景最乐观。测试完毕后，教授道出了这3家公司的真实身份：

1号公司是GOOGLE公司。1998年，由斯坦福大学的两名学生创立。上市一年资产翻了3倍。现在已经超越全球媒体巨人时代华纳公司，市值直逼老牌500强之一可口可乐公司。能从微软挖走人才的唯一一家公司就是它。

2号公司是微软公司。1975年，由没有完成大学学业的比尔·盖茨创立。现在是全球最大的软件公司，美国最有价值企业之一。

路径依赖对企业管理的警示

路径依赖博弈告诉我们，企业生存和发展要创新。但是，创新靠的是什么，是在给予员工一定的自由空间内靠他们个人的领悟实现的；而不是在外界的命令或是逼迫下诞生的。

就和家庭教育差不多，缺乏自由发展空间的孩子们，在家长的逼迫下，失去了创新思维的灵性。

企业管理也是如此，假如管理层对员工的约束过于严格，或者只按制度办事，那么就等于他们固定在了办公室里，将他们钉在了公司制度里。

如果员工看不到发展的前景和进步的希望，高额的薪水和优厚的待遇是丝毫不起作用的，这一点管理层一定要警惕。

3号公司是广东金正电子有限公司。1997年成立，是一家集科研、制造与一体的高科技企业。2005年7月，因管理不善申请破产。

教授宣布完结果后开始了自己的课程，但在座的这些中国高层主管并没有听进去，因为他们被公布的答案震惊了，事后他们才知道教授所讲的那堂课的内容主题是——自由是智慧之源。

西方国家的企业管理层人员十分注重对员工的培训，用培训来鼓舞士气，凝聚下属的人心。在培训中，他们激励员工不断保持高涨的工作热情，让他们能有极高的工作效率。培训之所以重要，是因为它可以使员工在劳动之后拥有成就感和快感，而不仅仅是它可以不断让员工增长见识和提高技能水平。只有让员工们感到，自己的工作岗位上有发挥个人才能、实现理想抱负的空间，他们才会创新，才能积极主动地改进生产技术。企业要为员工们提供赖以生长的自由土壤，而不是只关注他们对科技与财富这些东西的认识。有一句管理名言是这样说的："管理的目的是给员工创造自由的氛围，从而让他们为公司提供不同的智慧。"

键盘上的秘密

假如现在有两个方案，其中一个方案比另一个好，那么我们肯定会采用好的那一个。但是，现实中并非更好的方案就一定会被采纳。如果一个方案已经执行很长时间了，那么就算再出现更好的方案，也不会将原先的替换掉。原因便是人们已经习惯了。

关于电脑键盘的设计方案就是这样的。在电脑配件中，键盘是一个非常不起眼的部件，但是，有时却必须用它来输入。无论你是用电脑学习，还是用电脑玩游戏，都得使用它。

1868年，斯托弗·拉思兰·肖尔斯发明机械打字机，也顺便产生了最早的键盘。当时的键盘由26个英文字母按顺序排列的按钮组成，即一个按钮代表一个字母。键盘的这种设置和打字机有关，因为打字机的工作原理是：人在打字时按下的键会引动字棒打印在纸上。但是，当大家能熟练操作这种方式时，打字速度会越来越快，机动字棒根本追不上人手打字速度。这造成了按钮经常交叠在一起的情况，进而就会出现卡键，甚至互相拍打而损坏。打字机键盘的字母排列一直没有一个标准的模式，这种情况一直延续到19世纪后期。

1873年，克里斯托弗·肖尔斯把键拆分开来，将不常用的键设计在中间，较常用的设计在较外边容易触摸到的地方。这种方法的排列方式就是把Q、W、E、R、T、Y键排列在键盘左上方的方案，这也是现在我们用的键盘排列方式。因其左上方第一行的前6个字母依次为：Q、W、E、R、T、Y，这种排法也就被称为"QWERTY"排法。

这一排法的好处是：最常用的字母之间的距离最大化。这在当时来说，确实是一个解决上述矛盾的方案。它能够降低打字员的速度，从而减少各个字键出现卡位的现象。但是，对这种排列，销售商产生了疑问："非要用这种方法吗，还有没有更好的呢？"

从博弈论角度解读键盘字母的排列顺序

最常用的"QWERTY"排法是字母之间的距离最大化。但是被沿用至今。

第二次世界大战期间，美国海军对打字员进行再培训，使用的是"DSK"打字机。"DSK"排法（德沃夏克简化键盘）是比较快的一种排法，要比"QWERTY"打字机的效率高。

现在，只要改变一个小芯片，或改写某个软件，就可以重新设定各键的排法。

但是，事实证明这不可能，"QWERTY"这种方式已经用了很多年，形成了许多不易改变的惯性，包括机器、键盘以及打字员都是。习惯一旦形成，我们就无法离开它。

所以，这种"错误"的"QWERTY"排法一直沿用到现在，并还会一直延续下去。

肖尔斯谎称："这可以提高打字速度，是一个新的、改进了的方式，也是经过科学计算后得到的排列结果。"很显然，这是在撒谎，无论什么样的排列方式，用熟练了，打字速度都会很快。但是，当时的人却对他的话深信不疑，都支持这种方式。本来当时还有其他的排列方式，但因为得不到支持和使用，很快就被"QWERTY"排法挤出了市场。

"QWERTY"的设计安排并不完美，因为设计者当时的定位就是错的，他以人们打字太快来定位，这当然设计不出真正最合乎当时需要的排法。不仅设计得不完美，甚至可以用糟糕来形容。但"打字太快"其实不是问题的根源，人们在能熟练地使用打字机时，肯定是愈打愈快，这是很正常的现象。而且我们用打字机就是为了方便，假如能更快当然是好的。所以，字棒速度太慢才是设计者应该注意的关键问题。

但是，在1904年的时候，纽约雷明顿缝纫机公司开始大规模生产这一排法的打字机，而众多的人也开始使用这种排法的打字机，所以这个品牌也成了当时的产业标准。

科技的迅猛发展使电子打字机已经不存在字键卡位的问题，工程师们也相继指出了"QWERTY"排法的不合理之处，并发明了一些新的键盘排法，其中"DSK"排法（德沃夏克简化键盘）就是其中最有名的一种。与"QWERTY"排法相比，它能使打字员的手指移动距离缩短50%以上。输入同样长短的材料，用"DSK"要比用"QWERTY"输入节省近一成的时间。但是，作为一种存在已久的排法，"QWERTY"已经成为键盘的标准设计，已经被人类广泛利用到电子词典、电脑等地方。所有的键盘都用这种排法，它已经深深地融进了人们的日常生活中，因此，人们根本不想再去学习一种新的排法，更不想去接受它。所以，QWERTY标准排法就延续了下来，打字机和键盘生产商继续用这种标准生产。试想一下，如果从一开始我们采用的是"DSK"标准，那么今天我们的工作速度将会更快。

也许公众政策可以引导大家协调一致地抵抗"QWERTY"排法，如果一个主要雇主(比如政府)愿意培训其职员学习一种新的键盘，或者多数电脑生产商一致选择一种新的键盘排法。这就能打破这个习惯，使我们从一个标准转向另一个标准。

马太效应

1973年，美国科学史研究者歌顿用"马太效应"一词来概括一种社会心理现象："一些未出名的科学家，无论他们做出怎样的成绩，都不会有人承认或关注；而那些已经有相当声誉的科学家，他们很容易被人承认，他们作出的科学贡献会被人给予更多的关注和荣誉。"明星也是如此，已经出名的明星稍微做出一点成绩，就会被"粉丝"吹上天——"华丽的转型""巨大的突破"……但是，一些三流演艺人员无论表现得如何好，都不会受到太多人的关注。

“马太效应”表现的就是这样一种不太平衡的社会现象：在做出同样的成绩时，名人与无名者的待遇是不同的，前者往往能得到记者采访，被邀请上电视节目访谈，求教者和访问者接踵而至，还有各种名誉和头衔；而后者则完全相反，不仅无人理睬，甚至还会遭人非议。概括起来说，“马太效应”就是“强者恒强，弱者恒弱”。任何个体、群体或地区，一旦在某一方面（如金钱、名誉、地位等）获得成功和进步，就会产生一种积累优势，就有更多的机会取得更大的成功和进步。

这和现在的社会情况很吻合：富人不仅财富比较多，而且荣誉和地位也相对较高；而穷人则仅能维持生活，毫无地位可言，荣誉更是不可能有。日常生活中，这种例

“马太效应”的社会现象

“马太效应”是指好的愈好、坏的愈坏、多的愈多、少的愈少的一种现象，广泛应用于社会心理学、教育、金融以及科学等众多领域。

子比比皆是：名声大的人，会有更多抛头露面的机会，因此会越来越出名。交际圈比较广的人，会借助频繁的交往，结交更多的朋友；而缺少朋友的人，往往一直孤独，很难找到朋友。

“马太效应”是在路径依赖的作用机制下形成的一种现象，以成功为起点，当然更容易沿着成功之路走下去，接二连三地获得成功。成功有倍增效应，你在成功的时候也会变得越来越自信，而自信又反过来促进你成功，甚至可以这么说：成功是成功之母。我们常说：失败是成功之母。话虽然没错，但如果一个人总是失败，自己的自信心就会不断受到打击，也许会越来越消沉，所以能从接连的失败中走出来的人都很了不起。

“马太效应”与个人事业的成功和企业的发展有着莫大的关系。它为成功者走向更大的成功提供了方法，但同时它也为失败者走向成功指明了道路。

一个年轻人在外打工，挣了十几万后回到了老家。他想用这笔钱在老家开一家饭店，但是却不知道在什么地方开比较好。

他的朋友帮他选了一个地方：这里的街上几乎每个门面都租了出去，做生意的很多，有做服装的，有卖家具的，有卖零件的……就是没一家饭店。

他的朋友对他说，这里恰好有一家门面要转让，我认为很适合开饭店。这里有充足的客源，而且暂时就你一个人开饭店，也没有竞争的压力。你要是看着可以的话，就租下这个门面。

但是，年轻人在整个市区转了一圈后，反而选了一条中心街。

朋友不解地问:“那里的饭店一家挨一家，你怎么还选择在那里开饭店呢？”

年轻人没有正面回答朋友的问题，而是对他说：“我在北京中关村打过工。那里地价很贵，可以说是寸土寸金。但是，生产计算机或生产计算机配件产品的厂家以及经销商地区总部几乎都是把公司选在那里。你知道这是为什么吗？”

见朋友摇头，他便说出了原因：“因为中关村已经形成区位优势，那里几乎成了计算机的代名词，大部分计算机企业都集中在那里。如果你是一个消费者，你自然会去中关村买计算机，当你买计算机配件时，一定也是选择这里。同理，开饭店也是如此，越是饭店集中的地方客流量也会越多。不要过于担心竞争，只要你做出的东西好吃，回头客自然也多，饭店的生意也就会好起来。”

正如年轻人所料，他在中心街所开的饭店生意蒸蒸日上。当然除了他的选址正确外，他新颖的管理模式和饭店可口的菜肴也是他成功的原因。

而他的朋友选中的那一家门面，被另一个人选用，并在那里开了一家饭店。但饭店只开了一个月，就因为生意极差而不得不贴出转让的告示。

其实，竞争越少的行业或区域越容易取得成功，这是一个错误的认识，也是一些商人不自信的表现。假如你敢在竞争激烈的地方插上一脚的话，你也会成功，前提是你的产品质量过硬。如果你达到这个条件，那么就把公司地址选在和你同类公司最多的地方，什么一条街之类的是最好的。但是，和路径依赖博弈一样，“马太效应”也有消极的一面。

我们看看教育中的“马太效应”：

首先，越是教授、专家得到的科研经费越多，各种名目的评奖似乎就是专门为他们设立的，而且他们还有一些“社会兼职”，名气越高，被请的次数也越多。

现在的科研领域存在这样一种怪现象：从立项、评选到经费的分配，科研经费的使用基本被少数专家控制着。从立题到完成，某些项目与一些专家没任何关系。但

艺考中的博弈

如果你是一位高中生的父母，关于艺考这件事，你该给你的孩子什么样的建议呢？

情况一：你的孩子是真的喜欢某种艺术吗？如果只有“三分钟的热度”，并不是真的喜欢，不建议选择考艺校。

情况二：假如孩子真的喜欢而你的家庭条件很好，也可以直接选择考艺校。

情况三：假如你的孩子真的很喜欢某种艺术形式但你的经济条件并不宽裕，可以鼓励孩子在课余时间学习，而这两者并不矛盾。

预防教育博弈的负作用

教育的负作用总的来说体现在：过度投资建名校。国家对于教育的总投入是有预算的，假如对某些学校的投入过多，那么就意味着对另外一些学校的投入不足。

在量和质两方面，政府作为义务教育的责任者，要承担起为公民提供平等教育的责任和义务。

在基本实现义务教育阶段免费之后，应把重点放到让每一个学生都能享受到质量相差不大的教育上。

为使义务教育的学校均衡发展，就不能再人为加大两类学校间的差距，就不能再厚此薄彼。

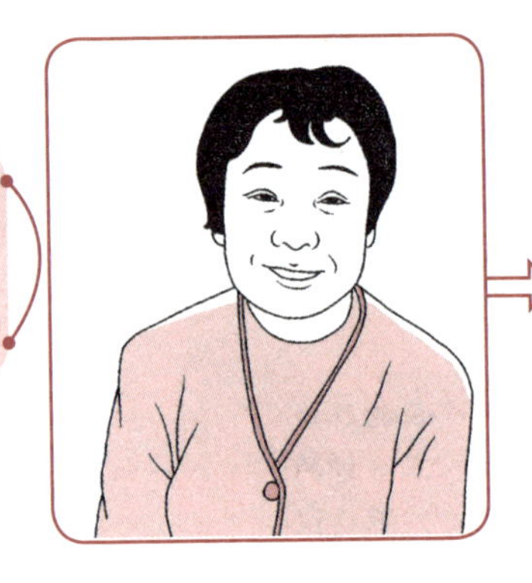

教师要对学生一视同仁，使每个学生都能得到老师的关怀。

学校的一切工作都是用来培养人、教育人、改造人的，所以学校一定要做到公平和公正。

在教育管理上，不能只培养“尖子生”，要让学生感受到一致的教育。

无论是立项书，还是最终成果，都必须将某些知名专家的大名署上。如此一来，一般学者的劳动果实，最后都成了专家的“成果”。少数专家也因此成了领域里真正的“专家”。

其次，过度投资建名校。国家对于教育的总投入是有预算的，假如对某些学校的投入过多，那么就意味着对另外一些学校的投入不足。前者因资金充足，不管是从硬件还是软件方面来说，它们在学校中都占有绝对优势；而那些资金不足的学校，则因此而陷入了发展的停滞期。因为教育资源分配的严重不均，会造成名校与普通学校间的差距越拉越大，形成“马太效应”。既然是名校，而且资金又充足，那么资金、师资、生源便“滚滚而来”;而普通学校恰恰与此相反，资金和硬件设施发生危机，就算学校有几个人才，也都是想着离开。

与此同时，就读名校也成了一种身份象征。那些社会强势群体的人，当然会想尽办法把孩子送进名校，而弱势群体人家的孩子除非分数特别高，否则只能选择普通学校。这就加剧了名校与普通学校的差距。

最后，学校将学生分为“优等生”和“普通生”，班级也分为“高级班”和“普通班”，其实就是“好学生”和“差学生”的区别。

“马太效应”在学校教育中的作用是消极的。例如，一个品学兼优的学生会受到班主任表扬，各科老师的夸奖，回到家中也会被父母疼爱，邻居称赞。但是，如此优越的成长环境也并不一定能给他带来多少欢乐。同学们私下会有这样的议论：“什么三好学生、优秀团员和干部，都是他得的，老师的标准就是不一样。”“老师就夸他，就算做错了也还要护着他。”“老师就想着他一个，什么好处都是他的。”……这种实例在学校经常有，这种“马太效应”必然造成学生之间严重的两极分化，形成少数和多数的分化与对立。

不仅如此,“马太效应”还会对一些学生带来心理危害，它会在教育中使学生产生两类性格：“自傲”和“自卑”。所以“马太效应”影响下的学校，里面的学生会出现这样的问题：一部分人狂妄自大，非常自负；而另一部分人很自卑、自暴自弃、缺乏上进心。为防止这一教育的负作用，我们可以以反“马太效应”的方法，为每个学生的健康成长营造一个良好的环境。

群体效应

路径依赖博弈要求我们要“从众”，而在现实生活中，个体在群体压力下，在认知、判断、信念与行为等方面，也确实自愿与群体中的多数人保持一致。这种现象我们称之为“从众”现象，即个体的行为总是以群体的行为为参照。以个体的角度来看，这种现象是有一定原因的：

（1）寻求行为准则。个体在许多情境下由于缺乏知识或不熟悉情况等原因，必须从其他途径获得对自己行为的引导。也就是说，在不清楚情况的时候，以其他人的行为为引导是最好的办法。

（2）避免孤独感。偏离群体会让个体有孤独的感觉，严重的情况就是与整个社会对立，并最终走上绝路。任何群体（国家、企业等）均有维持一致性的倾向和执行机制。偏离了这种已经形成的机制，就会遭到集体的厌恶、拒绝和制裁；与这个机制保持一致的成员，就会被群体接纳和优待。

实际上，现实中的多数人已经养成尽量不偏离群体的习惯。个体对群体的依赖性越强，他也就愈不容易偏离群体，因为他偏离群体时会有激烈的思想斗争。与西方文化相比，我国甚至整个东亚的儒家文化圈更倾向于鼓励人们的从众行为，因而东方人的群体依赖性更强。这也可以解释为什么儒家文化圈内的犯罪率比较低，因为个体的群体依赖性很强，也就意味着道德的约束力比较强。

（3）群体凝聚力。在群体的影响下，个体的认同感较强，在个体的思维中，对群体作出贡献和履行义务才能实现自己的价值。因此，每个个体都与群体成员有密切的情感联系，特别是凝聚力高的群体。

由于恐惧偏离而引发的从众是权宜性从众；由群体参照性引发的从众是一般性的从众；而由群体的高凝聚力，个体期待与群体规范一致等引起的从众行为是层次更高的从众。

因此，从众对于个体来说还是必要的。既然是这样，为什么大家经常能看到媒体痛批民众“跟风”“随大溜”呢？这里说的“跟风”和“随大溜”与从众不是一个概念，从众说的是经过积淀被认为是正确的，符合人的价值趋向的东西，而有些“随大溜”的方式并不是真的大多数人都认同的方式。比如艺考，最近几年参加艺考的学生越来越多，许多学生开始走“艺术”的道路，一开始只是因为有些学生见某电影学院某班一下出了几个大明星、某人参加超女后马上红遍半个中国，才打算考艺校。后来，不少学生的家长也开始支持自己的子女，同意走这条“通往辉煌的捷径”。艺考与普通高考相比，费用更加昂贵，致使一些家庭情况一般的人家不堪重负。

不仅仅在艺考方面是这样，在许多方面都是如此。我国社会正在高速发展，正处于社会转型期的阶段，各种新事物层出不穷。不管是家长还是孩子，在接受新事物时都要审视而定，不能人云亦云，盲目跟风。

从众的心理是好的，但盲目地从众可能是你的负担，其中大部分人都会因此而有攀比心理，而且这种坏习惯似乎从小就根植于我们的心中。小学时，看到别人的书包都是花花绿绿的，你会对妈妈说“我也要一个花书包”；中学时，看到别人有一双漂亮的运动鞋，你会对爸爸说“给我买双运动鞋吧”；大学时，自己的同学逃课、吸烟、酗酒，你明知道这是不对的，但还是“从众”了。这种心理直到我们走上工作岗位甚至结婚生子都依然存在，“同事小王买了一套100多平米的房子，我还和父母挤在60多平米的老式建筑里”，“同事小张上周买了一辆车”……

这么说并不是不想让你这么做，而是当你实在无法与其相比时，不妨换一个思路考虑：我没有这么大的房子，甚至一直在租房子，但我仍然很快乐，只要不闲着，房子迟早会有的;我还没有车子，每天坐地铁和公交也是一样的。

假如你事事和人攀比，就算你条件很高，也有比你更高的，你永远也无法到达追求的终点，而且长此下去，你很可能因不堪重负而倒下。

用博弈论解决环境问题

人们一直以为地球上的陆地、空气是无穷无尽的，所以总是把数以亿吨计的垃圾倒进江河湖海，把千万吨废气送到天空。是啊！世界这么大，这一点废物又算什么呢！但是，我们错了。我们赖以生存的地球虽大，它的半径也只有6300多千米，而且并不是地球每个地方都可以生存的，只有不到1/3的地方适宜人类生存。但是，越来越严重的污染已经使地球不堪重负，环境问题已成为关系到人类在未来能否安然生存的关键性问题。

空气污染：来自工厂、发电厂等放出的一氧化碳和硫化氢等有毒气体，使生活在城市的人再也呼吸不到新鲜的空气。因为经常接触这些污浊的空气，每天都有人染上呼吸器官或视觉器官的疾病。而且温室气体的排放使全球平均气温不断升高，进而出现各种反常的自然现象，各地平均气温屡屡突破峰值，各种人为原因的自然灾害频出。

陆地污染：城市每天都会制造出千万吨的垃圾，而其中的塑料、橡胶、玻璃等是不能焚化或腐化的，而这些东西严重威胁着人类的生存健康。

水污染：水体因某些化学、物理、生物或者放射性物质的介入，导致水质发生了变化，影响水的有效利用，长期饮用这些水会危害人体健康，而且这些水周围的生态环境也会被其破坏。

放射性污染：由于人类活动造成物料、人体、场所、环境介质表面或者内部出现超过国家标准的放射性物质或者射线。高科技给人类带来方便，我们在享受它带来的好处的同时，也深受其害。例如核污染，电脑、手机辐射等。

此外，海洋污染、大气污染、噪声污染都不同程度地影响着我们的生活。

环境污染会给生态系统造成直接的破坏和影响，例如，温室效应、酸雨和臭氧层破坏等，这些都是由大气污染引起的。这种污染进而会影响到人类的生活质量、身体健康和生产活动。环境污染的后果最易被人所感受到的，是使人类生存环境的质量下降，例如水污染使水环境质量恶化，饮用水源的质量普遍下降，威胁人的身体健康，引起胎儿早产或畸形；城市的空气污染造成空气污浊，人们的发病率上升等问题。

那么，对于我们每个个体来说，对于环境污染问题，我们应该采取什么样的态度呢？有的人也许会认为，人生不过几十年，我只要找个环境没被污染的地方活过我的那几十年就行了，至于其他人和后世的人怎么样，那就不关我的事了。且不说你这种想法的对错，没被污染过的地方不是没有，但那里基本是没有人住的地方，有人住的地方基本都被不同程度地污染了。从博弈论的角度来看，我们还是应该保护环境，并且只有这种选择才是我们的最优策略。

我们有两种选择，一是保护环境，二是不管不问，任这种情况发展下去。我们可以看看这两种方式带来的后果。

保护环境：虽然不能一次性根治环境问题，但却可以使环境问题得到一定程度的改善，降低环境污染对我们当代人的伤害，而且对后代也有一个交代。特别是一些刚刚处于轻度污染的时期，治理起来比较容易，那就更应该这么做。只要你一个人形成了一个保护环境的习惯（生活垃圾分类处理、旧电池不要和普通垃圾放在一起等习惯）就可能影响到一个小集体，一个小集体有可能影响到另一个集体……最后保护环境的越来越多，不保护环境的最终只能被“路径博弈”淘汰。

不保护环境：任其发展下去，那么可想而知，环境污染越来越严重，我们的生存也会受到越来越大的威胁，越来越多的人会因环境污染问题生病甚至死去。

毋庸置疑，两个策略你一定会选择前者。

但是，有人有时候会对这种说法不以为然。他会说，光靠我个人保护环境有什么用，大家一起行动起来才可以。正因如此，我们才要预先行动起来，并在这个行动中影响别人。其实，对于我们个人来说，保护环境要做的非常简单，只要改掉一些坏习惯就可以了，比如尽量不用或少用塑料购物袋，扔垃圾时分类放置……这些小事情不难做到吧！

只要这种风气已形成，那么在“路径博弈”原理下，就会形成人人环保的情况。那么除了一些重度污染问题不能一时解决，其他的环境问题一定会得到很大的改善，相信经过几代人的努力之后，环境问题将不再是困扰我们生存的难题。

我们都知道仅靠个人是不行的，政府和企业都要有所作为，才能大幅度地改善环境污染问题。下面是一个环境博弈的例子：现在假设有一家工厂，在生产过场中，工厂排出的废气会对大气造成污染，但投资环保设备，不仅能够长远发展，还可以改善这种污染状况。但是，使用环保设备就意味着加大成本，而且这样一来就竞争不过没有投资环保设备的厂家。那么在这种情况下，该如何选择呢？

我们把政府这一方也加入到这个博弈中来，首先考虑政府不管不顾的情况：

政府不对污染环境的企业做任何要求。那么企业在这种情况下，都会从利己的目的出发，绝不会主动增加环保设备投资，宁愿以牺牲环境为代价，也要追求利润的最大化。如果一个企业投资治理污染的设备，而其他企业仍然不顾环境污染，那么这个企业的生产成本就会增加，相应地，产品价格就会提高，它的产品就竞争不过别的企业，甚至还有破产的可能。

解决环境问题是一场国际博弈

由于人们对工业高度发达的负面影响预料不够，预防不足，导致了全球性的三大危机：资源短缺、环境污染、生态破坏。

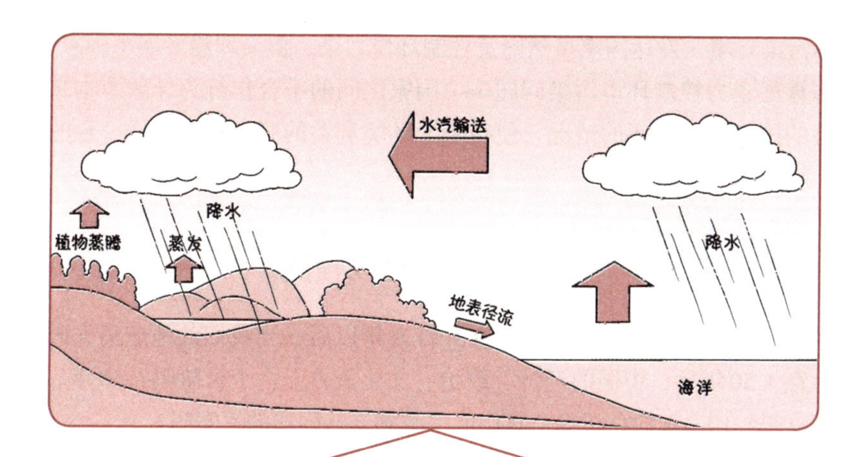

由于大气、水、土壤等的扩散、稀释、氧化还原、生物降解等的作用，人类不断地向外界排放的污染物质的浓度和毒性会自然降低，这种现象叫作环境自净。

但是，如果排放的污染物质超过了环境的自净能力，环境质量就会发生不良变化，危害人类健康和生存。这就是环境污染。

政府的监管对治理污染问题起着至关重要的作用，这是在国家这个集体上治理环境污染的方法。

但是，环境污染是全球性的问题，光靠一个国家是治不好的。

各个国家之间的博弈，最终使环境保护进入一个两难的困境。

如何建立一个使各个国家都信赖并能长期执行的环境保护公约是各国必须要做的努力。

我们再看看在政府干预下是什么情况，如果政府对污染企业给以重税和罚款，并通过宏观调控，对环保企业加以扶持，环保企业从长期来讲将会得到真正的实惠。如果有的企业必须存在，因为它生产的产品是必须的，而且是不可替代的，那么政府应该要求或者帮助其购买设备，尽量把污染降到最低程度。

在环境这个问题上，国家和国家之间在博弈，比如发展中国家怎样才能既发展、又能不污染环境；发达国家虽然愿意控制环境污染，但又埋怨发展中国家做得不够，因此不肯尽全力控制环境污染问题……国家之间的不合作行为导致了本来有环境利益危险的国家出现观望的情况，使得基于环境利益的联盟难以达成一致的意见，甚至面临解体的危险。

未来可不可以预测

我们的社会未来是什么样的？在几百万年以后，当我们的地球消失时，我们到哪里生存？50年后，中国的经济、政治、文化能再上一个台阶吗？50年后世界政府能够创立吗？UFO真的存在吗？我们能预测到这些问题的答案吗？

我们知道，在一些传说和野史上，有许多能预测未来的人。据说，明朝开国皇帝朱元璋的军师刘伯温，就是一个能预测未来的奇人。他曾这样预测未来："天上蝴蝶飞，地上海龟爬"。蝴蝶就是飞机，海龟就是汽车，此预测果然非虚。

这些关于预测的传说并不仅仅只在中国有实例，在西方社会，同样流传着所谓预测大师。诺查·丹马斯在《大预言》中曾预测，20世纪会发生两次世界大战，会出现希特勒，并且预测1999年人类将全被毁灭。但是，1999年早就过去，我们人类还是安然无恙。

人类自身组成的社会有什么秘密？如果我们能知道社会发展的进程，那是不是就意味着我们能完全可以按照我们的意愿来改变未来的生存环境？我们是否会有精确的预言？我们能否改变未来状态？对于社会的未来，有人认为可以预言，有人认为不可以预言。但是，我们不能改变预言的事实或者说将要成为事实的事实，这样才能不发生矛盾。

在古希腊神话中，俄狄浦斯是国王拉伊俄斯之子。在俄狄浦斯出生的时候，先知曾预言：国王拉伊俄斯必被其子俄狄浦斯杀死。国王相信了先知的预言，派奴隶将俄狄浦斯杀死。奴隶将这个婴儿置于山中，却不忍心下手。大难不死的俄狄浦斯被另一个国王波吕玻斯当做自己的孩子来养。

先知在俄狄浦斯长大后告诉他，他将犯杀父娶母之罪。俄狄浦斯很震惊，便离开了养父波吕玻斯外出流浪。但是，他不知道，波吕玻斯只是他的养父。

他正好流浪到父亲拉伊俄斯的国度。一次，他和一个路人狭路相逢，两人不知为什么起了争执。两人都很愤怒，他更是在一怒之下杀死了对方。无巧不成书，被他杀死的正是他的亲生父亲拉伊俄斯。不过，他当然不知道自己杀死了谁。他在这里还遇到人首狮身的怪物斯芬克斯作乱。这个国家的人说，杀死斯芬克斯者为王，并可以娶寡居的王后为妻。

俄狄浦斯便找到了怪物斯芬克斯，怪物出了一个谜题：什么动物早上四条腿，中午两条腿，晚上三条腿？著名的“斯芬克斯之谜”指的就是这个谜题。

俄狄浦斯猜测说是“人”，并解释说：“人小的时候，不会走路，只能手脚并用在地上爬；长大的时候，用两条腿走路；老的时候，因体力不支而需撑着拐杖，那不就相当于三条腿吗？”因此，俄狄浦斯猜中了怪物的谜语。怪物前面曾夸下海口，说无人能猜出答案，见真的有人猜出了答案，羞愤得跳崖自杀了。

俄狄浦斯因解了“斯芬克斯之谜”，对全城有功，因而被推举为王。他杀死了亲生父亲，做了国王的位置，并且娶了自己的母亲，验证了俄狄浦斯努力避免而没能避免的先知预言。后来，古希腊著名悲剧作家埃斯库罗斯，据此传说创作了著名的悲剧《俄狄浦斯王》。

悲剧就是明知道不幸，但却不可避免地发生。

在社会发展中，我们遇到两个问题：一是事件或历史发展的进程，我们能否知道？二是在知道的情况下我们能否改变这个进程？

回到过去真的可能吗？许多学者指出，在原则上，回到过去是不可能的。因为回到过去，就意味着改变过去；改变过去，就使本来发生的事情不能发生。这违反最基本的逻辑规律：在同样的时空状态下，一个事物不能既存在又不存在。如果不违反矛盾律的话，回到历史可能实现的唯一的可能是无法改变已经发生的事件，也就是说，你回到过去只能看着事情发生而不能有自己的行动。如果回到过去并改变了历史的话，那改变后的历史及其发展，将是一个全新的社会发展状态，这样的状态就不是原来的历史进程了，而是另外一个事件的发展进程。

回到过去是不可行的，那么，对未来的预言是不是也一样不行呢？我们知道，对物质系统的发展做出预测是自然科学能够做到的，在一定程度上，这已经是共识了。但在混沌世界里，预测也是不可行的。在社会行动中，我们能预测自己的行动对社会进程的影响吗？答案是否定的。因为，我们未来的行动会是什么样是我们不能知道的。

博弈论中有这样的结论：如果在静态的博弈中有一个“纳什均衡”解，那么，这个解就是该博弈的必然结果。如果是这样，那么它就是可预测的。同样，当有几个“纳什均衡”时，它们都是可能的结果，此时的结果也是可预测的。

在我国北方草原上，存在着每况愈下的公共资源问题以及人口问题等，一旦群体处于这种状态下，结局是显而易见的，这样的集体行动的悲剧就是可预测的。当然，这是从人是理性的角度出发得出的结论。然而，当个人的理性与集体的理性发生冲突时，一种调节的力量（道德和国家）产生了。此时，从个体理性出发的预测将被集体的行动所替代，集体走向何方是没有必然的答案的。

因此，所谓的预测只是在一定前提下的结论，而不是必然性的。在原则上，集体行动依然是不可预测的。

所以，我们只能从现有的状况预测未来的发展，这只是一个趋势，而且我们无法对离我们较远的未来做出准确的预测。“先知”是没有的，被称为“先知”只不过比其他人看得更远一些罢了。

社会科学的一个最基础的目的就是指出未来发生某些事情的可能性，而且有的社会科学要促成一些事情的发生，但那并不是预测，而是建立在科学研究的基础之上的。社会科学如果涉及未来的世界状态的话，即使它以中立者的角色出现，它的本身也就是在提倡着某些观点。而未来究竟会发展到何种程度，取决于各种力量以及该思想观点对社会的影响程度。思想观点也是一种力量，在一定社会场合下，适合统治者的观念则变成一种强大的力量，而封闭的高压社会以及与高压政策相背的自由思想则毫无用处，甚至会引起社会发展的局部倒退。

马克思指出社会发展的五大发展阶段理论：原始社会，奴隶社会，封建社会，资本主义社会以及共产主义社会。而当前的资本主义社会却有着巨大的不平等，它将由发达、平等、没有剥削、压迫的共产主义社会来代替。他努力提出与现实不同的一个美好蓝图，因为他思想的缘起是他看到了资本主义的丑恶。马克思主义影响的广泛性，使其成为一种强大的改革力量。所以，在20世纪出现了多种多样的社会主义。

社会科学要精确地预测一个社会或群体的未来是不可能的，但是，它可以指出未来某些事情的可能性，并成为促进某些事情发生的强大力量。

第十四章

营销中的博弈

讨价还价博弈模式

有一块蛋糕，现在由两个孩子分着吃（分别以甲和乙表示两个孩子）。有一个简单的方法，就是甲将蛋糕切成两块，乙从中选择一块。那么甲在切蛋糕的时候，一定会让两块蛋糕切得大小尽量相同，因为是由乙先选的，如果一大一小，那么乙一定会选择大块的。

设想甲和乙在为怎么分蛋糕而讨价还价的时候，桌子上放着的冰激凌蛋糕却在不停地融化。在甲和乙每一轮的决策中，蛋糕都会慢慢变小直至完全消失。

讨价还价的第一轮由甲方提出分配方法，乙方选择同意还是不同意，同意则谈判成功，不同意就进入第二轮；第二轮由乙方提出分配方案，甲方选择同意还是不同意，同意则谈判成功，不同意则蛋糕融化了一部分，谈判失败。

对于甲来说，刚开始提出的分配方案很关键。如果乙不同意他所提的分配方案，那么即使第二轮谈判成功了，蛋糕也已经融化一半了，甲可能还不如第一轮降低条件分到的蛋糕多。所以在第一轮时，甲提出的分配方案要以这两个条件为出发点：一要尽量阻止谈判进入第二阶段；二是猜测乙方是怎么想的。

蛋糕在第二轮博弈的时候，只有原先的一半大了。所以，就算甲谈判获胜了，最多也只得到1/2蛋糕，而失败则什么都得不到。乙当然知道甲在第二轮时所能得到的蛋糕最多为1/2。所以，在第一轮时，如果甲想要的蛋糕大于1/2，乙就会反对，从而将博弈带入第二轮。

经过再三考虑，甲也知道了乙的计划。对甲来说，他在第一轮博弈时提出的分配方案中，自己要求分得的蛋糕一定不能超过1/2。所以，甲在第一轮要求得到1/2块蛋糕，乙表示同意，谈判顺利结束。最后的结果是这样的：双方各吃一半蛋糕。

这种博弈最明显的特征就是具有成本性，对于谈判的各方来说，应该尽量缩短谈判的过程以减少耗费的成本。

我们再把上述博弈延伸一下，即假如出现第三轮博弈的情况。假设蛋糕每过一个讨价还价的轮次，就融化1/3大小，到最后一轮时蛋糕全部融化。这时候，我们可以用上一章我们介绍的倒推方法。假如甲乙两人的谈判到了第三回合，那么此时的蛋糕只剩下1/3了，也就是说，甲就算成功也最多只能得到1/3的蛋糕。乙也是知道这一点的，所以在第二轮的时候，他会提出两人平分第一轮剩下的2/3个蛋糕；甲在第一轮时，就知道如果第一轮谈判失败的话，乙在第二轮会提出要1/3块蛋糕，所以在第一轮谈判刚开始的时候，甲会直接答应给乙1/3的蛋糕。乙当然很不满，自己凭什么只获得1/3呢？但他也知道，就算不赞成这个分法，进入第二轮时，他最多也只能得到1/3的蛋糕。如果到了第三轮，那就几乎分不到蛋糕了。所以，乙在第一轮时会接受甲提出的分法：甲获得蛋糕的2/3，乙获得蛋糕的1/3。

在现实生活的这种讨价还价中，收益是会缩水的，方式不尽相同，缩水的比例也不同。但是，任何讨价还价的过程都不可能无限延长，这一点是可以肯定的。这是因为，谈判的过程总是需要成本的，在经济学上，这个成本叫作“交易成本”。我们在前面提到过两人分蛋糕的实例。随着两个孩子之间的为分蛋糕而谈判的过程，冰激凌蛋糕会融化，被融化的那部分蛋糕，我们可以称之为交易成本。时间就是金钱，在这个高速运转的商业社会中，在谈判时所消耗的时间也是交易成本。就算是正在热恋的一对情侣，为去看动作片还是看爱情片而讨价还价时，他们花费的时间也可以算作成本。不仅如此，假如这对恋人为此争吵，双方的心理伤害也是巨大的，这个成本比时间的影响更大。

有很多谈判随着时间拉得越长，利益缩水得就越严重。假如各方始终坚持不愿意妥协，暗自希望只要谈成一个对自己更加有利的结果，其好处就将超过谈判的代价。当然，并不是所有的谈判都是会“缩水”的。

一个最为简单的讨价还价就是在超市里，卖方会明码标价，买方觉得价格合适就买，不合适就不买，或者去别的超市看看。

尊重你的上帝

顾客是所有生产和销售环节的最后一环，也是最重要的一环，是商品和服务转化为价值的所在。所以我们经常会听商家说“顾客是上帝”。

经营者要有长远的眼光，将顾客的利益同自己的利益紧密联系在一起，这样就会时刻提醒自己，为顾客提供更好的服务。

而顾客体会到了你的付出，便会回报于你。这是一个相互获利的过程，也是一个相互尊重的过程。

在商业谈判中，如果迟迟不能达成一致，那么买家会失去一次使用新产品的机会，而卖家将会失去抢占市场的机会。国与国之间也是一样，如果两国或多国之间的贸易谈判一直久而未决，那么，他们在争吵收益分配的时候，已经丧失了贸易自由化带来的好处。所以，对于参与谈判的各方来说，都愿意尽快达成协议。

虽然参与者都希望尽快结束谈判，但“马拉松式”的谈判仍然存在，这是因为参与谈判的双方还没有对“蛋糕的融化速度”达成共识，换句话说，他们还没有对未来利益的流失程度达成一致。

在确定谈判规则的时候，策略行动可能就已经开始了。假如双方中的一方提出的条件在第一轮能够被对方接受，那么谈判在第一轮就会达成一致，这样也就节省了时间，也就不存在第二轮、第三轮……但如果双方第一轮不能取得共识，那么只能一轮一轮地谈下去，直至达成一致为止。所以，在谈判时，你提出的第一个条件是否能够吸引对方让其接受是非常关键的。

买卖双方讨价还价的策略

非常急切的买方，往往要付高一些的价钱购得所需之物；急切的销售人员，往往也是以较低的价格卖出自己所销售的商品。

对于任何谈判都要注意，一方面尽量摸清对方的底牌，根据对方的想法来制定自己的谈判策略。另一方面，就是耐性，谈判者中能够忍耐的一方将获得更多的利益。

我们凭借直觉就可以判断，越是急于结束谈判的人会越早让步妥协，或做出更大的让步。

讨价还价博弈，只要博弈阶段是双数时，双方分得的蛋糕将会是一样大小；博弈阶段是单数时，先提要求的博弈者所得到的收益一定不如另一方，不过，这种差距随着阶段数的增加会越来越小，最后的结果是，每个人分得的蛋糕接近于相等。而讨价还价博弈就是为了使自己的利益达到最大化。

定价要懂心理学

人们往往会认为当一件商品价格上升的时候，销量就会减少。这既符合实情，也符合经济规律。但是市场是复杂的，一件商品的价格传递出的信息包含着商品的质量、企业品牌的力量、企业的实力等。因此，现实中也会出现这种情况，当一件商品价格上升时，销量不降反升。这其中更多的原因是商家采取了心理战的策略，或者消费者的消费心理在起作用。由此看来，产品定价不能忽略消费者的消费心理。

吉诺·鲍洛奇是美国著名的食品零售商，同时是一个心理策略高手，常常利用心理战定价策略为自己带来收益。鲍洛奇年轻的时候在一家水果店工作，他被安排在水果店临街的摊位上卖水果。由于勤奋和服务周到，尽管竞争激烈，但鲍洛奇还是将工作完成得非常出色，一直是附近水果摊每天营业额最多的人，老板对他也格外赏识。

一次水果店的仓库发生火灾，尽管消防员在火势不大的时候就将火扑灭了，但是还是造成了一些损失。其中有几十箱香蕉的皮上出现了黑色的斑点，尽管香蕉里面没有受到影响，但是老板认为想卖出去几乎是不可能了。鲍洛奇说让他试一试，说不定能卖出去。于是，就将这一批水果搬到了水果摊上。结果两天过去了，尽管价格一降再降，还是无人问津。到了第三天，香蕉眼看要变质了，再卖不出去就只能当垃圾扔掉了。

正在鲍洛奇一筹莫展的时候，一个小姑娘走过来问他说，他的香蕉怎么长得这么丑，是新的品种吗？这一句话让鲍洛奇茅塞顿开，他立即将降价销售的牌子扔到一边，高声向路过的人们喊道：最新品种的香蕉，快来买啊，全市独此一家，就剩最后10箱了。这一喊不要紧，路过的人为了看一下这种最新品种的香蕉都聚了过来。人们都觉得香蕉的样子奇怪，却不知道味道怎么样，但是又不敢试吃。最后鲍洛奇打开了一个香蕉，让一个小女孩尝了一下。小女孩说道：“好像与以前吃过的香蕉不太一样，有一点烧烤的味道。”这下子人们知道这是一种有烧烤味道的新品种香蕉，于是纷纷购买，结果不到一会儿那几十箱香蕉便被抢购一空。

这次成功让鲍洛奇信心大增，后来他自己开了一家零售商店，多次抓住消费者的购物心理给产品定价，屡屡见效。某厂家生产出了一种新型的水果罐头，让鲍洛奇的店给他们代销，这种类型的罐头如果是大品牌的话定价一般在5美元以上，如果是一般品牌的话，一般定价在4美元以下。这家企业品牌一般，他们的销售代表建议

抓住顾客的好奇心

调动顾客的好奇心是心理战的一种，并且应用范围广，对各个消费人群都适用。每个人都是有好奇心的，这来源于人们对未知事物的渴望。很多人对越是不了解的东西越想了解，越是没见过的东西越是想买回去一看究竟。

怎样抓住顾客的好奇心来给自己的商品定价

用“搭便车”的方式，靠别人的声威吸引顾客

小伙子拿着一本书去见州长，请求州长对这本书作一下评价。州长公事繁忙，随便应付道：“这是一本好书，值得一读。”第二天小伙子便在书店里立下了一块大大的广告牌，上面写着：州长认为此书值得一读。书大卖。

用“最后一次”的方式来吸引消费者

2005年10月，麦当劳公司宣布烤汁猪排堡将退出历史，从麦当劳的餐桌上消失。当人们知道自己将再也吃不到这一款汉堡之后，都会拥进麦当劳，最后一次品尝它。

“故弄玄虚”

一个男人发现某种香烟的烟盒是白色的，上面没有印任何图案和商标，他感到非常好奇。便问店员这是什么烟，为什么这么神秘。店员说自己也不知道是什么烟，别人送的，说是内部招待专用，还不好买，找熟人才买得到。

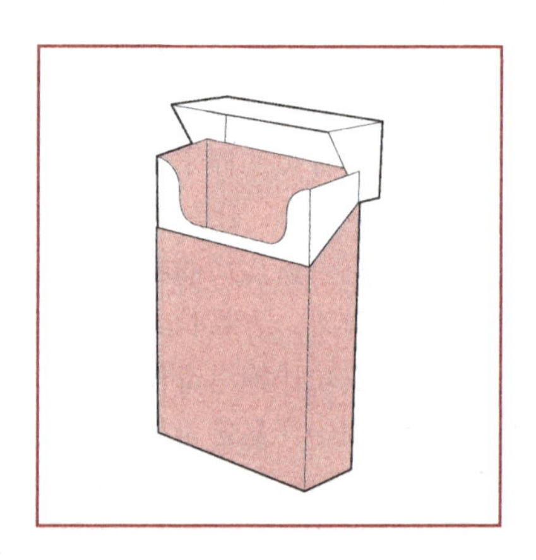

将价格定为3.5美元。但是鲍洛奇却坚持定价为4.9美元。他认为若是将这种罐头的价格定为4美元，或者4美元以下，肯定不会引起人们的注意，这种罐头也就将注定被人们忽视。但是如果定价为4.9美元，必定会引起消费者的注意，这种罐头也将从众多一般品牌中脱颖而出。

事实果然不出所料，每个人都想尝一下这种新型罐头，再加上罐头本身的高质量，结果这种罐头大卖特卖。鲍洛奇的定价策略又一次收到了奇效，关键就在于对顾客心理的准确定位。这也使鲍洛奇后来发展成为美国著名的“零售大王”。

价格和心理之间之所以会相互影响，是因为人们有一种思维定式，那就是“好货不便宜，便宜没好货”。人们一般认为价格高的产品质量也会高，而价格低的产品则质量低。这其实是一种误解，现在有很多产品，尤其是保健品，完全是依靠广告和宣传将价格提升上去的。除了这种心理以外，人往往有好奇心，对于越是得不到的东西越舍得投入。

一家珠宝店效益一直不好，于是老板准备将库存的珠宝全部清仓，然后就关门。没想到的是，越是降价消费者就越是不来买，都等着看会不会降得更低一点。老板对此苦闷不已。一天，老板在出门前给店员留了一张字条，上面写着：今天全部商品全部降价5%。结果店员稀里糊涂地看错了，打出广告：今天起全部珠宝涨价5%。人们有点懵了，没见过这样的商店，要倒闭了居然还涨价。不过也有一部分人在想，前面降价已经降得够厉害了，现在这个价位也还算便宜，如果后面再涨的话，这个便宜也赚不到了。考虑到这一点，人们纷纷进店购物。

晚上老板来店里得知了这一情况之后，当即安排店员，明天店内珠宝全部涨价20%。果然，第二天消息传开了。原本打算买的人怕价格还会涨，而原本没打算买的人看到这样好的行情也有些心动。因为店内的珠宝数量是有限的，现在不买就没有了。就这样，第二天一开门买珠宝的人就挤爆了这家珠宝商店。最终老板成功地将这一批珠宝卖了出去，不但没有赔钱，反而赚了一笔。

有人做生意每次都亏本，最后找到一位智者求教。智者让他从路边捡一块石头明天拿到市场上去卖，于是这个人便按照智者的要求去做了。结果可想而知，市场上没人对这块普通的石头感兴趣。到了晚上，这个人沮丧地拿着这块石头去见智者，告诉了他今天的情况。智者听完之后哈哈大笑，让他明天把它拿到玉器市场上去卖。不过要记住一点，无论别人出多少钱都不要卖。第二天这个人拿着这块石头来到了玉器市场，在街边铺上一块布，把石头放在上面。不一会儿，就有人来问价。但是无论对方出多少钱，他都不卖。消息一下就传开了，说街边有个人有一块石头给多少钱都不卖，看样子里面肯定有不小的玉。到了第二天，他又将这块石头摆在了路边，有人上来就出高价想收购，不过他谨记智者的叮嘱，无论别人出多少钱都不卖。到了下午，别人给出的这块石头的报价已经是早上的10倍。原本一块普通的石头，就是因为生意人坚决不卖，人们便认为这肯定是宝贝。这便是典型的越是得不到的东西越想得到的心理，这种定价方式在营销中也存在。

“物以稀为贵”是一种正常人的心理，很多商家也会抓住这一点对商品进行定价。一家美国汽车制造厂商决定生产已经停产几十年的老车型，不过限量生产一万辆，并且是这种车型在历史上最后一次生产。这一万辆复古车将在同一时间开始接受全球的预订，人们可以通过电话、手机短信、电子邮件等多种方式进行申请，最终的一万名获奖者将从报名预定的人当中随机选取。

这条消息立即引起了轰动，成为人们谈论的焦点，很多原本没有打算要买车的人都抱着买彩票的心思去预订。截止日到期之后，据统计共有几百万人申请预订这一款车。最终，汽车公司按照之前公布的方式，从几百万人中抽取了一万人作为最后的买主。很多没有买到的人甚至高价去买被抽中的人手中的指标。汽车还没下生产线，价格就已经被炒翻了好几倍。

这便是典型的利用人们“物以稀为贵”的心理来刺激消费的策略，商家使出的招数往往有“限量”、“限时”、“限地”等，以此来激发消费者的购物欲望。

利用心理学进行营销

当今社会商家之间的竞争日趋激烈，要有积极敏锐的商业眼光和创新意识，善于抓住顾客的心理来营销，否则只能永远被别人牵着鼻子走。

利用心理学、抓住顾客的心理的创新是对旧的、固有的模式的挑战，市场在随着时代不断发展，因而企业也需要不断创新才能保持竞争力。

随着商业竞争激烈程度的加剧，商界的花招也越来越多，越来也复杂。但是时间一长，我们也会发现其中的规律。比如，很多汽车专卖店中便经常会采用“先降价，后限量，再加价”的策略。具体来说，商家一般会先对某个品牌进行降价和大幅度宣传，这样便会吸引很多消费者前来试车和购买。当宣传目的达到之后，卖家便会采取限量出售，或者直接声称暂时没货。人们一般的理解便是这款车实在是太好了，都断货了，我也应该赶紧买一辆，不然就买不到了。这样会更加刺激消费者的购买欲望。等过了一段时间，消费者的胃口被吊得差不多的时候，这款车便会进行涨价。如果仔细观察的话，你就会发现身边很多卖家都在采用这一招。归根结底，还是其能够抓住消费者的消费心理选择价格策略。

上面几种定价策略中的重点在于抓住消费者的消费心理，但是归根结底来说，过硬的产品质量，完善的售后服务，强硬的公司品牌这些才是企业经营的根本。我们可以发现，百年老店的品牌几乎不会搞活动，也不会随便上调和下调产品价格，但是他们的生意照样红红火火。

上面介绍的这几种考虑消费者心理的产品定价策略，其中的共同点是重点不在产品的质量上面下工夫，而是在揣摩消费者的心理上下工夫。这对于我们消费者的启示便是购物要理智，切忌冲动。

为什么要做广告

以前人们经常能够听到货郎挑着装满各种物品的担子，在街头巷尾大声吆喝。这种方式非常简单，只要张嘴就可以，而且因为这种吆喝声很有特色，所以就能够吸引很多人来买他的东西。其实，货郎的吆喝就是一种广告，而且这种广告方式已经具有几千年的历史了。但是随着科技的不断发展，以及人们对各种物品的需求不断扩大，这种传统的广告方式已经退出了历史的舞台。

如今，更新颖、更具有科技含量、更能被消费者接受的广告出现在各种媒体上。无论是电视、报纸还是网络，到处都能看到广告。根据资料显示，一个美国人从睁开眼睛起床到闭眼睡觉，每天要接触到的广告达到1500条以上。这是一个多么令人恐怖的数字啊！这意味着很多人们不愿意或者没兴趣了解的广告强行进入他们的耳朵，给他们的生活带来烦恼。同样，中国人每天也要面临着很多广告，尤其是电视剧演到高潮的时候，突然插进来一则广告非常让人气愤。还有就是打开电脑想要浏览新闻的时候，页面突然弹出一个广告窗口也让人很反感。

其实，企业在营销过程中为产品做广告就是想通过各种传播媒介告知消费者，让广大消费者去购买产品。很多企业误以为，多打广告就能让消费者更了解自己的产品。但实际情况并不是这样，很多研究表明，只有那些出色的、有创意的广告才能够与消费者的兴趣、审美观念等方面相契合，从而在众多的广告中脱颖而出，被消费者所接受和喜爱。美国费城百货创始人约翰·华纳梅克曾经这样说道："我知道我的广告费有一半是浪费掉的。"为什么会出现这种情况？这是因为企业在打广告时并没有做充分的市场调研，而且广告策划也不够严谨。成功的广告策划一般包括两个关键因素，一是别出心裁的创意，一是新颖别致的发布。不论广告的内容是什么，如果能够做到这两点，就必定能够成功。

比如广为人知的"恒源祥，羊、羊、羊"广告，就因为巧妙地把"恒源祥"这个企业品牌与企业的核心产品羊绒联系在一起，既向消费者表达了恒源祥集团为消费者提供最好的羊绒制品的专业化形象，同时还向消费者宣告企业打造民族品牌的理想和决心。这则广告的成功之处还在于，它能够一直坚持下来，在消费者的心目中形成了一种理念，让消费者对这个品牌充满了信心和期待。

恒源祥根据市场调查发现，很多年轻的消费者认为"恒源祥"是一个专为中年

抓住营销时机

很多人的成功都是因为他们把握住了时机。同样，对于一个企业而言，要想在日益激烈的市场竞争中取胜，也要抓住营销时机。

商家常见的营销方式

每年节日来临之时，都是企业搞促销活动的大好时机。

利用人们最关注的大事借势宣传。

企业在营销时机的选择方面一定不能盲目，因为营销成功与否会受到很多方面的影响。企业要根据目标顾客的类型、产品品种等因素制订不同的营销计划。

成熟男人打造的品牌，根本就不适合年轻的消费群体，这就使得“恒源祥”无法受到年轻的消费者的接受和认可。品牌老龄化已经成为恒源祥的突出问题，如果不能够解决这个问题，那么它的市场占有率将会受到严重影响。恒源祥为了在年轻的消费群体中实现突破，想了很多的办法，最后在2005年12月，借成为北京2008年奥运会赞助商之机，把用了十几年的广告语“恒源祥，羊、羊、羊”换成了“恒源祥，牛、牛、牛”。

虽然，恒源祥的目的是出于市场的考虑，想要扩大消费群体，使自己的产品能够为更多的消费者所接受，但是却犯下了严重的错误。本来“恒源祥，羊、羊、羊”的广告语与企业的产品密切相关，而且也显示了恒源祥打造民族品牌的决心，况且，这个品牌形象经过十多年的推广，已经深入到了消费者的心里，成为受到广大消费者尊重的品牌。但是,“恒源祥，牛、牛、牛”这句广告语虽然出于攻克20岁到40岁之间的年轻一族的目的，但是这句广告语并不能体现出年轻人追求的时尚、流行等观念。还有，它会让消费者误以为恒源祥改做牛绒了，消费者在看到这则广告语的时候，会产生一种心理误差。而且，恒源祥经营多年的品牌形象也在消费者的心里轰然倒塌。

在市场竞争日益激烈的条件下，广告已经成为企业营销的一种重要的手段，如果企业做出既有创意又能够让消费者乐于接受的广告，那么就能够成功地树立企业的品牌，从而吸引更多的消费者购买自己的产品。

合作与双赢

古时候一位书生夜间赶路，远远看着有灯光向自己走来，等走到近处他才发现，原来打着灯笼的是一位盲人。盲人打灯笼，这在书生看来有点可笑。他便上前去询问这位盲人：“你的眼睛看不见东西，为什么晚上还要打灯笼呢？”书生心想，你是不是不愿意别人说你是个瞎子，才打着灯笼装模作样呢？没想到这位盲人说：“你从前面走来的时候是不是不小心撞到过别人？”书生说：“是呀，这黑灯瞎火的，路窄人多，难免撞到几个人。”盲人说：“从来没有人撞过我，因为我提着灯笼。”书生这下子明白了，盲人的这盏灯既照亮了脚下的路，方便了路人行走，同时还避免了路人撞到自己，一举两得。

这个故事正印证了人与人之间的关系，照亮别人，温暖自己。人际交往之间的这种关系同样适用于公司经营方面。以前商家之间，尤其是同行之间多是“同行是冤家”的关系。随着经济的发展和全球一体化的增加，合作已经成为了重要的主题之一。合作对公司来讲意味着很多方面，包括同行之间的合作，再就是同企员工之间的合作。

同行之间的合作我们前面讲过很多。合作是破解“囚徒困境”最有效的手段，而“囚徒困境”会使企业双方两败俱伤。合作双方往往需要其中一方走出第一步，或者需要一个组织者和监督者。为了保证相互之间不会背叛对方，合作往往要签订合作协议，而为了保证合作协议对双方的约束力，协议中有惩罚机制。这是我们在前面讲过的关于对手之间合作的一些要点总结。

蒙牛乳业成立的时候国内的乳制品市场已经被瓜分完毕，其中的伊利、圣元、光明等品牌都有自己成熟的市场，乍一看，要想从他们手中争夺市场是一件非常困难的事情。但是蒙牛并没有急着向别人开炮，而是利用各种手段为自己造势，让大家接受自己的品牌。面对原本应该是冤家的伊利乳业，蒙牛提出了“向伊利老大哥学习”的口号，并提出了携手伊利，共同将呼和浩特打造成“中国乳都”。就这样，蒙牛赢得了人们的信赖和为自己塑造了良好的形象。

企业共赢之道

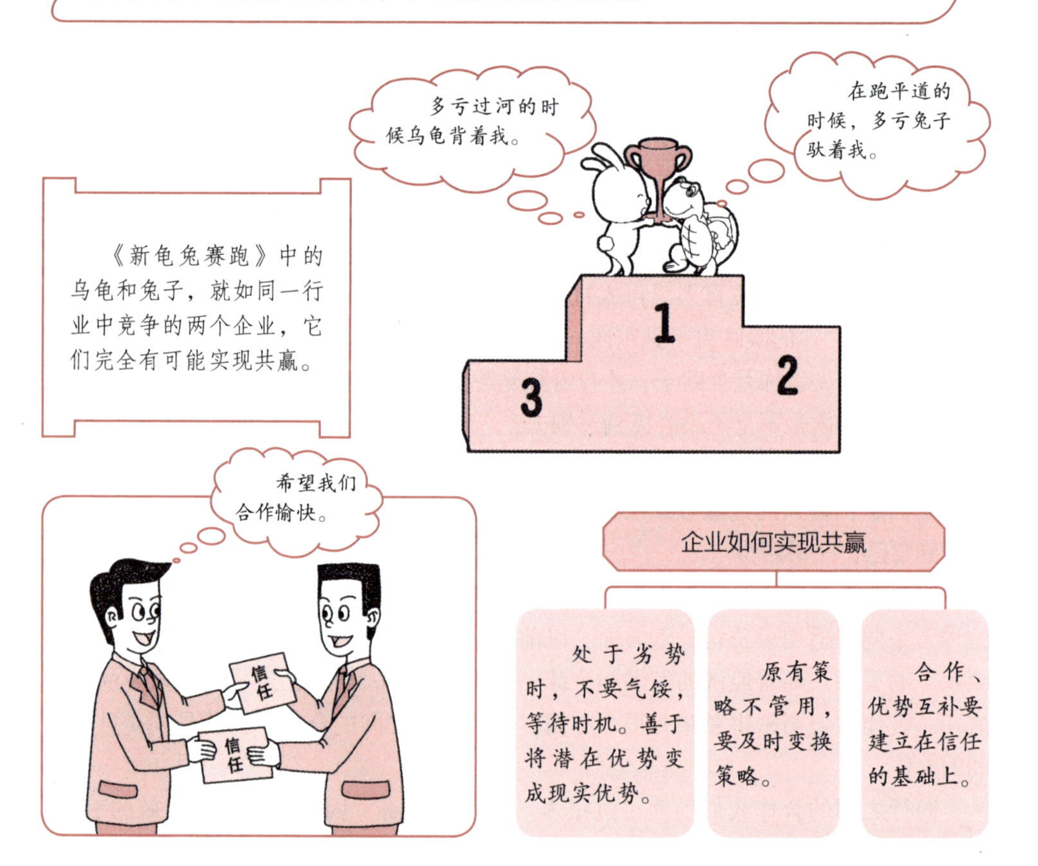

说完了商家之间的合作关系，再来看一下企业和员工之间的合作关系。简单来说，为自己争取利益，不顾别人利益的博弈是非合作博弈；而合作博弈涉及的主要问题不是争取利益，而是分配利益。由此可见，企业同员工之间的关系属于合作型博弈，企业和员工之间是一种合作关系。

每一个员工都拿出自己最好的状态，贡献出自己最大的智慧和力量，则会为公司带来最大的收益。企业收益增加，则意味着员工的报酬和福利会有更大的上升空间。可见，合作对双方来说是最好的选择。可是现实情况远没有这么简单。对于员工来说，最好的事情便是不用劳动，同时拿着报酬。如果有一个员工这样做，周边的人便会嫉妒，直至每一个员工都这样做，可想而知，企业也就无法运营下去。由此可见，员工同企业之间合作需要注意的几个方面：首先是企业有明确的奖罚机制，尤其是在惩罚方面。这一点非常重要，比如，公司规定不准迟到，但是没有规定迟到后将会怎样处罚，那么这条规定便等于白纸一张。其次，员工在工资和奖金方面按照“多劳多得，少劳少得，不劳不得”的方式计算。严禁“吃大锅饭”和“搭便车”，否则不利于调动员工的工作积极性。

营销方面最重要的便是设立一种公平合理的奖励机制，因为营销人员的销售业绩将占报酬中很大的比例。这种按照销售业绩发放奖金的奖励模式应用最为普遍，这种方式有自己的优势，同时也有劣势。优势在于这种奖励方式简单有效，简单是指计算简单，管理者无须考虑每个月应该给员工多少奖励，一切由业绩说话。一般业绩与提成的百分比相乘便可以得出这个月能拿到的奖金；有效是指对于提高员工积极性，这是最有效的一种方式。这种方式提倡的是多劳多得，员工往往会为了拿到更多的奖金而将更多的时间和精力投入到工作之中。

这种奖励模式的缺点是，过于强调竞争会给员工以相当大的压力，造成员工之间由单纯工作上的良性竞争转化为包括生活方面的恶性竞争。员工之间相互敌视，没有凝聚力。类似于员工之间相互挖墙脚这种事情我们经常会遇到，或者听别人提起。甚至员工之间为了争夺客户还会恶性降价，从而陷入“囚徒困境”，损失的不仅有自己的利益，也有公司的利益。

那这种弊端应该怎样解决呢？增强员工之间的团队精神，培养员工对企业的主人翁精神。在日本丰田汽车公司，销售人员并不是单兵作战，而是组成一个个小组，这样大家之间的利益是相关的，所以会促成协作，使员工个人之间不会发生冲突。但是这样做也有一个弊端，那就是虽然消除了个人之间发生冲突的可能性，但仅限于同一小组之间。小组与小组之间的竞争依然存在，不排除他们之间恶性竞争的可能。在这一点上面，就体现出了员工对企业主人公精神的重要性。

如果员工能将企业看作是自己的家，损害企业的利益便是损害自己的利益，这样便会减少甚至消除个人之间或者小组之间的恶性竞争。那么如何培养员工的主人翁精神呢？一方面是加强教育，提高个人素质，培养集体意识。这是我们最常见的一种方式，但是收效甚微。

我们最擅长做的便是宣传，但宣传的作用却微乎其微。过去很多企业里或者厂房上都有这样的标语：培养主人翁精神。结果还是有便宜就占，公家的便宜不占白不占。由此看来，宣传只能当作一种工具，但不是最重要和最有效的，最有效的是建立奖惩机制。在企业之中，对于培养员工的主人翁精神，惩罚不如奖励有效。主人翁精神必须是发自内心的才能起作用，惩罚机制是对人的一种约束，很难让人发自内心地去遵守，但是奖励机制则可以做到。

为什么微软公司的员工很积极

让人发自内心地去遵守规章制度，这一方面微软可以说是一个典型。微软员工以高素质和高效率著称，员工对于工作不是简单的完成而已，而是一种热爱。

无论是企业与企业之间，还是企业与员工之间，只有舍得付出才会带来回报，带来双赢。而双方共同的付出便是达成合作的前提。

“不买拉倒”的策略

讨价还价应用于生活中，最显著的地方就是谈判。可以说，每一次谈判都是一次讨价还价博弈。中国加入WTO前进行的谈判就是这样，在与许多发达国家进行的谈判中，我们进行了漫长而又艰难的讨价还价。在谈判中，对中国成为WTO成员国，每一个发达国家都会提出一个要求。对他们提出的要求，中国要作出接受还是不接受的决定。如果不接受，可以要求发达国家重新调整自己的要求，或提出一个相反的建议。双方陆续对对方的反应作出反应，轮流提出自己的要求。其实谈判就是这样，就是在一次又一次的讨价还价中解决争端的过程。谈判是如何有效地解决冲突，而并不是制造冲突。下面我们以一个谈判的事例来看看“讨价还价”的应用情况。

现在有一家工厂，厂方有一批产品。对于厂方来说，这批产品值800元；但是，对买方而言，它值1000元。由此我们可得出这样的结论：

一、如果交易得当，那么双方都有利。

二、如果双方最终完成交易，那么交易的价格会在800元到1000元之间。

对产品的估价，当买方比卖方要高时，双方一定能从交易中得到好处。很明显的是，双方都不会同意对自己不利的条件，因此买方的出价也不可能超过1000元，卖方也绝对不会接受800元以下的价格。也就是说，如果卖方的出价高于1000元，买

一口价的博弈策略分析

某些服装店的商品比较稀有，这时候买家若是看中，讨价还价再所难免。有的店主会对讨价还价的顾客给些优惠或者折扣，但是有的店主会不还价。

现实中，遇到还价的店主，很多时候交易成功率比较低，反而那些一口价的店主能做成很多生意。

不还价，表明自己的态度。那么顾客真的喜欢，还是会购买的。

这里面蕴涵着博弈论的道理。

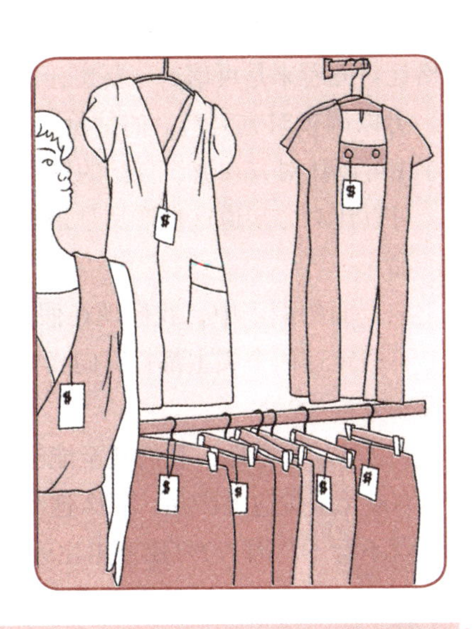

很显然，这样的策略可以使卖方获得最大的利益。

方就会退出；如果买方的出价低于800元，卖方也会退出。只要价格在这两个价格之间，大家就不必退出，那么双方就可以商量。如果有一方弃权会导致什么情况发生呢？这会影响到最在乎谈判成功与否的一方，而不在乎这次交易的一方受冲击较小。

举个例子来说：假如厂方现在资金充足，这批产品可卖可不卖，以后卖也是一样的，并非一定非要这次卖；而买方却急需这批产品，如果这次交易不能达成，可能会影响到公司的声誉。那么很显然，如果交易失败，那么对买方的冲击最大，而对卖方的影响则不大，甚至没有影响。反过来，如果卖方厂里资金周转困难，急需做成这笔买卖，而买方则可买可不买，下次买也行，那么如果交易失败，则对卖方的冲击最大。如果双方都比较急，一个需要资金，急于卖出；一个急需要这批产品。那么，双方的开价只要在800~1000元，基本就可以成交，而且谈判也很容易。如果买方可买可不买，卖方可卖可不卖，那么交易将很难达成，谈判将会很困难。

在上面的例子中，如果卖方对买方提出了一个价格，然后表明自己的态度：不买就算，在价格上没得商量。那会怎么样呢？可以想见，如果买方不同意这个价格，谈判就结束，双方也就不会交易。因此，卖方在谈判中不能用这种生硬的做法。如果不想浪费时间，非要这么做的话，应该把产品的售价定得比1000元稍低。因为买方对产品的估价是1000元，对高于1000元的价格，买方是绝不会接受的。这个时候，你可以提出哪怕是999元都是可以的。你可以这么说，这批产品我们就卖999元，如果低于这个价格，我们是不会同意的。当你提出了一个合理的价格后，就拒绝谈判，这个价格不可变更。但如果买方拒绝了呢？有什么办法能让卖方在提出这种条件下，对方还可以接受呢？

对于卖方来说，提出这样的条件，还要让对方接受，必须做到这一点：你的这个价格让对方看来是可信的。要想让别人相信这个价格，我们可以做多方面的努力：比如，可以调查对方对产品的估价，只要我们自己提出的价格，比对方的估价稍低就行了；可以让对方知道，自己的这些产品在同类中是最好的，或在同一水平上是最好的；可以让对方知道这批产品是最近同类产品中仅有的；或者你听说过对方急需这样的产品……

在上面的例子中，我们现在假设出现了第二位买家，而且他也认为产品值1000元。再假定这两个买主都打算向卖方购买该产品。我们把原来的买方称为1号，把第二家买方称为2号。

在2号加入之后，我们甚至能够确定卖方最终的售价是多少。假如现在1号打算出价900元来买这批产品，那么这个价格是否可行呢？如果2号没加入是可以的，但现在就不行了。因为2号愿意出比900元更高的价格来买这批产品。因此，如果1号和2号竞争，1号只花900元是买不到这批产品的，因为2号会出901元；而如果1号出902元，那么2号有可能出价903元……在这场有三个人的博弈中，产品以1000元卖出的可能性是最大的。

两个买主都需要卖方，但是卖方就这么一家。因此，如果卖方可以让买方互相竞争，就可以使他们的潜在利润转化为自己获得的利润。很显然，2号的出现使交易的潜在利益全部归卖方所有。但是，如果两家买方不互相竞争呢？

我们现在对这个情况稍加改动，假设2号认为产品只值950元，那会出现什么情况呢？

在这种情况下，产品最后会被1号买走。因为2号在价格到达950之后就不会再加价，而1号仍然可以继续加价，所以1号的出价一定会高于2号。那么这时候的最终成交价就在在950元到1000元之间。

对于2号来说，他显然知道，去参加这场无用的谈判注定会输，还不如不去的好，去了也是浪费时间，因为他知道自己无法和1号竞争。所以在谈判前夕，他也许会打电话给卖方，声称自己因为有事在身，不能去谈判了。如果没有2号参与竞争的话，价格就会落在800元到1000元之间。假如你是卖方的话，你会怎么做呢？在这样的情况下，你应该拜托2号出席，在必要时，还可以给他一些好处。但是，1号也能想到这一点，他也会想办法收买2号，请他不要参与竞争。所以，虽然2号最终不能以自己

“不买拉倒”的职场博弈

当一位有着丰富的经历和经验的职场人员，在行业里是供不应求的人才。如果现在他打算和公司续约，但又想提高自己的待遇，他应该怎么做呢？

的预期价格买到这批产品，但从谈判中，他还是可以获利的。

其实，相对于刚才卖方提出的“不买拉倒”的策略，买方也有相似的策略，即“不卖拉倒”。顾名思义,“不卖拉倒”就是你不卖就不卖，我还不买呢。也就是说，买方在谈判之初，提出一个产品交易价格，然后询问卖方是否同意，不同意则博弈结束，买卖失败。

但是，选择这么做需要有个前提，那就是把控制权下放给目标和自己不同的代理人。在上述博弈中，假如买方找了一位专业的谈判人员，全权负责这次谈判的一切。但是，和买方公司不一样的是，这些代理人员只赢得理想的交易，不达目标就会放弃谈判。他们在谈判中，是不会考虑花950元买产品与放弃买卖哪个更划算的。这种做法往往可以提高买方的谈判优势。因为卖方知道这些代理人的习惯，在谈判中占不到什么便宜。

最后通牒游戏

讨价还价博弈的极端引申出这样一个博弈——最后通牒博弈。我们先看看这样一个例子：

桌子上有1000元，现在由甲和乙两个人分。分配的规则是：甲和乙任选一人提出一个分配方案，另一人对这个方案进行表决。如果表决者同意提出的方案，那么就按此方案分配这1000元；但是，如果表决者反对的话，两人一分钱都分不到。例如，由甲来提方案，由乙来表决。如果甲提的方案是800：200，即甲分到800元，乙分到200元。那么，乙有两种选择：如果乙接受的话，甲分到800元，乙分到200元；如果乙反对，则甲乙两人一分钱都没有。

因此，甲在提方案时还要考虑乙能不能接受这样的方案。甲想，无论提出什么方案，假如乙是有理性的人，只要保证他能分到钱，那么我无论提出什么分配方案，乙都会接受，至于给他分多少钱是无关紧要的，我只要不把1000元全留给自己就行了。因为，就算我提出这样的方案：999：1，他也只能接受，因为接受还能得到1元，而不接受连一分都没有。基于这样的思考，甲的方案就呼之欲出了——999：1，即留给乙1元钱，将999元分给自己。

如果双方都是理性的人，那么这个方案是行得通的，但事实并非如此。如果在现实中，你真的这样分配的话，那么只得到1元的参与者绝对不会同意，他宁愿不要这1元钱，也不会让你得到那999元，也就是他会反对这样的方案，宁愿两人谁都得不到。有研究表明：在现实中，提方案者倾向于提500：500。当然了，也有一部分并不是提出这样的方案，但在你提出的方案中，如果给他的多于30%，就不会被拒绝；而如果少于30%，则会被拒绝。

这个游戏被称为“最后通牒游戏”。人是理性的，但在这个博弈中，我们可以看

彩票中的博弈思维

人们在决定购买彩票还是决定不买彩票之间进行选择，这也是一个个人博弈。

理性的人应该选择不买彩票，而选择买彩票是不理性的，但还是有很多人买彩票。

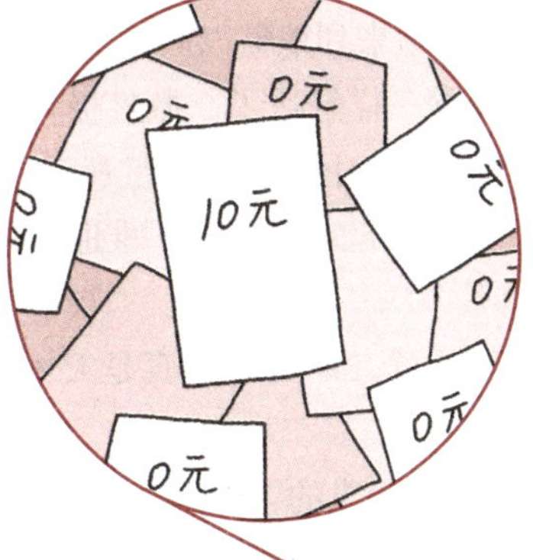

在购买彩票问题上，付出少量的金钱给购买者带来损失效用几乎为零，但却有可能获得巨大的收益。

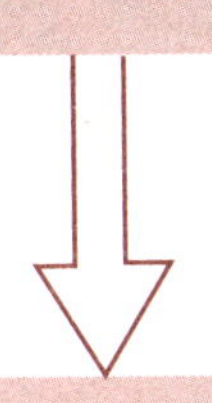

而所能获奖的期望也几乎是零，但很多人依然会试。这时候，影响人抉择的是非理性的因素。

彩票中奖的概率很低，而且中奖的金额相加远远小于众人买彩票的金额。

在这样的博弈中，彩票购买者未能使自己的期望效益最大，是不理性的。

出在某些时候并不是这样。

我们知道博弈论隐含着这么一个前提条件：博弈双方都是完全追求收益最大化的理性人。我们从上面的博弈中可以发现这样一个问题：为什么当甲提出方案后，乙明明可以获得1元钱，可是为什么他却选择不要，也不让甲获得那999元呢？在最后通牒游戏的实验中，博弈论“理性人”的假定与实际完全不符。因为，按照博弈的观点，在甲提出这种方案后，双方的最大收益值分别为999和1，为什么现在乙放弃收益呢？

只要是理性的人就会在博弈中使自己的效益最大化，但信息不完全的情况下，只能是使自己的期望效益最大。就是因为人并不都是理性的，有些人在觉得自己的分配极度不公时，宁愿玉石俱焚，也不愿意比别人少。

有一个工程师，他在做工程方面是个天才。他死了，灵魂来到了天堂。天堂守门人看了看他的档案，说：“所有的工程师都应该到地狱报到，你不能来这里，你还是到地狱去吧。”实际上是这个守门人记错了，工程师都应该上天堂的。

工程师无奈只得来到了地狱，但住在地狱他觉得温度太高，这让他受不了。于是，他动手设计了一套空调系统，这使地狱变得很凉爽。过了一段时间，他又觉得地狱的交通很拥堵，就为地狱设计了一套地铁系统。后来，他又陆续设计了有线电视和互联网等。

所以，自从这个天才的工程师来到地狱以后，这里的生活水平有了极大的提高。经过他的改造，这里几乎和天堂一样舒适了。撒旦极为高兴，便来到天堂，找到了上帝，打算将这个好消息告诉上帝。上帝看着撒旦那红润的脸庞，疑惑地问：“真是奇怪！一段时间不见，你的气色看起来好多了。难道地狱的空气质量改善了？到底发生了什么事？”

撒旦说：“地狱里最近来了一个工程师，他真是天才啊！经他改造之后，我们这里比天堂还舒服呢！”

上帝说:“工程师死后都应该上天堂的，怎么会去你们那里呢？”

撒旦说:“这是个美好的意外。现在想要这个工程师吗？拿钱来换。”

上帝怒道:“把他送过来，不然我找律师起诉你！”

听上帝这么说，撒旦不禁大笑起来。

上帝更加恼怒了，大声喝问道:“你在笑什么？”

撒旦止住笑，得意地对上帝说:“律师都在地狱，你不知道吗？”

上帝更加恼怒了，大声道：“惹急了我有你好看的，乖乖地把工程师交给我，不然我把地狱夷为平地！”

撒旦笑得更欢了，他接着说:“那你以后怎么惩罚该下地狱的人呢？”

这个笑话从博弈的角度来看，上帝是非常不理性的。因为他的威胁在撒旦面前根本就不起作用。而撒旦反而更理性，他认准了上帝不敢拿他怎么样，因为上帝总不能“毁灭地狱”吧！

身份的博弈

社会设计了很多“身份”。这些“身份”便是我们常说的“头衔”。社会组织赋予某个人社会属性，这是一个投票博弈的过程。

学位有各种“士”——学士、硕士、博士；工程界有各种“师”——高级工程师、工程师、助理工程师；官场有各种“长”——部长、局长、处长、科长等。

我们的这些身份都是在从小到大不停地博弈中获得的。

社会资源是有限的，不同级别的人获得不同的资源，有身份才能知道你该获取的资源是多少。

我们可以通过自己的能力或策略来改变自己的身份，使自己的身份不断提高。

通过一系列的博弈之后，社会为我们确定了“身份”。

“身份”是由社会的特定组织将其赋予给社会中的成员。

某个权威部门颁发的证书将使某人成为“律师”“教授”等；一个盖有某个组织部门的公章的文件使某人成为“某某长”。

群体决策才能促进社会运行，而投票博弈就是一个群体决策的过程。

上帝与魔鬼之间的博弈和很多博弈一样，都是对立与共存同时存在的。他们两个人是相互依存的，不能没有天堂，也不能没有地狱。从这个博弈中可以看到，只有当你的对手仍然在乎长期收益时，他是不会为短期的收益而撕破脸皮的。因此，这个博弈的最终结果一定是以上帝的失败而告终，因为上帝不敢、也不能向撒旦下最后通牒:你不把工程师交给我，我就把地狱给毁灭了。

降价并非唯一选择

商场之间进行价格战近些年来已经成为一种趋势，这种促销方式屡试不爽。常人一般认为价格越低，就越受消费者的欢迎，商品的销量便会越大。其实这是一种误区，产品的价格、销量与利润之间的博弈关系远非我们想的那样简单。

一件商品价格的决定因素是什么？大多数人可能会说是产品的成本。这只是其中的一部分，但不是最重要的一部分。一件商品的价格取决于消费者想花多少钱来买它。商品的生产目的是赢利，而赢利的手段便是将它出售出去，所以，产品的价格取决于是否能为消费者带来利益，是否让消费者满意。所以我们说，商品的营销策略中降价只是其中的一个手段，但不是唯一的，也不是最重要的手段。产品和服务的质量才是竞争力中的关键因素。20世纪70年代索尼电器在美国打开销路的方式就是一个很好的例子，证明降价其实并不是唯一的营销策略。

20世纪70年代，索尼电器完成了在日本市场的占有之后大举进攻海外市场，但是却不理想，尤其是在电器消费大国美国市场内，其经营业绩更是可以用惨淡二字来形容。为了找出其中的原因，索尼海外销售部部长卯木肇亲自到美国去考察市场。到美国之后卯木肇来到了有索尼电器出售的商场中，当时就惊呆了。在日本广受欢迎的索尼电器，在美国的市场中像是被抛弃的孩子，被堆放在角落里，上面盖满了灰土。卯木肇下定决心一定要找出其中的原因，让索尼电器在美国就像在日本一样大放光彩。

经过研究卯木肇发现了其中的原因所在。在此之前，索尼电器在美国制定的营销策略一直是大力降价，薄利多销。索尼花费了巨额的广告费在美国电视上做广告，宣传索尼电器的降价活动。没想到弄巧成拙，这些广告大大降低了索尼在美国人心中的地位，让人们觉得索尼电器价位低肯定因为质量不好。因此导致了索尼电器在商场中无人问津。看来这个降价策略完全是失败的。价格不过是消费者购买电器的标准之一，质量相对更重要一些，图便宜买劣质家电的人也有，但是相当少。因此卯木肇当时最需要做的便是改变索尼的形象，但是这些年给消费者形成的坏印象怎么可能一下子就改变呢？对此他愁闷不已。

一次偶然的机会，他看到一个牧童带领着一群牛走在乡间小路上。他心想，为什么一个小牧童就能指挥一群牛呢？原来这个小牧童骑着的正是一头带头的牛，其他牛都会跟着这头牛走。卯木肇茅塞顿开，想出了自己挽救索尼在美国市场的招数，那就是找一头“带头牛”。

卯木肇找到了芝加哥市最大的电器零售商马歇尔公司，想让索尼电器进入马歇尔公司的家电卖场，让马歇尔公司充当“带头牛”的角色，以此打开美国市场。没想到的是马歇尔公司的经理不想见他，几次都借故躲着他。等到他第三次拜访的时候，马歇尔公司的经理终于见了他，并开门见山地拒绝了他的请求，原因是索尼电器的品牌形象太差，总是在降价出售，给人心理上的感觉像是要倒闭了。卯木肇虚心听取了经理的意见，并表示回去一定着手改变公司形象。

领头羊的实验

一个羊群中，总是会产生一位首领，其他的羊就会跟随这个首领前进。

说到做到，卯木肇立刻要求公司撤销在电视上的降价广告，取消降价策略，同时在媒体上投放新的广告，重新塑造自己的形象。做完这一切之后，卯木肇又找到了马歇尔公司的经理，要求将索尼电器在马歇尔公司的家电卖场中进行销售。但是这一次经理又拒绝了他，原因是索尼电器在美国的售后服务做得不好，如果电器坏了将无法维修。卯木肇依然没有说什么，只是表示自己回去后会着手改进。卯木肇立刻增加了索尼电器在美国的售后服务点，并且配备了经过专业培训的售后服务人员。等卯木肇第三次来到马歇尔公司的时候，这位经理又提出了一些问题。卯木肇发现对方已经开始妥协，于是用自己的口才和诚意说服了对方。对方允许他将两台索尼彩电摆在商场中，如果一周内卖不掉的话，公司将不会考虑出售索尼电器的任何产品。

降价升价的策略

对手之间的价格大战会使双方陷入“囚徒困境”，这样说来是不是降价策略真的就不可行呢？同样的策略，有的人用会带来收益，而有的人用则会觉得不好使。

20 世纪30 年代，松下电器开始生产电熨斗。当时市场上的电熨斗价格昂贵，只有少数人能买得起。松下幸之助为了企业的长远发展，决定质量第一，同时降价30%。

到了20世纪60年代，电子打响了电池之间的价格大战。松下电池价格却不降反升。最终松下电池靠自己的品牌效应销量并没有下滑。

对于顾客来说，最好的价格策略是能为自己带来价值的策略。所以制定价格时要考虑到产品的高质量和其中是否蕴涵了创新的元素。

这个机会的争取实在是不容易，卯木肇下定决心一定要抓住。他专门雇了两名推销员来推销这两台彩电。最终，两台彩电在一周之内全部卖了出去，开了一个好头。由此，索尼电器打开了马歇尔公司的大门，马歇尔公司成为了索尼电器的“带头牛”。有了这样一个强有力的“领路人”，其他家电卖家纷纷向索尼敞开了大门，开始出售他们的产品。结果在短短几年之内，索尼电器的彩电销量占到了芝加哥市的30%。以后这种模式又迅速在美国其他城市复制。

这个故事的关键在于告诉人们，解决企业营销方面的难题要先诊断，然后对症下药。降价策略并不是每次都会管用，有时使用不当甚至还会弄巧成拙，不但解决不了问题，还会被人说成便宜无好货。

作为消费者我们是接受甚至欢迎价格战的，因为消费者是受益者，相当于“鹬蚌相争，渔翁得利”中的那个渔翁。但是，从长期来看这并不一定是一件好事。现实生活中，恶性的价格大战让一部分企业倒闭，让一些品牌消失。或许我们购买一台降价冰箱的同时，正在加速这家冰箱厂的倒闭脚步，而这里面的工人说不定就有你我的亲戚或者朋友。由此来看，降价并不是一个好的营销策略。而在产品质量和开发上面多下工夫，努力打造高新产品才是企业生存的根本。

了解顾客的内心世界

人类作出的判断和决策都会受到心理活动的支配，消费活动也是如此。因此，搞清楚顾客的心理，对于营销来说至关重要。现代营销学中就有一门课叫作“营销心理学”，这门课以心理学、经济学、社会学和人类学为基础，专门研究人在市场活动中的心理和行为，并从中总结出规律。营销心理学已经成为营销学中非常重要的一部分。营销心理学通俗一点说就是研究顾客的消费心理，只有把握了顾客的消费心理，才能提供更贴心的服务，这已经成为营销行业的一个共识。

营销不仅仅要在销售方法上用功，对顾客消费心理的准确把握也非常重要。消费心理就像顾客的脉搏，号脉做得好，才能对症下药，解决问题。曾经有记者采访一位世界顶级公司的创始人，问他成功的秘诀。他说成功的秘诀便是不要将消费者看作是观众，他们才是主角。要想让消费者满意，就要了解消费者的想法，这样便能知道他们思考问题的方式，也就是知道他们的心理。然后站在对方的角度上去思考问题，才能作出让对方满意的决策。

每个人都知道产品最终要通过消费者转化为价值，只有得到消费者认可企业才能取得更大的发展。这个道理看似众所周知，然而在生活中却经常有人在这上面犯错误。月饼的功用便是吃，好吃、精致、美观是普通消费者决定是否购买的标准。然而近些年有的厂家并不以此为标准，而是单纯追求包装华丽，甚至有的厂家推出了黄金包装、钻石包装的月饼盒。这些月饼大多被人买去送礼，甚至行贿。不以消费者为主，投机取巧必定没有好下场。国家有关部门已经明文规定，禁止奢华包装月饼上市。

福特汽车公司创始人福特先生曾经说过 :“成功的秘诀就是每作出一个决定，都要想一下顾客会怎么想。”只有知道了消费者有什么样的需求，才能更好地完善自己的服务，才能在市场激烈竞争的今天立于不败之地。

探究顾客内心，提供相应服务

如何根据顾客的需求提供让顾客满意的服务，这是每一个公司都在思考和实践的一个问题。

打通“生命通道”

彼德·杜拉克是营销知识当代管理学大师，同时也是营销管理方面的权威，在营销管理方面做出了杰出的贡献，被人称作“现代管理之父”。他曾经提出过这样一个有趣的问题：产品、市场和渠道，在这三者之中，企业应该花更多时间，更多精力去思考的是哪一个?

很多人思考过这个问题，并对此做出过回答。但是，真正答对的人并不多。其实这个问题正确的答案是渠道。为什么这么说呢?因为渠道相当于市场的通道，谁能够掌握渠道，谁就掌握了市场。正是因为渠道的重要性，所以对现代企业来说，最需要做的事情就是建立起清晰、广泛的营销渠道。

很多在营销管理方面的专家也都把销售渠道看得非常重要。营销传播理论创始人、美国西北大学教授Donschultz曾指出，在产品同质化的背景下，唯有渠道和传播才能产生差异化的竞争优势。美国著名营销学家菲利浦·科特勒博士专门对营销渠道的定义作出过解释：“营销渠道就是指某种货物或劳务从生产者（制造商）向消费者（用户）转移时取得这种货物或劳务的所有权的所有组织或个人。”

销售渠道一般包括以下5个方面：一是批发商；二是代理商；三是零售商；四是仓储、运输公司、保险公司等有关贸易单位；五是销售策划公司、广告公司等销售服务公司。影响销售渠道选择的因素主要包括产品因素、市场因素和企业本身因素,3个方面。

“由生产厂家到总代理，再到二级代理商，三级代理商，然后到零售商，最后到消费者”一直以来都作为传统销售渠道中的经典模式。但是也存在着一些不足的地方。比如说有的时候，多层次的销售网络会瓜分企业的利润，从而使产品无法在价格方面作出让步。此外，经销商由于管理水平、操作能力等方面无法达到企业的要求，所以使企业无法对他们进行及时有效地控制，因此会错过很多给企业创造更多利润的商机。

不管怎么说，市场充满了激烈的竞争。如果企业想在激烈的市场竞争中处于有利地位，赚取更多的利润，就一定要在营销渠道方面多做努力。

美国三大汽车品牌之一福特汽车公司，就曾因为没有处理好营销渠道问题而遭受到巨大的损失。当时是在20世纪50年代前后，福特推出了一款名为埃赛尔的车型。其实，光是在“埃赛尔”这个名字方面，福特就犯下了错误。当时福特公司为了给自己的杰作取一个好名字，曾派出一大批调查人员，总共收集了大约2000个不同的名字。这些调查人员在美国几个大城市的街头进行调查，让行人说出看到每个名字时的正面联想和负面联想。尽管花费了很多时间和金钱，但最终这项调查并没有取得什么实质性的成果。所以，福特公司就很随意地为新车取名为“埃赛尔”。

这还只是福特公司没有做好营销渠道的一件小事，正所谓“窥一斑而知全豹”，通过这件小事就能够看出，福特公司对营销渠道有多么不重视。这是因为福特公司不重视营销渠道，所以才会在埃赛尔汽车上面损失严重。

在生产埃赛尔车之前，福特公司组织了一次大规模的市场调研。当时整个社会经济正处于蓬勃发展的时期，经济水平有了明显提升，人们手头的钱多了起来，所以很多人买车都偏向于中等价位的车。福特在中等价位汽车市场上竞争力严重不足，只有一款车参与激烈的市场竞争，而且年销售量只占到福特的20%。在这种局面下，福特想要收获更多的利润，所以不惜花重金派人进行了充分的市场调研。市场调研结果表明，每年买新车的人中，大约有1/5是由放弃了原来的低价车，从而购买高价车的。这些调查看似是很多工作人员花费了大量时间和精力努力的结果，表面看起来也非常准确和可靠。可以预见，如果福特按照这个研究报告生产适应市场需求的车型，那么福特一定会在市场上更具竞争力，而且会获得更多的利润。但是，这份看似完美无缺的调研报告却忽略了非常重要的一点，即市场的变化。

当福特公司把一款花10年时间进行营销研究，倾注很多心血的埃赛尔推向市场的时候，迎接福特公司的并不是市场上强烈的反响和大规模的订单，而是消费者漠视的目光。这是因为，福特公司投入了大量的人力、物力，访问美国四大城市、1600多名汽车买主，根据这些人的地位、品位以及偏好等方面制定出来的最佳车型埃赛尔是一款大型汽车，拥有大马力的引擎，具有时尚的特质，迎合了年轻的经理人或专业人员家庭的需求，同时这款强大的马力也可以让它被当作赛车来用。但是，当时欧洲小型车已经成为美国市场上的潮流，因为随着汽车的不断增多，很多路段经常会出现拥堵的现象，如果是小型车的话，还能很好地适应这种环境。但是大型车体积大、转弯不便，而且也相当耗油。特别是埃赛尔推向市场的第二年，经济出现了疲软的现象，小型车越发地受到消费者的青睐。如此一来，福特公司推出的埃赛尔在销售3年之后就遭遇了停产的厄运，这也让福特公司损失惨重。

通过上面的例子可以看出，营销渠道对一个企业来说具有多么重要的影响力。营销渠道就像企业与终端客户的一道桥梁，如果没有这道桥梁，企业就算拥有再好的产品也没有办法到达终端客户手里。所以说，企业想要在竞争激烈的市场上取得更多的利润，营销者必须要不断地去开拓营销渠道，并根据市场条件和营销者市场地位的变化，适当地做出相应的调整，使营销渠道的主动权和控制权牢牢地掌握在自己手中。

培养消费者的信任

爱德华是美国通讯器材行业中举足轻重的人物，关于他成功的秘诀，他自己认为是诚实。是诚实帮助他学会了做人，学会了如何对待别人，并最终帮他取得了成功。让他感到诚实如此重要的原因，很少有人知道。这背后隐含着爱德华年轻时候的一

超市收银台附近的商品

因此，这种在收银台旁边设立购物架的营销方式普遍被超市采用。这种营销方式的成功归根结底还是抓住了消费者的心理。

个故事。

年轻时候的爱德华家境贫穷，整日食不果腹。一天他看报纸时发现了一条新闻，某一家房地产商在破土动工一个项目的时候，发掘出了一个坟墓。房地产商对此表示遗憾，希望家属能赶快去认领，并会得到5万美元的补偿。在当时5万美元对于爱德华来说，简直就是个天文数字。当年爱德华的父亲死去的时候，就是埋葬在那块土地旁边，如果当时往里边埋那么一点点，说不定自己今天就有5万美元了。想到这里，爱德华感到非常遗憾。不过转而一想，如果我做一份假证明，证明那里面埋的就是我的父亲，我不就能拿到5万美元了吗？

说干就干，爱德华去古董店里面买了一些几十年前使用的发票，伪造了一张20年前殡仪馆的收据。一切准备妥当之后，爱德华忐忑不安地来到了房地产开发商的办公楼前。秘书亲切地接待了他，询问了一些情况。最后让他回家等消息，因为里面是不是他的父亲还需要检验。不过在走的时候，秘书告诉爱德华："你已经是这两天第168个来认爹的了，祝你好运。"原来想得到这5万美元的人不止他一个，168个儿子来认爹，成了当地的一个奇闻。每个人都期待着最后的结果，看一下"爹"落谁家。

最终的检验结果出来了，168个人中没有一个人是死者的儿子，因为经检验，死者已经死了200年了。这件事情渐渐被人们忘记，不过爱德华从没有忘记。他将当年刊登这则消息的报纸珍藏了起来，时刻警告自己要做一个诚实可靠的人。并最终凭借这一点取得了成功，他用自己的行动证实了一点：诚实的人可能会被人欺骗，但是最终会获得成功，因为他能赢得人们的信赖和爱戴。

诚实，是人立足于社会的基本品质，无论是在哪一方面，尤其是在商业活动中。诚信，是双方合作的基础，用商业中的一句话说就是"无信不立"。消费者的信赖是企业取之不尽，用之不竭的宝贵资源。而取得消费者信赖最基本的便是要做到诚信经营。不仅是消费者，诚信经营还是吸引投资人投资的基本保证。现代社会越来越意识到诚信的作用，无论是公司还是个人纷纷建立诚信档案。如果一个企业因为没有诚信失去了消费者，那将是非常危险的一件事情。"冠生园事件"便是一个很好的例子。

南京冠生园是一家经营食品糕点的百年老店，2001年中秋前夕被爆出产品质量问题，原来冠生园将前一年的陈馅翻炒之后，制作成月饼投放到市场之中。新闻一出，冠生园的月饼产品立即下架，许多卖家甚至表示将无条件退货。人们通过各种途径表达自己的不满和对黑心商家的谴责。面对媒体的曝光和消费者的谴责，冠生园公司没有表现出应有的诚信，而是一味推脱，并辩称这在行业内是非常普遍的事情。甚至还称国家对月饼保质期有规定，但是对月饼馅的保质期没有规定，因此自己的做法并不违法。这些言论一出，消费者一片哗然，没想到老字号企业没有一点诚信。而冠生园方面则继续用公开信的方式为自己辩解，毫无歉意。商业信誉的丧失让消费者彻底感到心寒，当年冠生园在月饼市场上可以用"惨败"二字来形容。之后的食品卫生部门和质监部门介入，并最终下令冠生园停产整顿。

诚信的建立需要长时间的积累，而毁掉它一次就足够了。等南京冠生园公司停产整顿完毕，产品达到市场质量标准以后，消费者已经是避而远之了，自己也是一蹶不振。最终，南京冠生园公司于2003年2月向南京中级法院申请破产。南京冠生园的结局是可悲的，但同时也是咎由自取。名牌和老字号代表着产品质量和商家的诚信，质量和诚信不在了，品牌信任度甚至存亡都将改变。

晋商是我国历史上非常有代表性的一个群体，他们讲仁义，讲诚信，将生意从山西做到了全国。《乔家大院》便是以此为题材的一部电视连续剧，一经上演立即红遍全国，深受人们喜欢，更是创下了当时的收视率纪录。人们被里面的掌柜乔致庸的有情有义深深感动，尤其是在经商方面的仁义和诚信。

电视剧中有这样一个情节：当乔致庸得知一个分号底下的店卖出去的胡麻油掺过假之后，勃然大怒，当即将店里的掌柜和伙计全部辞退。接下来他连夜写出告示，令手下伙计将告示贴遍全城大街小巷。告示上他坦白自己店中胡麻油做假的事情，并承诺剩下的掺过假的胡麻油将以灯油的低价出卖。同时，凡是以前买过掺假胡麻油的顾客可以到店里全额退款，并且可以享受优惠购买新胡麻油。乔致庸用这些措

用质量来赢得消费者的信任

企业要想赢得消费者的信任，创建自己的品牌，首先要严格按照行业的质量管理标准执行，这样做能够使企业得到消费者的信任和好评，对于企业的长远发展大有裨益。

光明乳业是消费者非常依赖和喜爱的牛奶品牌之一，但是2005 年郑州变质光明牛奶返厂加工再销售的事件遭到曝光后，光明乳业就丧失了大约90%的市场份额。

企业要把产品卖到市场上，产品要在市场上成功销售出去就要靠其高质量。这就需要企业在各个方面都要做好，通过提高各个环节的工作质量，来保证产品的质量。

施挽回自己的信誉，得到了人们的理解和认可。这与上面例子中南京冠生园的做法大相径庭。正是凭借着诚信为本，乔致庸的事业逐渐发展壮大，成为晋商中的佼佼者。

以仁义赢得手下人拥护，以诚信赢得消费者信赖。这是中国古代商人行商所奉行的准则。

培养顾客的忠诚度很重要

企业的发展离不开顾客的信任，要想长久地发展，就不能辜负顾客的信任。

顾客对企业的信任度与企业的利润是成正比例关系的。而他们无形中的宣传还可以为公司省去一部分广告费。

有时候诚信不仅是一种美德，还是一种营销手段。我们常说“王婆卖瓜，自卖自夸”。每个生意人都会夸自己的产品好，但是夸着夸着就容易没有了尺度，漫天胡说。比如，很多保健品都声称自己包治百病，很多营养品的宣传更是能补充人类所需要的所有矿物质。时间长了，这些自夸令人生厌。而法国雪铁龙汽车公司在这一方面则正好相反。上世纪30年代，雪铁龙推出了一款新车。这款车是专为社会上最底层的人设计的，价格非常便宜，几乎每个家庭都能买得起。但是，相对的配置也比较简单。没有空调，没有天窗，甚至连收音机也没有。有人开玩笑说，这辆车与自行车的区别就是跑得快一点而已。雪铁龙在这款车的宣传海报上面印了这样一句话：“这款车没有一个多余的零件可以被损坏。”有人开玩笑说，很明显，这款车的零件已经少得不能再少了，当然没有多余的零件被损坏。这句话有点自嘲，同时又非常俏皮，其中还透露出了一股坦诚。这款车的实用性加上雪铁龙公司坦诚的品质很快便征服了消费者的心，成为当时最畅销的车型，并且持续畅销几十年。据统计，1974年这款车共卖出去了37万辆。

雪铁龙公司的成功在于坦诚地将自己公布给大家，不仅是优点还有缺点。这种诚实的营销方式值得学习，但是要谨慎使用。雪铁龙公司之所以获得成功，是因为他在坦白自己缺点的同时，将这些缺点迅速转化为自己的优点。这款汽车没有一个多余的零件，是说这款汽车太简陋，这是这一款车的缺点。但是雪铁龙公司迅速将这种劣势转化为优势，那就是你不用担心为这款车付出维修费。这正是高明之处所在，没有人主动宣传自己的缺点，除非缺点能迅速转化为优点。比如，菜贩会对买菜的人说：“您别看菜叶上这几个小窟窿，这是被虫子咬的，说明这菜没喷农药。”这正抓住了消费者的心，因为很多人对蔬菜喷农药都很介意。

顾客的信任是指对某种品牌或者某个公司的产品或者服务表示认同，并以此产生某种程度上的依赖。信任是建立在一次次满意的基础之上的，可以说是质变引起量变，满意的次数多了便产生了信任。是一种由感性到理性的转变。同时，顾客对企业的信任度与企业的利润是成正比例关系的。顾客信任某一品牌便会长期重复性购买，并会影响周围人的选择。这同时为公司省去了一部分广告费。企业的发展离不开顾客的信任，要想长久的发展，就不能辜负顾客的信任。

售后服务同样重要

王先生家的空调坏了，于是找出这家品牌的售后服务站，打电话让他们来修理。第二天上午王先生正在家里看报，突然听到有人“砰砰砰”砸门，开门一看原来是来修空调的人。只见这位维修工身上的蓝色工作服油迹斑斑，俨然已经变成了一身“迷彩服”，脚下的皮鞋上沾满了泥土。还没等王先生给他找出拖鞋，这位工人自己就进了屋子。来到空调挂机底下，他从口袋里掏出一个螺丝刀，这里敲一下，那里敲一下，敲掉的机壳上的漆洋洋洒洒落在了地板上。主机在窗外的楼板上，这位维修工在打量着怎么出去，王先生看出了他的心思，便去拿来几张不用的报纸，还没等铺在桌子和窗台上，这位工人便一个助跑踩着桌子和窗台到了外面。看着桌子和窗台上的脚印，王先生只有一脸无奈。

修完之后，这位维修工一边收拾工具一边说："70块钱。"王先生非常纳闷："我这空调还没有出保修期，维修怎么会花钱呢？"维修工振振有词地说道："维修是不花钱，可是这回换了个零件，换零件就得花钱了。"王先生还是觉得不对："好，我给你钱，不过你得给我开发票。"维修工则说忘了带发票出来，最后两人你来我往将价格定在了50元。从此之后，这个品牌的任何家电王先生都没有再买过。

在产品日益趋同的今天，优质的售后服务显得格外重要。售后服务如果有所欠缺，甚至比较差劲，如上面例子中所说的那样。那么你的品牌在顾客心目中的地位便会下降，甚至会被顾客列为黑名单。

售后服务已经成为商家争夺顾客的重要阵地，良好的售后服务是以后发展的保障，是最好的宣传。

海尔售后服务人员上门服务必须自备垫布，以免踩脏客户的东西。海尔对于仪表的要求是，必须着装整洁，仪容清洁、面带微笑、精神饱满。在达到这些规范之后，才可以敲客户的门。衣着邋遢，头发及胡子过长、蓬乱的情况是坚决不允许出现。

敲门这个简单的动作海尔也有明确规定，标准的做法是连续轻轻敲2次，每一次敲3下；有门铃则按门铃。如果敲完之后没有反应，应该间隔30秒之后再敲一次；如果5分钟之内没有回应，则与客户进行电话联系；如果电话联系不上，应该在门上显眼位置留下留言条。

进门之后，服务人员要先自我介绍并出示上岗证。如果迟到则首先道歉，如果道歉得不到用户谅解，则由售后经理亲自上门道歉。在进客户家门的时候，服务人员必须穿上脚套，以免将客户地板踩脏。工具箱放在地上之前必须先在地上铺上布垫，如果需要踩踏客户家的凳子、椅子之类的也必须先垫上布垫。同时，工具箱内工具必须摆放整齐，不给客户留下杂乱无章的印象，以免影响公司形象。

在向客户解释故障或者倾听客户意见的时候，应该做到语言文明、规范，说话轻声、热情、吐字清晰。顾客发怒的时候要耐心倾听顾客意见，不得有情绪。同时，在客户家中不得抽烟、吃东西。如果客户非常热情，可以向对方说明公司规章制度。

判断出故障之后，应将其向客户说明，如果需要更换零部件，并且已经过了保质期，需要向客户说明收费标准。如果与客户发生争执，或者客户蛮横无理，服务人员不能与其正面冲突，应该由服务中心出面调解。

服务完毕之后，服务人员要将自己搬动过的东西恢复原位，将家电外表、踩过的桌椅清理干净。如果出现损毁用户家的东西，应该照价赔偿。向顾客说明收费标准，并开具收据、发票。临走时给用户留下名片或者联系方式。还可以准备一些小礼品赠送顾客。

不可忽视的售后服务

在产品日益趋同的今天，优质的售后服务显得格外重要。售后服务如果有所欠缺，甚至比较差劲，那么你的品牌在顾客心目中的地位便会下降，甚至会被顾客列入黑名单。售后服务已经成为商家争夺顾客的重要阵地，良好的售后服务是以后发展的保障，是最好的宣传。

通过售后可以博得更多客户群

海尔售后服务人员上门服务必须自备垫布，敲门也有礼貌的规定，向顾客解释故障原因，讲明换部件的收费标准等。这些都表明了海尔以顾客为中心的理念，让顾客以后买家电还会想到海尔这个品牌。

通过售后可以看到商机

能洗地瓜的洗衣机

海尔售后维修的时候发现，有些农民用户洗衣机损坏的原因是用洗衣机洗地瓜。因为当地是全国有名的“地瓜之乡”，很多人都会为洗地瓜而苦恼，海尔就生产出一种洗衣机不仅能够洗衣服，而且能够洗地瓜。马上就受到消费者的热烈欢迎。

以上便是海尔公司售后服务注意事项的一部分，从这一点上来看我们就很明白海尔公司为什么有这么多的客户群。今天售后服务的重要程度已经堪比产品的质量和价格。产品竞争力的决定因素不仅仅局限于物美价廉，还有完善的售后服务，这已经成为现代商家之间的共识。优质的售后服务能增加顾客的满意度，然后会增加顾客对该品牌的认知度，这样企业便会得到更大的利润。

售后服务不仅局限于家电类的商品行业，也可以是服务业。比如，张先生收到了一张来自马尔代夫的明信片，上面不仅有当地美丽的海景，还写着一段祝福语："张先生，首先祝您生日快乐。我们是您上次下榻的环海大酒店，我们欢迎您的再次光临！"张先生这才记起过两天后是自己的生日，没想到自己都快忘了的生日，千里之外的一个酒店居然还记得。原来两年之前张先生去马尔代夫旅游过一次，当时是在那里过的生日，没想到两年之后，一个陌生人的生日他们居然还记得，这让他有些感动。回想起当初在马尔代夫度过的美好假日和这家酒店提供的良好服务，张先生决定再去一次马尔代夫，再次入住这家酒店。

相信张先生不是这家酒店的第一个"回头客"，简单的一张明信片，体现了酒店对客户的在乎和尊重，让顾客感动的同时，也为自己提高了收入，可以说这是一种低成本、高回报的售后服务。

第十五章

博弈是一场信息战

信息：制定策略的依据

“知彼知己，百战不殆”是我们经常挂在嘴边的一句话。这句话最初用于兵法，表明了在战争中掌握信息的重要性。不过，它现在不仅在商业竞争、政治斗争中大显身手，还在我们的日常生活中得到了最广泛的应用。当今的世界正处在一个信息爆炸的时代。在人类历史上，从来没有一个时期的信息量像现在这样多，信息对人们生活产生的影响也从来没有像今天这样大。这是一个信息决定成败的时代，谁掌握了信息，谁就占领了高地。

在一场博弈中，事先了解或是掌握相关的知识，必定可以增强行动的目的性，让自己的行为更有规划。例如，有甲、乙两家超市，超市中出售的物品质量都差不多，只不过在价格上存在一定的差异。如果我们事先了解到A物品和C物品在甲超市的价格较低，在乙超市出售的B物品和D物品比较便宜。那么，我们在制订购物计划时，就会具有明确的目的性。我们可以到甲超市购买A和C两种物品，B和D物品则到乙超市购买。又例如，“石头、剪子、布”是我们经常玩的游戏。一旦了解了对方出拳的习惯的话，就会增加我们获胜的概率。

20世纪60年代初期，法国和其殖民地阿尔及利亚之间发生了一场战争。这场战争使法国政府花费了大量的军费开支，让法国政府背负上了沉重的经济负担。这种经济负担已经严重影响到了国家的运转。考虑到这一点，当时担任法国总统的戴高乐决定尽快结束这场战争，他打算和阿尔及利亚民族解放阵线的领导人本·贝拉进行和谈。在进行了一段时间的秘密谈话后，双方决定选择一个合适的时间对外公开，然后进入正式的谈判。

信息的分类

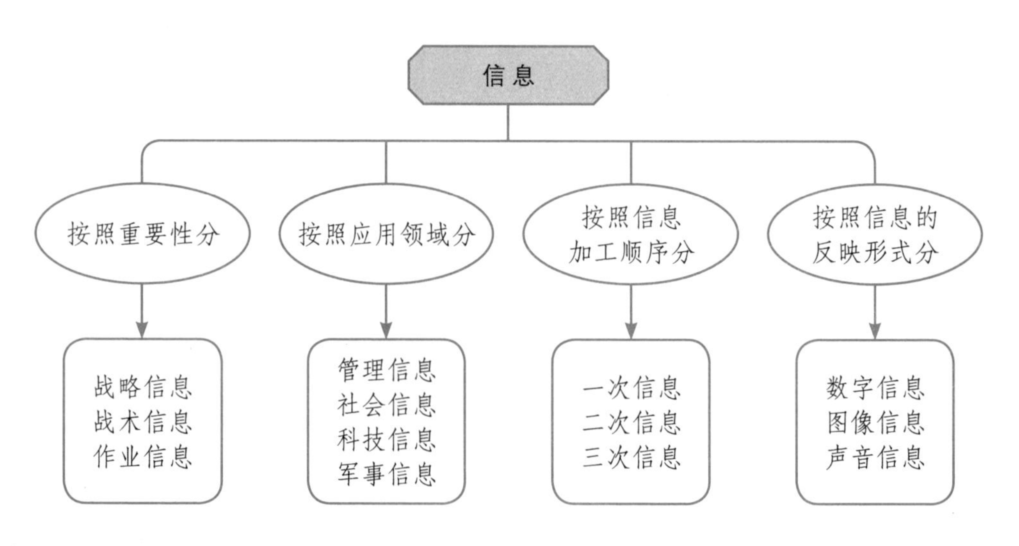

不过，当时驻扎在阿尔及利亚的法国军官们对战争怀有高涨的情绪。所以，当他们听闻这个消息后，对政府的这种决定心存不满，打算进行兵变，以此来反对以和平的方式结束对阿尔及利亚的战争。

由于军队远在千里之外的非洲，当军官们打算兵变的消息传回法国的时候，戴高乐总统虽然焦急万分但也鞭长莫及。后来，他身边的参谋官提出了一个解决此事的办法——向驻扎在阿尔及利亚的法国军队发放上千台简易收音机。

这个主意从表面上看起来和需要解决的兵变毫无关系，所以并未引起军官们的过分关注，也未曾遭到军官们的拒绝。在他们看来，阿尔及利亚地处热带，当地的环境非常恶劣，如果通过收音机能让士兵们收听一下家乡的节目，缓解一下高度紧张的精神也是件很不错的事情。

就在法国政府宣布与阿尔及利亚民族解放阵线开始正式谈判的那天，法国士兵们从收音机里听到了戴高乐的发言。二战期间，戴高乐流亡在外经常通过对外发表广播讲话，指挥法国军民进行反法西斯的斗争。当时距二战结束不久，法国军队中有很多士兵都曾追随他参与过二战。所以，当戴高乐总统用二战时期讲话的语气要求驻阿的法军士兵们忠于自己的祖国和政府，听从自己号令的时候，士兵们非常自然地响应他的号召。在这种情况下，军官们只好放弃了兵变。

不过，博弈中信息的分配并不是完全均等的，参与博弈的各方所获得的信息总是有多有少。“信息的揭露将会导致博弈双方资源配置情况发生变化，并最终改变博弈的结果。”这是诺贝尔奖获得者罗伯特·奥曼经过研究得出的结论。在研究中，他发现假如是在一次性的博弈中，那么在信息上具有绝对优势的博弈者必然会从已占有的信息中获得收益。假如博弈并非一次性，而是持续不断地进行，那么原本在信息方面占有绝对优势的博弈者便会在博弈的过程中将自己所拥有的信息泄露出去，使得信息的不均等状态发生改变，导致博弈者所占有的资源发生变化，最终形成新的均衡。

上面的案例就证明了这一观点。在军官们打算发动兵变的时候，由于士兵们远离法国，信息传播不及时，他们并不清楚事实的真相。于是，军官们传达的信息必然会影响士兵们的行为。这样一来，在军官和戴高乐总统的博弈中，军官们就占据了上风。不过，当军官们打算对此采取措施的时候，便在行动中泄露了自己决定举行兵变的信息。这一信息的泄露使戴高乐总统获得了新的信息，并对此采取了相应的对策，导致博弈中占有优势的一方发生了变化。

因此，就一场博弈而言，作为博弈的重要组成部分的信息，会通过博弈的参与者影响博弈的走向，导致不同结果的产生。

掌握信息的多少影响博弈结果

在博弈中，参与者占有信息的情况必然直接影响到博弈的结果。

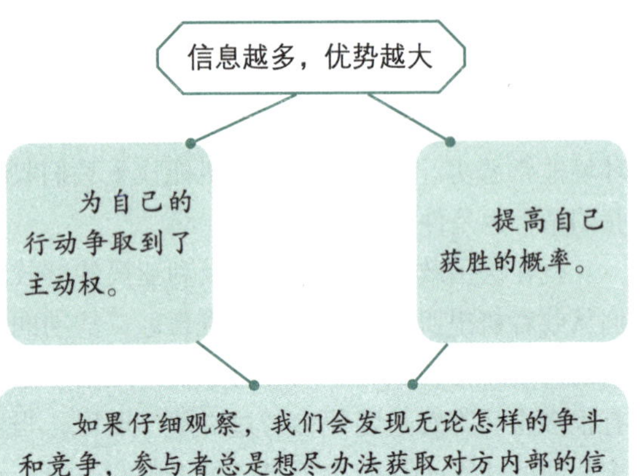

信息就是力量

我们知道，及时、准确地掌握对方的情况无疑是在战争博弈中获得胜利不可或缺的重要环节。俗话说“商场如战场”，信息和情报对于商业竞争者来说是决定成败的关键因素，具有举足轻重的作用。

在欧洲，有一个家族成功地控制着世界黄金市场和欧洲的经济命脉长达上百年之久。这就是罗斯柴尔德家族，而信息和情报的收集便是该家族成功的秘诀。

罗斯柴尔德的三儿子尼桑是这个家族中极具传奇性的人物。尼桑最初在意大利从事棉花、皮毛、烟草等商品的经营，而且在很短的时间内就成为这些行业的领军人物。在尼桑的商业生涯中，最为人们称道的传奇经历就是他在数小时内的股票交易中获取了上百万英镑的收益。

1815年6月19日，发生了关系英法两国前途命运的滑铁卢战役。这场战争对证券交易的最直接影响就是一旦英国获胜，就会导致英国发行债券价格的暴涨。如果法国获胜，那么英国公债将不值一文。

由于战事发生在比利时的首都布鲁塞尔南方，与伦敦相距非常遥远。而且当时已经开始用蒸汽船作为交通工具，但是信息的传递主要还是依赖马匹。人们知道，如果能早一步知道战争的结果，即使只是提前半小时，便可以在证券交易中获得暴利。不过，由于之前的英国已经输掉了几场战争，人们对英国赢得战争并不抱太大的希望。

6月20日，位于伦敦的证券交易所内气氛紧张又凝重。和往常一样，尼桑进入交易所，习惯性地靠在被人们称为“罗斯柴尔德之柱”的廊柱上，一言不发。由于尼桑个人在投资领域的影响力，他的一举一动始终都在交易所内众人的关注之下。交易开始后，尼桑突然开始大量抛售英国政府的债权。其他投资者闻风而动，紧随其后开始抛售自己手中的债权。英国公债的价格的下降如流水倾泻般，一落千丈。就在公债的价格已经跌至最低点的时候，发生了突变，尼桑又开始大量买进英国公债。

交易所中的人都对尼桑的举动感到困惑，他们开始彼此交换着对尼桑行为的看法。就在这时，交易所接到了英国政府对外宣布战胜拿破仑的消息。瞬间，英国公债的价格飙升。证券交易所内一片混乱。再看此时的尼桑，依然沉默着靠着柱子站在那里。就在人们的慌乱中，他已经轻轻松松地发了一笔“横财”。

当时在证券交易所内的人都是投机者，他们很清楚英国公债的行情必然会因为滑铁卢战役的胜负而发生大的起伏。关键就在于如何能比其他人早一步知道准确的消息。不过，由于现实条件的限制，投机者们的消息来源单一，他们只能通过政府的官方发言得知信息。和其他投机者不同，尼桑的信息来源并不是英国政府，而是自己家族的情报网。

罗斯柴尔德家族的势力遍布西欧，为了获取准确和及时的信息情报，这个家族很早便开始着手建立自己的专用情报网。而且，为了建立一个覆盖整个欧洲的情报网，以最快的速度获得最为准确的信息，家族不惜花费重金配备相应的设施。另外，无论是政府和商业的信息，还是整个欧洲社会上的八卦小道消息都是罗斯柴尔德家族情报网收集的内容。

在这样一个广泛又快速的情报网的支持下，尼桑比英国政府早一步知晓战争的结果就不足为奇了。所以，他在交易所内看似毫无道理的行为，其实是事先设计好的。尼桑很清楚自己对其他投机者的影响，于是便先大肆抛售英国公债，给众人造成一种假象，引诱其他投机者跟随自己的行为，导致公债的价格降至最低。此时，尼桑抓住机会快速大量购进，等众人得知官方的准确消息时，尼桑已经稳赚了一笔。可以说，尼桑正是利用了获得消息的早晚，打了一个时间差，让自己在短时间内获得最大的收益。

在激烈的商场博弈中，每个参与者都有获胜的机会。通常情况下，那些抢得先机的商人大多都是收集信息和情报的高手。

隶属于九州的鹿儿岛地处日本南端，常年气候宜人，风景秀丽。“市丸商事公司”是该地区最大的地产开发商。该公司的创始人名叫市丸良一，是一位非常成功的商人。除了地产行业，他所经营的市丸交通公司还是九州地区规模数一数二的汽车出租公司。

最初，市丸良一经营的是自家的酱油铺。当时二战刚刚结束，日本的酱油制造业已经处于饱和状态，规模较大的酱油制造企业几乎垄断了整个市场。而市丸良一的酱油铺不仅规模小，又是家庭作坊式的运作方法，根本不具备市场竞争力。所以生意并不好，只是勉强维持生计而已。

后来，市丸良一考虑到鹿儿岛盛产红薯，而红薯正是生产淀粉的最佳原料。于是，市丸良一决定改行，成立了制作淀粉的市丸产业公司。进入经济恢复期后，人们的淀粉需求量明显增加，政府决定扶持淀粉行业，加大淀粉的供应力度。由于始终没有放松对行业信息的收集，市丸良一在第一时间就获得了政府的这项政策信息。他随即扩大生产规模，依靠着鹿儿岛的农业资源，开始大量生产淀粉。几年后，市丸产业公司发展顺利，成为日本淀粉行业规模较大的企业之一。

在进入经济高速发展以后，人们的生活质量大幅度提高，对淀粉的需求量出现了明显的降低。政府打算控制淀粉业的发展，削减从事淀粉生产的公司。此时，市丸良一早已建立了广泛的信息网。所以市丸良一再一次比同行业的其他公司提早一步获知了该信息。于是，他立即作出更改经营项目的决定。1976年，市丸良一在购买了几辆小轿车后，开始了对汽车出租的经营。两年后，他扩大经营成立了市丸交通公司。到1984年时，市丸交通公司已拥有可出租汽车近百辆，一跃成为九州地区规模最大的汽车出租公司。

市丸良一并没有就此止步，善于捕捉信息、分析经营形势的他发现房产是一项可以带来丰厚利润的产业。他开始修建公寓，并建立起专门的市丸商事公司，从事公寓销售和出租的经营。现在，市丸商事公司已经发展成为九州南部地产行业的龙头企业。

从市丸良一的创业史中，我们不难看出，建立信息网，注重收集商业相关情报是促使他成功地从一个酱油铺老板成为地区性房地产开发龙头的动力和关键。

信息传递有成本

雄孔雀开屏时，尾部带有五色金翠线纹的长羽毛完全展开，流光溢彩，色彩斑斓，十分美丽。不过，雄孔雀艳丽的羽毛不太符合自然界的生存法则，因为羽毛的色彩过于鲜艳不易隐藏自己，容易被天敌发现，过长的羽毛也不利于平时的行动。事实上，在自然界的各类物种中，雄性外表美丽的情况并不少见。这是为什么呢？

根据科学家的研究，在雄性外表美丽、雌性外表一般的物种中，雄性的外表越美丽就意味着其自身的条件越优秀，能够让雌性产下优良的后代。因此，雌性选择自己配偶的标准就是雄性的外表。以孔雀为例，假如一只雌孔雀面前有两只雄孔雀。两只雄孔雀便会展开自己的尾羽，展示自己美丽的外表，以此向雌性传递“我很优秀”这样一种信息。通常情况下，雌孔雀会选择那只尾羽较长、色彩最鲜艳、羽毛最丰厚的雄孔雀作为自己的交配对象。所以说，孔雀开屏是一种求偶信息的传递行为。

不过，艳丽的羽毛在自然界中不利于隐蔽，很容易引起天敌的注意，雄孔雀在向雌孔雀传递信息的同时也有遭到其他动物或是人类捕杀的可能。也就是说，雄孔雀这个传递信息的行为带有一定的风险，是要付代价的。

人类社会中的信息传递行为也是有代价的。商家通过各种传播媒体投放广告就是有偿传递信息的典型例子。

在商家和消费者之间，消费者对产品信息的了解只能通过商家的介绍来获取。所以从博弈信息的角度来说，商家通过媒体投放广告是一种传递信息的行为。同类产品总是存在生产成本和质量上的差异，成本低的产品在某种程度上就意味着质量不高、价格低廉。在消费者不了解产品信息的情况下，价格必然成为消费者选购产品的重要标准。这样一来，质量较好的产品会因为价格因素而被质量较差的同类产品所淘汰。所以，真正了解产品真实情况的商家就有必要通过广告，向消费者传递自己产品的相关信息，最大范围内获得消费者的认同，增强自身在该行业内的竞争力。

但是，无论什么样的广告，都需要商家投入资金。以宣传单式的广告为例，广告设计、纸张、印刷以及散发传单的人员等，每一个环节都需要资金支持。只有这样广告才能顺利地运作起来，实现对信息的传递。

而且随着广告数量的增加，人们渐渐对广告失去了以前的好奇心理，甚至产生了厌恶情绪。为了抓住消费者，商品的基本信息不再是广告向消费者传递的主要内容。现在的广告把消费理念作为传递信息的重点，并以此来引导消费者。这就导致了名人代言广告现象的大量出现。

一个人被称为“名人”，只能说他具有较高的知名度，被很多人所熟知，他的言行会引来众人的关注。不过，这并不意味着他就具有对自己代言的产品进行评判的资格。商家邀请名人代言自己的产品，是为了借助名人对公众的影响力，利用公众的潜意识中对名人盲从的心理，来引导消费者购买自己的产品。商家邀请名人代言某种产品，就意味着要为此付出一笔开销作为代言费。名人的知名度越高，代言费就越高。例如，姚明在进入NBA两年后，通过产品代言广告所获得税前收入就高达1300万美元以上。

对于公众来说，通过这种形式的广告至少可以从中获取商家所传递的3条信息：

第一，商家愿意花费大量的资金邀请名人为该产品宣传，说明商家对该产品极为重视。

第二，名人具有一定的公信度，名人代言某种产品就是商家的一种承诺，表明该产品的质量非常可靠。

第三，该商家资金充足，具有一定的实力，在某种程度上值得信赖。

对于商家来说，这样的广告可以提升自身在消费者心中的地位，同时也能确定自己产品在同类产品中的主导地位，削弱竞争压力，消除一些低档次的产品模仿者。

名人的广告效应

商家邀请名人代言自己的产品，是为了借助名人对公众的影响力，利用公众的潜意识中对名人盲从的心理，来引导消费者购买自己的产品。

名人的知名度越高，代言费就越高。

对于公众来说，通过这种形式的广告至少可以从中获取商家所传递的3条信息：

第一，商家愿意花费大量的资金邀请名人为该产品宣传，说明商家对该产品极为重视。

第二，名人具有一定的公信度，名人代言某种产品就是商家的一种承诺，表明该产品的质量非常可靠。

第三，该商家资金充足，具有一定的实力，在某种程度上值得信赖。

具有实力的商家在尝到这种信息传递的甜头后，就会考虑进一步扩大信息传递的范围。

而且，产品最终的实际收入远远高于前期在信息传递上的投入。商家何乐而不为呢?

具有实力的商家在尝到这种信息传递的甜头后，就会考虑进一步扩大信息传递的范围。于是,“央视‘黄金资源’广告招标总额破百亿”这种情况就出现了。

近些年来，中央电视台在每年的11月份召开有关下一年度黄金时段的广告招标会。《华尔街日报》把这个年度广告招标会称为“品牌奥运会”。一些经济学家甚至把其看做是“中国经济的晴雨表”，认为其中的一系列数据能够反映出我国当年经济增长的总体趋势，并具有一定的市场发展指向作用。

1994年，中央电视台黄金时段广告招标会第一次召开，当年的招标总额是3.3亿元人民币。自2002年至2009年，招标总额逐年递增，从26.26亿元人民币增至92.56亿元人民币，平均增幅都在10%以上。即使受到世界经济危机影响后，在2008年年底召开的2009年度的广告招标会上，招标总额仍比上年增长了12.3627亿元，增幅高达15.4%。2009年经济回暖后，央视广告招标总额的增幅达到了18.47%，突破了百亿元，达到109.6645亿元。而且，参加央视广告竞标的企业数量也在逐年递增，所涵盖的行业范围也在逐渐扩大。

从第一次招标会上孔府家酒以3079万元成为央视广告竞标的“标王”，到蒙牛以3.4亿元人民币成为2010年的“标王”，每一次的央视广告招标会都有一个商家成为该年度的“标王”，他们所付出的广告费从千万元人民币到上亿元人民币不等。

其实，商家完全可以选择在地方电视台投放广告，同样能够达到扩大产品信息传递范围的效果，而且可以节省不少广告费用。既然如此，这些商家为什么要挤破头一定要在央视投放广告呢?

这与名人代言广告的道理一样，央视作为国家电视台，在民众心中的公信度和影响非同一般，播放范围不仅涵盖整个国家，还包括了海外的一些国家。而且，如果商家能在这样的机会中，为了自身产品的宣传一掷千金，这本身不就是对商家实力信息一种最好的传递吗?更何况通常在央视投放广告后，信息传递所带来的效果极为明显。例如，孔府家酒在夺得1995年的“标王”后，这个之前名不见经传的白酒品牌一夜之间传遍了中国。“孔府宴”当年的销售额就达到了9.18亿元，一跃进入了国家白酒行业的前三名。娃哈哈在2001年和2002年分别以2211万元和2015万元获得“标王”后，确立了自己“中国最有价值的品牌”的地位，在2004创下了114亿元的销售纪录。

投放广告只是信息传递诸多方式中的一种，却不是唯一需要付出成本的传递方式。以学历文凭来说，在找工作时，应征者可以通过学历证书向用人单位传递个人受教育程度的信息。而且，学历是用人单位评判一个人是否具有能力的最初标准。

我们大部分人都是从幼儿开始就接受学校的教育，直至成年，涵盖了整个的成长过程。在经过竞争激烈的高考进入大学后，我们还要通过努力才能获得正规院校颁发的学历证书。有的人继续学习获得硕士或是博士学位。在此期间，我们要向学校支付学费、书本费，我们所有的吃穿用都是为获得学历而需要提前支付的成本。

除此以外，证明我们掌握了某种行业技能的资格认证书，以及商家在出售上平时提出的“包退、包换和保修”证明，这些都是需要付出成本的信息传递方式。不过，从上述的例证中我们可以看出，需要付出成本的信息传递可以增强信息的效用。所以，在一定条件下，在信息传递中投入成本是非常必要的。

教育投资是信息成本

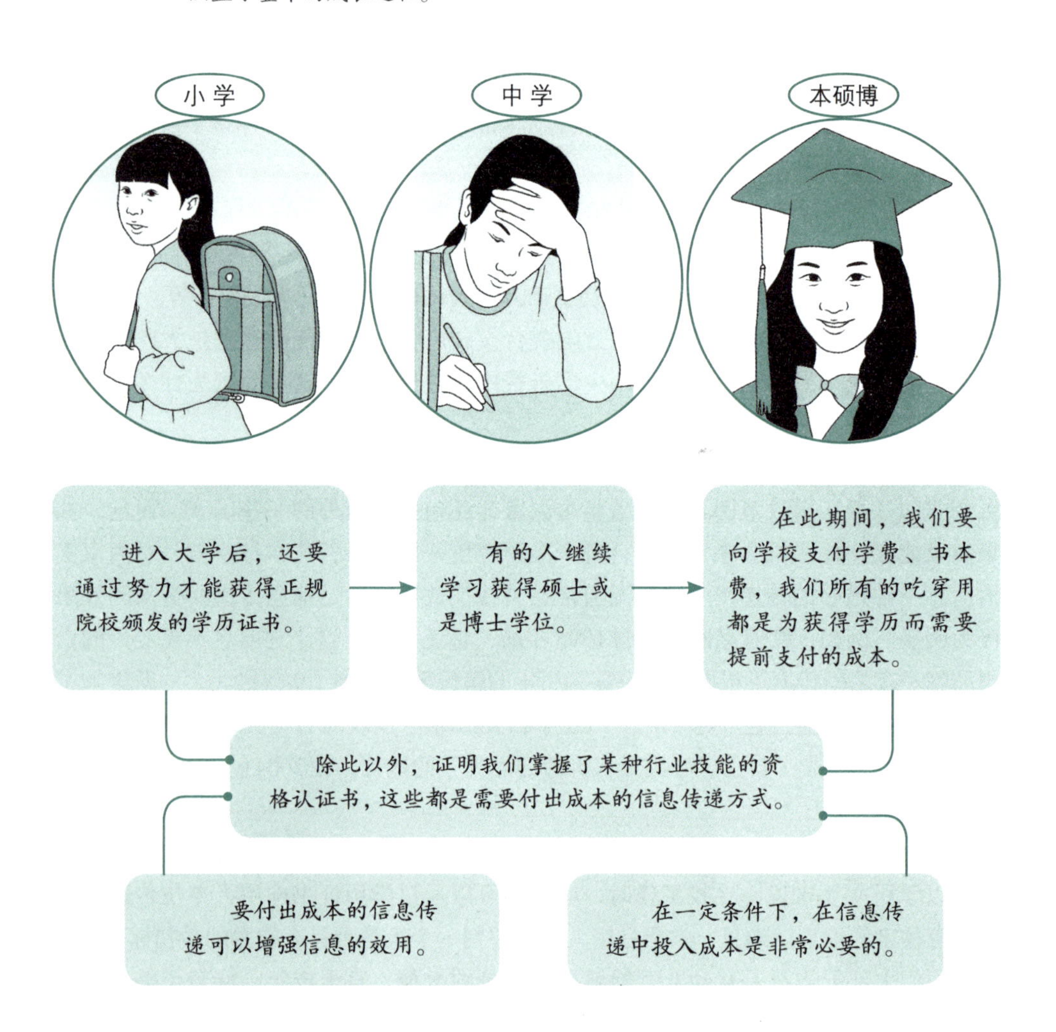

一字失战机

在商业街上有一家经营砂锅面的小面馆，因为砂锅面做得口感好，分量又足，所以每到吃饭时间就有很多人前来就餐。有时候，等着吃面的人甚至在店外排起了长队。后来，在这家小面馆旁边又开了一家面馆，想从小面馆丰富的客流量中分得一杯羹。结果事与愿违，小面馆门前依然客流如潮，旁边的这家面馆门前却是冷冷清清，很少有人光顾。

这天，有位先生来到小面馆后发现排队吃饭的人太多。考虑到时间关系，他决定到隔壁的面馆里就餐。这位先生发现这家面馆不只做面，还有各种口味的砂锅米粉。于是，他点了一份米粉，味道还十分可口。他便问面馆的老板："你们家既然有味道这么好的米粉，为什么要叫作面馆呢？"面馆老板一听，恍然大悟，立刻把店名改作米粉馆。没过多久，米粉馆的客人越来越多，生意也越做越好了。

在前面章节的论述中，我们了解到刻意散布错误的信息，会干扰对手的决策，使自己获益。假如我们在传递信息中出现了失误，传递了错误的信息，那么就会对自己造成损失。故事中米粉馆的老板就出现了这样的失误。

在这个故事中，米粉馆的老板把饭馆的名字叫作面馆，是一种"沾光"的心理，想借助人们对隔壁小面馆砂锅面质量的青睐给自己的生意带来固定的客源。但是，他忽略了一点：小面馆经营的砂锅面在得到了大量顾客的青睐后，"面馆"已经在很多顾客心中形成了确定的指向性。也就是说，小面馆砂锅面的质量已经得到很多顾客的认可。即使隔壁也是面馆，也做面，人们还是在小面馆门前排队等着就餐。

而且，饭馆的名字本身就是一种信息，人们有时候可以从名字中获知饭馆的经营范围。例如，人们看到"兰州拉面馆"，就知道拉面是这家饭馆的主要产品。从故事的后半部分我们得知，除了面食，这家饭馆还经营有砂锅米粉。所以，米粉馆老板把自己的饭馆起名叫作面馆就造成了向顾客传递信息的失误。

后来，在名字改为米粉馆后，既有别于小面馆，也通过店名向顾客传递了"主营产品是米粉"的信息。这样一来，就引起了顾客的注意，形成了自己独特的客源。加之产品的质量很好，生意自然就火暴起来了。

米粉店的老板在信息传递失误后，通过改名的补救措施，挽回了之前造成的损失。但是，有些因信息传递错误而造成的损失则是无法挽回的。

博弈是一个非常复杂的过程。博弈信息在传递的过程中存在着很多不确定的突发状况，也会受到各种因素的影响。一旦信息传递出现了失误，无论所造成的损失是否可以挽回，都将会影响到我们已掌握的博弈优势，甚至导致博弈结局出现变化。所以说，我们只有从源头上进行控制，努力提高信息传递的成功率，才会可能避免这一情况的发生。

让别人领会你的信息

奥斯卡影帝阿尔帕西诺曾经主演过一部名叫《闻香识女人》的电影。在这部电影中，他饰演一位美国陆军中校，史法兰中校。他曾经跟随着巴顿将军，南征北战，经历了太多战火和生活挫折的洗礼。后来，史法兰中校因为遭遇意外，导致双目失明，就此离开了军队。

由于失去了视力，使史法兰中校的听觉和嗅觉变得异常敏锐。加之长期的失明让他对生活有了更深的领悟，以至于他从女性所涂抹香水的味道中，就能确认对方的身高、体型以及头发和眼睛的颜色。

史法兰中校之所以能够只凭借香味就作出判断，就是因为他知道香水是女性展现自我的一种方式。女性通常都比较感性，她们往往希望借香水的味道，来向外界传递自我个性和心情等方面的信息。

如果说香水是能够传递女性个人信息的信号，那么在我们的生活中还有很多这种带有标志性的信号。其中，商家的口碑和商标品牌就是这种标志性信号中最具有代表性的例子。

国美电器以“质量好，价格便宜”，在消费者中树立了良好的商业口碑。随着这种口碑在消费者观念中的形成，“国美电器”也就成为一种具有传递信息的功能的品牌商标。例如，樱花牌抽油烟机，长年向购买自己产品的消费者免费提供更换的油网。这就是在向消费者传递这样一种信息：该产品具有优良的售后服务。消费者可以放心使用，不必为过滤油网难以清洗而发愁。对于消费者来说，这就是一种具有标志性的信号。

商家的这一做法就是我们常说的口碑营销。与充斥在各种媒体上的广告不同，口碑和品牌是一种潜移默化的宣传。广告无疑是“老王卖瓜，自卖自夸”，但是，商家在经营过程中所积累起来的口碑，以及由此树立起来的商品品牌则是“酒香不怕巷子深”，所传递的信息也更容易被消费者接受。

为什么会产生这样的效果呢？我们知道每个人都有自己的人际关系网。产品的口碑正是利用这种人与人之间的信息交流，实现了信息的传播。所谓“一传十，十传百”，商品的信息就这样以辐射状在消费者中扩散开来，形成了信息最大幅度的传播。

在国内市场中，运用口碑营销最为成功的企业就是青岛的海尔公司。我们知道海尔品牌以优质的售后服务著称。那么，海尔的售后服务能做到哪种程度呢？

在福建的福州，有一位先生在海尔的专营店购买了一台洗衣机。在保修期内，洗衣机出现了故障。但是，当地的售后维修部门技术有限，无法彻底解决洗衣机存在的故障。于是，这位先生抱着试试看的态度，直接向海尔总部打了电话，希望能够尽快解决问题。

让这位先生大感意外的事情发生了。在打过电话的当天，海尔总部派来的高级

传递信息功能的品牌

国美电器以“质量好，价格便宜”，在消费者中树立了良好的商业口碑。国美电器成为一种具有传递信息功能的品牌商标。

品牌

- 对于消费者来说，这就是一种具有标志性的信号。
- 商家的这一做法就是我们常说的口碑营销。
- 与充斥在各种媒体上的广告不同，口碑和品牌是一种潜移默化的宣传。

广告无疑是“老王卖瓜，自卖自夸”，但是，商家在经营过程中所积累起来的口碑，以及由此树立起来的商品品牌则是“酒香不怕巷子深”，所传递的信息也更容易被消费者接受。

每个人都有自己的人际关系网。

产品的口碑正是利用这种人与人之间的信息交流，实现了信息的传播。

所谓“一传十，十传百”，商品的信息就这样以辐射状在消费者中扩散开来，形成了信息最大幅度的传播。

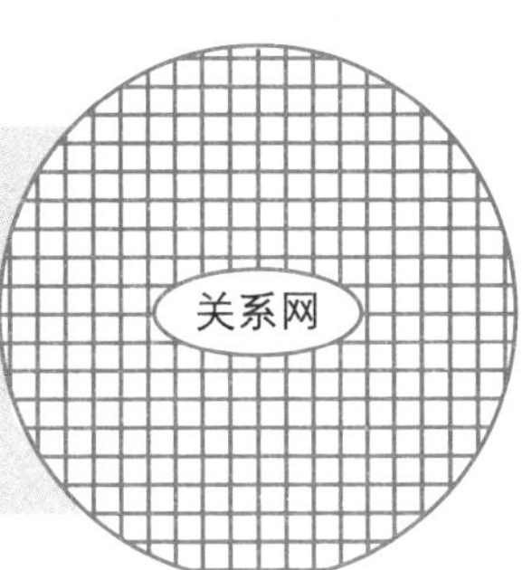

维修技师就敲响了他家的大门，为他提供免费的维修服务。原来，海尔总部在接到他的电话后，就立即调配驻守在总部的维修技术人员前往机场，搭乘最快的一班飞机，直飞福州。

这位先生在了解到真相后，大为感动。当即表示，就凭海尔如此优质的售后服务，以后自己还会购买海尔的产品。后来，这位先生只要听说亲戚朋友要购买家电，就把自己的这段经历讲给他们听，极力推荐海尔的产品。

商家在运营的过程中，总是要计算自己所付出的成本。就海尔这次的维修服务来说，无疑付出了很高的成本。但是一次高成本的维修服务，不仅没有对企业造成损失，反而为企业树立了更好的品牌形象，获得了更多的潜在消费者。

标志性的信息营销

对于消费者来说，能够以最便宜的价格买到称心如意的商品是最具吸引力和杀伤力的。

所以，“天天平价”这条信息就成了一种标志性的信号，告诉顾客自己超市中的东西价格比较便宜。

1分 1分 1分 1分 1分 1分 1分 1分 1分

作为世界上最大的零售超市，沃尔玛采用商品轮流打折的策略。

于是，“帮顾客节省每一分钱”的经营宗旨便悄悄地在消费者的观念中扎下了根。

再加上消费者人际交往中的信息流通，到超市中消费的顾客就会越来越多。

这样，口碑营销的策略便得到了成功的实施。

在某超市的结账清单上，印有这样一句话："天天平价，始终如一。"这句话就是该超市口碑营销策略的具体表现。

对于消费者来说，能够以最便宜的价格买到称心如意的商品是最具吸引力和杀伤力的。所以，"天天平价"这条信息就成了一种标志性的信号，告诉顾客自己超市中的东西价格比较便宜。作为世界上最大的零售超市，沃尔玛采用商品轮流打折的策略，让消费者只要进入超市，就发现总是有商品在打折，在以低于产品市值的价格进行销售。

于是，"帮顾客节省每一分钱"的经营宗旨便悄悄地在消费者的观念中扎下了根。长此以往，只要消费者打算购买某件商品，就会自然而然地把沃尔玛超市作为自己的第一选择。再加上消费者人际交往中的信息流通，到超市中消费的顾客就会越来越多。口碑营销的策略便得到了成功的实施。

当然，这种营销方式并非零成本。它需要商家在前期投入资金保持产品质量的长期稳定。还要投入大量的时间，等待产品口碑在消费者观念中的形成。一旦自己的产品形成了良好的口碑，那就是一本万利的买卖。不过，传递这种带有标志性的信号也是一项需要长期坚持的工作。否则，之前所有的努力便会付诸东流。

信息不对称

宋代高僧圆悟克勤大师跟随在五祖法演的左右，悟道多年，略有所成，但始终并未达到自性的阶段。

这天，五祖法演为了向一位辞官归乡的官员解释"祖师西来意"所蕴藏的含义，引用了一首艳诗的后两句：

频呼小玉元无事，只要檀郎认得声。

这位官员听了五祖法演的解释后，便陷入了沉思。同时，站在五祖法演旁边的圆悟克勤也在思考他所说的这两句诗的用意。

这两句诗的本义是一个女子想让自己的情郎知道自己的所在，又不便直接告诉对方。于是，这名女子便通过呼唤"小玉"的声音来传递信息，让"檀郎"知道自己的位置。而五祖法演借用这句诗是想表达这样的意思：对禅语的理解不能停留在表面上，重要的是要领悟禅语表面意义所表达的言外之意。

后来，圆悟克勤在五祖法演的指引下，以此诗句为契机，终于开悟，并把自己的所悟作成了一首悟道偈：

金鸭香炉锦绣帷，笙歌丛里醉扶归。

少年一段风流事，只许佳人独自知。

克勤这首诗中的"檀郎"指的是芸芸众生，而佳人指的则是佛祖。他表达的意思是情人之间的情感和参禅悟道是一个道理。檀郎与佳人之间的缠绵情事也只有两人自己知晓。众生一旦领悟到了佛祖想要表达的含义，其中的奥妙也只有参悟者才能体会得到。

这是禅宗历史上非常有名的一件公案。如果我们把圆悟克勤的领悟放进博弈论的范畴中，那么这段“如人饮水冷暖自知”的“少年风流事”就是博弈中的私有信息。

我们知道，在博弈中存在着各种各样的信息，仅就博弈者占有信息的情况来说，可以大致把信息分为两类：一类是所有博弈者都知晓的公共信息，还有一类就是上文中所提到的，博弈者“自知”的私有信息。对于博弈的参与者来说，私有信息所产生的最大影响便导致了信息不对称情况的出现。

我们知道，有很多大学生想在毕业后到国外的大学读研究生，继续深造。假如一个中国学生向美国的斯坦福大学提出了就读经济学研究生的申请。面对这份申请，斯坦福大学不可能派专人远渡重洋，到中国了解这名学生的实际学习态度、学习能力等情况。所以，它只能通过相关学者或是教授的推荐信、本科四年的平时成绩单以及TOFEL和GRE考试的成绩单，对是否录取这名学生作出判断。而那些斯坦福大学了解不到的信息，只有该学生本人自己清楚。所以，这也是信息不对称的情况。

由于这种信息量的不对称，导致了另一种概念的产生，这就是“委托代理关系”。这种关系是“在市场交易中，处于信息劣势的委托方与处于信息优势的代理方，相互博弈达成的均衡，通过合同反映出的关系”。

简单地说，由于信息量多少的不对称，占据信息量多的人便拥有信息上的优势，占据信息量少的人自然处于劣势。于是，掌握信息少的“不知情者”委托掌握信息多的“知情者”从事某种活动时，就形成了委托代理关系。这是一种针对信息不对称状况进行交易所形成的关系。

这种委托代理关系在我们实际生活中的应用十分广泛。例如，产品生产厂家与经销商相比，经销商更了解消费者的心理和需求。所以，生产商委托经销商出售自己的产品。再例如，在西方国家的竞选中，选民和候选人之间也存在一种委托代理关系。选民对政府机构具体运作的信息知之甚少，而那些候选人则熟悉政府的运作流程。选民选择与自己观点相近的候选人，委托候选人实现自己对政府的要求。不过，这是一种委托代理关系并未形成书面合同或是协议，是一种隐含的委托代理关系。

除了这种由于独占信息多少而造成的信息不对称外，还有一种信息不对称的情况是由于博弈一方隐藏起自己真实信息造成的。这种情况在信息经济学中，被定义为“隐蔽信息”。具体来说，就是在某种特定的条件下，让对方无法了解到自己的行为以及行为趋势，无法据此作出准确的判断。隐蔽信息主要分为两部分，一部分是隐蔽特征，另一部分是隐蔽行为。

“隐蔽特征”一般来说指的是现状，就是已经存在的事实。它也是一种信息，只不过具有现存事实的特征。例如，某件产品存在一定的缺陷。商家刻意隐瞒了这一信息，继续出售该产品，而消费者则对该产品的缺陷一无所知。那么，对于消费者来说，该产品的这个缺陷就是“隐蔽特征”。像上文中所说的求职者的能力、学生的学习态度和能力等都是“隐蔽特征”。

“隐蔽行为”则指的是事后才出现的行为。举例来说，遵纪守法、廉洁奉公是每一个公务员上岗前所立下的誓言。但是，国家为什么还要设置专门的监督机制呢？这是为了防止公务员违背誓言从而做出以权谋私的违法行为。对于公务员来说，不符合规定的行为就是“隐蔽行为”。此外，求职者在被用人单位录用后，欺骗老板、

博弈中信息少导致策略不确定性

博弈中，掌握的信息越少，就会导致策略不确定性的增加。

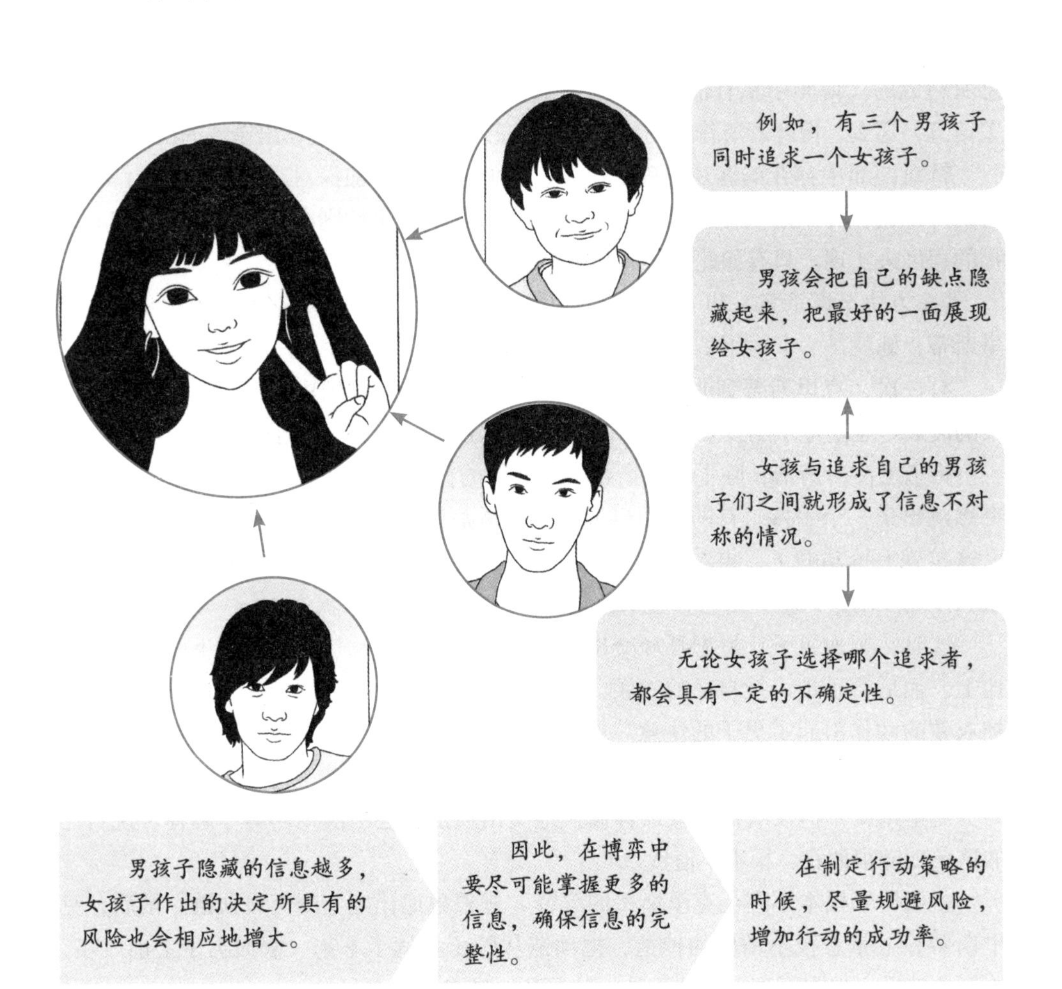

损公肥私等行为都属于这个概念的范畴。

在博弈中，我们需要依据信息多少来制定行动策略。掌握的信息越多，越有利于博弈者制定准确的策略。

私有信息

在博弈中，只要存在信息不对称的状况，就意味着存在私有信息。而信息的独占性会给博弈过程带来某种程度的不确定性。对于博弈者来说，这种不确定性必然会对博弈者的具体决策造成影响。

根据博弈中不确定性的存在状况，我们可以将其大致分为客观和主观两种性质。

客观不确定性很好理解。这种不确定性在博弈中出现的原因是博弈中存在的客观事实或是客观事物本身具有不确定性。而博弈中的主观不确定性主要是由私有信息所造成的。博弈中私有信息的存在，必然会导致博弈者无法全面掌握博弈中的相关信息，那么，博弈者所作出的判断就有可能存在偏差，甚至作出错误的决策。

针对博弈中存在的客观不确定因素，我们可以通过加深对客观规律的了解，来达到降低博弈中的客观不确定性。但是，主观的不确定性则必须通过减弱信息不对称的程度来实现。只有如此，才能在博弈中作出正确的决策。

《东方快车谋杀案》和《尼罗河上的惨案》的作者是英国著名女作家阿加莎·克里斯蒂，她就是一个运用私有信息作出正确决策的高手。

有一次，克里斯蒂到朋友家中参加宴会。当她从朋友家中离开时，已经是第二天的凌晨。她拒绝了朋友要开车送自己回家的好意，自己一个人回家。

街道上冷冷清清，除了克里斯蒂没有其他的行人。就在她走到一栋高楼附近时，突然跳出来一个手持匕首的蒙面男子。克里斯蒂见状，并没有惊慌失措。她明白自己这是碰上抢劫的了，再看了看周围的环境，应该是没有办法安全脱身。于是，她站在原地没动，只是让自己看起来像是被吓到了似的。

这时，蒙面男子让她把耳环交出来。克里斯蒂没有反抗，立刻摘下耳环，放在地上。而后，她扯了扯自己的衣领，并请求蒙面男子让自己离开。不过，克里斯蒂扯衣领的动作引起了男子的注意。他发现克里斯蒂的脖子上还戴着一条项链，便威胁克里斯蒂把项链也交出来。

克里斯蒂不但没有像上次那样痛快地交出项链，还不断地向男子解释，说自己的这条项链很便宜，根本不值钱。

蒙面男子根本不理会克里斯蒂的解释，恶狠狠地让她立刻交出项链。最后，克里斯蒂脸上带着极不情愿的神情，把项链从脖子上摘了下来。蒙面男子上前一步，抢下项链后，根本不理会还放在地上的耳环，转身就离开了。

直到蒙面男子不见踪影后，克里斯蒂紧张的神经才放松了下来，长出了一口气。

她兴奋地把地面上的耳环捡起来，紧紧地握在手里。

其实克里斯蒂的项链并不值钱，买的时候只花了几英镑，而她的耳环则是价值几百英镑的钻石制品。克里斯蒂刚才的所作所为都是为了保住自己的耳环。她故意扯了扯自己的领子，吸引蒙面男子的注意力，让他误以为克里斯蒂是想隐藏更有价值的首饰。而且，克里斯蒂在交出耳环时的痛快和交出项链时的不情愿形成了强烈的反差。这种反差更坚定了蒙面男子的认知：项链最值钱。于是，男子抢走了廉价的项链，而克里斯蒂也保住了自己的耳环。

从古董商买猫看私有信息对博弈结果的影响

有一位古董商人，看到一只小猫面前盛猫食的碟子非常珍贵。古董商断定猫主人肯定不知道这只茶碟的价值。于是，他找到猫的主人，表示自己非常喜欢这只猫，想高价买下。猫主人欣然地答应下来。古董商付完钱后，向主人提出了附赠茶碟的要求。这个要求却被猫主人一口回绝，他笑道："就是因为这个茶碟我不知道卖出去了多少只猫，怎么可能送给你呢？"这就是古董商买猫的博弈。

如果站在博弈论的角度来说，对方是男子，手中还有凶器，再加上周围空无一人的环境，这些因素让克里斯蒂在这场博弈刚开始的时候就完全处于劣势。但是，克里斯蒂掌握了私有信息，也就是"耳环很值钱，项链很便宜"，而蒙面男子并不知道这一信息。于是，在她和蒙面男子之间就形成了信息不对称的状况。这使得克里

求职招聘中的信息传递

在现实的招聘过程中，求职者从用人单位那里获得的信息量远远少于自己向其传递的信息量。这一现实情况使用人单位在这场博弈中占据了主动，向用人单位传递怎样的信息，如何传递自身的信息就成为了求职者在博弈中取胜的关键。

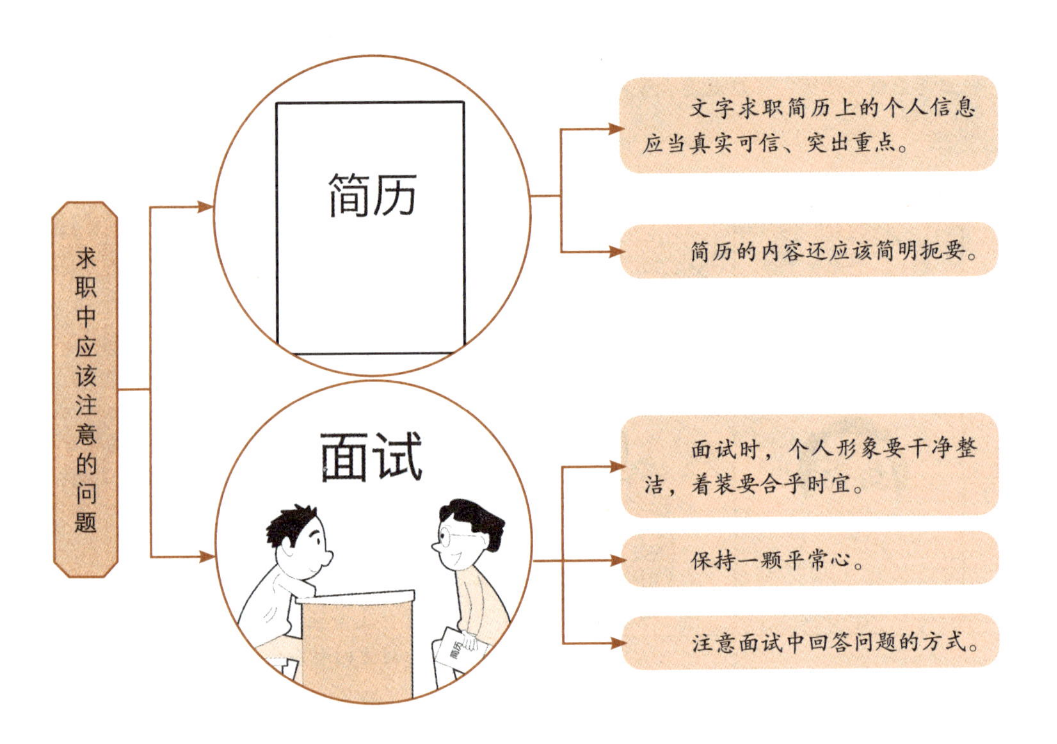

求职者想赢得这场博弈对决，除了不断增强自己的实力外，还要学会用恰当的方式向对方传递合适的信息，只有这样才尽可能减少不必要的失误，避免暴露自己的缺陷和不足，为自己争取更多的主动，创造获胜的条件。

斯蒂在这场博弈中获得了一定的主动权。而后，她又根据这条私有信息制定出策略，通过“扯衣领”这个机智又大胆的举动，向蒙面男子充分传达了“耳环不值钱，项链很贵”的错误信息。对于蒙面男子来说，他当然不清楚项链和耳环的真实价值，又受到了克里斯蒂的误导，所以才会作出弃耳环取项链的错误决策。

最终，克里斯蒂根据私有信息，制定出正确的决策，并通过自己的聪明才智和过人的胆识，保住了耳环，也让自己摆脱了危险。

事实上，这种利用私有信息的现象十分普遍，在我们的实际生活中随处可见。

有这么一位刚从高校毕业的女硕士，在校时学习的是酒店管理专业，她觉得自己的学历水平还算不错，肯定能找到一份非常称心的工作，于是就把自己求职目标定得比较高。不过，事实出乎她的意料，应聘的结果很不好，在她看来肯定会录用自己的单位，最终都拒绝了她。

面对这种情况，她考虑了很久，决定换一种应聘方式。她重新制作了一份求职简历，把自己的高学历隐藏了起来，到一家酒店应聘大堂的服务员。当然，这份工作对她来说实在是太简单了。不过，她工作得十分认真。而且，在酒店接待外国贵宾的时候，她用流利的外语以及优质的服务获得了客人的一致好评。这些都被她的上司看在眼里，给她升职，做了大堂领班。

在升做领班后，她在调动工作人员以及大堂的管理工作上都有不俗的表现，甚至还针对酒店中的管理漏洞提出成套的解决方法。她的工作成绩引起了酒店高层的注意和疑惑。直到酒店老板亲自召见她的时候，她才亮出了自己的硕士学位证书。很快，她就由大堂领班直接进入酒店的管理层，得到了自己原本想应聘的经理一职。

女硕士和用人单位之间也存在着信息的不对称。女硕士虽然顶着硕士头衔，但是用人单位却无法确切地了解到女硕士的真实工作能力，再加上女硕士制定的标准太高，从而导致了女硕士无法找到称心的工作。

女硕士最聪明的一点就是在隐藏了一部分自己的真实信息后，以一种低姿态获得工作。对于公司来说，既没有弄清楚女硕士的基本信息，也不了解她的真实实力。而女硕士在获得工作后，则可以实现与酒店的零距离接触，了解酒店真实、具体的情况。

此时，在女硕士与酒店的这场博弈中，就形成了几乎是绝对的信息不对称。女硕士几乎完全掌握了博弈的主动权，占据了上风。于是，在接下来的博弈中，深藏不露的女硕士所传递出的信息不断地让酒店感到惊喜和意外。而女硕士最终能赢得博弈，进入管理阶层，得到自己预先想得到的工作也就不足为奇了。

在博弈中，私有信息会在无形中给博弈者带来意想不到的麻烦，让人防不胜防。但是，由上面的这些案例中，我们不难看出，私有信息同样也可以帮助我们制定正确的、适合当前博弈状况的行动策略。私有信息对制定策略的重要性由此可见一斑。

公共知识博弈

公共知识的概念最早是由美国逻辑学家刘易斯提出的，后经逻辑学家辛迪卡和博弈论专家奥曼等人的发展，到今天已成为逻辑学、博弈论等学科中常用的一个词。

公共知识是相对于某一个群体而言的，此时要分析的是每个理性的人组成的群体的知识分布情况，一个群体与另外一个群体之所以不同，就在于他们拥有不同的公共知识。

那么什么是公共知识？

假定一个人群只有甲、乙两人，他们都知道某件事T。我们可以说，T是甲的知识，也是乙的知识。但是，T在这时候还并不是他们两人的公共知识。当甲、乙双方都知道对方知道T，而且他们都知道对方知道自己知道T。只有这样，T才是甲、乙两人之间的公共知识。

反贪人员与贪污人员之间的博弈

反贪人员是如何应对这些贪污人员的呢？

如果反贪人员知道，腐败分子不知道自己的行为被知道的话，反贪人员以为腐败分子不会跑，而不会做出防止逃跑的某种行动。

如果腐败分子知道反贪人员知道自己的行为被知道的话，反贪人员会相应地做出防止腐败分子逃跑的行动。并想方设法获取足以抓捕腐败分子的有效证据。

比如，小王买了一套房子。这件事甲和乙两人都知道，而且两人都知道对方知道小王买房的事。那么小王买房的事就是甲和乙的公共知识。

在日常生活中，许多事实是公共知识，如："地球是圆的"、"人类是猿类进化而来的"，这些所有人都知道，并且所有人知道其他人知道，当然其他人也知道别人知道他知道……那么这些事就是群体的公共知识。有许多知识只有一些人知道，比如科学家知道的知识有许多是我们不知道的，那么这个就不是公共知识。

在博弈中，"参与者是理性的"是最低限度的公共知识要求。因为这是博弈的前提——当然也是我们推论的假定前提。而且也只有这样，才能有公共知识这一概念。试想一下，如果参与者不是理性的，那就意味着他不一定知道所有人都知道的公共知识。

社会上总有一些人群有共同知识，比如老师和学生。

韩愈说："师者，传道授业解惑也！"每个人都有老师，且不同阶段有不同的老师。小学、中学以及大学都有不同的老师，就算走上工作岗位了，还有带你上路的"师傅"……在同一时期，还有教授不同知识的老师，如语文老师、英语老师……那么教师和学生的知识结构有什么特点呢？

学校的老师和学生之间有公共知识。其中学生在老师的教授下学到的知识就是公共知识，为什么这样说呢？

老师知道学生们知道自己拥有学生们想要学习的知识，学生也知道自己的老师知道自己想学的那部分知识，所以某些知识是老师和学生之间的公共知识。这个公共知识我们用A来表示。

学生除了自己学习的知识以外，还有很多知识是不知道的，老师也知道学生不知道除了大纲要求之外的其他一些知识。那么对这一问题的认识也是老师和学生之间的公共知识。也就是说，"学生对某些知识是不知道的"是师生之间的公共知识，我们用B表示这一公共知识。

老师站在讲台上教授知识，学生坐在课桌前学习知识，正是因为上述两个公共知识的存在形成的。这两个公共知识的存在使得"教——学"构成了一对博弈均衡。

当然了，这样的均衡也有被打破的时候。这种被打破包括两种情况：一是A不是公共知识，可能是学生或社会不知道老师具备这些知识，也可能是因为老师不具备作为老师应掌握的某些知识。也就是说，老师"知道某些要求的知识"没有成为学生的公共知识，这个老师便是不合格的老师，此时的"教——学"均衡也就不存在了。二是通过一定时间的学习，老师将学生想要学习的知识传授给了学生，学生不仅掌握了老师讲授的东西，而且自己还学了一些其他的东西。那么这时的"教——学"之间的均衡也会被打破。

如何甄别信息的真假

我们究竟怎样才能去伪存真，在其中找到最珍贵最真实的信息呢？简单说来，我们可以从以下3个方面入手：

不要只看虚的言辞，要看真实的一面。我们日常生活中，老百姓常说“别看广告看疗效”，虽说这是一句大白话，但是所体现出的却是真理。

学会通过交流获得自己所需要的信息。通常情况下，我们获得的信息未必全面。而交流不仅可以扩充信息量，而且能够得到一些参考信息。

对一些信息要主动进行查询。有些信息隐藏得非常浅显，我们一探便知。有些信息则隐藏得较深，这就需要我们剥掉包裹在信息外的伪装。

解读信息是为了了解信息内所包含的真相，了解更多真实有效的信息。对于博弈来说，信息的解读在某种程度上决定着博弈的成败。因此，解读信息是博弈过程中必不可少的关键步骤，绝不可轻视。

甄别真假信息

博弈中的信息需要甄别，而甄别信息最有效的方式就是设计最有效的甄别机制。准确的信息甄别机制能帮助人们作出正确的判断，避免被错误的信息迷惑。

例如，有几家公司参与一项工程的竞标。招标方就应当设计一套合理的信息甄别机制，从而获取参与竞标公司的真实信息，并加以甄别。假如竞标者中有个别公司隐藏了自己的真实情况，或是竞标者根本不具备竞标资格，只是想获得这份工程后再转给其他公司，自己从中获利。那么，招标方的信息甄别机制就可以把这类竞标者筛选出来，为竞标成果提供保障。

在每个博弈过程中，信息的情况都千变万化。所以，信息的甄别机制也应随着博弈信息状况的变化而变化。只有好的信息甄别机制，才能筛选出对自己最有利、最有效的信息，使自身行为获得最大的效益。

1877年，山西遭受了百年不遇的旱灾，加之官府的抗灾不力，地里的庄稼几乎颗粒无收。于是，山西的晋商们决定依靠自己的力量救助乡里。在山西榆次，常家作为大家族，自然不能置身事外。在赈灾过程中，常家除了拿出几万两银子作为赈灾资金，还召集灾民在自家的破祠堂中盖起了戏楼。

当时，每家每户受灾的情况不同。条件好一些的人家，还有些存粮，暂时还能解决温饱问题。条件差一些的人家则已经没有吃的了。然而，常家自身的财力也是有限的。所以，为了能够在有限的资金下，救助一些真正需要救济的灾民。常家对外宣布，只要在常家戏楼的工地上做一天工，常家就负责一天的伙食。就这样，这栋戏楼一盖就是三年，一直持续到旱灾结束。

事实上，常家召集灾民盖戏楼就是一种信息甄别机制。假如常家只是搭设粥棚，向乡亲们施舍粮食，那么就会有一些受灾不是太严重的人也去凑热闹，领取救济。修建戏楼的工作必定不轻松，那些尚能顾及自身温饱的人自然不愿意通过干重活来获取食物。但是对于那些挨饿的灾民来说，只要能获取食物，干点儿重活也是甘之若饴的事。那些自愿前来做工的人，多半是真正需要救济的人。这样一来，常家就提高了自身救济行为的有效性。

好的信息甄别机制能够帮助我们甄别、获取最有效的信息，使我们行为的效用得到最大程度的发挥。常家就是因为找准了甄别信息的标准，这才制定出了合适的甄别机制，提高了自身救济灾民行为的有效性。同样，不好的甄别机制自然就会收到相反的效果。

我们常说，要通过表象看本质。但是，我们常常被表象所迷惑，所得到的信息自然无法接触到事实的本质。这样一来，我们就无法制定出有效的甄别机制。

其实，信息甄别机制的应用十分广泛。例如，现在很多高校为了解决经济困难的学生，设立了资金补助。通常情况下，这类补助金需要学生向校方提出申请，经校方批准后，学生就可以领取。但是，有些家境尚可的学生竟然编造个人的家庭信息，目的只是获取这些额外的资金补助。

针对存在的这一问题，一所大学在学生家庭基本信息的基础上，设计实施了这样一种策略：通过学生饭卡的消费情况来决定补助金的发放。比如说，如果一个学生每个月在学校食堂吃饭的次数高于60次，平均每顿饭的花销不超过3块钱。那么，学校就会结合该学生上报的家庭基本信息，来确定该学生是否具有发放补助金的资格。

可以说，该学校校方的做法与常家的做法有异曲同工之妙。学校最大程度地发挥了补助金的效用，让一些家庭情况不好的学生得到了真正的帮助。

所以，制定信息甄别机制要就事论事，具体问题具体分析，确定准确的信息甄别标准，设计制定最合适的机制，这样才能达到自己的最终目的。

权威也会出错

在生活中，有时会出现这样的情况：当面对某些问题，或是某些事情，抑或是某种状况，需要作出选择或是决定的时候，我们会不知所措、无所适从。这个时候，我们总是希望能够得到一些指导性的帮助，尤其是某些专家或是某种权威所提出的、具有指向性的建议。

专家之所以被称为专家，权威之所以被称为权威，是因为与普通人相比，他们占有的信息更多，或是处理某方面的信息的能力更强。这使他们的观点更具有针对性和价值。要注意的是，他们这种对信息的占有和较强的能力也只局限于某一个领域。也就是说，在自己所擅长的领域内，他们能够提出比常人更有见解的意见。

但是，这不意味着这些专家和权威们在自己擅长的领域就不会犯错误。他们是人，不是神，同样也会犯错。只不过就犯错误的概率来说，与普通人相比，专家犯错的概率比较小，或是所犯的错误太小，可以忽略不计。不过，在通常情况下，我们总是会受到“专家”或是“权威”这种光环的迷惑，忽略了他们也会犯错这一点，导致盲从行为的产生。

针对这种情况，我们应该学会思考，学会质疑。要知道，适当的怀疑是必要的。因为信任和听从应该有一定的标准和判断，否则就要付出惨痛的代价。

在一片森林中，狮子是所有动物的头领。这天，狮子病倒了。它发出号令，要求每天都要有一个动物来看望它。如果不按照它说的做，将会遭到狮子强烈的报复。森林里的动物们得到消息后，慑于狮子的恐吓，都不敢违背它的命令。于是，动物们便按照一定顺序，轮流前往狮子居住的山洞。

就这样过了一段时间，狐狸发现其他动物只是在轮到自己的时候，就自觉地到狮子居住的山洞去探望。但是，这些前去探病的动物们后来怎么样了，却无人问津。

这天，轮到了狐狸前去探病。它来到山洞前，看到山洞门口的地面上有各种动物留下的脚印。而且，根据地面上的脚印，狐狸意识到之前的那些动物走进了山洞，却没有走出来。于是，狐狸没有直接走进山洞，而是站在洞外询问狮子的病情。

狮子要求狐狸走进山洞和自己聊天。狐狸却直接回绝了狮子的要求，转身离开了山洞。

在这个故事中，在狐狸之前去探病的动物显然都已经被狮子吃掉了。这些动物之所以会丢掉性命，就是因为它们盲目地听从，轻信狮子让自己前去探病的说辞，自始至终都不曾质疑过狮子的命令。狐狸能够活下来的原因就是狐狸对狮子的命令产生了怀疑。在通过山洞前的脚印证实了自己的怀疑后，避开了丢掉性命的危险。

事实上，这种情况在我们的生活中并不少见。那么，我们是不是从此就不应该相信专家所给出的建议呢？当然不是。对于那些已经有定论的问题，我们应该遵循专家的指导。例如，你在驾驶汽车的时候遇到了一些困惑，需要找人解答。这种时候，专家提供的就是标准答案，无需置疑。相应地，如果是那种没有定论的问题，例如对股市行情的预测，那么专家所提供的信息也只能算是参考意见，不可全信。

其实，我们不需要多么渊博的知识来支持我们的怀疑，只要在头脑中多问就好。很多潜在的问题和信息就是通过我们的疑问才得以发现的。

在关于干扰信息方面，存在一种“排队现象”。比如，我们决定到饭馆里去吃饭，又没有熟悉的饭馆。我们依靠什么来判断一个饭馆的好坏呢？假设有两个相邻的饭馆，一个饭馆门前排着长长的队伍，等着吃饭的人排成了长队。另一个饭馆门前冷冷清清，饭馆里也只有几个人在用餐。通常情况下，我们会选择前者。因为在我们的潜意识里，排队就等于这家饭馆的饭菜很不错。

有些饭馆就利用人们的这种心理，刻意控制可以使用的座位，或是在装修饭馆时，把一些座位间隔开，始终营造出一种宾客满堂的效果。现在，有些饭店还在门前的停车场上大做文章，他们会事先准备几辆汽车停在自己饭店门前。这与饭馆控制座位数量采用的是同样的策略。此外，现在商家经常进行一些所谓的限量促销活动，也是同样的道理。其目的就是对顾客实施信息干扰，形成一种误导，诱使顾客做出倾向于自己的决定。

这种“排队现象”是人们在受到干扰信息的影响后，所表现出的一种“盲从”行为。

例如，我们去商场购买一件商品。在此之前，我们必定已经对该商品的一些信息进行了了解。但是，这些大多都是表面信息，而且并不全面。当然，商家也会向你介绍产品。不过，由于目的是售出产品，所以商家可能会隐藏或是刻意忽略某些信息。这个时候，对于商家向我们传递的信息，我们应该持有怀疑的态度。我们可以找到正在使用，或是曾经使用过该产品的人，他们给出的意见，往往就是可信赖的。针对产品，多向商家提出几个问题，具体操作使用一下。这样我们才能清楚地、更好地了解该产品。

在马克思哲学思想中，倡导辩证思维，认为应该一分为二地看问题。针对专家或是权威所传递的信息，我们也应该采取这样的应对态度，既不能盲目地相信信息，也不能完全抛弃这类信息。我们要尽可能地收集相关信息，扩大自己的信息占有量，以怀疑的态度去进行甄别，只有这样，我们才能够尽可能地获得真正对自己有用的信息。

一分为二地看待权威

在博弈中的信息需要甄别，即使是权威我们也需要分离、分类，一分为二地去看待，才能从中获得准确、有效的信息，制定出正确的行动策略。

前些年，几乎所有牙膏的知名品牌都声称：我们的产品的疗效已经通过了全国牙防组的验证，绝对安全可靠。

2006 年 3 月，“全国牙防组”的认证资格遭到质疑，因涉嫌误导、欺诈消费者被起诉。2007 年，卫生部撤销“全国牙防组”。

所以说，无论信息来源于哪里，我们都要保持一种怀疑的态度。毕竟现在社会上的信息混杂，充满了各种干扰信息。正确、适当的怀疑态度能够帮助我们获得真正有效的信息。

排除信息干扰

在博弈中，我们需要尽可多地占有相关信息，让自己掌握更多的主动权。同时，我们也在尝试不断地释放虚假信息，干扰对方，阻挠对方获得有效信息。反之亦然，对手也会传递干扰信息，妨碍我们作出正确的决策。所以，我们在利用传播假消息，迷惑对手的同时，也要警惕对方的假消息所带来的干扰。

一名交警巡逻到一家酒吧外时，发现门前停放着不少私家车。交警心想，说不定这些车主从酒吧里出来后，会酒后驾车。于是，他便决定在酒吧外蹲守，尽量阻止这些车主喝酒后驾车离开。

这时，从酒吧里走出来一个年轻人，走路东倒西歪，一看就是喝了不少酒。年轻人晃晃悠悠地来到一辆汽车前，打开车门，坐在了驾驶座上。就在年轻人发动汽车，打算离开时，这名交警上前拦住了他，请他下车接受酒精检测。让交警惊讶的是，检测结果是0，也就是说，年轻人根本没有喝酒。

这是怎么回事呢？原来，这名年轻人只是个幌子，他的所作所为都是为了吸引交警的注意力，误导交警。就在交警关注这名年轻人的一举一动时，其他在酒吧里喝酒的人，已经趁机驾车离开了。

这名交警所犯的错误就是受到了干扰信息的影响。交警在酒吧外蹲守，目的是尽可能阻止酒后驾车的情况。交警行为目的的对象不是酒吧里的某一个人，而是酒吧内所有把汽车停在外面、打算喝完酒后驾车离开的人。当从酒吧里走出来一个人，走路的姿态又是醉酒的典型表现，交警会非常自然地认为这个人喝醉了，上前对其打算驾车离开的行为进行阻止。这样一来，交警的行为策略就受到了影响，发生了改变，目标由一类人变成了某一个人。

假如我们能够识破对方的干扰信息，就可以在一定程度上缓解思维定式形成的盲从行为给我们带来的影响。那么，我们就可以更清晰地了解到隐藏起来的真实信息，就可以在博弈中占有更多的信息，从而掌握博弈的主动权。

东晋末年，后来建立了南朝宋王朝的刘裕在帮助晋安帝重登帝位时借机掌握了朝政，大权独揽。

当时，由慕容氏建立的南燕政权占据着山东地区。南燕趁着东晋内部局势动荡，曾数次对东晋的边境进行侵犯。所以，在东晋局势稳定后，刘裕便向晋安帝建议，打算由其带兵向北进军，对南燕的侵犯行为予以回击。

公元409年的四月，刘裕率领东晋军队，沿淮河直奔南燕领地，将南燕的都城围了个水泄不通。在万般无奈之下，南燕国主慕容超只得向后秦求救。

在北方的诸多势力中，后秦的实力较强，能够对刘裕的大军形成一定的军事威胁。不过，后秦的国主姚兴并不打算轻易出兵损耗自己的实力。于是，在接到慕容超的求救信后，姚兴没有直接出兵迎击刘裕的大军，而是遣派了一个信使给刘裕送去了一封威胁信。

在信中，姚兴要求刘裕立即退兵，声称后秦的十万军队已经到达洛阳，随时都可以挥师南下，消灭东晋大军。

面对姚兴的威胁，刘裕完全不屑一顾。他让信使转告姚兴，自己早有灭掉后秦的打算。他随时恭候姚兴带军前来，与自己决一雌雄。

在东晋的将领中，有人担心刘裕这番针锋相对的回应会激怒后秦，给东晋招惹来麻烦。一旦姚兴率领后秦大军前来，就会和南燕互为掎角。这样一来，就会形成对东晋不利的局势。对于将领们的这种担心，刘裕解释说："这封威胁信是姚兴的计谋。姚兴是在虚张声势，他就是想利用这种虚张的声势让我们心存顾忌，想不费一兵一卒，逼我们退兵。"

事实证明，刘裕的分析非常正确，后秦的确没有出兵救援南燕。最终，刘裕不仅从容灭掉南燕政权，还亲自斩杀了国主慕容超。

可以说，在刘裕和姚兴两者的博弈中，姚兴向刘裕发出的威胁显然就是在传递一种虚假信息，想以此来干扰刘裕作出正确决策。假如刘裕对姚兴的威胁信以为真，认为真的有十万大军已经行至洛阳，不日就将到达山东，那么刘裕必定会考虑作出撤军的决定。

姚兴的本义是想借着自己的实力，通过威胁，兵不血刃地吓退东晋大军。但这一做法在当时的情势下，显得非常反常。这就让刘裕识别出姚兴的干扰信息，并从中看出了姚兴并不打算出兵的真实想法。

博弈中的信息千变万化。对于博弈者来说，最佳的情况就是自己传递的错误信息干扰了对方，致使对方制定出错误的决策。而自己则通过对信息的甄别，获得了尽可能多的真实有效的信息。不过这是一种理想状态，在现实的博弈中很少出现，所以我们无法彻底根除博弈中的干扰信息。作为博弈的参与者，我们只能加强自身对信息的鉴别和收集能力，尽可能在制定决策时拒绝干扰信息带来的不利影响。

第十六章

概率、风险与边缘策略

生活中的概率

假如你和朋友玩抛硬币游戏，你选择正面，而你的朋友选择反面。如果硬币落地时是正面，你将从朋友那赢1元钱；如果是反面，你就输给朋友1元钱。严格说来，这样的小游戏也是博弈。但是，在这个博弈中，你究竟会赢还是会输呢？

很显然，没人能在硬币落地前知道答案。在这个游戏中，似乎是谁的运气更好谁就能赢，决定胜负并不依赖谁的策略技巧更高。看起来并不是你和朋友在博弈，而像是在赌运气。

但是，取胜仅仅是依靠运气吗？我们知道在上面的游戏中，硬币会出现正、反面是不确定的。那么，在这种不确定的情况下，有没有什么更好的策略？有没有能使取胜的可能性增加的策略？如果你懂得概率的策略，就可以提高你的决策能力。

在科学、技术、经济以及生活的各个方面，概率都有着广泛的应用。但是，和其他学科相比，概率让我们觉得自己的直觉是不可靠的。概率论所揭示的答案往往和我们的经验甚至常识是相悖的。

比如抛硬币，假如你第一次抛的是正面，那么你一定认为第二次是反面的概率比较大。但其实抛第二次时，正面和反面的概率还是各占50%，而且不管你抛多少次都是这样。

在打仗的时候，士兵们一般认为躲在新弹坑里比较安全。之所以这么做，是因为他们认为炮弹两次打中同一地点的可能性很小。但这也只是士兵们的感觉而已。实际情况是：炮弹仍然有可能落在原先的弹坑。人们因为前面已经有了大量的未中奖人群而去买彩票，心想这么多人没中，我中奖的概率一定提高了，但每个人的中奖概率都是一样的，不管你什么时候买都是一样的，并不因为前人没有中奖，你就多了中奖的机会。

有一对农村夫妇有严重的重男轻女观念，一心要生一个男孩。为此他们在外面东躲西藏了多年，成为名副其实的超生游击队。下面是这对夫妻的一次对话，很简单的一段对话，却能看出其对概率的无知。

父:“希望下一个孩子是个男娃。”

母:“你放心，都一连生5个女儿了，这次一定是儿子了。”

而事实上就算生了5个女孩，第六胎仍有50%的概率是女孩。

因此，我们对概率做一些了解还是有必要的。当然只是一些很浅的了解，深入了解会牵扯到许多复杂的数学问题。之所以不做深入的了解，是因为一般决策用到的概率并不需要那么高深的学问。

这是不是说我们可以不用过多地了解事物呢？绝不是如此。事实上，在当今社会，了解得越多，生活就越丰富，对你所从事的工作也就越有帮助。因此，对概率多一些了解对我们是有帮助的，特别是利用概率来进行决策。

概率是什么？它是用来测量事物发生可能性的工具，在通常情况下，我们用百分率（%）来表示。当概率值为0%时，表示这件事绝对不会发生；当概率值为100%时，表示这件事肯定会发生；当概率介于0%到100%之间，表示介于两个极端之间的情形。

概率就是事件随机出现的可能性。17世纪，概率思想成为一门系统的理论，20世纪初正式发展成一门学科。说起概率学的起源，还有一段趣话。17世纪时的法国贵族都喜欢赌博，他们赌博用的工具主要是骰子。所以，赌徒们开始计算掷骰子所出点数的概率，以此应用于赌博上，聪明的赌徒们常常依据那些概率来作出他们的赌博决策。后来，概率开始引起数学家们的重视，并慢慢成为一门科学。一个人懂得概率，作出的决策就会更准确，会增加自己取胜的把握。

概率是表示随机事件出现可能性大小的一个量度。那概率是不是完全随机的呢？如不是随机的，我们该如何计算概率呢？

要计算两个独立事件都发生的概率，就是将个别概率相乘，而掷硬币就是一个独立事件。抛一枚硬币，落地时出现正面的概率为1/2；如果同时抛掷两枚硬币，并且两枚硬币都是正面的概率是多少？按照这一规则，我们很容易得出答案：$1/2 \times 1/2=1/4$，即两枚硬币均出现正面的概率就是1/4，那么两枚硬币同时出现反面的概率值也是1/4。

上述的这一规则就是概率中的“中立原理”，它只是概率的三项基本原则之一。剩下的两项基本的概率原则是：

彼此排斥的两个事件，至少一件事发生的概率是个别概率的总和。

若某种情况注定要发生，则这些个别的独立的事件发生的概率总和等于1。

只需要将个别事件发生的概率相乘或相加就可以了，这些原则看起来似乎很容易，但概率问题在实际运用时还是会造成一些困难，很多人会因为概率的复杂性而作出错误的决策。

一枚硬币落地时，正面和反面的概率都是1/2。那么，在平滑桌面上，旋转一枚硬币之后，正面朝上和反面朝上的概率也都是1/2吗？根据前面的分析，我们的回答是肯定的。但事实却并不是这样，在旋转多次之后，我们会发现出现正、反面的概率并不是对等的，或接近对等的。这是因为我们滥用了“中立原理”。

对这样的结果，很多人都感到极为吃惊。但经过全面综合的研究，发现出现这种情况也是有一定根据的。因为一枚硬币正反面的图案是有差别的，这会对硬币旋转出现的结果造成一定的影响。所以严格来说，在平面上旋转硬币，然后猜正反面，并不是一个完全对等的游戏。

生活中的许多概率事件都是客观的。仍以抛硬币为例，当我们抛过无数次的时候，会发现正面或反面的概率一定都是0.5。但是，实际上我们难以对一个随机事件进行大量的重复试验。而且，有些不确定的事件，我们一生也只不过能遇到几次。那这个时候我们怎么计算事件的概率呢？一般情况下，我们会对它可能发生的情况进行一个主观概率界定。这就是主观概率。一个人的主观概率判断是否正确，或者说主观概率是否合理，这个我们很难评断。

在决策时，我们会在不经意间用到主观概率。而且，在生活中确实存在这样的情况：与没有经验的人相比，有经验的人更能准确地判断形势。换句话说，经验可以提高主观概率的准确性。经验丰富的人与缺乏经验的人相比，前者所作出的决定，在事后被验证为恰当的频率要比后者高。这也是大家经常说“老狐狸”“家有一老，如有一宝”。因为老人家经历的事多，经验就相对丰富。

中立原理

经济学家凯恩斯在《概率论》一书中最先提出了“中立原理”这一概念：“如果我们没有证据说明某事的真假，或者说明某事是否存在，就选对等的概率来表明它的真实程度。”但要在事件发生的客观情况是对称的情况下，才使用这一原理。

人们经常在应用时忽略它的运用前提，以至于滥用，甚至导致适得其反的结局。

有人竟然计算出太阳明天升起的概率是将近1/2000000。很显然，这个答案是不靠谱的。

“中立原理”只能应用于客观情况是对称的这一前提。如果某一问题的答案是二选一，我们不能想当然地以为，出现其中一种答案的概率就是1/2。

买彩票就有两种情况：中奖或者不中奖。但如果你买了彩票，你能说自己的中奖概率是1/2吗？

所以，博弈论虽是理论的科学，但当我们在与他人博弈时，还需要现实的经验。理论可以帮我们看清博弈的局势，但是它永远都不能取代经验，所以我们应该把策略行为与经验结合起来，这样才能成为博弈高手。

概率不等于成功率

一个人成功的概率能有多大？同样的付出，为何有人成功，有人失败？

每个人都想做出一番事业，没有人想失败，都想着成功。但是，世上碌碌无为者仍占大多数。为什么总是平庸者多，成功者少呢？

我们都是在小的时候立志，成年后“屈服”于现实，渐渐变得“无志”。按照自己的意志走下去的人，现实中能有几个呢？而且，真正成功之人未必就是在小的时候立志，所谓“有志之人立常志，无志之人常立志”就是这个道理。有许多人小的时候很平庸，但长大后却很成功；而有许多人“小时了了，大未必佳”。机遇和挑战随时可能降临在我们身上，你准备好了吗？

第一代互联网刚刚兴起的时候，只要有个商业策划书就可以找到投资人。因此，互联网精英纷纷涌现。但是，一段时间以后，无数经营者铩羽而归，多少投资商血本无回，而真正坚持并成功的只有那么几家。经过太过激烈的竞争环境，那几家为什么会成功？是偶然还是必然？

以概率来计算，林肯和爱迪生成功的概率极小，但他们成功了。所以，环境、运气等因素并不是决定一个人成功与否的真正原因，真正起决定作用的是一个人的心志。只要你坚持下去，一定会成功！泰戈尔说：“那些迟疑不决、懒惰、相信命运的懦夫永远得不到幸运女神的青睐。”

在苹果电脑公司任职时，李开复博士被美国当时最红的早间电视节目《早安美国》邀请，与公司CEO史考利一起在节目中演示该公司新发明的语音识别系统。

李开复那时负责开发的语音识别系统刚刚搭建，碰到故障的可能性很大。因此，史考利上节目前问李开复：“你对演示成功的把握有多大？”

李开复回答说：“90%吧。”

史考利问：“有没有什么办法可以提高这个概率？”

李开复马上回答说：“有！”

史考利问：“成功率可以提高到多少？”

李开复：“99%。”

第二天的节目很成功，公司的股票也因此涨了两美元。

节目结束后，史考利称赞李开复：“你昨天一定改程序改到很晚吧？辛苦你了。”

哪知道这时李开复却说：“你高估了我的编程和测试效率，其实今天的系统和昨天的没有任何差别。”

史考利惊讶地说："你该不是冒着这么大的风险上节目吧？你不是答应我，说成功率可以提高到99%吗？"

李开复说："是的，我说过成功率保证在99%以上的话，这是因为我带了两台电脑，并将它们联机了。如果一台出了状况，我们马上用另一台演示。我们由概率可以这样推断：本来成功的概率是90%，也就是说一台电脑失败的可能性是10%，那么两台机器都失败的概率就是10%×10%，也就是1%，那么很显然，成功的概率就是99%！"

我们在平时的生活中，要做多种准备，尽量降低失败的风险。多给自己一些机会，多尝试一些不同的方法，增大自己成功的概率。

人生博弈最优策略是坚持

人生就是一种跋涉，这是一条通往成功的拼搏路，一条曲折的人生路，一条没有起点也没有终点的生命路。人生可以不优秀，但是不可以不努力，只能坚持走下去。

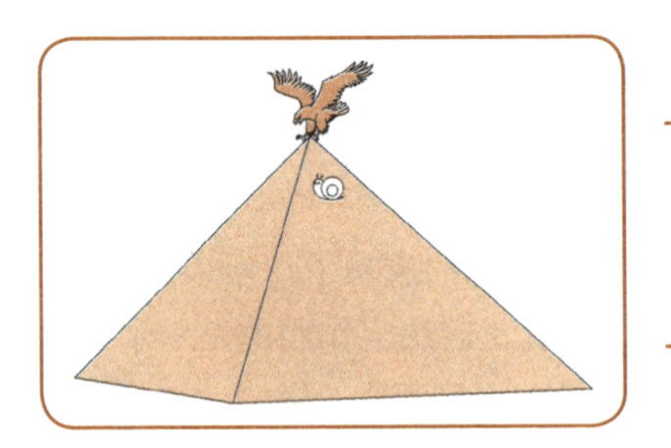

登上金字塔顶端的只有两种动物，一种是雄鹰，一种是蜗牛。雄鹰是靠它厚实的翅膀，蜗牛靠的是什么呢？是坚持！

树一样地活着。即使我们现在什么都不是，但是只要你有树的种子，即使你被踩到泥土中间，你依然能够吸收泥土的养分，只要坚持就能成长起来长成参天大树。

草一样地活着。即使会有风吹雨打，即使会被人践踏，但是春风吹又生，永不放弃。

成功的助推器

在对某一件事进行概率分析时，我们可以列出最好的结果和最坏的结果，以帮助自己作出正确的决策。有些事相对来说发生的概率很小，那么在做这些事之前，一定要有失败的心理准备；但也并不是说，非要等到事情成功的概率达到100%才去做。因为绝对有把握的事，基本上是没有的。

在生活中，概率论的应用有一个标准。在通常情况下，一件事有70%以上的成功率就可以尝试去做，并不一定要等到100%。而且我们大部分人也都是这么决策的。

空谈如何运用概率，似乎有些纸上谈兵的意味，通过故事讲概率可以说是最好的掌握概率的途径。

一个学院有8000个学生。学校食堂每天消耗粮食在3000公斤以上的天数占90%以上，每天消耗粮食在3000公斤以下的天数不到10%。那么作为学校餐厅的管理人员，在考虑每天应该准备多少饭菜的时候，是考虑整体的变化，而不会考虑某个人的变化。所以，食堂管理员每天都会安排3000公斤的粮食，而不会在100天里挑出10天，把粮食的消耗量控制在3000公斤以内。

这是概率在生活中广泛应用一个实例。食堂对个人去不去吃饭，吃多或吃少都是未知的;但对于整体而言，粮食需要多少的概率是明显的。

我们说有70%的成功概率就可以去做，但这并非是固定的。许多事情当你自估的成功概率达到40%~70%时就可以去做，也许你不一定成功，但有时候拖延或等待的代价往往更大。需要注意的是，你在做之前一定要谨慎地评估风险因素，并要不断鼓励自己。

在许多决策的问题里，许多信息是单一的。决策者要做的，就是在几乎没有任何信息的情况下，从好几个选择方案中挑选一个。这个时候，一般来说就只能听命于概率了。那么我们有没有办法降低决策的风险呢？

国王发现自己的女儿和一个乡下青年私定终身，感到非常愤怒，准备处决掉那个青年。但是，在女儿的苦苦哀求下，皇帝答应给青年一次活命的机会。不仅如此，皇帝还答应，如果青年经受得住这次考验，还可以正式与公主结婚。

考验是这样的：在5个门里，有一个门里有一只老虎。青年要做的就是选择一个门打开，开始的时候，他有一次机会选择老虎在哪个门里，一旦选定，其余的门全部打开。如果选错了，因为其他的门已经开了，那么他就会成为老虎的食物。此外，国王还强调，老虎会出现在青年想不到的那个门里。

青年当然不知道老虎在哪个门里，所以他猜对的概率只有20%。读者朋友们，如果你是那个青年，你会怎么选择呢？故事中的青年是这样考虑的：

如果前4个门里都没有老虎，那么老虎就在第5个门里。但国王有言在先，老虎在我“想不到”的那个门里，而5号门是我能想到的，因此国王一定不会将老虎放在

5号门里，5号门一定没有老虎。

现在，排除了5号门，老虎就在1号、2号、3号、4号门里，他选择的成功概率上升到25%。但是风险依然很大，他继续思考：按照上面的逻辑，国王也不会把老虎放在4号门里，因为5号肯定没有，如果前3个都没有老虎，那么一定在4号门里。这是我能想到的，国王说过老虎放在我“想不到”的门里，因此他不会把老虎放进4号。

按照同样的思路，也可以应用在3号、2号和1号门上。但最终的推论却是：所有的门都在我的意料之中，国王不会把老虎放进任何一个门。由此青年作出了这样的判定：其实并没有什么老虎，国王只是想考验一下他的智慧。

带着这样的结论，青年打开1号门，没有老虎。他更加相信自己的推论，又高兴地打开2号，一只老虎向他扑来……

这个青年是如何犯错的？他又错在哪里呢？

我们大部分人都会同意青年的第一次推断：老虎不在5号门里。那么按照这个思路，下面的推理也是正确的。也就是说，如果国王说话算话——保证老虎会在意料之外的门里出现，但每个门都在意料之中，那就证明他没有把老虎放进任何一个门里。但是，老虎却出现在2号门里，如果你从头思考，就会发现：老虎出现在任何一个门里都是“出乎意料”的。

这个故事看起来像是文字游戏，但我们却能得到这样的认识：在坏事有可能发生，并且一定会发生的时候，可能引起最大可能的损失。那么在情况不明的时候，解决问题的手段就不能太复杂，这时候越简单越有效，否则的话，我们将要面临的麻烦就越重。上述的青年如果不考虑这么多，随便选一个门，那么生存的概率都要比他现在选择的概率要高。

在供我们选择的信息很少的情况下，碰运气是最好的选择。但是，这种“碰运气”是有概率做后盾的。

彩票、投资和赌博

与赌博相比，彩票更易为人接受。尽管赢的概率更小，但输的损失也不大；它不像赌博那样，笼罩着欺诈和非法的色彩，而且极有可能输到倾家荡产。如果你每次只买一两张，那只是一个很小的数目，但我们照样能得到同样的激动。这也是人们买彩票的原因。

彩票的收入比付出要多得多，但概率也低得可怜，也就是说买彩票的人基本是输钱的。也正因如此，数学家们都不建议买彩票，但一般人置若罔闻，照买不误。

一个人曾经两次赢得百万分之一的彩票大奖。这种事情确实发生过，我们在报纸上也看到过，一些人认为有作弊的嫌疑，另一些人认为是“超自然感觉”。

其实，这个想象仍逃脱不了概率，因为它确实可能发生。假设某人曾经中过一次500万元大奖，中奖之后，他又继续买彩票，而只要买就有可能中。所以，这其实并不是奇迹。

人们在巧合发生时总是容易受到迷惑。他们倾向于用神奇的、超自然的力量来解释事件，而不能接受随机事件的任意性。

购买彩票完全靠运气，运气通常是不好的，偶尔走运就会中奖。其实，中彩票的概率是远远低于赌博赢钱的概率的，但相对来说，买彩票的人却远远多于赌博的人，这是因为买彩票可以以“极小”赢“极大”，而赌博则可能使人深陷其中，不能自拔。

投资就是一种赌博，买彩票也是一种投资。你该把资金投资在风险低的债券上，还是存在银行等利息，还是干脆赌一赌，这就需要决策了。首先，你必须对概率略知一二，再评估各种后果，并确定个人目标，然后在立即满足或未来展望之间作出选择。

假如你现在手头有1万元闲钱，在你家对面有一家银行，在你家的旁边有一家赌场。你想去赌场碰碰运气，又想把钱存在银行。银行利率是5%，而赌博的概率我们在前面已经分析过了，每一次下注赢的概率不到一半。

彩票的概率可预测吗

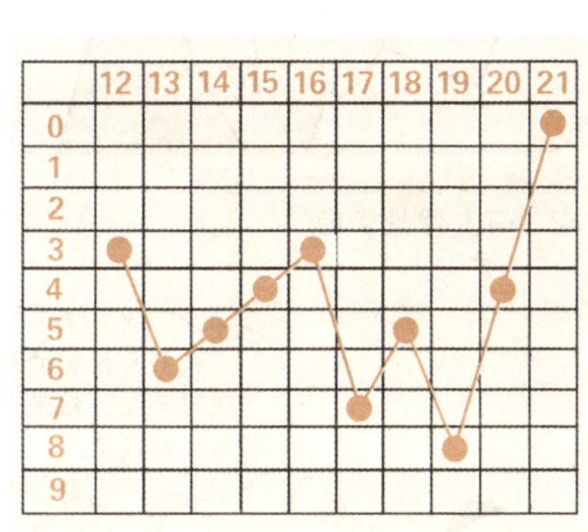

现在很多报刊和机构都有关于彩票的栏目，主要是研究各种“猜号”技术。

彩票的每一期中奖号码都不受上一次的影响，每一个数字、每一轮开奖都是一次新的、不同的事件。

如果历史的开奖结果能够按照可预期的方式影响下一期、下一轮发展的话，那么彩票部门就要破产了。

那么你如何选择呢？首先，你必须要有目标来指导你的行动。你不能这样想：进去赌，输光就算。如果你有这样的想法，那么你肯定会输光。

如果你选银行，就把钱交给银行，你会获得比较少的利息，换到一本小册子或一张存单，钱由银行保管。在银行的钱对你毫无用处，当然也可以随时取回。但是，在通货膨胀的影响下，那些利息看起来毫无用处。

即使如此，长久看来，选银行还是好一些。因为去赌场的话，全部输完的可能性极大。就算你真的去赌，也要遵循一些必要的策略。

赌博与投资的区别

赌博和投资的不同之处：赌博的期望收益小于0，比如买彩票、赌马、赌大小……而投资要求期望收益一定大于0;赌博是找风险，而投资要求回避风险。

VS

支撑赌博的是侥幸获胜心理，而支撑投资的是关于未来收益的分析和预测。

VS

一种赌博工具不可能使每个赌客获益，而一种投资工具却可以使投资者都获益。

长久赌下去的结果一定是分文全无，但并不排除某一时段的运气不错，可以赢到钱。在赌博过程中，也许你会有领先的机会，因此如果策略对头，可以在领先时收手。如果每个进赌场的人都赢不到钱，那么就没有人进赌场了。因此，我们在事前必须定出明确目标：在赢到一定数量的钱时，立即停止赌下去。趁走运的时候停手，你还有机会赢；如果坚持赌到分文不剩，那结果就一定是真的分文不剩。

在以扑克牌为赌具的复杂赌局里，是不容易计算概率的，不过，细心的玩家还是算得出来，强手在扑克这种复杂的竞赛性游戏里占有一定优势。而掷骰子相对来说是最简单的赌法。

如果你想利用概率，就必须先了解概率。在以概率发财的时候，要确定自己的目标，清楚自己到底在做什么，并能承受失败带来的后果。如果赢的概率小于1/2，长时间下来是没人会赢的。

赌博：注定失败的游戏

从短期来看，赌博会有一些赢得概率，从长期来看，这确实是一场必输的游戏。

作为一个赌客群体，概率是站在赌场一边的。在赌场电脑背后设计好的赌率面前，赌客每次下注都没有了任何意义。

在这方面，所谓理性的决策是希望能帮助你“平均而言”尽可能作出最佳决策，但最佳策略也不可能保证你逢赌必赢，但我们却有不输的方案介绍给你：只要你不赌，就不会输。

边缘策略：不按套路出牌

在双方已经有了矛盾的时候，人们为了避免因这种矛盾而导致同归于尽的结果，都希望找到一个方法，使对手不敢再做对自己不利的事，同时也不至于使对手狗急跳墙，使出两败俱伤的策略来。这种方法就是创造一种风险，告诉对方，再这么做会有他不希望看到的事情发生，这就是边缘策略。

边缘策略是故意创造一种人们可以辨认却又不能完全控制的风险。实际上，“边缘”这个词本身就有这样的意思。作为一种策略，它可以迫使对手撤退，将对手带到灾难的边缘。

边缘策略的本质在于故意创造风险，因而它是一个充满危险的微妙策略。这个风险很大，甚至大到让你的对手难以承受的地步，迫使对手按照你的意愿行事，进而化解这个风险。那么，是不是存在一条一边安全而另一边危险的边界线呢？实际上，人们只是看见风险以无法控制的速度逐渐增长，而并不存在这么一个精确的边界线。边缘策略的关键在于要意识到这里所说的边缘是一道光滑的斜坡，而不是一座陡峭的悬崖，它是慢慢变得越来越陡峭的。

在市场竞争中，一些公司就是运用小步慢行的边缘策略来获得利益的。

在H市，移动和联通号码比例是3：1。在价格上，移动采用紧跟策略，只比联通贵一点点。联通如果降价，移动就跟着降价。

在该市移动公司的楼下，有一个批发市场是整个城市卡号销售的中心。移动公司以地利之便，再加上自己又是卡号销售的大头，便强令所有的窗口只卖移动的卡。这样一来，联通在当地市场的占有率便开始下降，时间不长联通与移动的比例已是1：5了。

有人给联通出了个主意：降价！把价格低一角。如果移动跟着降，那联通就再降一角，降到移动不敢降为止，降到消费者疯狂抢购联通卡为止。这样的话，不仅移动是亏损的，先降价的联通也要亏损。但移动的底子大，如果联通一年亏1亿元，它将亏4亿元。

如果联通采取这样的策略，一场价格战将会爆发！对于联通来说，这就是可以采取的一个边缘策略。如果联通破釜沉舟，那么价格降到一定程度的时候，移动一定会屈服，从而求着联通来谈判！谈判的结果必然是双方产生隐性的合作，由开始的对立慢慢开始合作，最后达到双赢。

边缘政策和其他任何策略行动一样，目的都是通过改变对方的期望，来影响其行动。我们普通人也可以加以运用，故意创造和操纵着一个在双方看来同样糟糕的结局的风险，逼迫对手妥协。

1988年3月25日，霍华德·E.贝尔法官开始负责审理“胡椒谋杀案”的凶手罗伯特·钱伯斯。但是，他却遇到了一个非常棘手的问题。

当时的情况是这样的：陪审团一共12个人，但却面临着解体的危险。陪审员们灰心丧气，请求调离这个案件。在法官面前，其中的一位陪审团成员竟然流泪。他哭诉道，在这个案子中，他承受着巨大的压力，精神几乎崩溃。与此同时，陪审团的女领导人也说，陪审团已经面临解散，无法再对这个案子负责；但也有一部分陪审员表示，陪审团虽然出现了一些状况，但仍可以继续工作。

谁都不希望陪审团的工作结束，这样对谁都没有好处。因此，第一次审判就这样作废了，第二次审判势在必行。而犯罪嫌疑人罗伯特·钱伯斯也要多等上一段时间，才能知道自己是去监狱服刑还是被宣布无罪。从控方到辩方，从陪审员到法官，甚至犯罪嫌疑人都希望尽快结束这个案子。

9天之后，情况还是和以前一样：在对钱伯斯的二级谋杀罪的严重指控问题上，陪审员们依然举棋不定，不知道是作有罪裁决，还是应该裁定其无罪开释。

贝尔法官这时候应该怎么做呢？

刑讯中的边缘策略

很多人不怕死，但却怕被折磨死：被折磨还不如马上被枪毙好。而一旦真的枪毙了甲，他的秘密就会跟着他一起“死去”，乙将失去获得情报的机会。

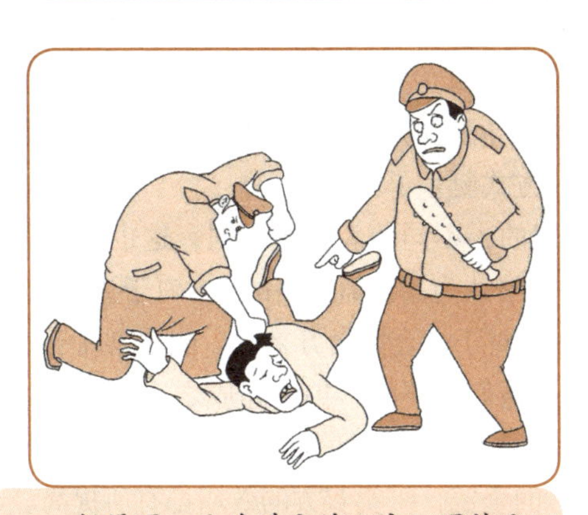

假设甲、乙为对立的双方，甲被乙抓获。那么乙就会严刑逼供甲，让其说出对乙方有利的情报。那么乙说还是不说呢？这个问题很明显就是“边缘”问题。

很显然，博弈的双方都知道这一点，所以，当甲落入乙的手中时，乙并不是以“不说我枪毙你”来威胁甲，而是选择严刑拷打来威胁他。

公诉人费尔斯坦女士和受害者莱文一家，都希望钱伯斯被判有罪，接受某种惩罚。他们不希望陪审团主导这个案子的结局，如果陪审团举棋不定，那么此案将不得不再次重新审理。

而被告钱伯斯和他的律师利特曼先生也认为，陪审团们没有起到相应的作用，还不如进行庭外和解。

利用陪审团既有可能作出判决，也有可能陷入僵局的不确定性，贝尔法官可以威胁原告和被告，使原告和被告双方尽快达成调解协议。如果陪审团真的陷入僵局，原告和被告会因此失去相互让步的激励，他们会通过谈判来找到一个折中的方案。另一方面，如果陪审团真的作出了判决，贝尔法官也未必愿意告诉双方的律师，他会拖住陪审团，为谈判的双方多争取一些时间。

陪审团如何判决，我们是无法控制的。但陪审团可能作出怎样的判决，我们却是可以对其进行判断的，虽然这判断的结果不一定正确。在陪审团作出判决前，对立的原告和被告双方，可以通过谈判，提出自己的解决方式。

拍卖中的策略

商品交易是很平常的事，它有很多种交易方式，甚至同一件商品也可以以不同的方式交易，我们现在谈谈其中的一种交易方式——拍卖。

无论何种方式的交易，其价格的确定都是商品交易的核心，拍卖也不例外。但与一般的商品交易还是有较大的差别：在交易开始时，一般的商品交易往往由卖家确定价格，买者选择接受或不接受，接受则双方交易达成，拒绝则交易失败或讨价还价后再确定一个双方可以接受的价格。而拍卖则不同，它是由卖家确定一个底价，而最终决定商品最终成交价格的是买家之间的竞争。

卖家想高价卖出商品，而买家则盘算如何以低价买得商品。那么对于卖家来说，如何能够让买家出高价，而且又认为值得呢？问题的关键在于找到认为商品有很高价值的人。给予这样的需求，拍卖这种交易方式诞生了。

拍卖也是因为大家的认识不一致才出现的，不同的人估价不同，这也是拍卖活动能够进行的前提。拍卖，就是将某个物品卖给认为其价值最高的人。对于买者来说，他买到的物品的价值要高于他所出的价格；而对于社会拍卖方来说，能够以高于他所期望的价格、并且是较高的价格卖出物品是他们希望的。拍卖完成之后，物品的支配权发生改变，竞投者以“较少的”金钱获得了价值大的物品（他本人认为价钱是他能接受的）；物品拥有者以物品换取了较多的金钱，买卖双方的效用都有所提高。

最常见的一种拍卖方式就是英式拍卖。对某个物品设定一个最低价，从这个最低竞拍价开始，竞购者对物品轮流加价。而且每次加价的数值要大于一个固定的数值，这个固定的数值不是每次拍卖都一样，而是与商品价值的高低成正比。经过一轮一轮的加价之后，出价最高者获得该物品，并支付给拍卖方自己在拍卖中报的价格。如果拍卖公司对一件商品设定了一个最低价之后，没有人愿意出高于这个设定价的价钱，那就意味着这件商品的拍卖失败了。

竞价者喊出某个价格是因为他认为该物品的价值大于该价格，而他认为这两者之间的差值就是该物品的利润。当该物品的价格不断上升的时候，利润空间在不断下降，因此当某人以为这个价格对自己来说没什么利润时，他就会放弃竞价。因此，每个竞价者在这个拍卖过程中都愿意诚实报价。

还有一种方式是“维克里拍卖”，它以第二价格为成交价的拍卖，因此又称第二价格密封拍卖。其方法是这样的：对于一个拍卖物品，每个竞价者在估价之后，将自己所出的价格写在纸上。然后将写出的价格装进信封中交给拍卖者（信封要密封起来），当然了，最后还是出价最高者获得该物品。但是，他是以第二高的价格来买走该物品，而不是按最高价支付。这种拍卖方式有两个好处：一是可以避免物品获得者出现后悔的可能，二是竞价者会诚实出价。

对于竞拍者来说，若出价高于他人的估价，那么他就可能最终得到该物品，但如果他人所出的价格只是比他低一点点，那么他虽然拍得该商品却会因此而折本；如果出价低于他认为的价格，有可能因出价低而拍不到该商品。因此，对于竞拍者来说，最优策略是所出的价格为他的真实估价。这样的话，不管是谁拍得这个商品，都会存在利润空间。因为物品最终给出价最高的人，但是，他付出的价格却是第二高的价格，这个差值就是利润空间。这样的拍卖方式是最合理的拍卖方式，也是理论上最完善的方式，它使每个人都很理性地报价，降低了非理性叫价而出现买者后悔的情况。但是，这种方式很少被人们采用，因为它不够直观。

人们常用的是第一价格密封拍卖。开始也是每个竞价者将自己所出的价格写在纸上，装进信封中，密封后交给拍卖方，出价最高者拍得该商品。而招标就是这个方式的变种之一。招标指的是，某单位或集体出钱，请他人或单位来建设某个工程，招标方（出钱的一方）当然希望投标方（为招标方建设工程的一方）以最低的价格将工程完成。因为投标方的价格越低，招标方需要支付的工程款就越低。很显然，在这个过程中有多个投标方。他们各自给出一个价格，并将这个价格秘密地报给招标方，由其中出价最低的投标方建设该工程。

还有荷兰式拍卖，它的规则正好与英式拍卖相反：对于一件商品，拍卖师从一个较高的价格开始往下减价，不断地往下减。最先叫停的竞价者将以他叫停的价格拍得该商品。

除此之外，还有负的拍卖。假如有一家对外事务公司，因为工作的关系，必须派一位员工到尼日利亚出差。但是，没有一个员工愿意去那里出差，而公司管理层也不想强制指定某一个人去。那么这个时候，公司可以举行一场负的拍卖，让公司所有的员工写出自己能接受的出差补助及条件，标价最低的员工获得出差的机会和钱。这种拍卖方式还可以处理卖不掉的商品。

拍卖还可以激励你的员工，特别是在销售行业。比如，如果有一个新的销售领域亟待开发，却没有足够的信息算出每个销售人员应当销售多少，也很难确定销售人员的销售指标。这时你可以不用销售指标来配置销售任务，而是以拍卖来分配销售任务，出价最高的负责这一领域的销售。拍卖这种方式不仅让作为老板的你赚得更多，还能让最有自信心的销售人员领军新的销售领域。

保险也玩博弈？

现在社会基本上已经离不开保险了，它和我们的日常生活息息相关，保险是对风险的抵御。

保险的产生基于4个原理。

危险系散

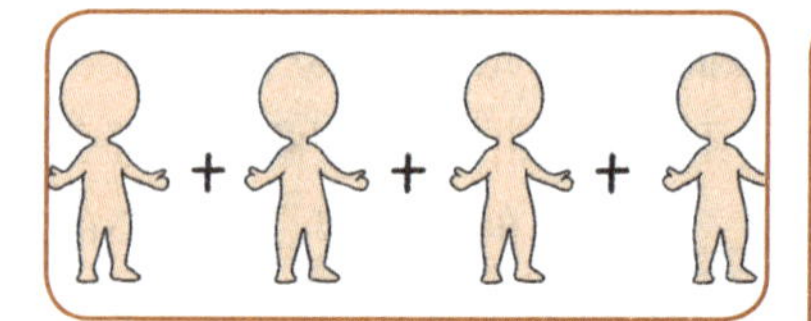

保险就是团结大家的力量，每人出一笔钱，支付给受损失的一方，把危险造成的损失用团体力量分散掉。

大数法则

掷骰子时，每个点出现的次数似乎毫无规律可言，可是掷几万次之后，每个点出现的次数平均都是1/6。

公平合理

死亡危险率高的人，领取保险金的机会大；死亡危险率低的人，领取的机会则小。

收支平衡

保险公司的收支是以全体保户来看，而不是以个人来看。

聪明反被聪明误

博弈的双方都会想方设法地去猜测对手的策略，以图取得有利于自己的优势。一般情况下，双方会采取这样的策略：先维持一个平局的局面，然后再从对方的行动中寻找规律，并利用发现的规律来对付对方。

但是，如果双方都采取这种保守策略，博弈将会停滞，永远也分不出胜负。因此，必须有一方率先打破这种平衡，双方互相采取措施，防守或进攻。一个善用策略的人要能利用对手对自己习惯及固有特点的了解，出其不意地让对手上钩。

有人示弱，也有人在博弈时装迷糊。

苏联和美国在“冷战”期间谈判，内容是双方一步步地同时裁军。但是，苏联和美国的军事实力到底如何，相互之间并不是很清楚，双方都不太清楚各自所面临的是什么样的局面：他们不知道自己会从中获得什么好处，也不知道对手打算如何，也就是说，双方都处于“迷糊状态”。例如，美国并不知道苏联有多少枚导弹，但是双方的谈判协议中却有这样一条：苏联拆除自己的100枚导弹。这一项协议是否有意义？我们如何判定呢？如果苏联很快就同意削减100枚导弹，这很可能意味着它的导弹规模要比美国猜测得大；而如果苏联不同意，就可能意味着它的导弹规模小于或接近美国的猜测。

有一个道士算命很准，附近的人有事都去他那里算上一卦。有三个书生进京赶考时路过此地，听说道士算卦很灵，就打算去找道士算上一卦，预测一下自己的前程。

那道士摇动卦筒，莫名其妙地推演一番。过了一会儿，向他们伸出一个手指，但什么也没说。三个考生疑惑不解，其中一个便问：“不知先生所言何意？我们三人谁能高中？盼先生直言相告。”那道士依旧一语不发。三个书生心怀疑虑，见道士不肯开口，只道是天机不可外泄，便匆匆走了。

三个书生走后，道士身边的小童问：“师父，他们中间到底有没有今年能高中的？”道士诡秘地一笑：“他们谁能考中我怎么知道？但是我把情况都考虑到了，一只手指，可以是三人一齐中，也可以是一个也不中，也可以是只有一个不中，也可以是只有一个中。”

道士用一个手势就把四种可能的结局都概括了，“糊涂”装得可谓高明，这种两头堵的策略是很多“未卜先知”的人惯用的伎俩。

有人装糊涂，还有些人却自以为聪明，把别人当傻瓜。

明朝正德年间，福州城内有个叫郑堂的秀才。在繁华的路口，他开了一间字画店，生意很是红火。

有个叫龚智远的人，拿来一幅名画《韩熙载夜宴图》典当，说要当八千两银子。郑堂见是名画，立刻付了银子，收起了画。龚智远答应，典当到期时，自己会拿一万五千两银子来赎回。但是，日期早已到了，却一直不见龚智远来赎画。郑堂心下不安，又仔细检查了一番，发现这幅画竟然是假的。

好事不出门，坏事传千里。郑堂被骗去八千两银子的消息在第二天传遍了全城。

但是，吃了哑巴亏的郑堂却在家里办起了酒席，邀请全城名流和字画行家聚宴。来参加宴会的都欷歔不已，少不得都对郑堂安慰一番，当然，有的人则无所谓，幸灾乐祸地来看个热闹。

酒过三巡，郑堂从内室取出那幅假画，对大家道："今天宴请诸位，是想告诉诸位两件事，一是本人虽然被骗，但本人素来喜欢字画，本店照开不误，也请诸位多多照顾；二是让诸位共看假画，看看骗子的手段，以防再次上当。"同行看完假画后，郑堂接着说道："此骗术几乎以假乱真，大家以后验画之时一定要严加防范。"随即便把假画点燃，边烧边道："此画乃罪魁祸首，留着也是害人！留它何用，不如烧之。"

郑堂烧画的举动又轰动了整个福州城。第二天，郑堂正在店里忙活，却见龚智远竟然来了。

怎样避免"聪明反被聪明误"

在金融市场中，人的非理性心理因素导致的投机性泡沫不断扩大，并最终破灭。

骗人者的把戏其实很简单，只是当局者迷，旁观者清。而上当者之所以会上当主要就是因为个人的"贪欲"。

骗局制造者向投资者保证，只要投资就会有成倍的收益。在这种诱惑下，很多人抵制不住诱惑而进行投资。

所以，要识破骗人者的把戏，就要控制自己的贪欲，抵挡诱惑，理性进行分析，不要贪图一时的利益。

龚智远说："郑兄，前几日有事耽搁了，没能来赎回我的画，我今天是来赎画的，不知道方不方便？"此举可谓包藏祸心，他明知郑堂已将画焚毁，而且画还是假的，现在竟然拿着当票要求赎回。

郑堂却微笑道："可以，不过你误了三天时间，按本店规矩需加利息。现在赎回的话，本息加在一起时一万五千二百四十两银子。"

那龚智远已知他把画烧了，料定他拿不出来，便胸有成竹地道："巧得很，我今天正好带了这么多银子，请郑先生兑画！"

郑堂微微一笑，并不答话，竟从柜台下取出了一幅画交给龚智远。龚智远接过画一看，不禁冷汗直流，这竟然真的还是那幅画。

原来，郑堂知道上当受骗后，便照着这幅画仿了一幅。为了让龚智远就范，他设宴毁画，就是做给他看的。在宴席上烧掉的那一幅画，只是仿造的。贪心的龚智远还想赚第二笔，不料想竟连本带利一起还了回来。

规避风险

在现实生活中，当风险来临时，我们有很多措施可以降低风险、规避风险甚至操纵风险获利。

第一，风险混合。对风险进行混合是应对风险的第一种重要方法。特别是在投资时，将不同的收入风险结合起来，能降低风险。比如，一个农村的农民该种哪些农作物呢？农民基本是完全靠天吃饭的，虽然现在条件改善了不少，但农村还有很多地方是"靠天收"的。在这个农民的面前，可以选择山芋和玉米。

现在你要作出决定，该怎么种？玉米的收益高于山芋，也就是说，全种玉米的话收益最高；反过来，全种山芋的话收益最低。但是，又不能全种玉米，因为玉米不怎么耐旱，如果遇到旱天，玉米可能颗粒无收，而山芋又不耐涝。因此，最好的策略是种一些山芋，再种一些玉米，这样不管是旱涝都有收成。这就是风险混合，它是降低风险的重要方法之一，也是许多现实的风险规避机制被人们采用的理论基础，因此这种策略在现实中的应用也最广泛。

假如你投资股票，那么投资单一股票的风险就远远高于投资几种价格走势不完全正相关的股票，这就是分散投资原则。中国古代谚语"狡兔三窟"就是这个道理，告诫我们不要在一棵树上吊死，将希望寄托在多个途径上，风险就会降低很多。而诺贝尔奖得主——经济学家詹姆斯·托宾，曾说过一句非常形象的名言："不要把鸡蛋放在一个篮子里。"

与农村相比，城市之所以有更强的抗风险能力，不仅仅是因为城市具有更雄厚的经济实力，还因为城市的经济是多元化的；农村抗风险能力不如城市，因为其经济常常局限于农业，经济方式比较单一。而家庭、企业和国家如果只有单一的经济来源，那么其抵抗风险的能力就不如有着多种经济来源和经济成分的家庭、企业和国家。

第二，风险交易买进保险，卖出风险。

风险交易也可以降低风险，并且会给交易双方提高利润。一种最简单的风险交易方式，是通过订立合同来转移或承担风险。

再来看下面的例子，我们再加入两个农民，分别称其为甲和乙。甲和乙经过商量后决定，甲全部种玉米，而乙全部种山芋。但是，对于双方来说，这个风险很大。因此两人决定签一份合同：如果遇到干旱天气，乙的收成要给甲一半；同样如果遇到涝季，甲的收成要给乙一半。这样的话不管什么样的天气，都不会出现其中一个人颗粒无收的情况。

但是，上述合同也有其局限性。首先，如果天气总是保持旱季或涝季，那么其中总是丰收的那个人就不会签订混合风险合同，因为在这种情况下，其中一个人的风险很低，他没有必要与你签订合同，而另一个人也会改种和第一个人一样的农作物。其次，比如遇到了旱季，而其中一人全部种的山芋，获得了丰收，在这种情况下，他就可能毁约。

保险的“收支平衡”原理

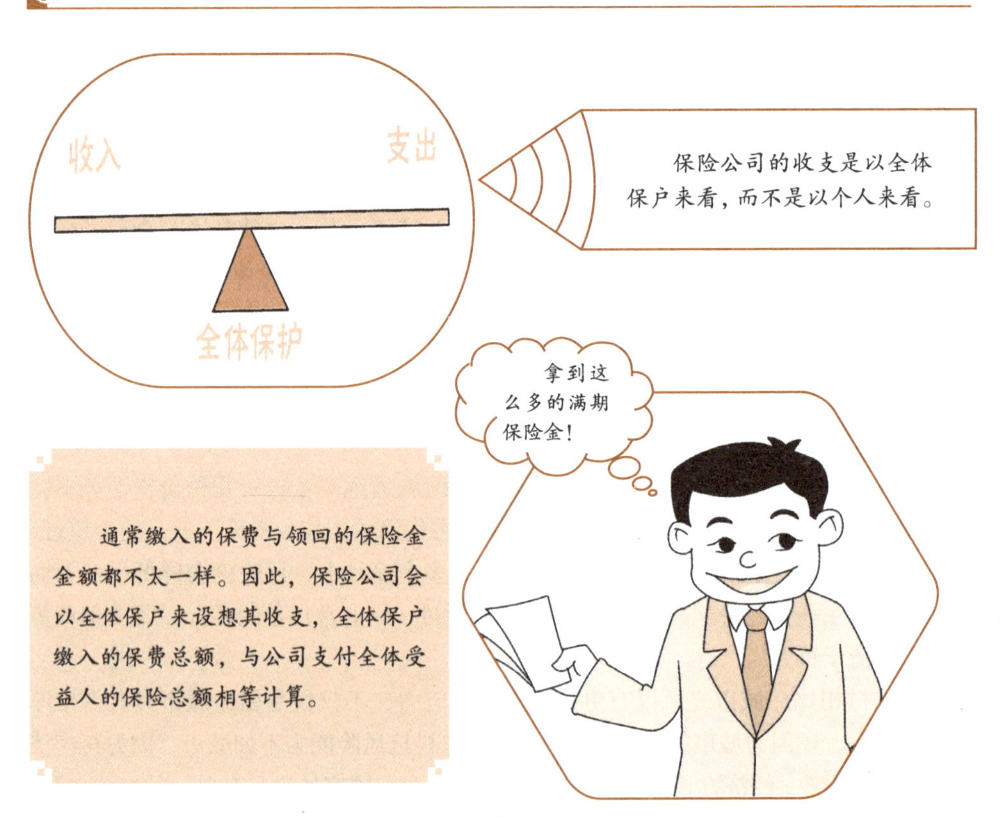

遇到这个问题有没有解决的办法呢？如果出现上述情况中的任何一种，那么就会有一个人面临巨大风险。在这个时候，如果有人帮助你承担一定的风险，但是这种帮是有条件的：你必须对帮助你承担风险的人给予一定的补偿，当然了，补偿的金额是你能承担的。那么，你是否愿意这么做呢？很显然，你会这么做。比如，甲今年不愿和乙签订合同，他种的是玉米，结果遇到了旱季而颗粒无收。如果事前有人让甲缴纳玉米全部收入后的10%，就可以在遇到颗粒无收的情况，补偿甲玉米丰收时的70%。这一种风险抵御策略就是保险，现在社会基本上已经离不开保险了，它和我们的日常生活息息相关。因此，由上一种风险抵御方式又延伸出第三种方式:保险。

保险的产生基于3个原理:危险分散、大数法则、公平合理。

（1）危险分散。人随时可能遭遇重重危险，造成经济冲击。保险就是团结大家的力量，每人出一笔钱，支付给受损失的一方，把危险造成的损失用团体力量分散掉。所以，保险可以说是通过集体合作，把个人巨额损失的可能性，转变为确定的少量负担。以上述歉收的农户为例，假如他买了农业保险，那么如果他颗粒无收，保险公司就会给他一定的补偿。保险公司其实就是把丰收农户的保险金支付给需要保险的人，因为丰收的农户上了农业保险，但是因为他已经丰收了，不会获得保险金额，那么他的保险金额就用来支付歉收的农户们。

（2）大数法则。掷骰子时，每个点出现的次数似乎毫无规律可言，可是掷几万次之后，每个点出现的次数平均都是1/6。像这种次数少时，看不出什么法则;可是经过多次后，会呈现某种规律性。人的生死也一样，有的人长寿、有的人早死，但从整体来看，每年在一定年龄死亡的人数，比率大致是确定的。保险公司依据大数法则，用预定死亡率算出保户应负担的保费。

（3）公平合理。死亡危险率高的人，领取保险金的机会大；死亡危险率低的人，领取的机会则小。由于保费是给付保险金的来源，所以，领保险金机会大的人，应付较多保费，才算公平。因此客户在投保时，应以死亡危险率的高低，缴纳不同的保费，以达公平合理原则。

与天敌一起生活

某地有很多长颈鹿，还有一批数目不小的狼。这些狼以长颈鹿为食物，所以每年都有许多长颈鹿被狼吃掉。善良的人们看到长颈鹿惨死，于心不忍，恳求政府施以援手，派军队“绞杀”万恶的狼群。在现代杀伤性巨大的武器面前，狡猾的狼们死的死，逃的逃，经过一番“围剿”，这里再也见不到狼的影子。

没有了天敌狼的猎食，长颈鹿开始大量繁殖，大量的小长颈鹿们诞生了。但是，这么多的长颈鹿很快就吃光了树木的绿叶，长颈鹿没有了食物只能挨饿。雪上加霜的是，长颈鹿开始大量死亡。因为狼不在了，长颈鹿便不用奔跑，于是其体质开始下降，抵抗疾病的能力也下降了。

善良的人们终于意识到这都是长颈鹿缺少了竞争对手的原因，又继续了自己的善良，重新放了一批狼进来。长颈鹿在狼的攻击下，适者生存，存留下来的都是身强力壮的强者，保持了长颈鹿的种族繁衍；狼吃掉一部分长颈鹿，控制了长颈鹿的数量，也恢复了树木的生机。因此，不能人为地打破自然界的生态平衡，既然两种天敌生活在一起，就一定是有道理的。

生活中也是如此，没有竞争就没有活力，人们在竞争下会调动自己的全部潜力投入竞争博弈中去，往往会取得意想不到的结果。但是，竞争是否合理却会产生不一样的结局。

某城市的街口有一家喜客来饭店，已经在这里经营四五年了，生意一直不错。但好景不长，不久对门又新开了一家叫再回头饭店。这两家开始较起劲来，在菜品、价格、服务上下工夫，竞争极为激烈，两家老板谁也不服谁，两家的生意也越来越好。如果就是这个结果，那将是很完美的结局，但是许多事情总是以“悲剧”收场。

两家老板们见不能把对手搞垮，便开始不老实了，“再回头”放出谣言，声称喜客来饭店的主厨有慢性鼻炎，经常用鼻涕当作料；而喜客来饭店则说，“再回头”的主厨有乙肝。食客们不敢冒险，索性两家都不去了。不久之后，两家饭店双双倒闭。倒闭的前一天，两家饭店还为抢一位食客而大动干戈。不仅仅是饭店之间的竞争会产生这样的恶性结局，公司内部人员之间也可能产生恶性竞争。

某公司去年发展不错，作为一家新公司，不仅在第一年里基本还清了贷款，还小有盈余。因此，意气风发的老板在新年伊始就准备扩大规模。规模扩大了，人手就不够了，他还准备再招几个人。

新招来的两名员工甲和乙都是名校毕业，一样的精明能干。公司老板对他们两个寄予厚望，让他们分别负责两个地区的销售业务。这两位同时进公司的精英暗暗较劲，两人业绩都很优异。鉴于两人的突出表现，老板决定从中选一位任销售部总经理。这么一来，本来惺惺相惜的甲和乙变了，两人开始在上司面前互相诋毁对方。老板不置可否，他认为下属相互争斗有利于自己居中遥控，这样反而利于控制属下。

最后公布结果，甲被公司任为销售部总经理，乙没升也没降。升了职的甲暗自得意，碰到乙时还时不时“刺激”他一下。乙哪能受得了这窝囊气，一气之下便“挂冠而去”，到了另一家同类公司。他这一走倒没什么，却带走了众多的客户，令老板大为痛心。不久之后，老板发现这件事的影响远没有结束。辞职的乙带走了一帮客户，而升了职的甲也变了，他的工作没有以前那么出色了。原来，甲和乙为销售部总经理相互诋毁，令员工和客户对他们的人品产生了怀疑。甲在员工面前没有了威信，员工也变得很敏感，没有一点积极性。在这种情况下，公司的市场份额也降低了不少。公司老板很是无奈，后悔当初自己怎么没有早点介入两人的争端。

鼓励良性竞争

竞争的方法有合作性竞争和非合作性竞争之分，有良性竞争与恶性竞争，不同的竞争方式会导致不同的结果。

瑞典老将瓦尔德内尔曾是中国乒坛最强劲的对手，而这个最大的对手据说是中国有意培养的。

一大批优秀的对手使中国乒乓球队从上到下始终警醒着自己，才使得中国队始终保持很高的竞技状态。

在压力下，为了不输给对方而增加自己的能力和实力，并且双方都是采取正当的竞争方式，这就是合作性竞争，是一种良性的竞争。但是如果双方互相诋毁，让人们对他们的人品产生了怀疑，这就是一种非合作性竞争，也就是恶性竞争。

对合作竞争博弈认识的错误，导致了上述两个悲剧。一般认为，合作与竞争是一对截然不同的概念。但在某种情况下，就好像狗鱼使鳗鱼恢复活力一样，有一个强有力的竞争对手反而是好事，关键是双方怎样竞争。

竞争的方法有合作性竞争和非合作性竞争之分，有良性竞争与恶性竞争，不同的竞争方式会导致不同的结果。

在上面的故事中，两家饭店最初是在菜品、价格、服务上下工夫，双方都使对方感到危机，都成了对方的“狗鱼”。在这种压力下，自己加强了服务和饭菜质量，顾客得到了好处，也就更愿意来，饭店也都得到了较高的利润，双方都是采取正当的竞争方式，这就是合作性竞争，是一种良性的竞争。但在通过正常的手段无法击倒对方时，两位老板为了赚得更多，便想垄断这里的饭店生意，就有了彻底“除掉”对方的念头。双方互相诋毁，致使顾客犹疑不定。后来，顾客们索性不来了。这就是一种非合作性竞争，也就是恶性竞争。

运动员们也需要竞争对手。中国的乒乓球之所以强大，就是因为中国的乒乓球选手有强大的竞争对手，而当竞争对手不强大的时候，我们会“刻意”去培养对手。瑞典老将瓦尔德内尔是中国乒坛最强劲的对手，而这个最大的对手据说是中国有意培养的。15岁的瓦尔德内尔代表瑞典第一次来中国打球的时候，中方希望瓦尔德内尔留在中国接受乒乓球训练……乒乓球的“海外军团”们的势力进步很快，这么一大批对手使中国乒乓球队从上到下始终警醒着自己，才使得中国队始终保持很高的竞技状态。

第十七章

威胁与承诺：胡萝卜加大棒

威胁与许诺

春秋时期，楚国令尹孙叔敖在苟陂县一带修建了一条大水渠，其规模之大足以贯穿楚国南北，能够灌溉沿渠数万顷农田。但是，在天旱渠水退去时，沿堤的农民就在堤岸边种植庄稼。更有甚者，有的还把农作物种到了渠中央。等到雨水一多，渠水升高，农民为了使自己的庄稼不被淹死，便不顾堤坝毁坏的危险，偷偷在上面挖开口子放水。一条辛苦挖成的水渠就这样被弄得千疮百孔，而且一遇大水，决口处经常发生水灾，原本利民的工程却因为小农思想而变成了祸害。

历代苟陂县的行政官员面对这种情形都无可奈何，屡禁不止，又不能把这里的人全部抓起来。因此，每当渠水暴涨成灾时，县令只好调动军队前去救灾，这种情形一直延续到宋代。当时有一个姓李的进士出任苟陂县知县，经过几番思考之后，他解决了这个难题。他命下属在衙门两旁贴出告示，上面的内容是这样的："今后凡是水渠决口，只抽调沿渠的百姓去修堤坝，不再调动军队修堤，哪里的堤坝决堤由哪里的百姓修。"自此以后，再也没有人偷偷地去决堤放水了。

在博弈中，一个策略行动的目的就在于改变对方的看法和行动，使博弈的另一方的行动对自己有利。不派军队修堤坝，看似可能造成所有代价都由农民支付的后果，但其实不然，李县令要的不是这个策略带来的后果，而是这个可能出现的后果对农民的威胁作用。只有农民继续"作恶"，这个后果才会成为现实，而只要农民安守本分，上面的这个策略就丝毫不起作用，这也正是县令想要的结果。有时候，宣布一种无条件的回应规则，限制自己的行动可以成功达到博弈者的目的。

你可能认为保留选择余地总归是有好处的，而且"退一步海阔天空"是中国人的处世文化中很重要的一条。但从博弈论的角度来看，却恰好与此相反。少了行动自由换来的却是在策略上得益，因为这么做改变了对方对你以后可能反应的预期，你可以充分利用这一点为自己谋利。而只要你有行动的自由，就意味着你还有让步的空间。

乍看上去，这样的策略行动可能束缚自己，但却可以使你获得策略上的优势，抢占先机，扭转整个局面。

在使用回应规则时，虽然你是跟在别人后面行动，但你必须在别人开始行动之前就宣布自己的策略。

父母对孩子说："你想看电视必须先吃完饭。"实际上，这就是在确立一个回应规则。很显然，这个规则必须明确地提前对孩子说，不然孩子很可能把饭偷偷地倒掉，或者抱着饭碗坐到了电视机前……那样的话，你再说吃完饭才可以看电视就一点用也没有。

博弈论专家奥曼说，相互猜疑是人与人冲突的原因之一。但是，一旦我知道你如何算计我，你知道我如何算计你；而当你猜测我如何算计你时，你会采取相应的对策，而我知道你会做出这样的对策，又采取了相应的反对策……就像下象棋一样，我第一步跳马，你平炮来应对；我知道你会平炮，早就想好了第二步飞象，而你在平炮时也想到我会飞象，所以你就进卒……就这样无限地延伸下去，几十回合过后，就构成了一局棋。而对于博弈双方的人来说，当延伸到博弈的某个回合时，人们达成和解，并停止相互猜疑与算计。在这个过程中，威胁和许诺起着关键的作用。

相互猜疑的博弈过程

相互猜疑是人与人冲突的原因之一。当你猜测我如何算计你时，你会采取相应的对策，而我知道你会作出这样的对策，又采取了相应的反对策……

相当于

就像下象棋一样，我第一步跳马，你平炮来应对，我知道你会平炮，早就想好了第二步飞象，而你在平炮时也想到我会飞象，所以你就进卒……

就这样无限地延伸下去，几十回合过后，就构成了一局棋。

而对于博弈双方的人来说，当延伸到博弈的某个回合时，人们达成和解，并停止相互猜疑与算计。

在这个过程中，威胁和许诺起着关键的作用。

在社会生活中，威胁与许诺是非常常见的现象。比如女生告诉她的男朋友，如果他敢结交其他的女生，只要被发现一次，就立刻分手，这是威胁；而她男朋友向她发誓，绝对对她专一，决不会背叛爱情，这就是承诺。

威胁是对不肯与你合作的对手进行惩罚的一种回应规则。它分为两种：一是强迫性的威胁，二是阻吓性威胁。比如绑匪挟制人质进而要求其家人提供一定的金额来赎回，如果他的要求得不到满足，他将撕票，这就是强迫性威胁。假如苏联出兵攻击北约国家，美国会威胁说，你要是武力攻击，我就会以武力攻击你，这就是阻吓性威胁。阻吓性威胁的目的在于阻止某人采取某种行动，强迫性威胁的用意在于强迫某人采取行动。两种威胁中的博弈双方都是小心翼翼的，如履薄冰。

除了威胁之外，还有第二大类的回应规则许诺——对愿意与你合作的人提供回报的方式。比如警察会对被告说，只要你愿意成为污点证人，指证你的同伙，就会得到宽大处理。和威胁一样，许诺也可以分为强迫性许诺和阻吓性许诺两种。强迫性许诺的用意在于促使某人采取对你有利的行动，比如我们在前文中提到的被告，警察对他的许诺就是"威胁性的"；阻吓性许诺的目的在于阻止某人采取对你不利的行动，比如有一个孩子去游戏厅玩游戏，被他的同学发现了，这个孩子就对他的同学说："别告诉我父母我来玩游戏了，我可以把我的MP4借你玩几天。"两种许诺也面临同样的结局:随时会发生有人不遵守诺言的情况。

威胁与许诺有时候很难区分。就像警察劝被告做污点证人，其中有威胁的成分，也有许诺的成分，是威胁还是许诺只和当时的情形有关。比如公司的规章制度规定员工迟到一次罚款10元，对于公司来说，它就是"威胁"员工不要迟到，但是也可以看做是"许诺"：只要你不迟到，就不扣钱。随着形势的转变，一个阻吓性的威胁与一个强迫性的许诺没有多大的区别，一个强迫性的威胁也会变得和一个阻吓性的承诺差不多。

"威胁"有时候也可以称为警告。比如，公司主管对他的下属们说，如果再发现上班时间不穿工作服，扣除当天工资。这就是一种警告，其目的在于告诉其他人，他们的行动将会产生什么影响，你将如何回应他们的行动。

"许诺"有时也可称为保证。生活中，我们经常听到这样的话："我保证怎么怎么样。"这就是一种许诺。

但是，上述两对概念是有区别的。

有一次，在盛夏时节，曹操大宴百官。他吩咐侍妾，用玉盘进献西瓜为百官解暑。一个小妾捧着盘子，低着头来到大殿献瓜。曹操问："西瓜熟否？"

小妾答道："熟。"

不承想，曹操听后大怒，竟命人将小妾拉出去斩了。座中的百官很是纳闷，但碍于曹操的淫威，都不敢问是什么原因。

曹操又命别的侍妾进献西瓜。侍妾们因为害怕都不敢去，其中一个比较聪明的侍妾大着胆子走到大殿，再次为群臣献瓜。

曹操又问："西瓜熟否？"

这个小妾回答："不生"。

听了她的回答，曹操再次大怒，下令将她也斩了。

可信度是威胁的基础

如果你做出的威胁或许诺影响了对方的行为，你就要准备实践自己的诺言。因此，威胁或许诺的时候，只要达到必要的最低限度就可以了。

如何把握威胁和许诺的可信度

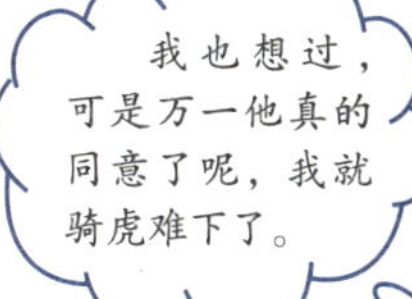

在做出威胁时一定要慎重，不恰当的威胁很可能产生相反的作用，使自己无功而返。

只在我们绝对有把握不会发生不可预见的错误的前提下，一个成功的威胁才能成立。

他再次吩咐侍妾进献西瓜。这时侍妾们没有人再敢前来献瓜，都怕发生不测。她们都推让着，最后，她们叫兰香来献瓜。兰香虽然刚来不久，但却很是善解人意，平素也最得曹操欢心。

只见兰香高擎玉盘，与眉齐高，来到大殿进献西瓜。

曹操问:“西瓜味道如何？”

兰香回答:“很甜。”

曹操再次大怒。兰香也没能逃脱被斩首的命运。

这时在场的百官惶恐不安，一起离座拜伏在殿前，在曹操面前请罪，但心里却都在想:不知道曹丞相今日为何这般?

曹操说:“诸公不必惊慌，且请安坐，听我解释为何处罚她们。前面的两个小妾，也算是跟在我身边很久了，竟然不知道进献西瓜必须要把盘子捧到和眉毛一样高。不仅如此，她们两个在回答我的话时，使用的竟然都是开口字(当时在大庭广众之下，古代女子说开口字是一种失礼的行为)。她们太笨了！留下来也是无用之辈，所以我斩了她们。兰香很聪明，把盘子举得高高的，又是用合口字来回答，对我的心意洞若观火。但是，正因如此，我才把她斩了，免得她日后成为我身边的隐患，我不能时时都被别人看透。”

前两个侍妾和后一个侍妾为什么被杀是不重要的。曹操主要是借这几个侍妾的人头来告诉百官：我对所有人都有生杀予夺的权力，不要反抗我；不要自作聪明，更不要妄想猜测我的心思。后来，杨修就是因为太聪明了，妄图“揣摩上意”而被曹操杀害。

实际上，上面的这个故事是曹操与百官之间的威胁博弈，而不是他与侍妾之间的博弈。曹操只是用三个侍妾的死来表明自己对百官的优势，以及对百官可能的背叛进行警告。

无条件回应策略

由于威胁和许诺表明你可能选择与自身利益冲突的行动，这就出现了一个可信度的问题。等到别人出招之后，你就有动机打破自己的威胁或者许诺。为确保可信度必须作出一个承诺。因此，这种策略可以称之为无条件回应策略。

无条件的行动是你先行动一成不变的回应规则。威胁与许诺是在别人行动之后的策略，即对方做了什么行动，我们再给予相应的回应，因此两者都是有条件的行动。回应规则必须在对方行动之前实施，如果博弈陷入长时间的重复博弈的境地，那么总有一方会对另一方采取无条件的行动。

若是用无条件行动来影响对方，那就一定要让对方看到。同理，如果你打算通过威胁或许诺影响对方的行动，那么你要先了解他已经做了什么。否则你就无从判断，也无从下手选择策略。

在巨鹿之战中，楚霸王项羽破釜沉舟，终于击败对手。这就是一种断绝归路的无条件行动，这样的策略对项羽最起码有两个好处：首先，这让敌人的心理发生了变化。项羽要么取胜，要么灭亡，再也没有第三条路可以走，现在他选择了孤注一掷，死拼到底。而他的对手则有撤退到后方的选择，在这种情况下，他们不会选择跟这么一支已经横下一条心的军队拼个你死我活，而是选择撤退。其次，他使自己的士兵团结起来了，每一个人都知道，不打败敌人，自己就会死，连逃跑的机会都没有。所以他们全体都会战斗到底。

如何建立可信度

建立可信度既然如此重要，那么我们如何才能做到呢？

在不同情况下，有不同的对策，但必须遵守3个重要原则：

第一个原则是改变博弈的结果。

务必遵守你的承诺，使之成为符合你自身利益的选择：把威胁变成警告，把许诺变成保证。

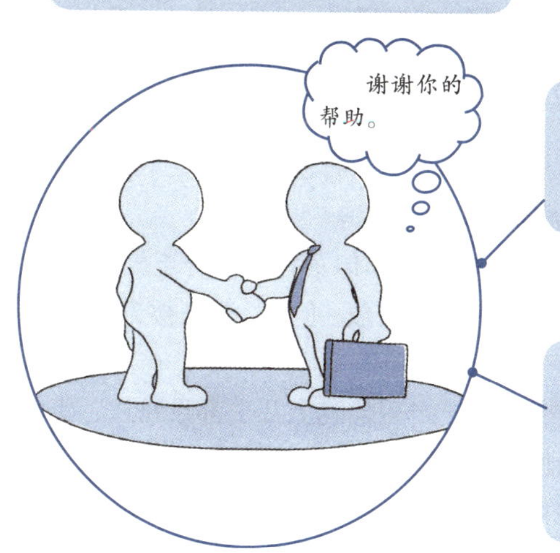

第二个原则是改变博弈，使你背弃承诺的能力大受限制。

第三个原则是充分利用别人帮助自己遵守承诺。与单独一个人相比，一个团队也许会更容易建立可信度，当然了，你也可以考虑雇用其他人来做你的代表。

要使这类威胁产生预期效果，只有自己了解或遵守还不行，必须让对手对这些都有所了解。在这个例子中，一是因为项羽的个人威望高，所以士兵们都对他深信不疑。但仅有这一点是不够的，将士们最大的动力是要推翻暴秦，这才使得他们的决心更加强大。

对于任何一位将军来说，破釜沉舟都是疯狂的举动，在项羽之前，几乎没有人这么做过，而在项羽之后，也没有几个军事家敢在作军事决策时不留后路。但是，恰恰是通过这种断绝自己后路的做法，项羽达到了自己的目标。一个看起来疯狂的人，可能恰恰是一个优秀的策略家，因为他的表现使他的威胁总是更容易使别人相信。比如二战时，希特勒在陷入两线作战的情况下（一是与英法等国盟军，二是苏联），假如宣布出兵攻打亚洲，那么这个消息我们依然会相信，因为他太疯狂了。

在这个世界上，从来就不乏铤而走险的人，或者说有一部分人身上具有很强的冒险精神。但是，其中的大部分都因为自己的某一次铤而走险的失败而不再冒险，开始变得按部就班。而当很少一部分冒险成功的时候，他们就被当作传奇，他们被称为英雄，但也有人认为这些人是疯子。但被看作疯子却可以使他在博弈中更好地达到目标。

同样一个威胁如果由以疯狂闻名的人发出，成功的概率就相当高。但是，人们难以相信一个头脑正常的人会这么做。所以，在策略上来说，明显的不合理性可以变成合理性。

不给自己留后路

《水浒传》中有这样一个故事：

大名府留守梁中书把十万贯金银珠宝分装在十个箱子里，准备献给自己的岳父蔡京，因为他岳父的生辰快到了。但在押送的路上，珠宝却被晁盖、吴用等人用计劫走。梁中书和蔡京大怒，让山东济州府立即捉拿打劫的贼寇，不然就要府尹好看。

蔡京派人到济州府，对府尹传话说："太师吩咐，限你十天内捉住那伙贼寇，不然就把你流放沙门岛，永不赦免。"

济州府尹惶恐不安，心急如焚。如果不能限期破案，自己官位不保不说，还要被发配到边远的地方去受苦。思索片刻，立即叫来捕头何涛。

府尹对何涛说："蔡太师限十日捉到贼寇，捉不到不但罢官，还要流放沙门岛。现在这任务就交给你了，要是你拿不住贼人，我就得被流放。但是，我在被流放之前，要先把你给流放了。"

何涛无路可退，只能硬着头皮接下这个案子，之后他晚上几乎都没睡过，带着一班弟兄寻找线索。他们从事发地点开始侦查，走过乡间酒馆，村村排查。他们又来到县城，也是一坊一坊地检查。最后，他们终于得到了线索，抓到了一个梁山贼寇。

蔡太师限济州府尹十天捉来贼寇，否则流放沙门岛；知府又用同样的方式威胁何涛，并将其逼入绝路，使其不得不放开一切去查案。如果不这么威胁，很可能在查案时没有这么仔细，一定会有所懈怠。因此，有时候放开手去搏一搏并不是什么坏事。

无独有偶，下面关于房玄龄夫人“喝醋”的事，与上述的威胁也差不多，但结局却大不一样，因为这个威胁失败了。

房玄龄因“房谋杜断”而载入史册，但是人所不知的是，他有一个善于嫉妒、性情凶悍的夫人。也正因如此，房玄龄极为怵她，一个妾都不敢娶。

唐太宗李世民与房玄龄的君臣关系很好，常常说房玄龄是他的得力大臣。他听说这件事情以后，就让皇后召见房夫人。唐太宗对她说：“现今朝廷大臣大部分都娶了妾，为什么你不准房玄龄纳妾？有鉴于此，朕打算赏给房玄龄一位美女。”

“杀一儆百”的博弈策略

“杀一儆百”的威胁是“罚”的威胁。有时候我们作出的威胁策略即使只对一个人，但在效果上却可以威慑到许多人。

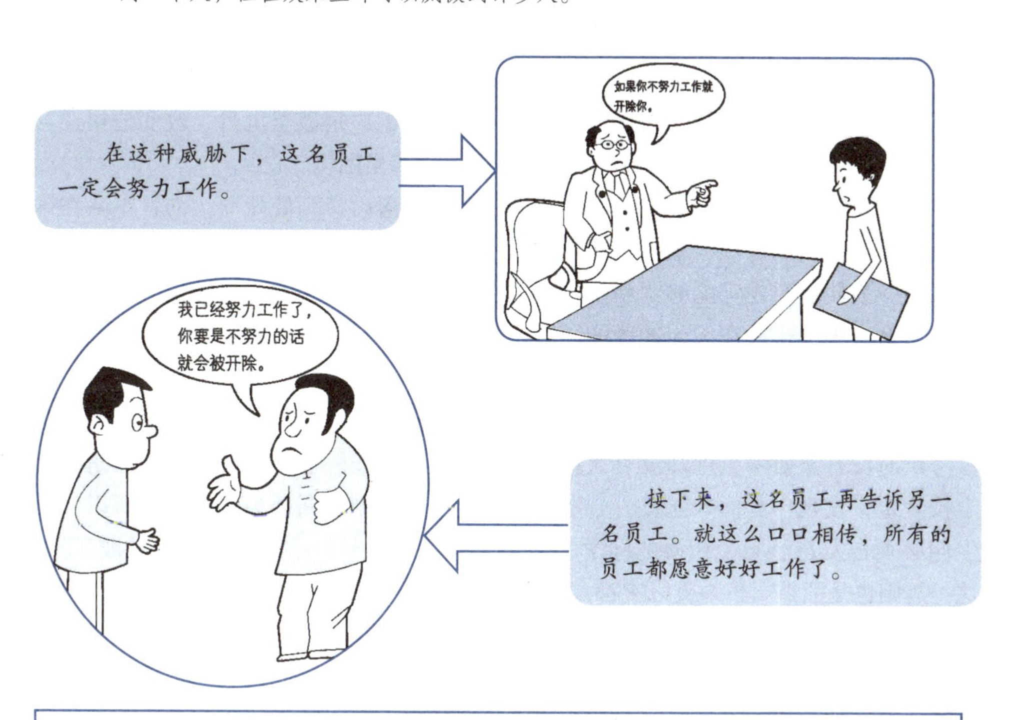

这类博弈的要点在于，要让惩罚具有明确的连锁关系，使用这种方法可以使结果更好。只要你的员工是理性的人，就会顺从你的威胁。

房夫人摇头道:“我决不允许夫君纳妾。”她的态度极为坚决。

于是，唐太宗让人斟了一杯酒，其实是醋。他骗房夫人说：“这是毒酒，如果你不肯让他纳妾，那就是违抗圣旨，喝下毒酒！这是对你的惩罚。”

房夫人竟然毫不犹豫，接过酒来一饮而尽，并喊道:“我死也不让她纳小妾。”

唐太宗苦笑道：“人言房玄龄之妻刚烈，今见果不其然。我现在都有些害怕她，房玄龄就更不用说了！”

从博弈论的角度来思考，李世民使用了“毒酒”威胁，但为什么没有奏效呢？因为房夫人破解了这个威胁，破釜沉舟：我就看看是不是真的毒药。房夫人一定知道李世民的为人，一定不会把这一威胁当真。发出威胁的动机一旦与威胁的行动相矛盾，威胁也就不可信了。当然了，也不排除万一是毒酒怎么办？所以说，房夫人还是极有胆量的。她孤注一掷，就是为了赌一把，这也和她的刚烈脾性有关吧！

A公司是业内首屈一指的公司，独霸市场长达30年。这时候B公司闯了进来:它推出了一款新产品。A公司气势汹汹，说B公司侵犯了自己的专利权，要起诉它。A公司创办人兼总裁已经做好准备，决心捍卫自己的领地，与B公司斡旋到底。

官司结束后，法庭判决B公司向A公司赔偿9000万元。B公司被迫从市场上收回自己的新产品。虽然A公司重新夺回了市场的垄断地位，但在打官司期间，该公司的股价不断下跌，却也元气大伤，不得不加大投入开发新产品。在多方的压力下，A公司早已没有同行业的产品优势，在迫不得已的情况下，决定破釜沉舟，改变公司经营哲学，尝试多元化经营，开始涉足其他领域，终于走出困境。

古罗马法律规定，在战场上，进攻当中的士兵落后将判处死刑。而且军队在排成直线向前推进的时候，士兵只要发现自己身边的士兵有故意落后的行为，就立即处死他。为使这个规定能够顺利执行，未能处死临阵脱逃者的士兵同样会被判处死刑。这么一来，士兵在向前冲锋的同时还得回头捉拿临阵脱逃者，否则就有可能搭上自己的性命。

罗马军队这一策略精神直到今天仍然存在于西点军校的荣誉准则之中，西点军校考试时没有人监考，但却没有人作弊。不仅仅因为作弊会被立即开除，而是因为学校规定，发现作弊而未能及时告发同样违反荣誉准则，同样会被开除，所以，学生们必须告发自己犯了错误的同学，因为他们不想由于自己的缄默而同样被开除。这一规则也是西点军校一直以来都是世界最强的军事大学的原因。

光武帝刘秀统一全国后，建立了东汉王朝。但高峻不服，便起兵叛汉。光武帝大怒，派军攻打高峻。高峻严防死守，再加上城池又坚固，一时之间难以攻破。光武帝便派寇恂为使，去招降高峻。高峻也派军师皇甫文为代表，来到汉军驻地与寇恂谈判。

双方代表见面后，寇恂二话不说，下令把皇甫文推出去斩首。自古以来就有两军交战，不斩来使的规矩，大家都劝说寇恂，不能这么做。但是，寇恂丝毫不为所动，还是杀了皇甫文。不过，寇恂却把他的副手放回去了，并让他传话给高峻：“你们的军师已经被我杀了，死战在所难免。但在这之前，你可以选择投降，越早越好，不想投降就准备好刀枪。”

众人都向前问寇恂，为何执意杀掉皇甫文。

寇恂笑着说：“我在谈判之前就知道皇甫文是高峻这次谋反的幕后主持，他是叛乱的罪魁祸首。皇甫文刚才进门时神态傲慢，根本没有投降的意思。既然如此，谈判没有一点用处，还给了他们喘息的时间。杀了皇甫文就断绝了双方谈判的渠道，高峻也知道我们已经下定决心，一定会全力以赴攻城。所以，如果我没猜错的话，高峻一定会投降的。”

互相督促成就大名

古罗马法律规定，在战场上，进攻当中的士兵落后将判处死刑。而且军队在排成直线向前推进的时候，士兵只要发现自己身边的士兵有故意落后的行为，就立即处死他。

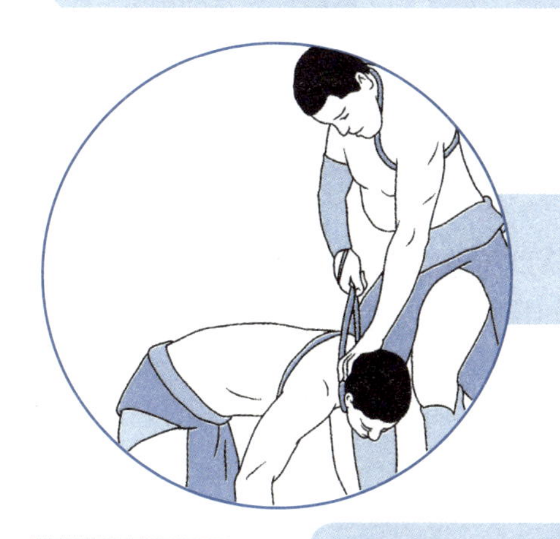

为使这个规定能够顺利执行，未能处死临阵脱逃者的士兵同样会被判处死刑。

这一策略精神直到今天仍然存在于西点军校的荣誉准则之中，西点军校考试时没有人监考，但却没有人作弊。

不仅仅因为作弊会被立即开除，而是因为学校规定，发现作弊而未能及时告发同样违反荣誉准则，同样会被开除。这一规则也是西点军校一直以来都是世界最强的军事大学的原因。

不一会儿，手下来报，高峻打开城门投降了。寇恂的策略，实际上是以切断联系的方式，破釜沉舟，杀掉叛军的真正领袖。逼迫叛军决一死战，但叛军首领已死，无心恋战，很快便投降了。

在战争中，只有当敌军相信你一定会战斗到获胜为止时，他们才会投降。因此，根据形势采取破釜沉舟的策略还是可行的。当敌军觉得没有可能再讨价还价时，自然就会投降。

"冷战"时期，苏联克格勃有男女间谍，别称分别是"燕子"和"乌鸦"。他们主要围着一些国家的政府要员、外交使者、高级军官、掌管国家秘密的机要人员、科学家和间谍情报机关的工作人员转，试图获取秘密情报，并以此手段作为要挟。

20世纪60年代初，A国总统访问莫斯科，克格勃知道这位总统素来风流，便对其使用色情间谍，介绍了几个"燕子"给他。不久，"燕子"便经常在他的卧室中飞来飞去。总统和她们鬼混时的录像被克格勃拍了下来。

在访问快要结束的时候，克格勃把偷拍的录像放映给总统看，并以此威胁他，让他回国后作一些对苏联有利的政策。

在这种威胁下，总统有两个选择：合作与不合作。假如总统不合作，克格勃决定要不要把总统的情事公之于众；假如合作，苏联从此多了一个俯首帖耳的国家。

如果总统相信克格勃会对外公布录像，就会选择合作。但是，把录像公布，与总统撕破脸对克格勃来说毫无益处（这样做会暴露苏联是如何对待别国总统的，传出去影响苏联的声誉，而总统大不了回国之后辞职）。因此，不管总统是合作还是不合作，克格勃都不会公布录像。

总统显然也明白这一点。在看完录像以后，他神态自若地对克格勃官员说："太精彩了！我能不能拷贝一份带回国，我打算让他们在电影院放，让我国的民众也欣赏一下。"克格勃官员目瞪口呆，没想到他竟会这么说。

其实，克格勃还是有可能真的把录像公布出来的，因为他们完全可以在别的国家发布这个录像带，避免牵涉到苏联。所以，A国总统孤注一掷的策略还是冒一定风险的，但他的这个风险是值得的，因为就算自己失败了，也仅仅一人受损而已，如果接受苏联的讹诈条件，将使本国的利益受损。

职场上的威胁

罢工可以视为员工与老板之间进行的威胁博弈。

现在有这么一家公司，在没有罢工的情况下，每个月大概有1000万元的营业额。去掉900万元的成本之后，老板的收益是100万元。假如在这种状况下员工因待遇问题而宣布罢工，那么老板和员工们的利润会发生什么样的变化呢？

这要以员工是否有专业技能来评判：假如员工是那种在市场上后备劳动力资源十

分充足的一群人，那么员工的罢工几乎没有任何威胁，老板只要再雇用一批新人就可以了。

但如果员工都是有专业技能的人，那么他们的罢工就意味着公司必须停业，因为这样的专业技能人才不是短时间能够招来的。也就是说，如果这种员工罢工，那么公司每月将损失1000万元。而这样的员工罢工，会令公司老板坐卧不安。

这种威胁对公司造成的损失取决于公司给罢工者支付的薪水。

在罢工期间，公司损失1000万元的收入。不过，因为公司在此期间不必再支付

罢工加薪：在什么行业里管用

一家公司对员工支付的薪水在成本中所占的比例越高，罢工所导致的损失就越小。

公司对员工支付的薪水在成本中所占的比例低，罢工所导致的损失就越多。

资本密集或者技术密集的公司。对罢工要挟的抵抗力显得特别弱。

在一些高科技公司中，只有少数员工操作那昂贵的机器，而且无人可以取代他们，这些员工的罢工对公司具有强大的威慑力。

他们罢工要求加薪总是能够获得成功。这也是这一类公司的员工薪水普遍比较高的原因。

薪水，同时也可以使公司节省一部分成本费。如果公司平时有600万元的成本花在设备上，薪水成本每月只有300万元，那么公司只能省下300万元的成本；假如公司的900万元成本全部是用来支付薪水的，那么罢工只是事实上致使公司损失100万元的利润，还可以省下900万元的成本。

并不是只有员工可以要挟公司，公司也可以要挟员工。假设你是某公司的一位员工，你很了解一个对公司十分重要的制造流程。但是这种流程只有你们公司在用，其他公司都不用。也就是说，如果公司解雇你，你的技术在别的公司毫无用处。

经验技术是除了工资之外员工从工作中所能得到的一种回报，因为经验技术可以增加工人的人力资本。你的人力资本越强，你的薪水就越高。但是，如果你的人力资本是属于公司所独有的，那么就另当别论了，因为这种人力资本对于其他公司来说是毫无价值的。

在你所属的行业中，假如对很多公司来说，你目前的身价是一年10万元左右。你想去顶级公司工作，因为那里的一切比你现在好得多，而且只要在顶级公司工作3年，你在行业中的身价就会涨到15万元。这就意味着，3年以后顶级公司必须至少付你15万元，不然的话，你就会辞职到薪水更高的地方去。

3年后你对顶级公司来说一年值15万元，但假如你在顶级公司3年的工作只适用于某种工作，比如教你怎样操作独一无二的计算机系统（这项工作在同行业的其他公司没有）。那么对其他公司而言，你依然和3年前一样，只值10万元。如果顶级公司在3年后只付给你11万元，那么你也得接受，因为这个工资水平与其他的公司相比，已经是最高的了。所以说，在为公司工作时，员工一定要随时注意，自己所获得的经验在其他公司是不是有用的。

拥有公司独有的技术虽然可能会被公司威胁，但也有有利的一面，那就是无人能取代你，因为你的技术在其他公司不适用，那么你们的公司也就很难找到接替你工作的人。以下两个实例能很好地说明公司与员工之间的威胁关系。

小王在一家贸易公司上班，但是他很不满意自己的工作。有一次，他郁闷地对朋友说："我的老板一点都看不起人，根本没把我放在眼里，我准备辞职了，临走之前一定要羞辱他一顿。"

他的朋友深表同情，出主意说："你现在走一点也不值，你做贸易的窍门都搞懂了吗？对公司的业务完全弄清楚了吗？你应该把这些都学会再走，这样就算跳槽到别的公司也有实力了，你要是什么都不懂，哪家公司肯要你呢。你把他们的公司当免费学习的地方，什么东西都学会之后，拔腿就走，这岂不是更解气？所以，我建议你好好把公司的贸易技巧、商业文书和公司运营完全搞懂，然后再和公司说拜拜。"

小王深以为然，听从了朋友的建议。自此以后，小王便经常偷学别的部门的工作流程和方法，时不时还向别的部门员工"不耻下问"一番。不到一年的时间，小王已经基本掌握了公司的所有流程。

这时他的那个朋友问他："你东西也学得差不多了，现在可以辞职了。你还说准备羞辱你的老板一番，现在也可以做了。"

小王想了一下说："我是可以辞职不干，但是现在我又改变主意了。自从我按你说的那样做了以后，我的进步很快，现在老板很尊重我，因为他已经离不开我了。我不仅已经加了薪，现在我还当经理了！"

你希望公司每年为你再加3万元薪水，但是，不是所有的公司都是福利机构，可以无条件地给你加薪。除非你能让管理层相信你能给他们带来更大的利益，这样他们才可能给你加薪。你要求加薪就意味着你对公司将能作出更多的贡献，只有你能完成某一工作时，当公司更加依赖你的时候，这是你获得加薪的最好时机。让老板相信你对公司更加重要了，不加薪你就辞职，另谋高就。

因此，作为一个想要加薪的员工来说，最佳时机就是向老板证明，有别的公司愿意每年多花3万元请你。这是加薪的一个办法之一。

间接威胁

间接威胁的方式，就是告诉公司里的每个人，如果公司不给你加薪，你就辞职。

那么在这种情况下，如果公司最终没有给你加薪，那么你只能选择走人，因为你已经毫无颜面留在公司；

但如果公司经过判断，觉得还是加薪对公司更有利，那么你就胜利了，你的威胁就是有效的。

但采取这种策略的前提是：一是你的付出为老板带来的效益值得让老板为你加薪；二是你的薪水福利与同行业相比，相对来说是比较低的。

依赖的威胁

楚汉相争时，刘邦手下的第一大将韩信一路势如破竹，平定了魏、代、赵、燕等地，不久又占领了齐国原先的地方。但是，刘邦本人却被项羽大军围困在荥阳，朝不保夕，情况很危急。

这时，韩信派人送信给刘邦，他在信中说："齐人反复无常，不好治理，而且齐地与楚地相邻，若两地相互勾结，难保齐国不再起反叛之意。我虽想治理好此地，但却毫无威望，恐齐人不服，恳请你封我为代理齐王。"

看完信后，刘邦大怒，当着信使的面骂道："我困于此地好长时间了，原指望他能尽快赶来助我脱困，不想他竟然要我……"此时坐在刘邦两边的张良和陈平一齐踩刘邦的脚，向他示意在信使面前不可多说。刘邦脑子转得很快，马上改口道："韩信立下了赫赫战功，平定了诸侯，当什么代理齐王，要当就当真齐王。"

刘邦以张良为使者，带着"齐王印"前往齐国，封韩信为齐王，并命其立刻调兵攻打楚军。

当时的情况是韩信手握重兵，刘邦和项羽在对峙着，韩信的势力基本决定了楚汉战争的结局。因此，刘邦和项羽的命运都掌握在韩信手里，韩信倒向哪一方，哪一方就获胜。况且，韩信远在齐地自立为王，刘邦鞭长莫及，根本无力阻止。

这个时候，刘邦只能依赖韩信。所以就算韩信提出封王的过分要求，刘邦也只能答应。任何一个部将都能成为大将，但是，刘邦最初选择了韩信，那他就得依赖韩信，这个时候就算换人也迟了。你应该避免依赖那些会利用你的人，以最小的代价解决要挟问题。

很显然，刘邦知道这个道理，他也不会过于依赖别人。公元前202年，韩信引大军击楚，在垓下一战击败项羽。大敌已去，刘邦收回了韩信的兵符和令箭，改封其为楚王，后又降为淮阴侯。这就是兔死狗烹，从博弈论的角度来看，其中却隐含着威胁与依赖。

从一开始任命韩信为大将时，刘邦已经预见到将来可能会受到对方的威胁。所以，每次危机去后，就会削弱韩信的兵权。

而军事天才韩信在被任命为大将后，成为刘邦的主要依靠。每到刘邦遇到危急时，韩信就会把"威胁"的价码增高，甚至提出称王这种要求。

刘邦为了避免过于依赖韩信，采取了"兔死狗烹"的做法，因为他不希望自己最终被其取代。所以，韩信、徐达之流得不到善终也就不足为奇了，因为刘邦、朱元璋对他们的依赖过重，他们想摆脱这种依赖，只能出此下策。这种依赖换一个角度来说就是一种威胁。

A公司是一家很大的汽车制造公司，但是，这个公司用的轮胎是从独立的轮胎制造厂采购的。为它提供轮胎的是B轮胎公司。

汽车工业是一种高投资、大规模的工业，B公司接受A公司的订单后，为了能够按照A的要求进行生产，就要投资建造专门的设备。一旦这种专门的设备投资建成以后，B公司就不可避免地受到威胁，A公司完全可以趁机压低价格，并以停止采购相威胁。如果A公司不再购买B公司的产品，那么B公司的投资将付诸东流。

那么在这种情况下，B公司最好的解决办法就是与A公司签订长期合同，详细规定产品的样式与价格。对于B公司来说，在合同中一定要作出这样的规定：A公司只能从B公司采购汽车轮胎，把双方的合作关系固定下来。A公司在双方有了合同后，就不可能以停止采购来要挟B公司，除非违背合同。

这样一来，B公司就套住了A公司。在未来的博弈中，B公司也不会被威胁了。但是，在这样的情形下，会出现另一种威胁：B公司却有可能反过来敲诈A公司。

后来，B公司确实对A公司实施了威胁：拒绝在A公司附近兴建轮胎工厂，故意使用低效率的劳动密集生产方式。

威胁中的优势转换

我们在实施威胁策略时，必须预先考虑到优势转换的过程，并找准转换点，避免让对手有机可乘。

当船开到海域时，船主进退两难，只能答应渔民的要求。

船舱里的鱼装满返航后，渔民对船主已经不存在威胁。

渔民们一怒之下让船主告上法庭，但法官认为渔民们试图用不正当的方式迫使船主在短时期内依赖他们，因此判船主胜诉。所以在优势转换的时候，一定要判断清楚形势，把控制权把握在自己手中。

解决办法仍然是套牢策略，而且A公司这次的解决方式是一劳永逸的。A公司利用购买B公司股票的方式，把原本独立的B公司变为自己的一部分。这样就从根本上避免了遭受B公司敲诈的可能，也彻底避免了以后双方协商、修改合同的谈判成本。

当我们的投资确实只能有一个用户时，为保证对方必须接受我们的产品，就必须用长期的合同固定两方的关系。不仅仅作为集体的互相博弈可以有这样的依赖关系，其实感情也是这样，只是我们一般意识不到而已。

一名书生喜欢上了一位乡绅的女儿，但乡绅却不同意这门亲事，书生又气又急，不久就病了。书生的父母很无奈，只得再次托人去说媒。但这一次，还是遭到了乡绅的拒绝。书生的父母便请求乡绅："既然我家儿子无福娶你家女儿，那我们也不再坚持，但你能不能让她来我们家看看我儿子？这样有利于他的康复。"

乡绅并没有答应，并把书生的父母赶了出去。书生痛不欲生，他不能忘记乡绅女儿的音容笑貌，对她的感情已经产生了巨大的依赖。

在书生家附近，有一个极为漂亮聪慧的女子，她在一次出外踏青时偶然看到了书生，一下就喜欢上他了。她回家之后一直闷闷不乐，在父母的追问下，她才含羞说出自己的心事。她的父母倒颇为开明，亲自去找了一个媒婆去书生家说亲。

媒婆对书生说："何必单单恋她一个人呢？难道没有她你真的活不了吗？我现在给你说的这位女子，比你暗恋的那个可要好多了。"但书生此时对那女子依赖的感情很重，深陷其中，不能自拔。这是爱情中的要挟问题。

陷入爱情中的人往往就如同这位书生一样：认准了她一个。如果她不接受，就会痛不欲生，很难解脱。如果我们深陷其中，就会被感情所累，直至终老。

后来书生被那个漂亮聪慧的女子打动，与其双宿双飞。

在感情上，没必要让自己在一棵树上吊死，更不要对我们得不到的感情产生依赖性。

每个人在生活中都会经常被迫依赖于他人。潜在的要挟在所难免，有时候依赖还是有必要的。不过，在这种情况下，我们要设法来套牢可能要挟我们的人，摆脱依赖。

教育中的威胁与许诺

小李是一个计算机系的大学生，在大三的时候，他在一所中学里实习，教初三的学生设计简单的计算机程序。因为缺乏教学经验，他一开始便犯了一个错误。他让学生们喊他的名字，而不是老师，他把自己当成了这群初中生的朋友，而不是这群学生的老师。但是，这么做使这群学生完全不把他放在眼里，他在课堂上很难维持秩序和纪律。不过，他很快就想到了"威胁"学生们的办法。

这些学生可能不把他当成真正的老师，但是，他们的父母却不会这么认为。所有的家长都会旁听最后一天的课。这些学生一点也不怕小李，但却怕小李向他们的父母告状。所以，小李就利用这一点来“威胁”他们。假如小李的课堂上出现两个学生打闹，他就会警告他们不准再打闹。如果他们不听，他就“威胁”说，会把他们在上课时的做法告诉他们的父母，他们马上就会停止打闹的动作。

后来小李说，就算这些学生再过分，他也不会把他们的所作所为告诉他们的父母。这是因为小李也是从学生过来的，不希望看到学生在老师和父母的威胁下，一个个变得沉默寡言，毫无活力。再说小李只是来实习几个月，实习完了之后就再也不会见到他们了，就算他告诉家长他们的孩子不听话，对小李也没有什么好处，而且他的告状有可能埋没几个天才。

虽然学生们个个都很聪明，但由于他们还是初中生，自然不知道小李的威胁只是虚张声势，而且他们其他学科的老师说不定真的这么做过。父母和老师一样，往往试图用威胁的方式来管教子女。

孩子与父母之间的博弈

父母可能用威胁来激励自己的孩子考上大学，但要是没考上的话，父母们也不会真的按威胁的话去做，难道真的要把自己的孩子扫地出门吗？

如果孩子们也知道，父母并不会真的按威胁说的这么做，因而并不把父母的威胁当真。

如果儿女信赖父母的话，那么他们会相信父母的威胁，因为他们知道这只是为了改进他们以后的生活状况。如果真的落榜了，那他们一定会比平时更需要父母的照顾。

很多父母都希望“子成龙，女成凤”，他们都很关心儿女的学习成绩，怕他们不努力而考不上大学。所以，为了能让孩子努力学习，他们往往会讲很多道理。而一旦发现儿女们不能接受自己的“道理”，或有时候违反这些“道理”，家长们就会威胁说，假如他们考不上大学的话，将来就只能当清洁工。如果儿女们还是不听，家长们就会威胁说，如果不努力学习，他就会把儿女扫地出门，还有过激的父母甚至以断绝家庭关系来要挟。

儿女是否应该相信父母对自己的威胁呢？

父母可能用威胁来激励自己的孩子考上大学，但要是没考上的话，父母们也不会真的按威胁的话去做，难道真的要把自己的孩子“扫地出门”吗？而如果孩子知道父母的威胁只是为了他们考上大学，进而找到好工作，那么这种威胁就是不可信的。因为孩子们也知道，父母并不会真的按威胁说的这么做，因而并不把父母的威胁当真。如果儿女信赖父母的话，那么他们会相信父母的威胁，因为他们知道这只是为了改进他们以后的生活状况。如果真的落榜了，那他们一定会比平时更需要父母的照顾。

所以，对于父母来说，做出什么样的威胁是可信的，而又不至于真的出现危及父母和子女关系的情况是一个两难的问题。那么父母该怎么“威胁”子女呢？明朝大清官海瑞也许可以为父母们作出决策提供一些借鉴。

海瑞为官清正廉明。在任浙江淳安知县时，他减轻百姓负担，分摊赋役。但是，这么做却触怒了当地豪强。于是这些豪强们便暗中勾结当地的盗贼，故意抢劫财物，到处作乱，甚至草菅人命。这么一来，百姓们诚惶诚恐，都把自己关在家里，不敢出门。

在经过明察暗访后，海瑞知道这些盗贼作乱的原因是受当地豪强地主的挑唆，便有了主意。

第二天，海瑞下令把当地所有的豪强地主们都请到县衙来喝酒。他们一时大为惊奇，不知这个一向厌恶酒席的海瑞怎么突然请起客来，但既然他请客，索性大吃大喝起来。待众人酒足饭饱后，海瑞站起身来对他们说道：“我在贵县上任时间已经不短了，但因公务繁忙，一直无缘拜会诸位，实在是对不起，所以今天特备粗饭薄酒招待诸位。今天请大家来，一是为了赔罪，二是有一件小事想请诸位帮忙！”

豪强地主们不知他想做什么，只好先答应下来。海瑞接着说道：“诸位都是附近有名的大户，也可以说是全县的钟鸣鼎食之家，请诸位帮个小忙应该不在话下。近期盗贼屡犯百姓，严重扰乱了我县的治安，所以想请诸位协助本县抓捕盗贼。在这里的每个人，一月之内至少要抓获八名盗贼，如果做不到，就会有一个小小的惩罚：如果谁抓不到盗贼，就以盗贼的罪名处置。”说完之后，海瑞为他们划定了各自需要负责的区域。

在座的众人不知如何是好，没料到海瑞会让自己帮这样的忙，不禁很是恼火，但碍于他是县令，一时也不敢发作。

海瑞当然知道他们的想法，也怕将他们逼急了，会真的联合起来成了贼寇，便安慰他们道：“你们放心，我真正要对付的是为非作歹的盗贼，只有把他们铲除了，才能让你们安居乐业，才能让这里的百姓不用提心吊胆。只要你们每人能够保证，刚才给你们划定的区域里没有强盗就可以了，至于每月抓多少盗贼，是可以变化的。只要你的区域内已经太平无事了，就算没有盗贼也是可以的。”各位豪强地主见他如此说，才松了一口气。于是纷纷表示，坚决支持官府查办盗贼，一定会尽力协助，维护全县的治安。

这些豪强地主很怕海瑞，因为海瑞为官清廉。海瑞在知道事实真相后，并没有对他们进行惩罚。这一点他们是知道的，因此他们也明白这是海瑞给了他们一个机会，剩下的就看自己是否配合了，如果不配合，这个海大人真可能来硬的。果然，

威胁和许诺要有度

在孩子的成长过程中，父母经常会对孩子有各种各样的威胁和许诺。在孩子越来越大的时候，父母对孩子的威胁和许诺要有一个度，这样才能促进孩子健康成长。

你可以威胁孩子考入前10名，但事实上孩子只要能考入前20名你就很开心了。所以你接下来还要给孩子一个台阶下：只要你进步就可以了，不一定非要进前10名。

这些豪强回去之后，给那些盗贼们打了招呼，那些鸡鸣狗盗之事便再也没有出现了。

海瑞没有揭穿他们与盗贼的不法关系，先是威胁他们，要抓多少盗贼。之后再说自己要的结果，只要不再发生扰乱全县治安的事就可以。这种刚柔并济的策略很快就有了效果。

策略家的最高境界

有一天，一个人来到一座寺院。寺院很大，但却很安静，里面有很多出家的僧众。寺里众僧有的在禅堂中打坐，有的在林荫下漫行，有的则在打扫庭院，可谓各尽其所。每个人都举止安详，神态自若。

这个人默默地观察着寺中的一切，感叹佛家之地果然清净，与世外的喧嚣相比，这里真可谓是人间乐土。在不知不觉中，他已经漫步到大殿。大殿两旁的金刚像威严地挺立着，正中间是慈眉善目的菩萨像。

这时正巧有一位小沙弥向大殿走来，他不由得想考考这位小沙弥，便向前问道："金刚怒目，菩萨低眉，所为何事？"

小沙弥虽小，却不假思索地回答道："金刚怒目才可降妖除魔，菩萨低眉是为慈悲天下。"

他不仅大为惊奇，对小沙弥才思之敏捷暗暗称奇。

佛语中的"金刚"是指佛菩萨的侍从力士，因手持金刚杵而得名；"菩萨"是上求佛道、下化众生的人。"金刚怒目"是指金刚力士面目威猛可畏，以降伏诛灭恶人；"菩萨低眉"是以菩萨的慈眉善目来化解众生之痛苦。

我们可以把这位小沙弥所说的话看作是博弈论策略的指导原则。

金刚与菩萨的形象和做法虽然有差异，但目的都是帮助别人，二者是相互补充的。从博弈论的角度看来，金刚怒目就是威胁策略，但是不能一味以威胁策略处事，还要有菩萨低眉的策略，两者是相辅相成的。

不论是何种博弈策略，其目的都是为我们增加收益，但是需要提醒的是：使用这些策略时不能超越法律的底线，否则就得不偿失了。

策略家通过策略的使用达到有所作为，能够通过某种策略的运用最大化自己的目标，但在某些博弈中，有些策略是不应该使用的。所以，当某些策略虽能给自己带来巨大的收益，但却违背道德底线时，一些策略家会放弃该策略。

《三国演义》中，诸葛亮将孟获的手下兀突骨带领的三万藤甲兵堵在山谷，然后采用火攻的策略烧死了三万人马。收兵的时候，诸葛亮说，我这么做虽然对社稷有功，但却杀死了许多人，实在是不应该！诸葛亮自己都承认火烧策略是不道德的。

在进行决策时，有道德的策略家根据他心中的道德底线作出判断：哪些策略可为，哪些策略不可为。而且，在必要的情况下，他们能够做到明知这么做会有损失，也不会采用违背道德底线的策略。

在某些博弈中，策略家虽知道某策略是最佳策略，却不会用，因为它违背了道德底线。

让对手犯错误

我们发现，即使是高手，有时也会因为策略选择错误而导致失败。策略高手在想不出胜利的策略时，往往会给对手制造犯错误的机会，进而赢得这场博弈。

示弱是使对方失去判断力的一个有效方法。

臣服，因为领导往往提拔那些自己认为靠得住的人。

“美人计”也是一个有效的弱化对手的理性判断力的方法。

春秋时期，晋献公的宠妾骊姬欲立自己的儿子为太子，便对晋献公其他的儿子大加迫害。晋太子申生被害致死，重耳被迫流亡。在一个荒凉的地方，重耳与他的几位随行者又累又饿。介子推也随着重耳一起流亡，他见周围实在找不到吃的，便走到僻静处，从自己的大腿上割下了一块肉。他把腿上的伤口包好，用自己的肉煮了一碗汤给重耳。喝完肉汤的重耳渐渐恢复了精神，才知道肉是介子推从自己腿上割下的，心中大为感动。

十九年后，在秦国的帮助下，重耳做了晋国国君，就是历史上的晋文公。晋文公即位后，重赏了随他流亡的几位功臣，但这其中却没有介子推。很多人为介子推感到委屈，劝他去讨赏。但介子推却认为，我帮助公子逃亡，没什么值得赏赐的，那是我的本分。他还认为，那些争功讨赏的人很丢人，不能称为士大夫。

无意为官的介子推带着母亲，悄悄地到绵山隐居了。

晋文公听说后，追悔不迭，便亲自带人去请介子推。但绵山山高路险，树木茂密，一时之间很难找到介子推。这时，有人献计从三面烧绵山，逼介子推出来。晋文公听了这个愚蠢的建议，下令火烧绵山。大火过后，却没见介子推“逃出来”的身影，山除了变得光秃秃的，和以前没什么两样。晋文公很是焦急，派人四处寻找，最后却发现了介子推的尸体。在一棵老柳树下，介子推的尸体还保持着背他母亲的姿势。晋文公悲痛不已，后悔不该放火烧山。树洞里还有一封介子推死前写的血书，上面写着:“割肉奉君尽丹心，但愿主公常清明。”

晋文公为了纪念介子推，把绵山改为“介山”。因为后悔用火烧山，他又宣布：这一天只吃瓜果点心一类冷食，全国不准生火，定为“寒食节”。第二年，晋文公来祭奠介子推，发现那颗死去的老柳树又抽出绿芽来。晋文公大为惊奇，心想这一定是介子推之魂，便赐老柳树为“清明柳”，把寒食节的后一天定为“清明节”，始终铭记介子推让自己“清明”的话。

晋文公此后果然“清明”。他励精图治，勤政清明，把国家治理得很好，成为春秋五霸之一。

三面烧山，为什么介子推不从另一面出来，难道他不知道逃命吗？当然不是，因为出来就要为官，那违背了自己的本意。因此他宁愿烧死，也不愿出来。

岳飞的岳家军就要“直捣黄龙”，全面消灭金国主力之时，却接到圣旨，要求班师。岳飞虽然有些犹豫，但最后还是班师回朝。岳飞的策略选择是：宁可朝廷负我，不可我负朝廷。他因此以忠臣的美名流芳百世。

海瑞在奏折中直接骂嘉靖皇帝:“二十余年不视朝，法纪弛矣；数年推广事例，名器滥矣。二五不相见，人以为薄于父子；以猜疑诽谤戮辱臣下，人以为薄于君臣；乐西苑而不返，人以为薄于夫妇。吏贪官横，民不聊生，水旱无时，盗贼滋炽。陛下试思今日天下，为何如乎？”(《明史·海瑞传》)。

嘉靖帝要不是自作聪明就差点杀了他，嘉靖认为，海瑞这么做就是沽名钓誉，就是为了让我杀了他，博得一个美名。难道海瑞不知道这么做有生命危险？有所为有所不为是策略家的最高境界，何时可为，何时不为，要根据当时的情况审时度势。

可信度是威胁的基础

在你做出一个威胁或许诺的时候，不应超过一定的范围。这件事做起来应该是代价越小越好，因为假如这个许诺成功地影响了对方的行为，你就要准备实践自己的诺言。因此，威胁或许诺的时候，只要达到必要的最低限度就可以了。

假如日本不同意进口更多的美国大米、牛肉和柑橘，美国不会威胁日本说，你们不这么做，我就动武。动武也许真的能达到目的，但却要付出意想不到的代价，当然了，这有可能博得美国一些农场主和政治家的欢心。有几个很好的理由说明美国不能这么做：

（1）没有人会相信这么一个威胁，因为现在的世界形势不会因为这种经济纠纷而轻易动武，这样的威胁不会成功。

（2）就算这个威胁真的有用，那么日本一定会重新审视与美国的关系，它还适不适合做自己的盟友。

（3）其他国家就会谴责美国，说美国采取暴力手段威胁日本，使其国际声誉受损。

（4）这个威胁本来是经济纠纷，却加入一个本来毫不相干的武力因素，这使原来的问题更加复杂。

之所以不能用这样的威胁，是因为这个威胁不恰当，它超出了经济范畴的底线。不仅自己不能说到做到，对方更是不会相信，自己的信誉也会降到低谷。

在我们实施威胁策略的时候，首先考虑的是可信度的问题，即能不能让对方相信；在这个基础上，再考虑把威胁扩大到足以阻吓或者强迫对方的地步。假如受到威胁的博弈方感到害怕，知道反抗不会有用，就会乖乖就范，你的威胁策略就能成功。当然了，有时候策略是成功的，但是你的博弈对手却偏偏选择不利于自己的策略，他不肯从命。那这一点就不是我们能决定了的。

在实施威胁策略的时候，我们永远不会遇到最理想的状况，不然我们也不会采取威胁这种策略了，因此，如何把握威胁和许诺的可信度就是实施这种策略的关键。这一点我们只要仔细考察美国不能威胁动武的原因，就会看清楚现实与理想状况究竟有什么区别。我们从以下几点来分析一下：

第一，发出威胁行动的博弈方，其前提就可能是先付出一定的代价。从个人到企业，从企业到国家，都参与着许多不同的博弈。他们在一个博弈中的行动，会对所有其他博弈产生影响。比如美国若是威胁对日本动武，不仅会影响到美、日两国现在的关系，也影响到两国以后的关系，其他国家也会从这件事上看出美国的霸权政策，并因此而断绝与美国的部分贸易关系。因此，这么一个不恰当的威胁将使美国失去很多想象得到的，造成想象不到的损失。

第二，这个不恰当的威胁还可能产生相反的作用。日本会先与美国进行谈判，先缓一步，再在世界范围内寻求舆论支持；美国希望日本尽快开放国内市场，但在世界舆论的谴责下，结果只能是无功而返。

第三，只在我们绝对有把握不会发生不可预见的错误的前提下，一个成功的威胁完全不必实施的理论才能成立。假设日本同意美国的条件，可是美军某指挥官想起自己当年不幸沦为战俘的惨痛经历，就会抓住这个机会来报仇雪恨。又或者假设美国错误地判断了日本农场主的势力，而他们宁可让国家投入战争也不愿失去自己受到保护的市场……美国在这些诸如此类错误的可能性下，应该考虑好之后再行动。我们在作任何决策时，特别是作出一个很大的威胁决定时，都必须要考虑到各方面的情况。

一个不恰当的威胁是不能让日本相信的，所以，美国实施这个威胁就不可能影响其行动。那么美国该施加怎样的威胁呢？应该是能奏效的、最小而又最恰当的威胁，应该选择一个经济方面的威胁，比如，美国可以威胁说要削减日本汽车或者电器的进口配额。

承诺与威胁的可信度有多大，策略成功的概率就有多大，因为承诺与威胁都是在博弈者进行策略选择之前作出的。因此，许诺代价越小越好，只要达到必要的最低限度就行了。

博弈的参与者发出威胁的时候，首先可能认为威胁必须足够大，大到足以阻吓或者强迫对方的地步，接下来才考虑可信度，即让对方相信，假如他不按你威胁的这么做，下场就一定是你威胁的条件。假如对方感到害怕，并且知道反抗的下场，他就会顺从。若是在理想的状况下，没有别的需要考虑的相关因素了。但是，我们为什么还要担心实践这个威胁有可怕的情况发生呢？因为，我们永远不会遇到理想状况。

运用博弈论来分析，对手往往不像他们所发出的威胁那么强硬。这对于被威胁者是一个福音，但是反过来却是威胁者的不幸。好在博弈论提供了很多提高威胁可信度的方法。